纺织服装高等教育“十二五”部委级规划教材

男装工艺

主　编：鲍卫君

副主编：张芬芬　徐麟健

東華大學出版社

内容提要

本书共分五章，分别为衬衫、裤子、西装、夹克和马甲、大衣和风衣的制作工艺。每一章节的内容都由浅入深，注重知识的衔接和系统性，从男装的经典款式着手，详细介绍了男装款式的制图、放缝、排料、工艺流程、缝制步骤及最新的缝制技巧。在具体款式的选用上，既考虑基础性、通用性，又顾及经典性与时尚性。本书图文并茂，通过本课程的学习，能使读者在较短的时间里掌握男装的缝制技术，并从中体验到学习的乐趣。

本书既可作为高等院校服装类专业的教材，也可作为服装企业、服装培训机构教材，也是服装爱好者自学男装制作的首选用书。

图书在版编目（CIP）数据

男装工艺/鲍卫君主编. —上海：东华大学出版社，
2014.3
ISBN 978-7-5669-0391-4

Ⅰ.①男… Ⅱ.①鲍… Ⅲ.①男服—服装缝制
Ⅳ.①TS941.718

中国版本图书馆CIP数据核字（2013）第267450号

责任编辑 杜亚玲
封面设计 潘志远

男装工艺

主编 鲍卫君 **副主编** 张芬芬 徐麟健
出 版：东华大学出版社（上海市延安西路1882号，200051）
网 址：http://www.dhupress.net
天猫旗舰店：http://dhdx.tmall.com
营销中心：021-62193056 62373056 62379558
印 刷：苏州望电印刷有限公司
开 本：787mm×1092mm 1/16 印张：19.5
字 数：480千字
版 次：2014年3月第1版
印 次：2018年1月第3次印刷
书 号：ISBN 978-7-5669-0391-4
定 价：39.50元

前 言

高校服装类专业是培养服装业高级设计、技术和管理人才的摇篮，服装工艺类课程是该专业的基础课，与其他服装专业课程有着不可分割的衔接关系。教材内容应体现服装行业的发展水平和服装工艺的先进性，同时要具有前瞻性，以适应服装企业的人才需求。

本书主编及编写团队有着二十多年的教学经验和服装企业从业经验，尤其是主编近十年来负责编写的多部高水平服装工艺类教材，在我国多所高校使用，并受到师生的欢迎。本书紧密结合服装企业生产实际，在内容的选用上，做到精、少、良；在具体款式的选用上既考虑基础性、可变性，又顾及经典性与时尚性；在缝制工艺的设计上体现合理性、时代性和先进性。教材的结构合理，图文并茂，书中配置了大量精制的工艺缝制图片，极大地方便了教师辅导和读者对照学习，有助于读者在较短的时间里，掌握男装成衣的先进缝制技术。

本书是《服装工艺基础》《女装工艺》的系列篇。男装工艺更讲究精致，建议读者在学习《服装工艺基础》《女装工艺》的课程后再学《男装工艺》，其效果会更好。

本书由浙江理工大学服装学院鲍卫君副教授主编，负责全书的构建、统稿和修改。全书共有五章，参加编写的人员如下：

浙江理工大学鲍卫君　编写第一章第二节、第三节；第二章第二节、第三节；第三章第一节；第五章第一节。

浙江理工大学张芬芬　编写第三章第二节、第三节；第四章第三节，第五章第二节、第三节。

浙江理工大学徐麟健　编写第一章第一节；第二章第一节；第四章第一节、第二节。

本书工艺缝制图片的后期电脑制作由温州服装技校高松老师完成，部分章节的图片后期电脑制作由浙江理工大学徐麟健老师、贾凤霞老师完成，图片局部最终修改由浙江理工大学胡海明老师完成；本书的款式图由浙江理工大学张芬芬、胡海明两位老师绘制。在此表示衷心感谢。

由于编写时间仓促，水平有限，书中难免有疏漏和不足之处，欢迎专家和读者批评指正。

浙江理工大学服装学院
鲍卫君
2014年1月

CONTENTS
目 录

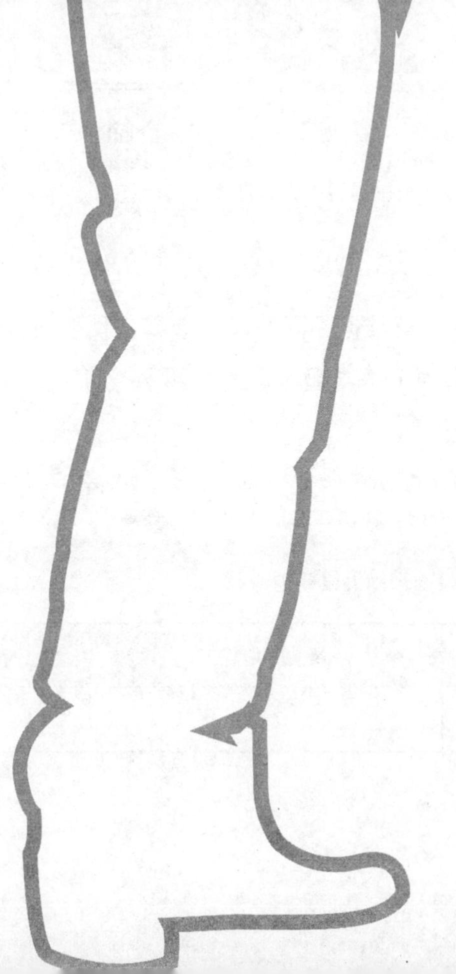

第一章

男衬衫工艺

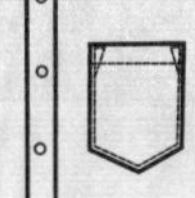

第一节　长袖男衬衫工艺

一、概述

1. 外形特征

该款是较典型的男式长袖衬衫，领型由上领（翻领）和下领（领座）组成。左前片为明门襟，胸贴袋一只。后片有育克、背中有一明褶裥、圆下摆，款式见图1–1–1。

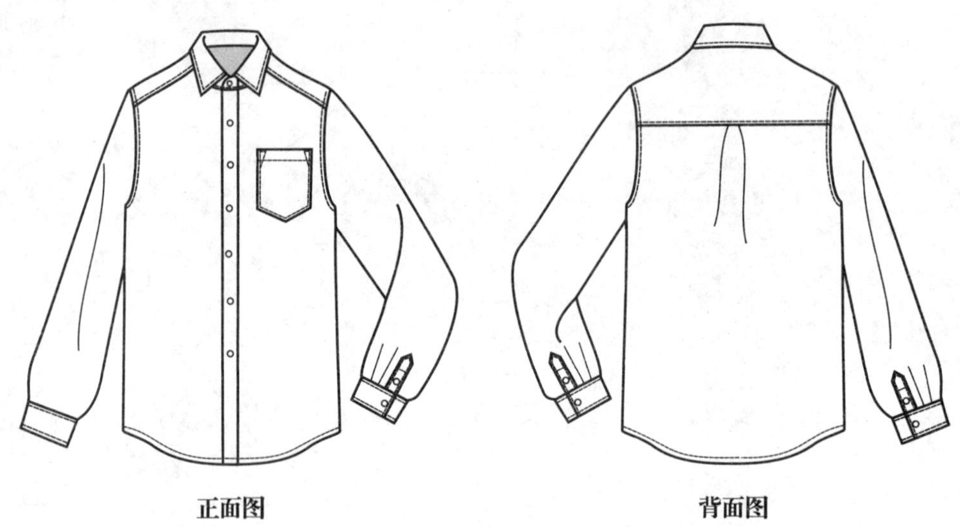

图 1–1–1　长袖男衬衫款式图

2. 适用面料

这款衬衫在用料选择上范围较广，可根据不同的季节选择各种面料。一般多为素色、细条、小格等纯棉类织物，也可选择各类混纺及化纤类织物。

3. 面辅料参考用量

（1）面料：门幅114cm，用量约165cm（估算：衣长×2+20cm）。

（2）辅料：（表1–1–1）

表 1–1–1　长袖男衬衫辅料表

名　称	有纺粘合衬	领角薄膜衬	扣　子
数量	70cm	2片	10粒

4. 正反面组合图（图1-1-2）

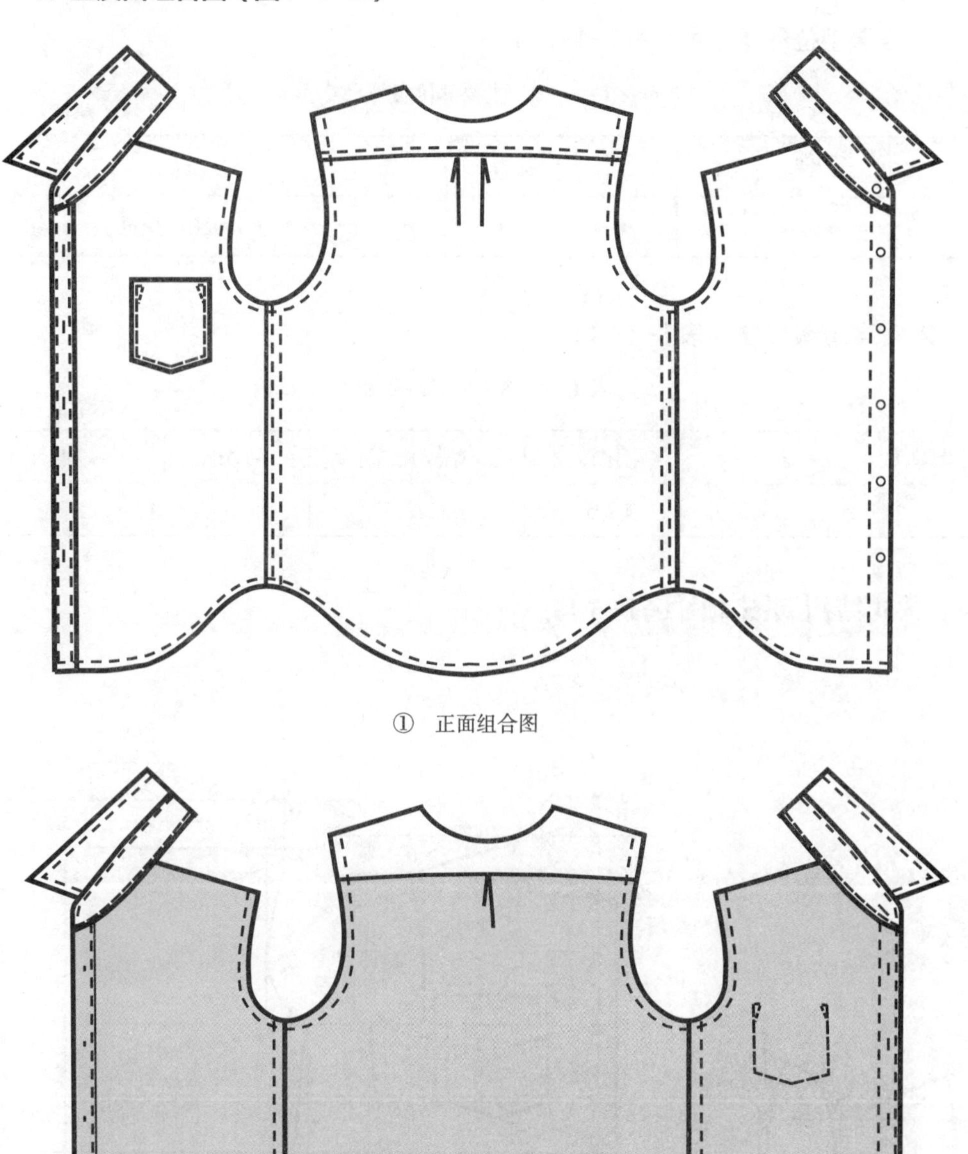

① 正面组合图

② 反面组合图

图 1-1-2 正反面组合图

二、制图参考规格

1. 主要部位参考尺寸（表1–1–2）

表 1－1－2　主要部位参考尺寸

（单位：cm）

名　称	号/型	领大	后衣长	后腰节长	袖长	胸　围	肩宽
规　格	175/92A	40	76	43	60	92（净）+20（松量）	48．6

2. 细部参考尺寸（表1–1–3）

表 1－1－3　细部参考尺寸

（单位：cm）

部　位	袋口大	门襟宽	袖衩长/宽	背裥大	袖裥大
规　格	11.5	3.6	12/2.3	6	3

三、款式结构制图（图1–1–3）

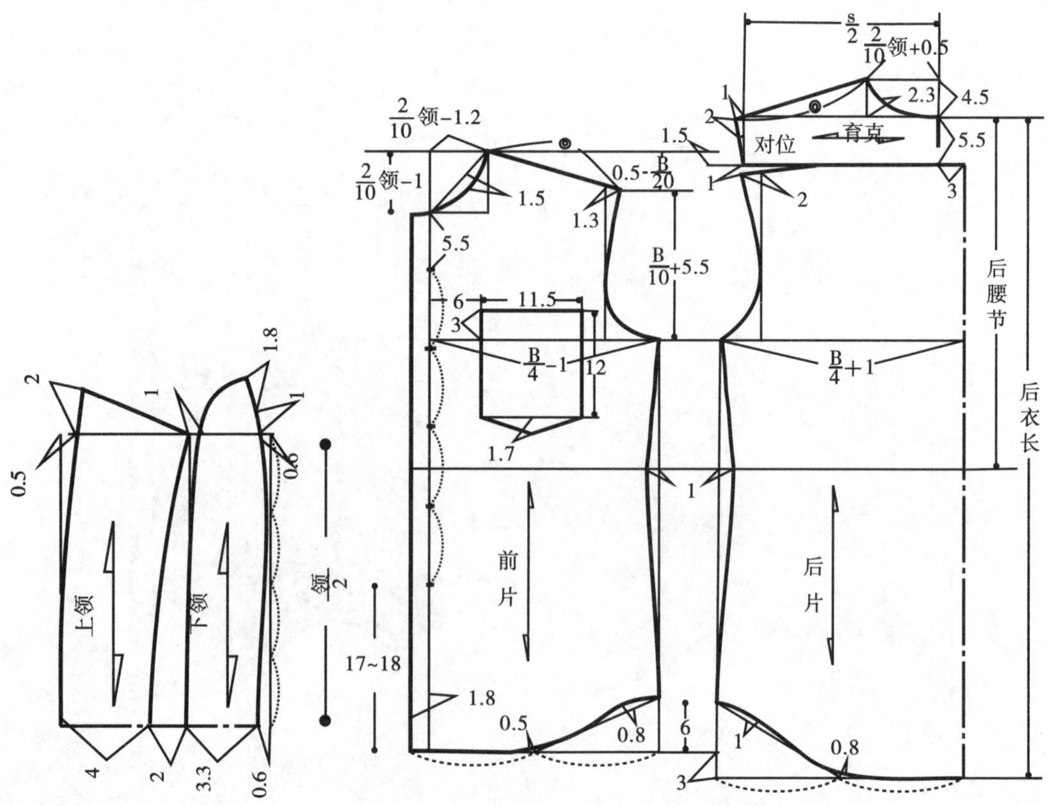

图 1–1–3　长袖男衬衫结构图（一）

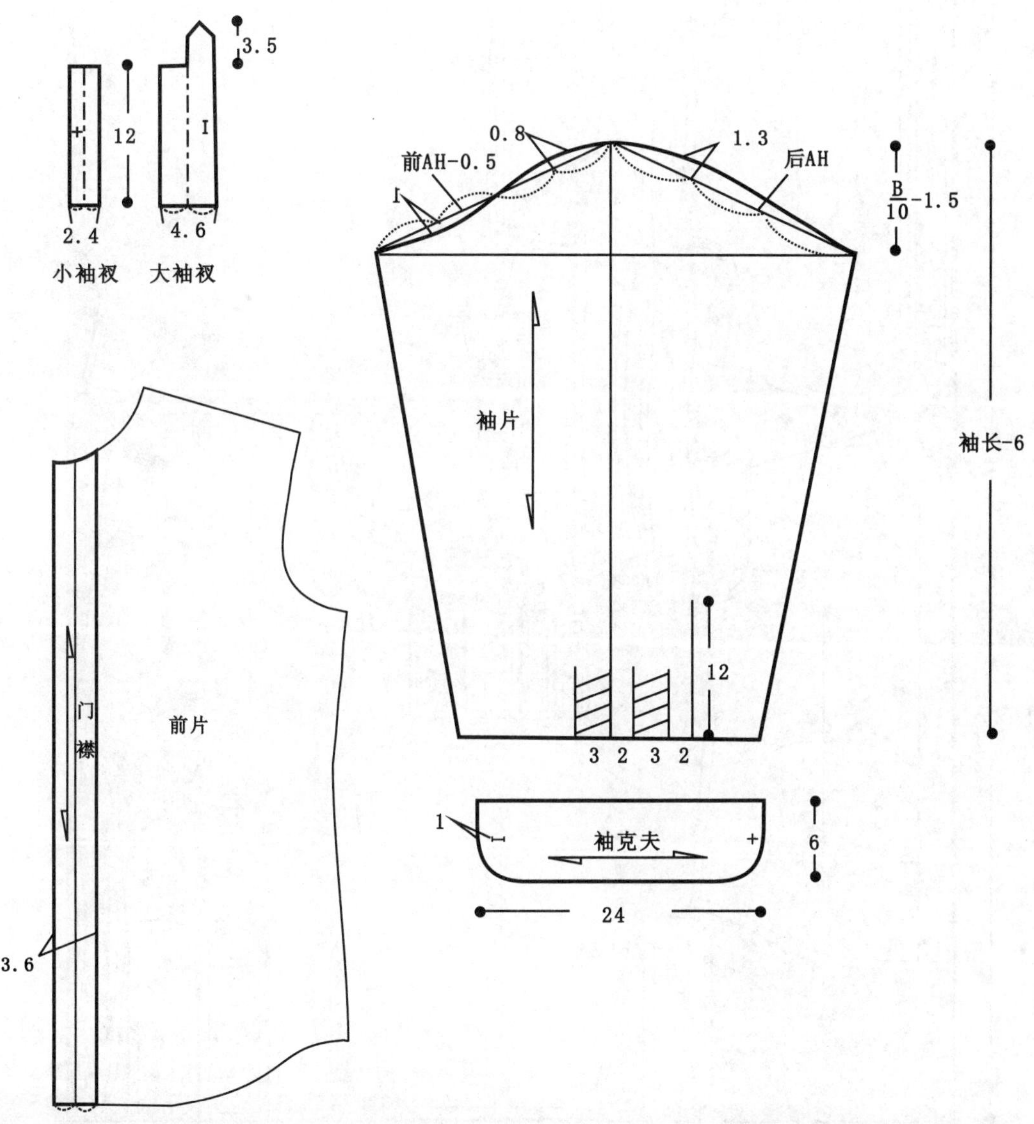

图1-1-3 长袖男衬衫结构图（二）

四、放缝、排料图（图1-1-4）

图 1-1-4　放缝、排料图

五、样板名称与裁片数量

表 1-1-6　长袖男衬衫样板名称与裁片数量

序　号	种　类	名　称	裁片数量（片）	备　注
1	面料主部件	左前片	1	左侧一片
2		右前片	1	右侧一片
3		后片	1	后中连裁
4		育克	2	面里各一片
5		袖片	2	左右各一片
6	面料零部件	门襟	1	左侧一片
7		上领	2	面里各一片
8		下领	2	面里各一片
9		袖克夫	4	左右各二片
10		贴袋	1	左侧一片
11		大袖衩	2	左右各一片
12		小袖衩	2	左右各一片
13	净样板	上领	1	用于衬衫缝制过程中的扣烫、画净样
14		下领	1	
15		胸袋	1	
16		门襟扣烫样板	1	
17		袖克夫	1	
18		大袖衩	1	
19		小袖衩	1	
20	粘衬	门襟	1	左侧一片
21		上领	1	面一片
22		下领	1	面一片
23		袖克夫（面）	2	左右各一片

六、缝制工艺流程和缝制前准备

1. 长袖男衬衫单件成品缝制流程

做、装门襟 → 做里襟 → 做、装胸袋 → 做后片 → 缝合前育克（肩缝） → 做领 → 绱领 → 做袖衩 → 绱袖 → 缝合袖缝、侧缝 → 做袖克夫 → 绱袖克夫 → 卷底边 → 锁眼、钉扣 → 整烫

2. 缝制前准备

（1）针号和针距：

针号：70/10～80/12号。

针距：明线针距为 14～16针／3cm，底、面线均用配色涤纶线。暗线针距为13～15针／3cm，底、面线均用配色涤纶线。

（2）做标记：

按样板在衣片前中门襟止口线、后片裥位、袖衩位、袖裥位等处剪口作记号。要求：剪口宽不超过0.3cm，深不超过0.5cm。

（3）粘衬部位：门襟、上领面、下领面、克夫面，分别烫上有纺粘合衬。

七、具体缝制工艺步骤及要求

1. 做门襟、装门襟（图1-1-5）

将烫上粘衬后的门襟反面朝上，按净样板扣烫门襟宽度3.6cm，然后与左前片反面相对，沿门襟净线车缝，再将门襟翻转到衣片正面，沿门襟两侧各缉0.3cm 明止口。要求缉线顺直、宽窄一致。

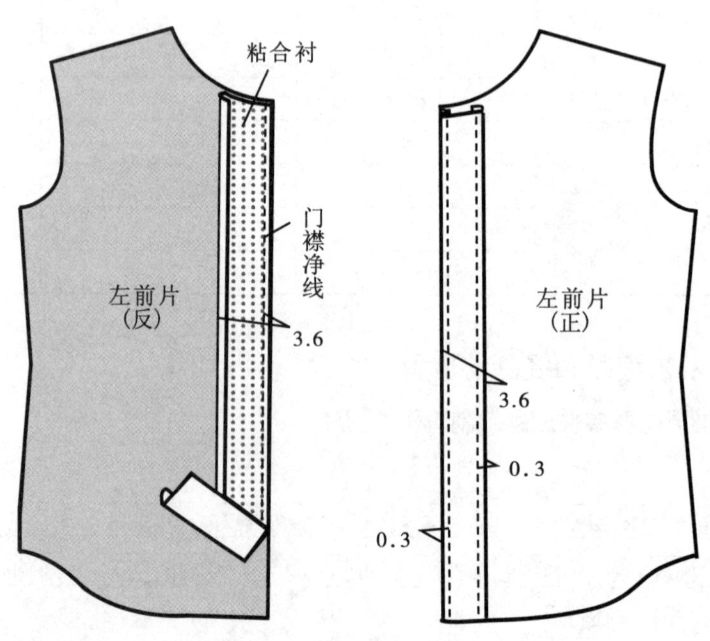

图1-1-5 做门襟、装门襟

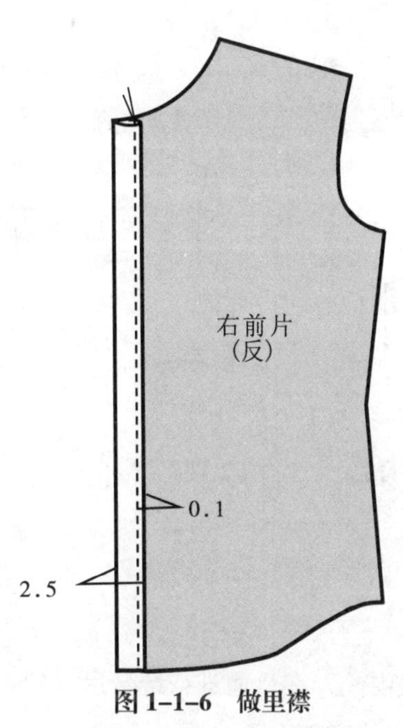

图 1-1-6　做里襟

2. 做里襟（图1-1-6）

在右前片以止口净线剪口为准，将里襟贴边扣烫折向反面，再按里襟净样板宽2.5cm扣烫。里襟片沿边缉0.1cm 明止口。

3. 做胸袋、装胸袋（图1-1-7）

（1）烫胸袋：将5.9cm宽的袋口贴边分两次扣烫，分别为2.9cm和3cm。其余三边按净样板扣烫，内缝一般不超过0.8cm。要求：袋底尖角居中，两角斜度对称（图1-1-7中①）。

（2）装胸袋：在左前片正面用工具点出袋位，根据袋位将袋布用0.1cm明止口车缝固定。袋口两端缉三角形状，宽0.5cm，长以袋口贴边宽3cm为准。要求：袋口牢固、内缝不外露、缉线整齐（图1-1-7中②）。

4. 做后片（图1-1-8）

（1）固定背裥：根据后衣片中间褶裥位刀眼车缝固定背裥，背裥正面为3 cm宽的明褶裥（图1-1-8中①）。

（2）装育克：面子育克在上，里子育克在下，正面相对，后片正面向上夹在两片育克中间，对准刀眼按缝份三层合一车缝固定。育克翻向正面，沿缝线分别用熨斗将育克面、里烫平，按育克面修正育克里。在育克面上缉0.1cm明线。注意育克里布不要缉住（图1-1-8中②）。

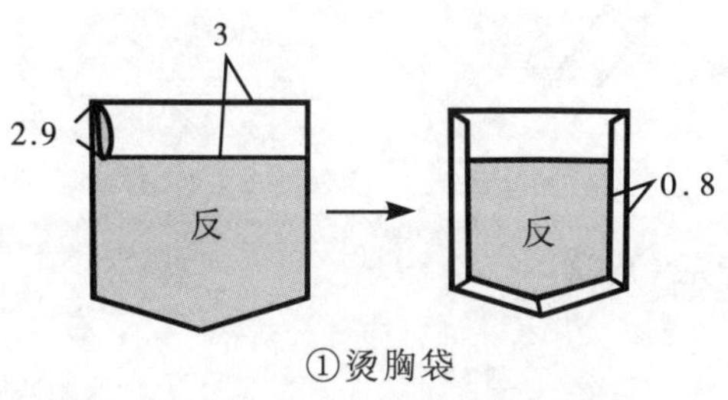

①烫胸袋

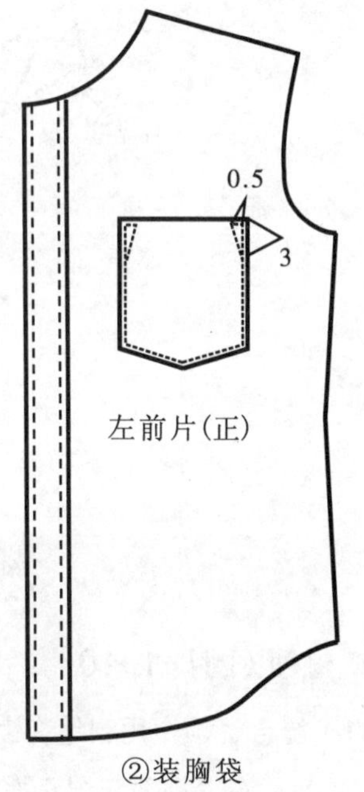

②装胸袋

图 1-1-7　做、装胸袋

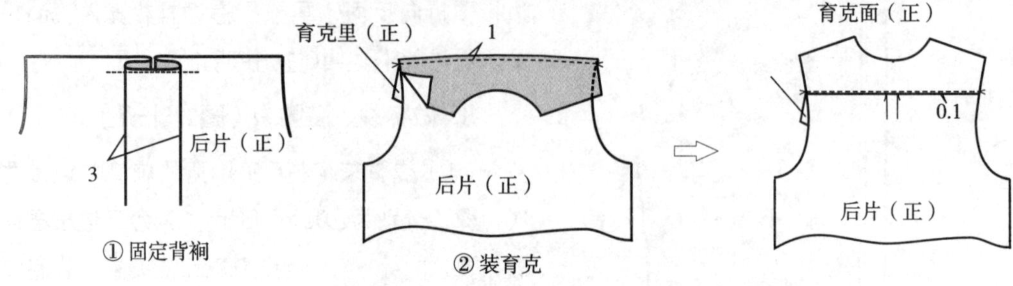

图 1-1-8　做后片、装育克

5. 缝合前育克（肩缝）（图1-1-9）

将前衣片分割线（肩线）的缝份夹在育克面与里中间，在反面进行缝合后，把衣片翻向正面并在前片育克缝合处缉0.1cm明止口，同时缉住育克里子。

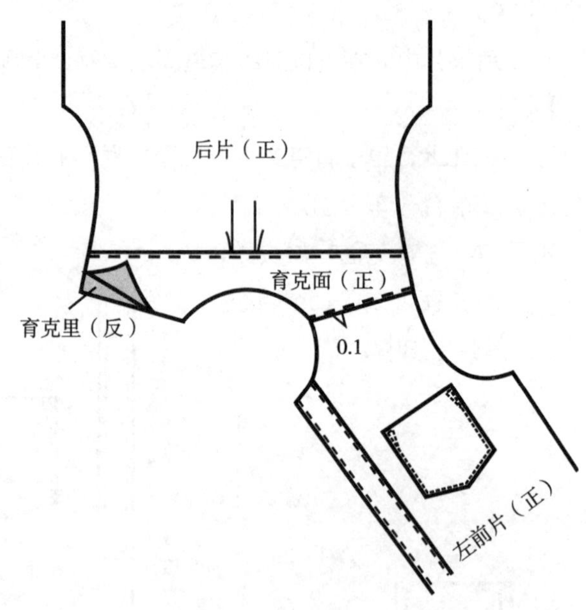

图 1-1-9　缝合前育克（肩缝）

6. 做领（图1-1-10）

（1）缝合上领：用铅笔在上领衬上画出净样，在两领角处烫上比净样小0.1cm的领角薄膜衬。然后将上领面与里正面相对，沿净线车缝上领。车缝时，领角两侧领里稍拉紧。

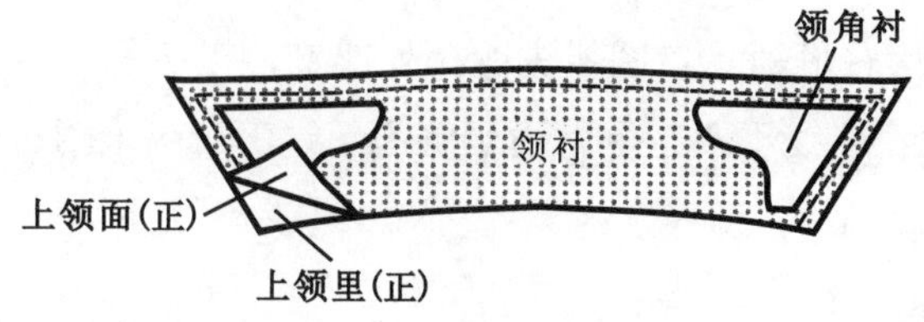

① 缝合上领

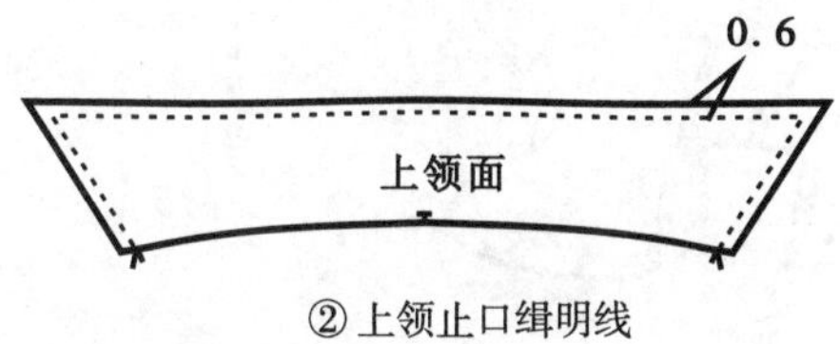

② 上领止口缉明线

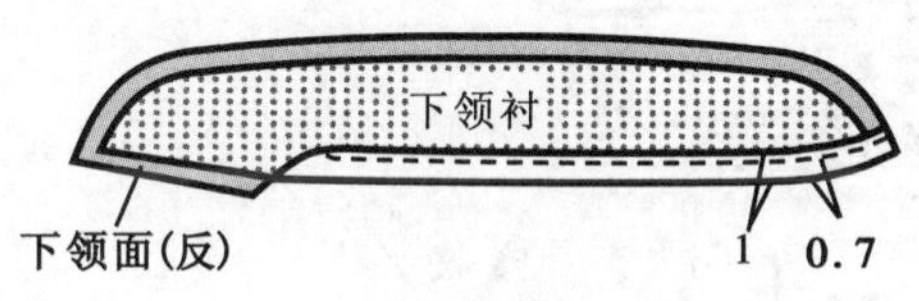

③ 做下领

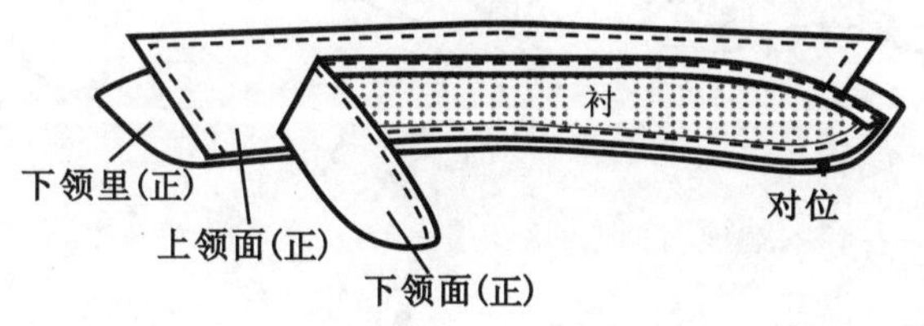

④ 缝合上、下领

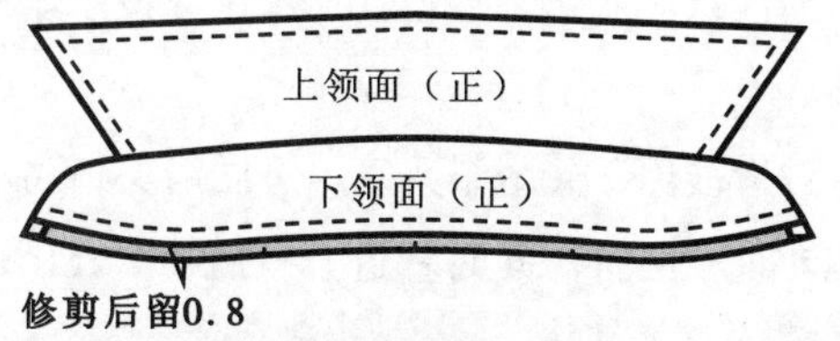

⑤ 修、翻、烫领

图 1-1-10　做领

拉紧程度视面料而定，目的是保证领角有一定的松量。再沿上领外口修剪留缝0.5cm，两领角修成宝剑形留缝0.2cm，并沿净线将缝份朝领面一侧扣烫，翻出上领，领尖要翻足，保证不变形。最后领里在上，熨烫领外口线。要求：止口不反吐、领角有窝势，不反翘（图1-1-10中①）。

（2）上领止口缉明线：沿上领止口缉0.6cm明线，在领角10cm范围内不允许接线。然后用长针车缝固定上领下口，并修剪下口缝份，定出居中对位记号。要求：线迹松紧适宜，无跳针、浮线现象（图1-1-10中②）。

（3）做下领：在下领面，按净样板扣烫领下口缝份，然后沿下领扣烫线车缝0.7 cm明线，并根据净样定出与上领缝合时所需的对位记号。要求：线迹顺直，起始针在两端缝份上（图1-1-10中③）。

（4）缝合上、下领：下领面在上，里在下，正面相对，上领面在上夹在两层下领中间，沿净线并对准记号一起车缝（图1-1-10中④）。

（5）修、翻、烫领：修剪缝份，两圆头留0.3cm，其余0.5cm，翻出下领并熨烫，然后修剪装领缝份留0.8cm，定出对位记号，准备装领（图1-1-10中⑤）。

7. 绱领（图1-1-11）

（1）绱领：下领里与衣片正面相对，按0.8cm缝份并对准记号车缝绱领。要求：起始点必须与衣片对齐，回针固定（图1–1–11中①）。

（2）闷领：下领面盖住绱领缝线，从右下领上口圆头进4cm处起针，沿下领一周缉明线固定。缉线宽0.1cm。要求：两头接线不双轨，背面坐缝不超过0.3cm（图1–1–11中②）。

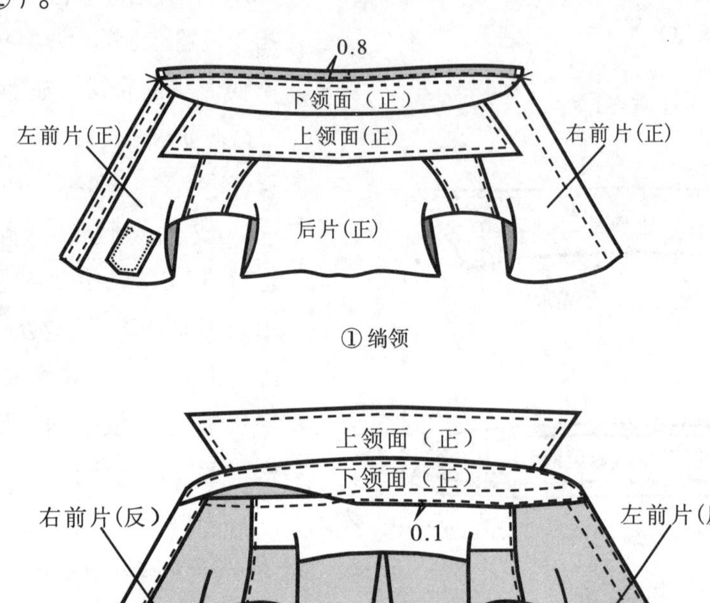

① 绱领

② 闷领

图1–1–11　绱领

8. 做袖衩（图1–1–12）

（1）剪袖开衩：按袖片样板画出袖开衩位并剪开袖衩，开衩净长12cm（图1–1–12中①）。

（2）扣烫袖衩条：按净样扣烫大、小袖衩条。要求衩里吐出0.1cm，便于车缝（图1–1–12中②）。

（3）装小袖衩：先在小袖衩条上端沿对折线剪0.8cm深剪口，然后沿剪口将小袖衩里装于袖片反面的后袖一侧，再把袖衩翻向袖片正面，同时塞进开衩缝份1.2cm，在小袖衩上车缝0.1cm明线（图1–1–12中③）。

（4）装大袖衩：先在大袖衩里上端剪0.8cm深、0.5cm宽的剪口，然后沿剪口将大袖衩里装于袖片反面后袖的另一侧，再把袖衩翻向袖片正面，同时塞进开衩缝份0.5cm，在大袖衩上车缝0.1cm明线，包括沿宝剑头一周及封口。最后根据刀眼位用0.8cm缝份车缝固定裥位。裥面倒向大袖衩（图1–1–12中④）。

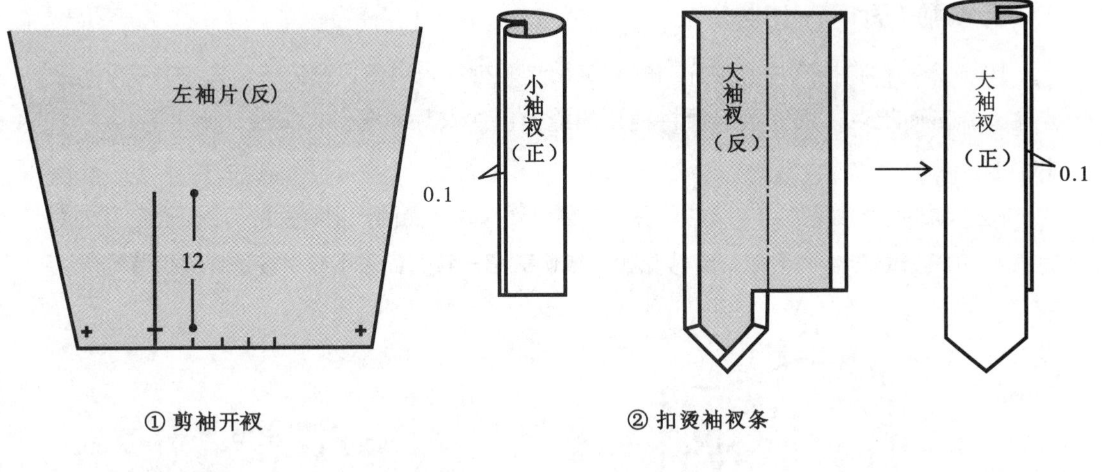
左袖片(反)
12
小袖衩
(正)
0.1
大袖衩
(反)
大袖衩
(正)
0.1
① 剪袖开衩
② 扣烫袖衩条

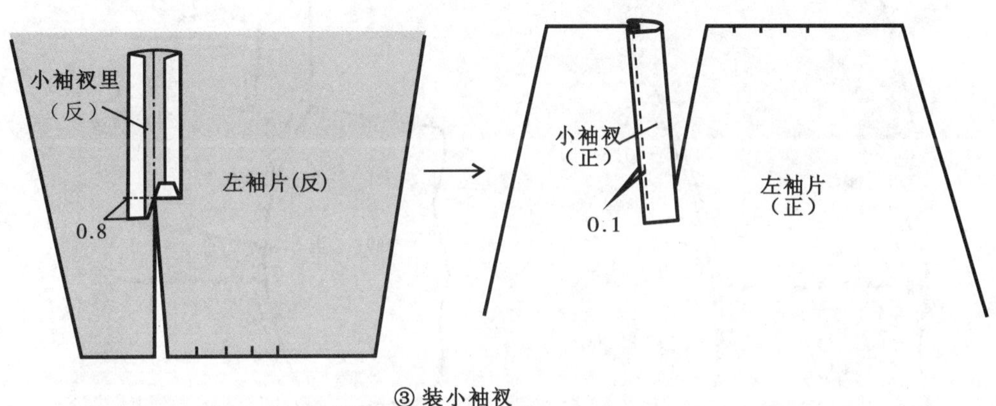
小袖衩里
(反)
左袖片(反)
0.8
小袖衩
(正)
0.1
左袖片
(正)
③ 装小袖衩

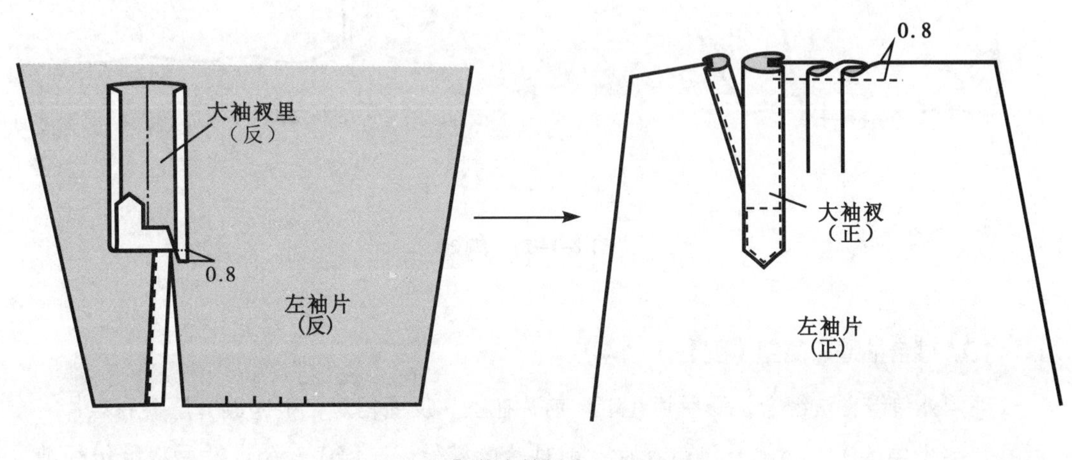
大袖衩里
(反)
0.8
左袖片
(反)
0.8
大袖衩
(正)
左袖片
(正)
④ 装大袖衩

图1-1-12 做袖衩

9. 绱袖（图1-1-13）

（1）绱袖：根据衣片、袖片上的对位记号装袖。采用内包缝方法，即袖片在下，衣片在上，正面相对，根据放缝量将袖片的缝份包住衣片的缝份，车缝1cm（图1-1-13中①）。

（2）缉明线：如图1-1-13中②将装袖缝份朝衣片一侧倒，把衣片翻转到正面，沿袖窿线一周缉0.9cm的明线。要求：缝线弧顺，缝份宽窄一致。或采用专用设备埋夹机装袖。

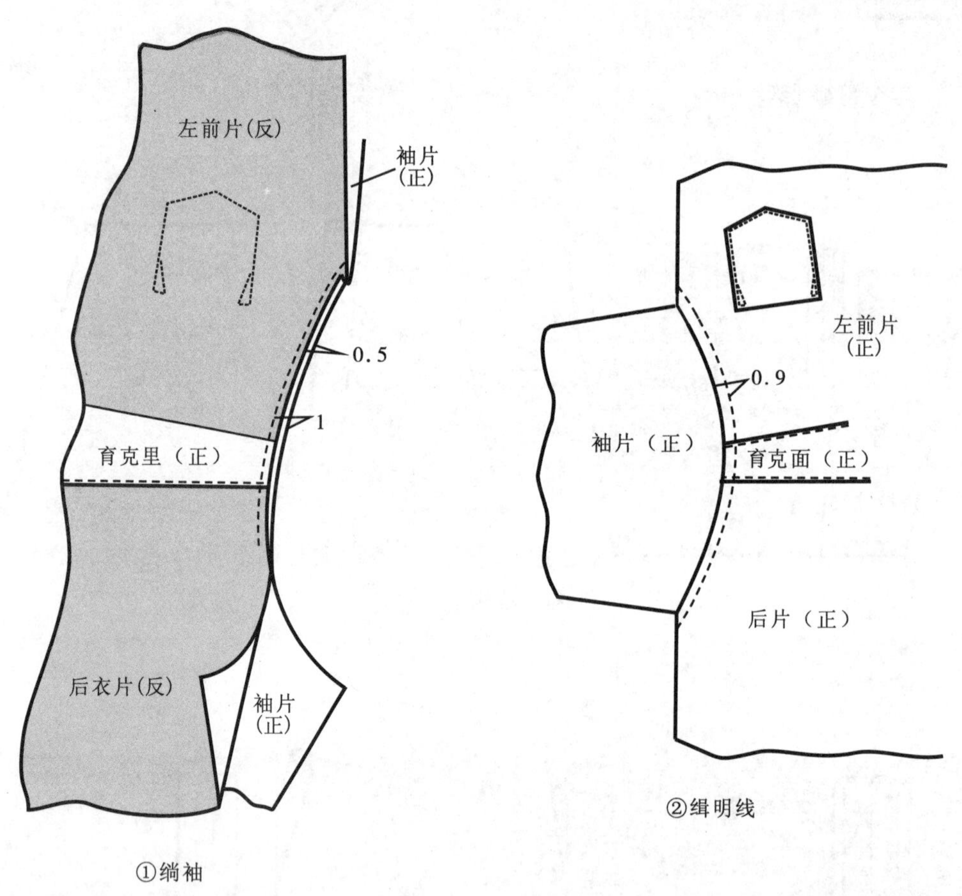

图1-1-13　绱袖

10. 缝合袖缝、侧缝（图1-1-14）

采用外包缝方法缝合，即后片在下，前片在上，反面相对，根据放缝量将后衣片、后袖片缝份中的0.8cm部分包前衣片、前袖片的缝份，车缝0.7cm，然后将缝份朝前倒，在后衣片、后袖片正面沿边车0.1cm的明线。要求：袖底十字缝对准，两明线顺直，宽窄一致。也可采用专用设备双针链缝机缝合（图1-1-14）。

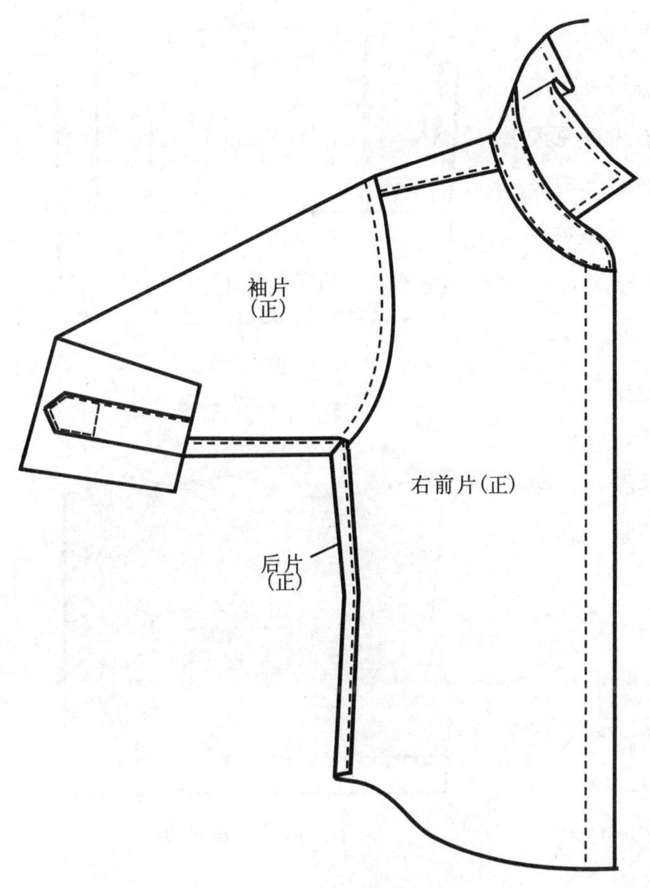

图1-1-14　缝合袖缝、侧缝

11. 做袖克夫（图1-1-15）

在袖克夫面的反面烫上粘衬、画出净样，并按净线扣烫袖克夫上口，沿边车缝1cm明止口，然后将袖克夫面、里正面相对，沿净线车缝袖克夫。要求：两圆头处里布适当拉紧里外匀。再沿边修剪缝份，留缝0.5cm，圆头处留缝0.3cm。沿袖克夫净线将缝份朝袖克夫面一侧烫倒，翻出袖克夫，再将其烫平。最后把袖克夫里布上口缝份向里折光扣烫，宽度比面布大0.1cm。要求止口不反吐，圆头大小一致。

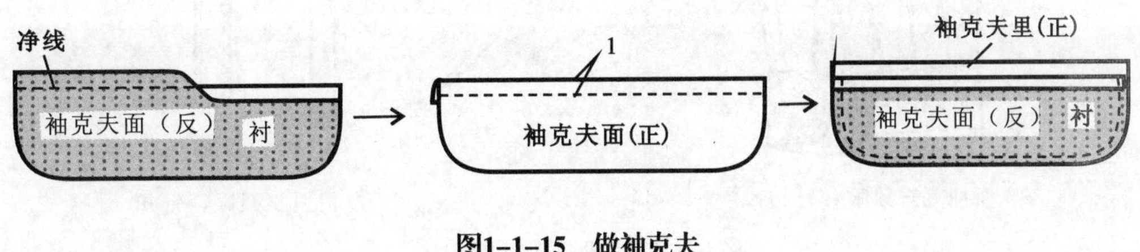

图1-1-15　做袖克夫

12. 绱袖克夫（图1–1–16）

袖克夫面在上，用闷缝的方法将袖克夫装于袖口，车缝0.1cm固定；然后沿袖克夫三边缘缉0.6cm明止口。要求：袖克夫两头装平齐，袖衩长短一致。

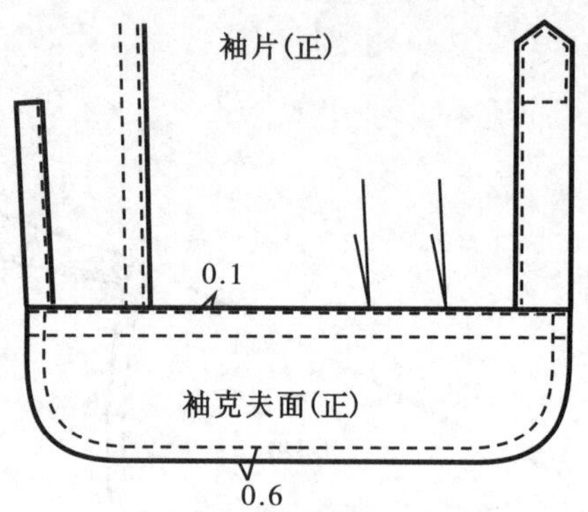

图1–1–16　绱袖克夫

13. 卷底边（图1–1–17）

衣片反面在上，修顺底摆，在弧度处用长针距车缝抽吃势。然后按放缝第一次折0.5cm，第二次折0.7cm，沿边缉0.1cm，正面见线0.6cm。也可采用卷边器卷边。要求：门里襟长短一致，线迹松紧适宜，底边不起裂。

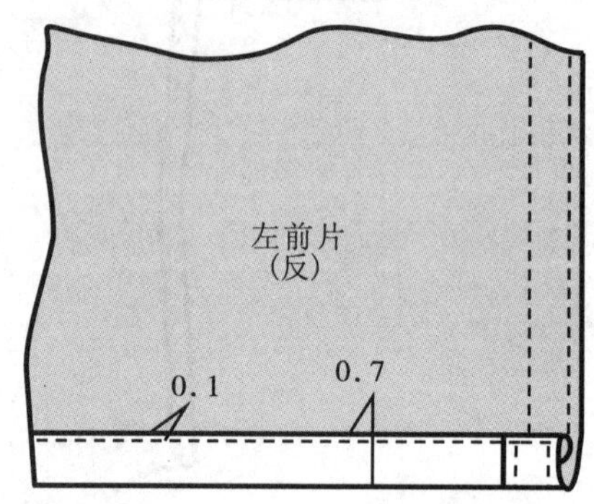

图1–1–17　卷底边

14. 锁眼、钉扣（图1–1–18）

（1）袖克夫锁眼、钉扣：平头锁眼，大1.2cm。根据样板定出锁眼位，两袖克夫门襟头各1个，两大袖衩处各1个，共4个。扣子钉在锁眼位相对应的袖克夫里襟头各2粒、小袖衩处各1粒，共4粒（图1–1–18中①）。

（2）门里襟锁眼、钉扣：平头锁眼，大1.2cm。根据样板定出锁眼位，下领门襟头横眼1个，门襟竖眼5个。钉扣在锁眼位相对应的下领里襟头1粒、衣片里襟5粒、共6粒（图1–1–18中②）。

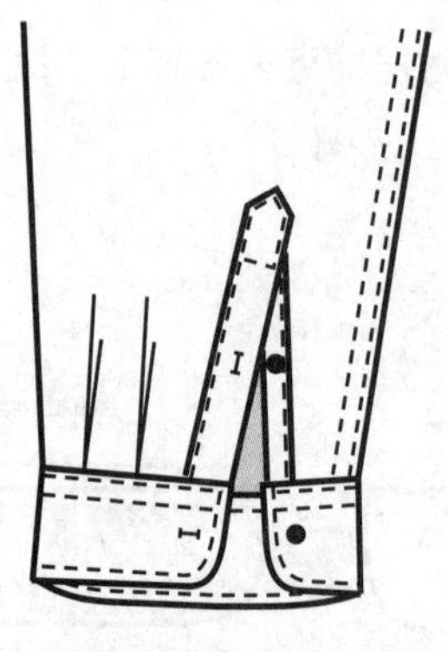

① 袖克夫锁眼、钉扣

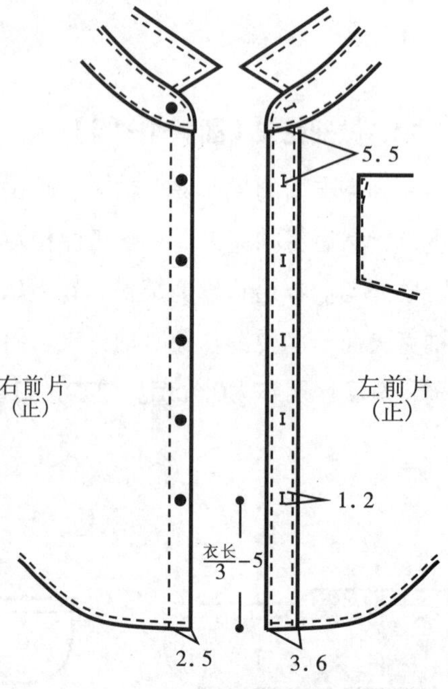

② 门里襟锁眼、钉扣

图1–1–18　锁眼、钉扣

15. 整烫

整件衬衫缝制完毕，先修剪线头、清除污渍，再用蒸气熨斗进行熨烫。首先上领里在上，沿领止口起将上领熨烫平服。要求领角有窝势、不反翘，与下领贴合，翻转自如。其次将前后袖子（袖克夫、袖衩、袖裥）、袖缝分别烫平。最后烫大身，衣片反面在上，从里襟起，经后衣片至门襟，分别将衣身、底边、口袋线迹等熨烫平整，然后扣上钮扣，熨烫肩、摆缝，折叠成型。

八、缝制工艺质量要求及评分参考标准（总分100）

1. 规格尺寸符合要求。（15）
2. 各部位缝线整齐、牢固、平服，针距密度一致。（15）
3. 上下线迹松紧适宜，无跳线、断线，起落针处应有回针。（10）
4. 包缝牢固、平整、宽窄均匀。（10）
5. 领子平服，领面与领里松紧适宜，不反翘、不起泡、不渗胶。（15）
6. 袖子、袖克夫、口袋和衣片的缝合部位缝线均匀、平整、无歪斜。（15）
7. 锁眼位置准确，钮扣与眼位相对，大小适宜，整齐牢固。（10）
8. 成衣整洁，各部位整烫平服，无水迹、烫黄、烫焦、极光等现象。（10）

九、实训题

1. 实际训练男式衬衫领的缝制。
2. 按缝制工艺要求，进行宝剑头袖开衩的缝制训练。
3. 男衬衫门襟的缝制有哪几种方法？分别进行缝制训练。

第二节　时尚休闲短袖衬衫工艺

一、概述

1. 外形特征

该款为时尚休闲短袖衬衫，修身造型，适合年轻男士穿着。男式衬衫领、左侧装翻门襟、右侧门襟贴边内折车缝固定，前中设7粒钮；前、后衣身的肩部育克设计，后衣身收腰省；袖口翻边缉明线，圆弧下摆，款式见图1–2–1。

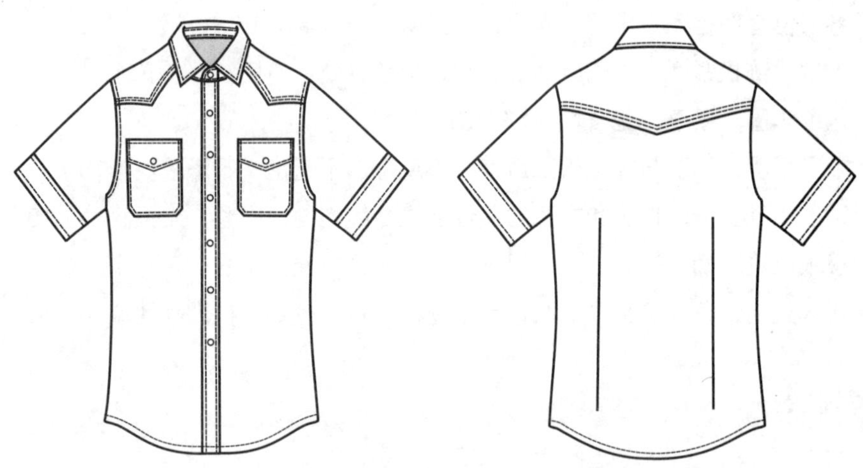

图1–2–1　时尚休闲短袖衬衫款式图

2. 适用面料

该款较适合素色、碎花或格子的全棉织物或棉混纺织物。

3. 面辅料参考用量

（1）面料：门幅144cm，用量约130cm（包括缩率，估算式：衣长+袖长+15）。

（2）辅料：粘合衬约70cm，扣子8粒（其中备用1粒）。

二、制图参考规格（不含缩率）

表1–2–1　制图参考规格

（单位：cm）

号/型	后中长	胸围（B）	领围（N）	肩宽（S）	袖长	袖口大
170/92A	74	92+14（放松量）=106	41	45.6	22	36

三、款式结构制图（图1-2-2）

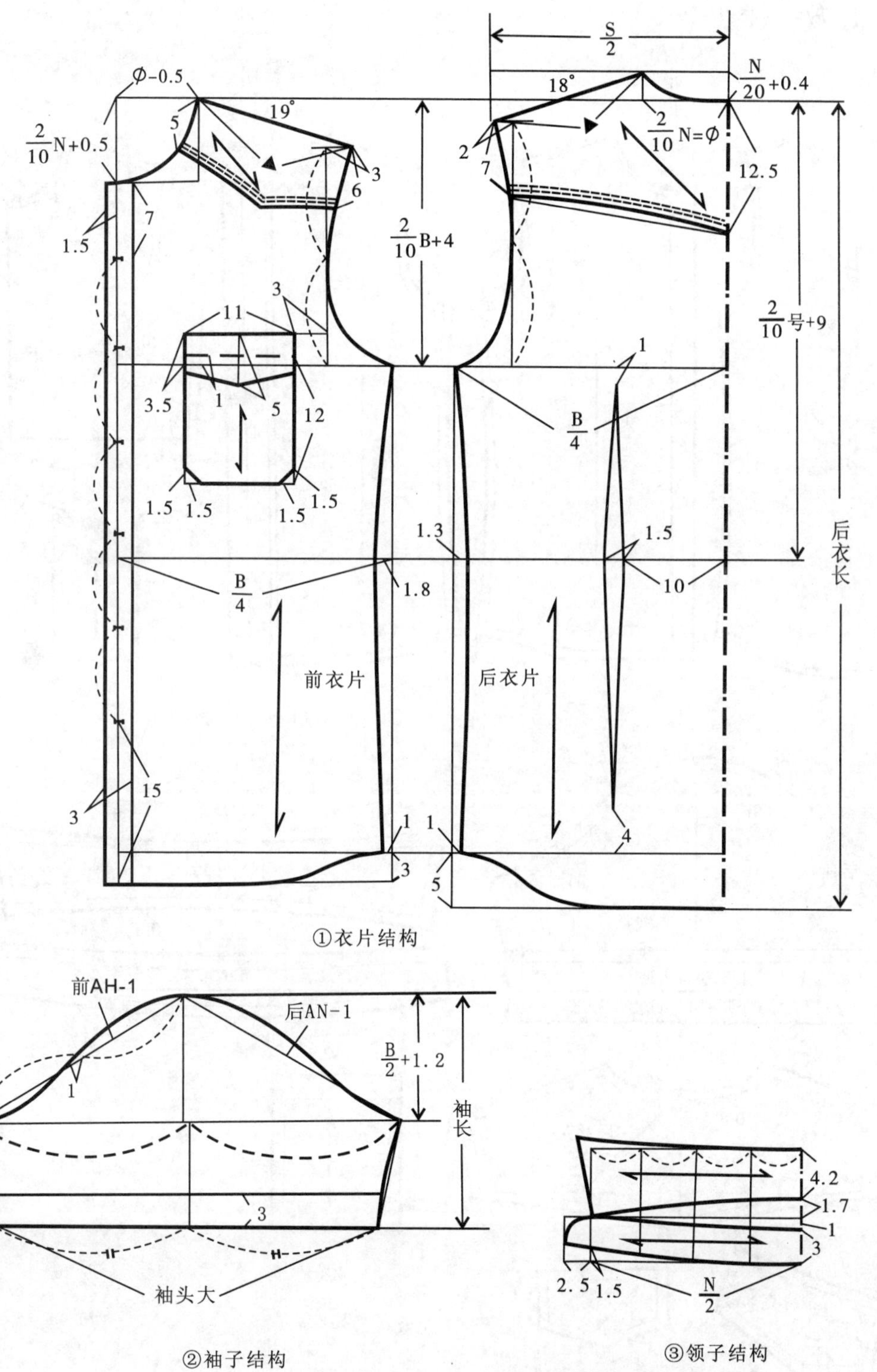

图 1-2-2　时尚休闲短袖衬衫结构图

四、放缝、排料图

1. 放缝（图1-2-3）

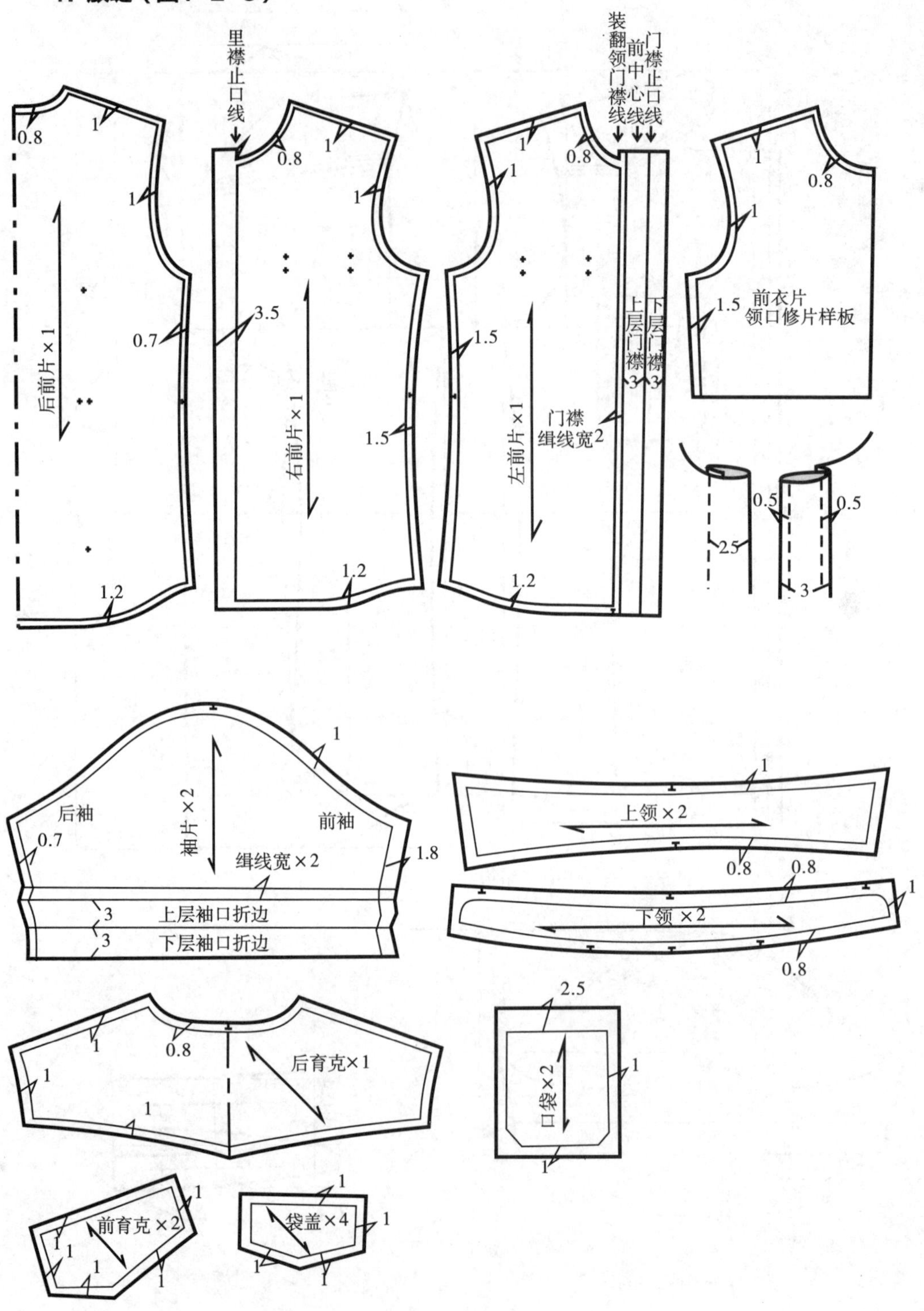

图 1-2-3　放缝图

2. 排料

（1）面料排料图（图1-2-4）

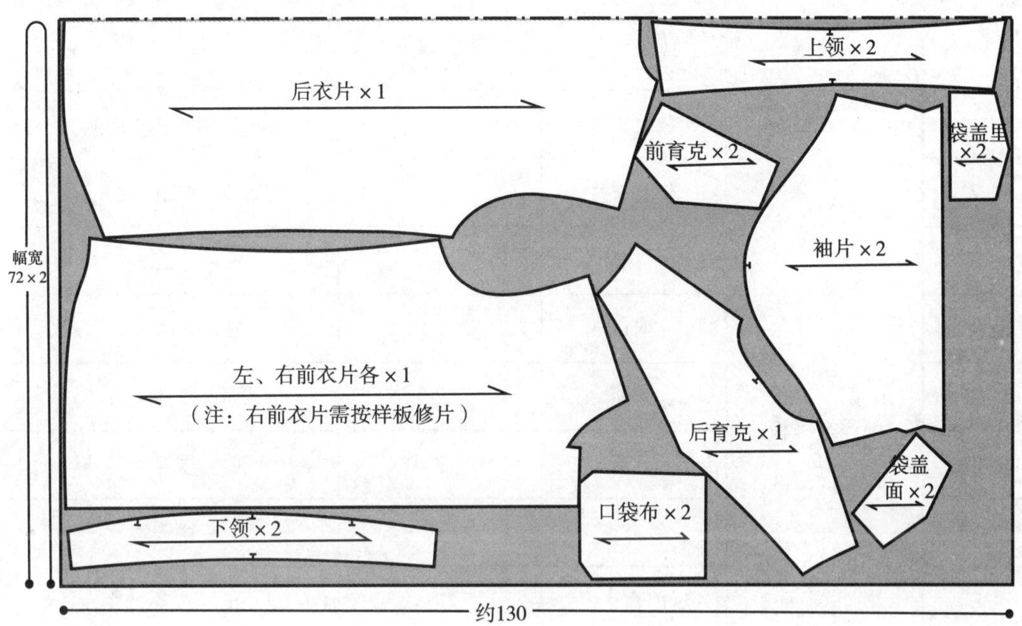

图 1-2-4　面料排料参考图

（2）粘衬排料图（图1-2-5）

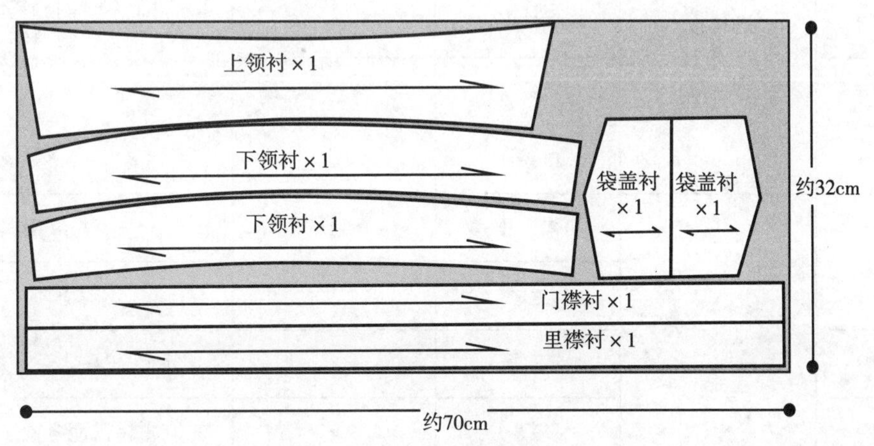

图 1-2-5　粘衬排料参考图

五、样板名称与裁片数量（表1-2-2）

表 1-2-2　时尚休闲短袖衬衫样板名称及裁片数量

<table>
<tr><th>序号</th><th>种　类</th><th>样板名称</th><th>裁片数量
（单位：片）</th><th>备　注</th></tr>
<tr><td>1</td><td rowspan="10">面料毛样板</td><td>右前衣片</td><td>1</td><td>右侧门襟贴边内折</td></tr>
<tr><td>2</td><td>左前衣片</td><td>1</td><td>左侧翻门襟</td></tr>
<tr><td>3</td><td>后衣片</td><td>1</td><td>后中连裁</td></tr>
<tr><td>4</td><td>袖片</td><td>2</td><td>左、右各一片</td></tr>
<tr><td>5</td><td>上领</td><td>2</td><td>面、里各一片</td></tr>
<tr><td>6</td><td>下领</td><td>2</td><td>面、里各一片</td></tr>
<tr><td>7</td><td>后育克</td><td>1</td><td>后中连裁</td></tr>
<tr><td>8</td><td>前育克</td><td>2</td><td>左、右各一片</td></tr>
<tr><td>9</td><td>口袋盖</td><td>4</td><td>左、右、面、里各一片</td></tr>
<tr><td>10</td><td>口袋布</td><td>2</td><td>左、右各一片</td></tr>
<tr><td>11</td><td rowspan="5">净样板</td><td>上领</td><td>1</td><td rowspan="5">用于衬衫缝制过程中的扣烫、画净样</td></tr>
<tr><td>12</td><td>下领</td><td>1</td></tr>
<tr><td>13</td><td>前衣片</td><td>1</td></tr>
<tr><td>14</td><td>口袋盖</td><td>1</td></tr>
<tr><td>15</td><td>口袋布</td><td>1</td></tr>
<tr><td>16</td><td rowspan="4">粘衬样板</td><td>门襟、里襟</td><td>2</td><td>样板共用</td></tr>
<tr><td>17</td><td>上领</td><td>1</td><td>烫面领</td></tr>
<tr><td>18</td><td>下领</td><td>1</td><td>面、里各烫一片粘衬</td></tr>
<tr><td>19</td><td>袋盖</td><td>2</td><td>左、右袋盖面各烫一片粘衬</td></tr>
<tr><td>20</td><td>修片样板</td><td>前衣片</td><td>1</td><td>用于领口修片</td></tr>
</table>

六、缝制工艺流程、缝制前准备

1. 缝制工艺流程

烫粘衬 → 制作门、里襟 → 装门、里襟 → 装前育克 → 做袋盖、烫袋布 → 车缝固定袋布、袋盖 → 车后衣片省道 → 缝合肩缝、固定后育克 → 做领 → 绱领 → 制作袖口贴边 → 绱袖子 → 缝合侧缝和袖底缝 → 卷底摆 → 锁眼、钉扣 → 整烫

2. 缝制前准备

（1）针号和针距：14号针，针距为14针～16针/3cm；调节底面线松紧度到合适。

（2）烫粘衬部位（图1-2-6）。

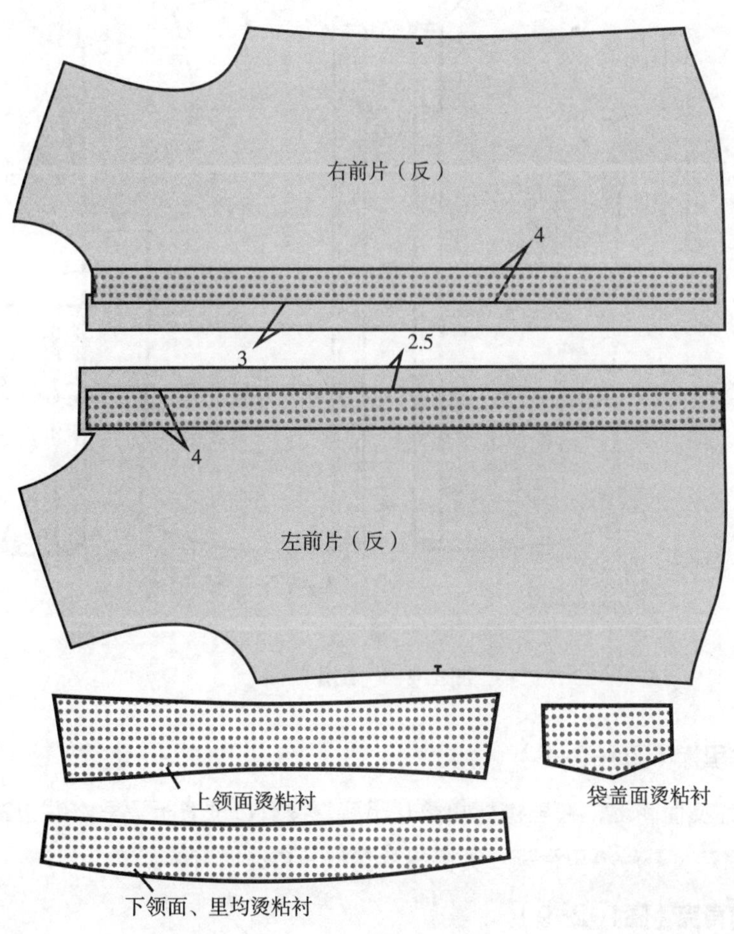

图1-2-6　烫粘衬部位

七、缝制工艺步骤及主要工艺

1. 制作门襟（图1-2-7）

（1）折烫并车缝门襟内侧明线：先将左前片反面朝上，门襟折进2.9cm扣烫，再折进3cm扣烫后，沿折边车缝0.5cm宽的明线（图1-2-7中①）。

（2）车缝门襟外侧止口线：将两折后的门襟展开，沿门襟止口缉0.5cm宽的明线（图1-2-7中②）。

（3）修顺领口：把前衣片领口修片样板放在左前衣片上，对齐衣片后修顺领口（图1-2-7中③）。

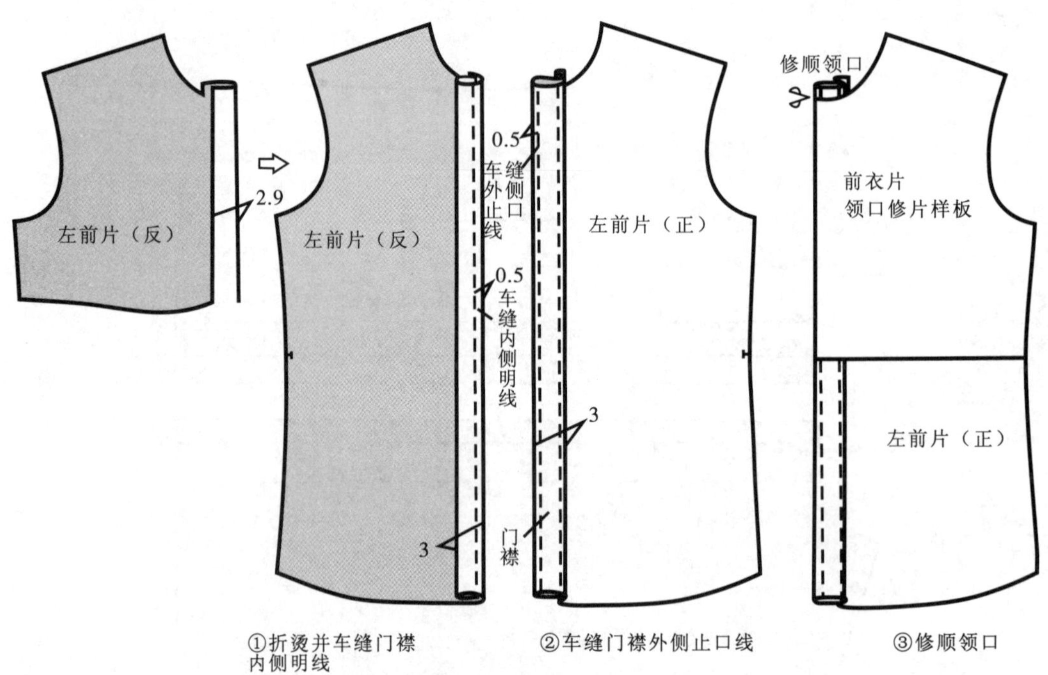

图1-2-7 制作门襟

2. 制作里襟（图1-2-8）

右前衣片反面朝上，在里襟处扣烫1cm后，按剪口位置折烫里襟贴边2.5cm，然后车缝0.1cm固定。最后将里襟领口处多出的量按领口线修剪。

3. 装前育克（图1-2-9）

把前育克反面朝上，扣烫育克尖角两边各1cm，然后将其放在前衣片的肩部分割线，并盖住分割线1cm，对齐肩部袖窿线和领口线后，车0.1cm和0.6cm的双明线。左、右衣片育克安装方法相同。

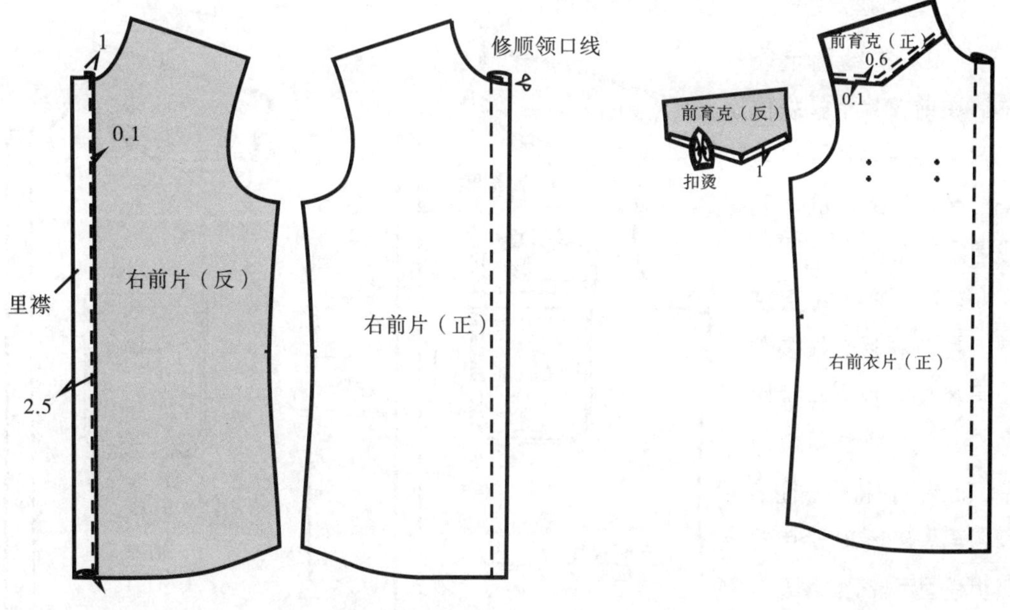

图 1-2-8　制作里襟

图 1-2-9　装前育克

4. 制作袋盖、烫袋布（图1-2-10）

（1）制作袋盖：把袋盖面和袋盖里正面相对，袋盖里朝上按净样画线后，沿净线车缝。然后修剪缝份留0.3cm，并剪掉两袋角，再扣烫成里外匀。最后把袋盖翻到正面，整理两袋角和尖角，沿袋盖止口车0.1cm和0.6cm的双明线，最后袋盖在尖角处锁上一扣眼（图 1-2-10中①）。

（2）扣烫袋布：袋布反面朝上，在袋口处扣烫1cm后，折进1.5cm扣烫，然后车缝0.1cm固定。再按口袋布净样扣烫（图 1-2-10中②）。

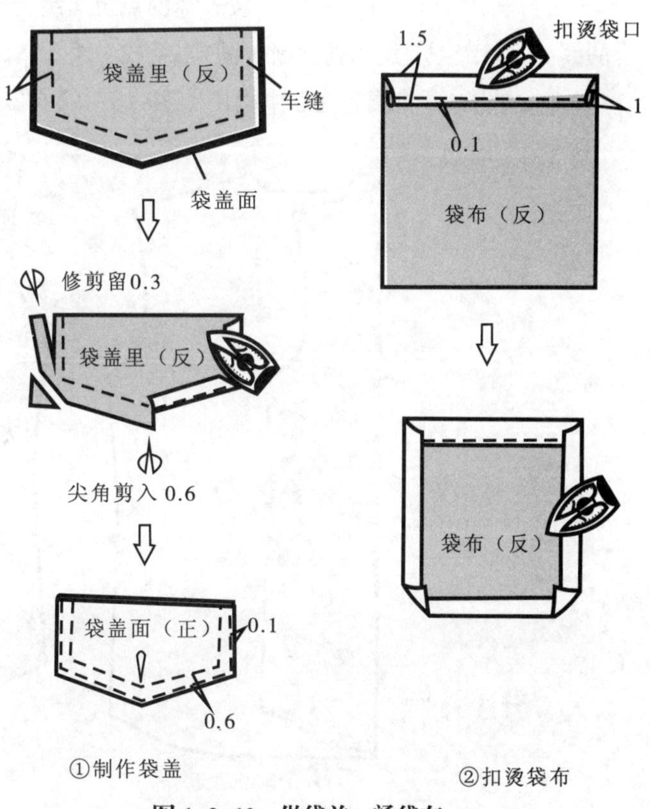

图 1-2-10　做袋盖、烫袋布

5. 车缝固定袋布和袋盖（图1-2-11）

（1）车缝固定袋布：在前衣片上按袋位记号将袋布放上，车0.1cm和0.6cm的双明线固定袋布。

（2）车缝固定袋盖：在前衣片上按袋盖记号将袋盖放上车1cm固定，然后把缝份修剪留0.5cm后，将袋盖往下翻，再车0.1和0.6cm的双明线固定袋盖。

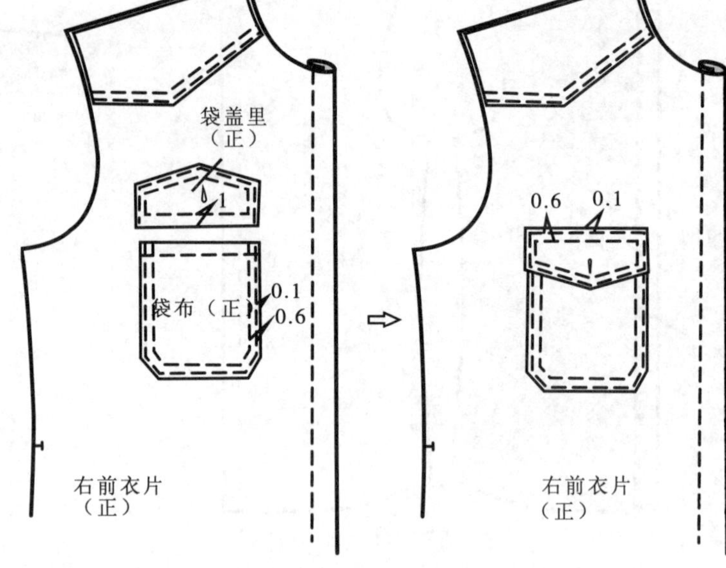

图1-2-11　车缝固定袋布和袋盖

6. 车缝后衣片省道（图1-2-12）

（1）车缝省道：在后衣片上按省道的点位车缝合腰省，要求缝至省尖时留10cm左右的线头，将缝线打结后再剪断（图1-2-12中①）。

（2）烫省道：将腰省往后中烫倒（图1-2-12中②）。

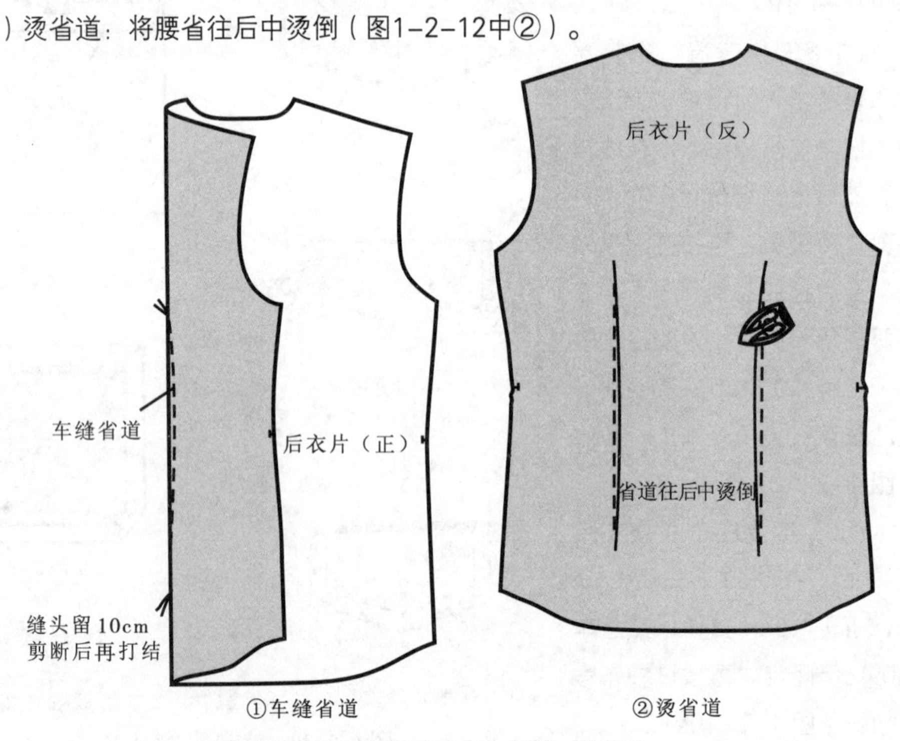

图1-2-12　车缝后衣片省道、烫省道

7. 缝合肩缝、车缝固定后育克（图1–2–13）

（1）扣烫后育克：将后育克反面朝上，扣烫育克尖角两边各1cm（图1–2–13中①）。

（2）缝合肩线：将前、后衣片反面相对，对准前后肩缝；再把后育克放在前衣片上面，对齐肩线和后领中点，按1cm的缝份缝合肩缝（图1–2–13中②）。

（3）肩线缉明线：将前、后衣片展开摊平，后育克往后衣片放平、并与后衣片的领圈和袖窿对齐；依次车0.1cm和0.6cm的双明线固定肩缝（图1–2–13中③）。

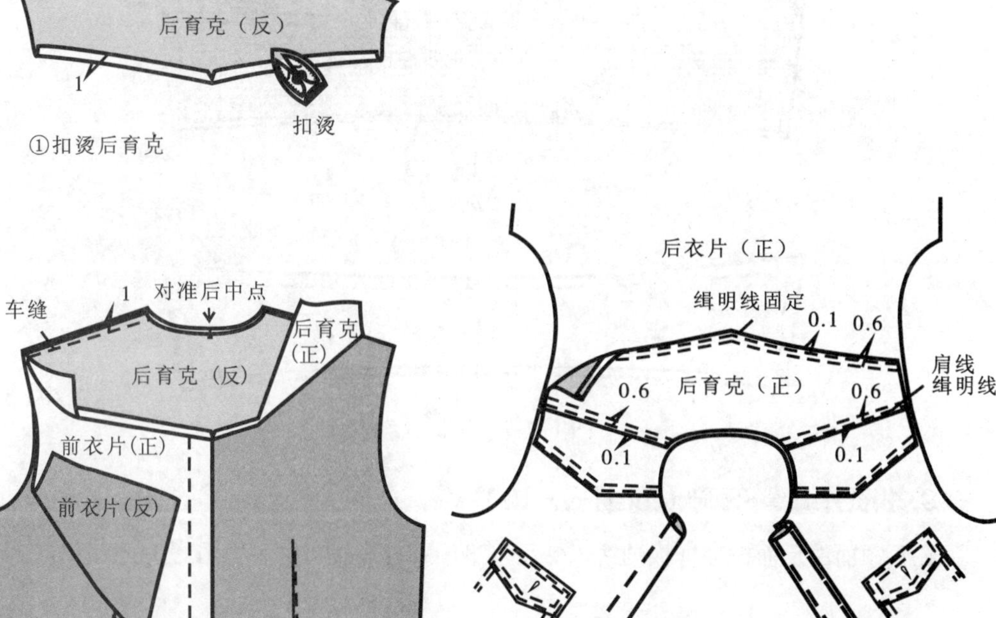

图1–2–13 缝合肩缝、车缝固定后育克

8. 制作上领（图1–2–14）

先在上领里的反面按净样板画线；然后将上领的面里正面相对，领里放上，沿净样画线缝合上领。要求在领角处领面稍松，领里稍紧，使领角形成窝势。再把领角的缝份修剪留0.2cm，将领面朝上，沿缝线扣烫后，翻到正面，在领里将领止口烫成里外匀。注意：左右领角长度一致并对称。最后将领面朝上，沿领止口车0.5cm的明线。

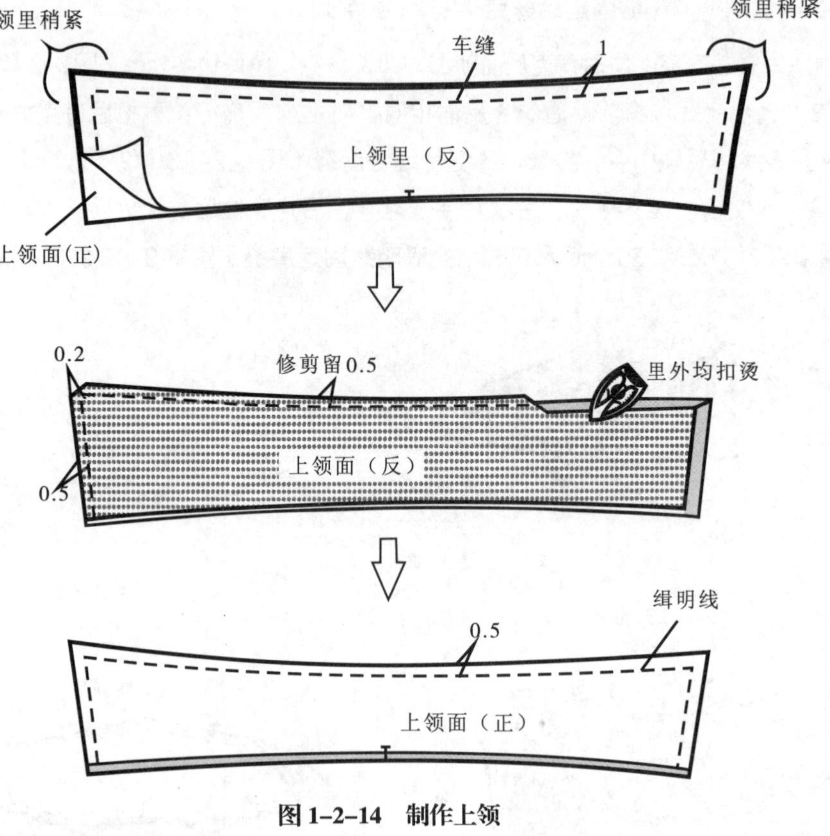

图 1-2-14　制作上领

9. 扣烫并缉缝下领脚（见图1-2-15）

在下领面的反面按净样板画线，然后沿下领脚按净线扣烫，再缉线0.6cm固定。

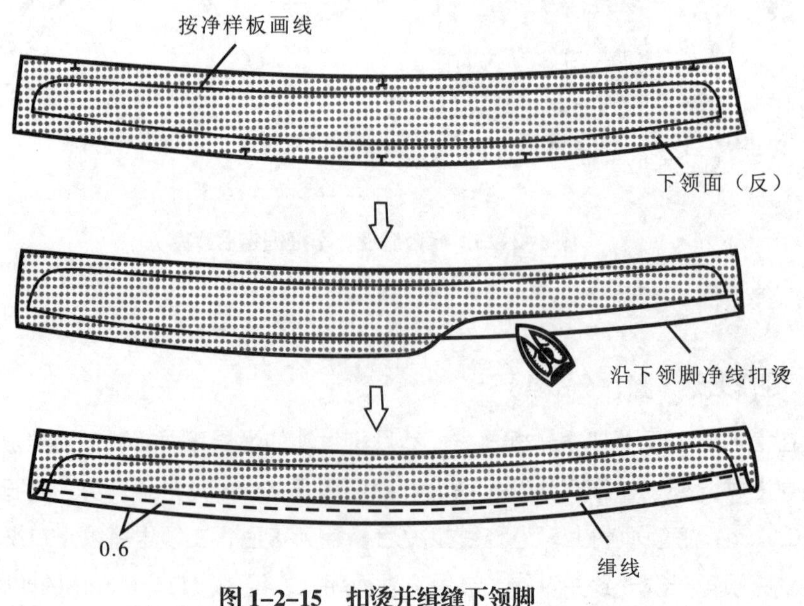

图 1-2-15　扣烫并缉缝下领脚

10. 缝合上下领（图1-2-16）

（1）缝合上下领：将上领夹在下领的中间，上领面与下领面、上领里与下领里分别正面相对，并准确对齐三者的左右装领点、后中点，再按净线缝合，缝份为1cm。

（2）修剪、翻烫领子：修剪下领的领角留0.3cm，上下领缝合处修剪后留0.5cm，再将领子翻到正面，注意下领角须翻圆顺，并检查领子左右对称后，将领角烫成平止口。最后修剪下领里的缝份留0.8cm。

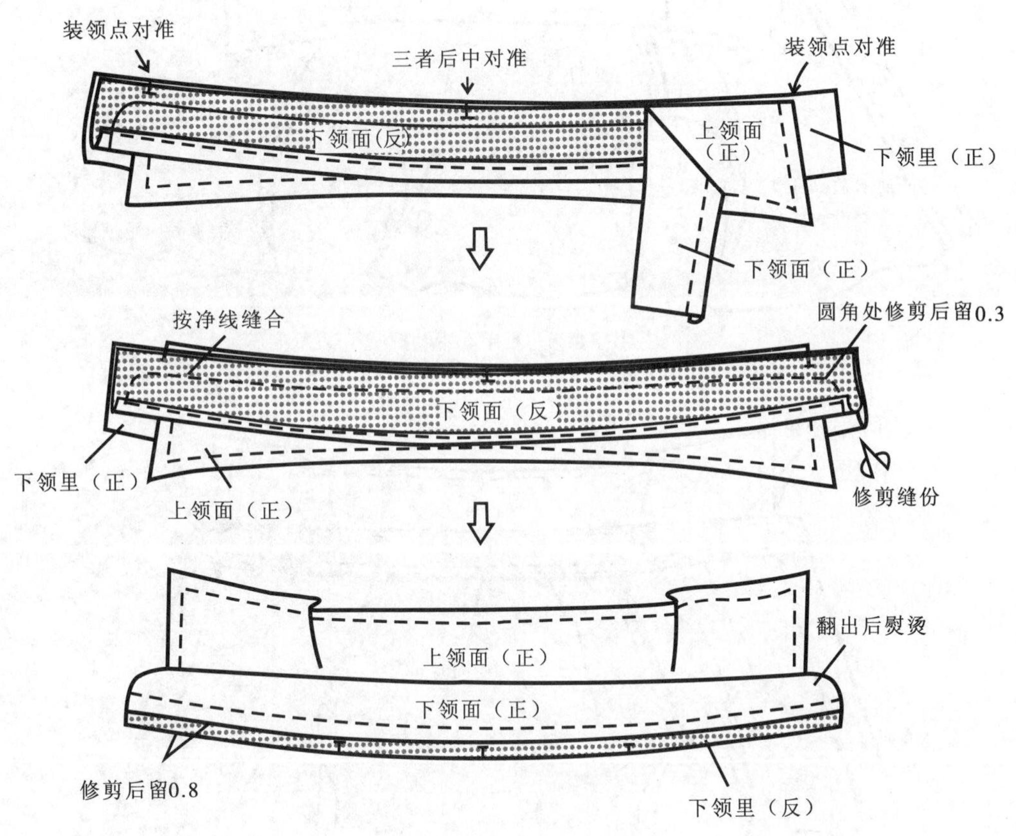

图1-2-16　缝合上下领

11. 绱领子（图1-1-17）

（1）下领里与衣片领圈缝合（绱领）：下领面在上，下领里与衣片正面相对，在衣片领圈处将后中点、左右颈侧点对准领里的后中点、左右颈侧点，按净缝份0.8cm缝合。要求：装领起止点必须与衣片的门里襟上口对齐，领圈弧线不可拉还口或抽紧（图1-1-17中①）。

（2）下领面与衣片缝合（闷领）：将上领面盖住领里缝线，从左装领点进6cm起针，沿下领连续车缝0.1cm一周，同时需缝住领里0.1cm（图1-1-17中②）。

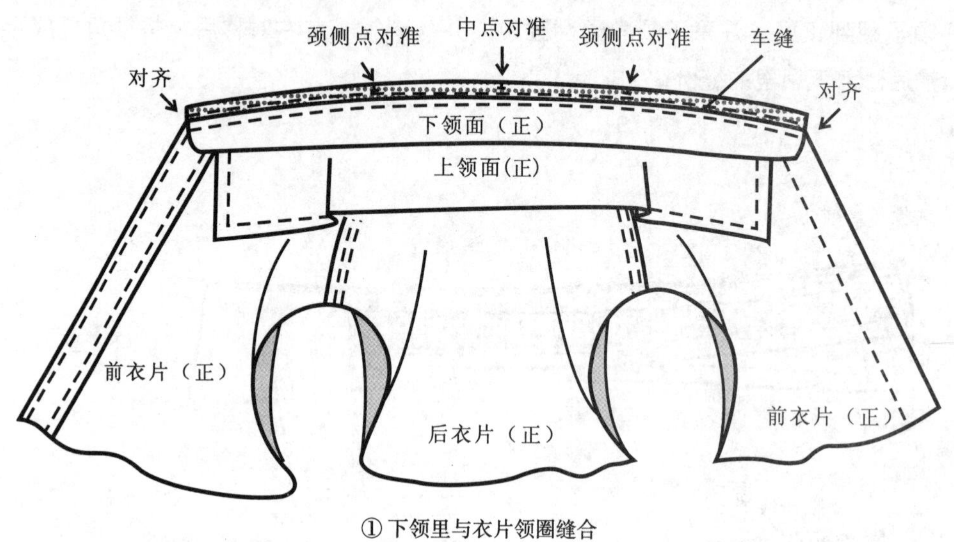

① 下领里与衣片领圈缝合

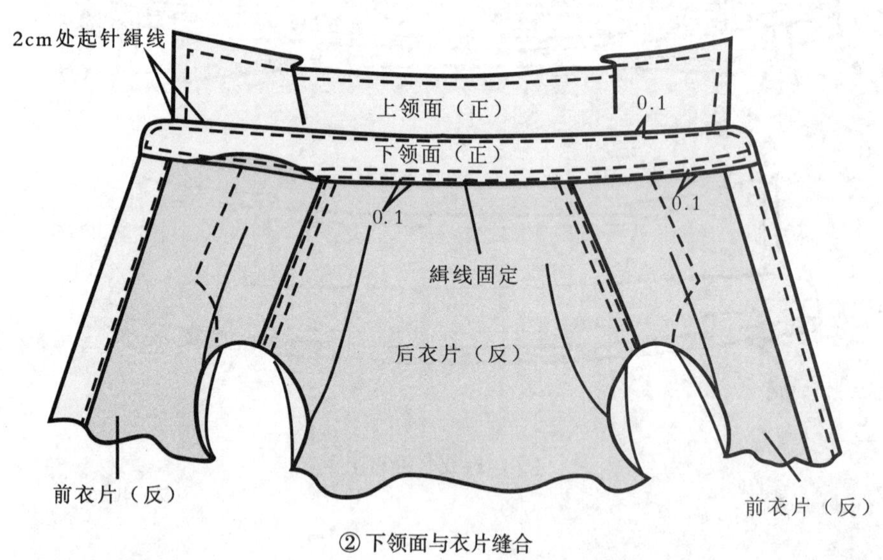

② 下领面与衣片缝合

图 1-2-17　绱领子

12. 制作袖口贴边（图1-2-18）

先将袖片反面朝上，袖口折上2.9cm烫平；再折进3cm后烫平，然后沿边缉缝0.5cm；最后把袖片往上翻平，沿贴边止口缉线0.5cm。

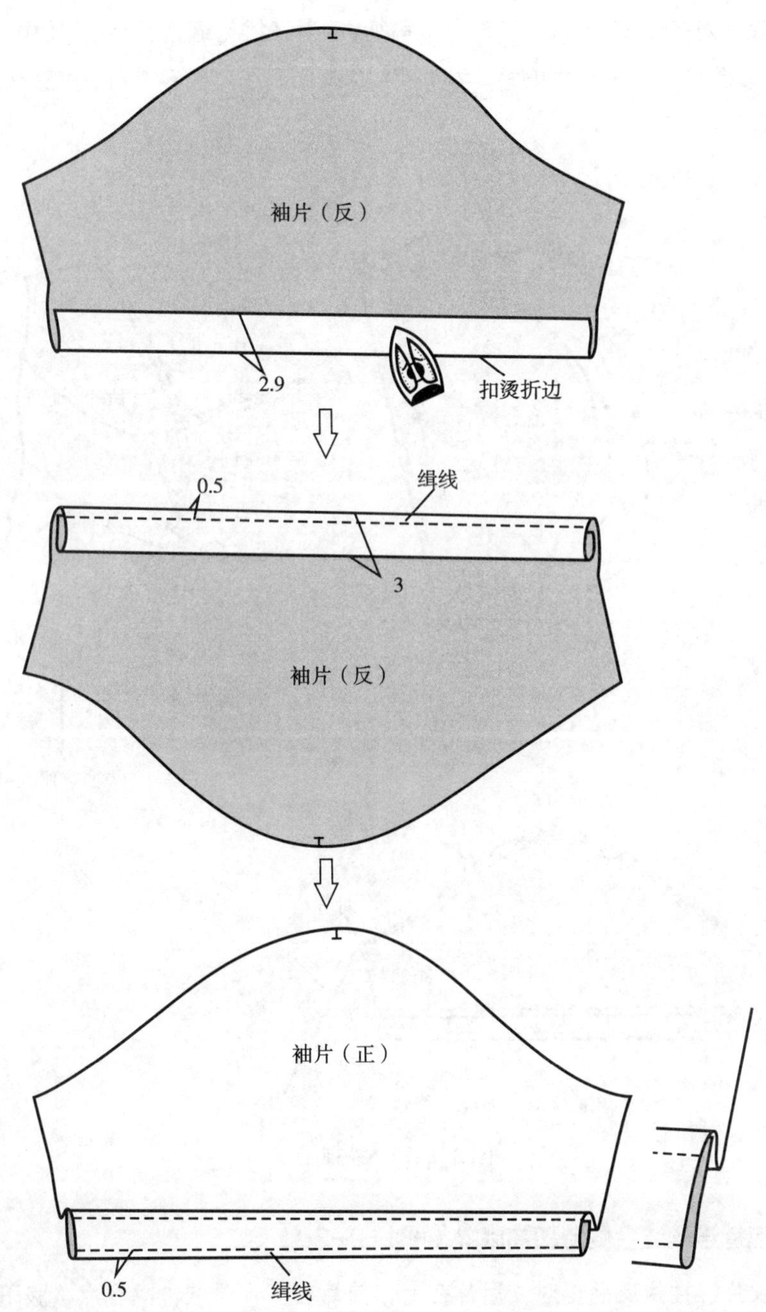

图 1-2-18　制作袖口贴边

13. 绱袖子（图2-1-19）

（1）检查并对准肩点与袖山顶点：把袖山顶点与衣片的肩点对准，检查衣片袖窿线与袖片袖山线是否吻合（图1-1-19中①）。

（2）绱袖子：将袖片与衣片正面相对，袖山顶点与衣片的肩点对齐对准、袖底点与衣片的袖窿底点对齐，车缝1cm固定；然后袖片朝上三线包缝（图1-1-19中②）。

（3）袖窿缉明线：在衣片正面，沿袖窿缉0.5cm明线（图1-1-19中③）。

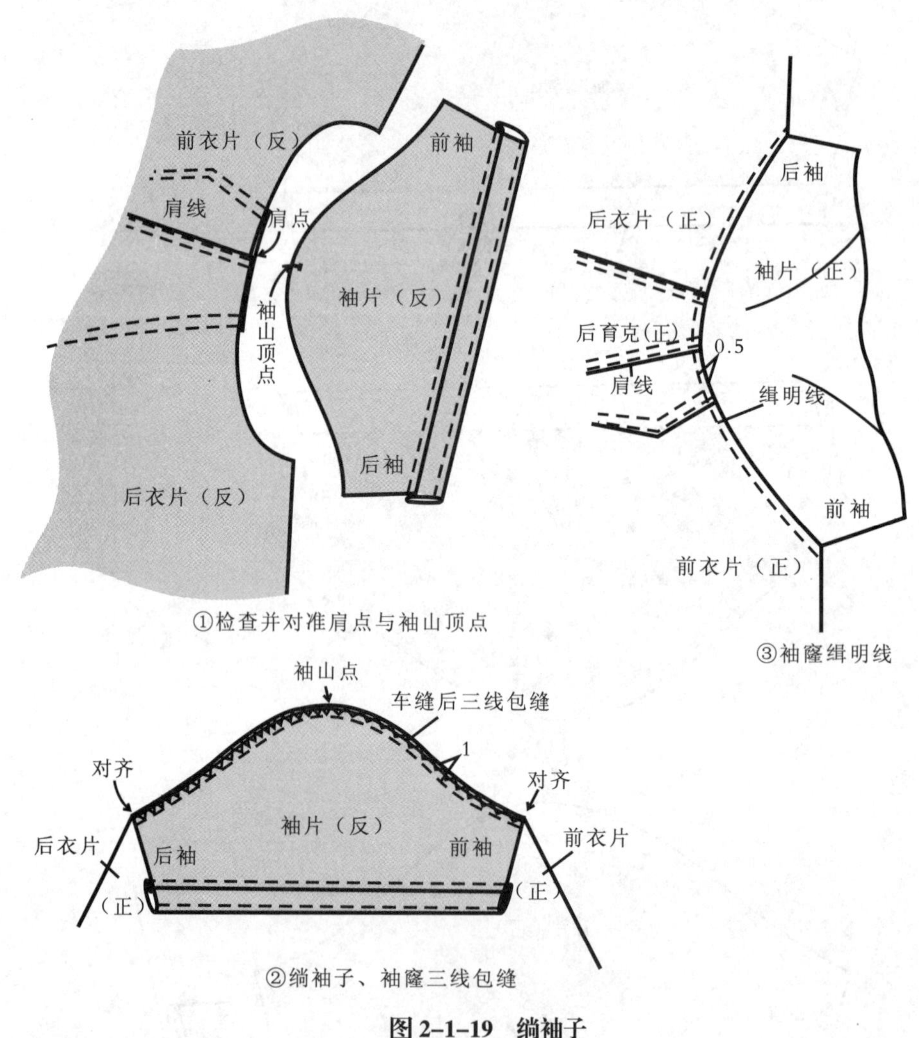

图 2-1-19　绱袖子

14. 外包缝连续缝合侧缝和袖底缝（图1-2-20）

将前后衣片、袖片反面相对，后片在上，前片在下，对准袖窿底点（腋下点）后，把下层（后前片）缝份拉出0.8cm折转包住后片，距折边0.75cm连续缝合侧缝和袖底缝；然后将缝份往后片折倒，距边车0.1cm固定缝份。

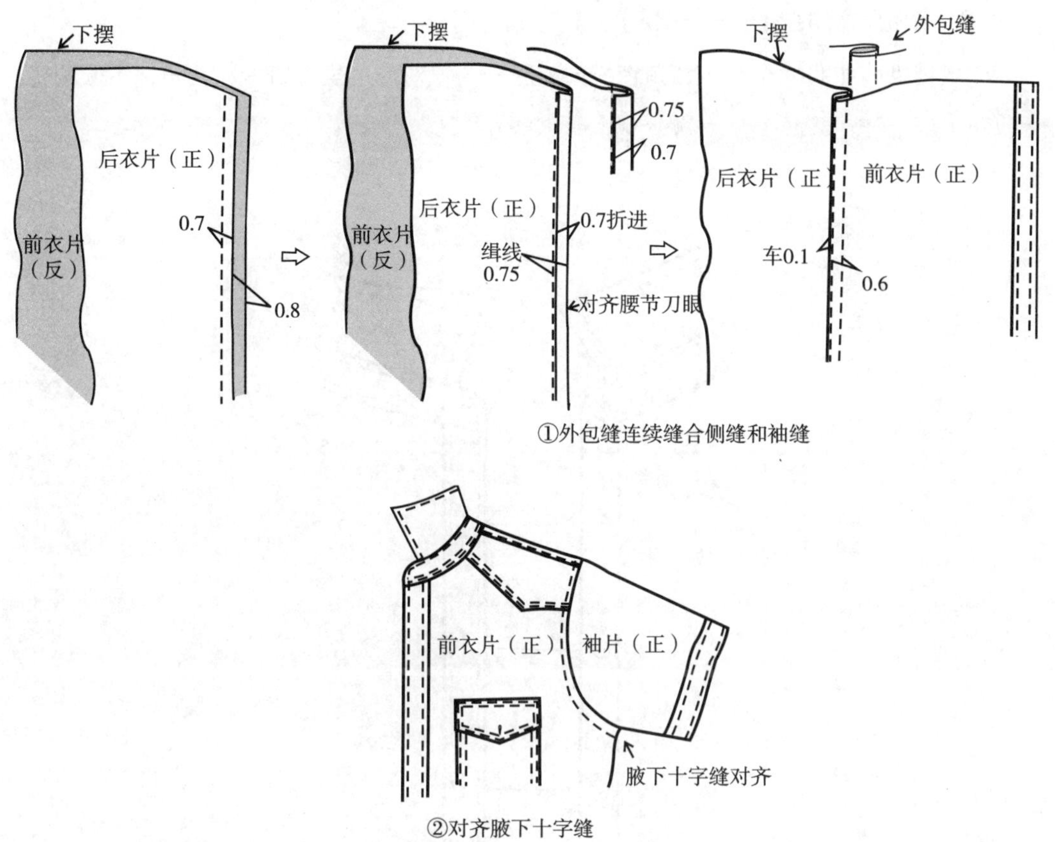

①外包缝连续缝合侧缝和袖缝

②对齐腋下十字缝

图 1-2-20　外包缝连续缝合侧缝和袖底缝

15. 卷底摆（图1-2-21）

先检查衣片门里襟是否左右长度一致；然后把底边两折，第一次折进0.5cm，第二次折进0.7cm；再沿第一次折边车缝0.1cm固定。

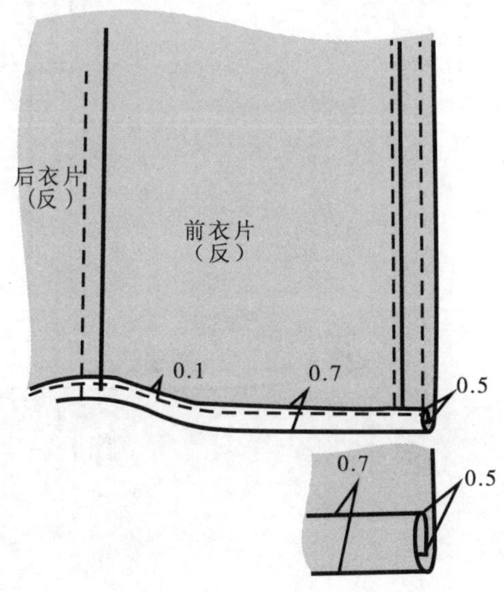

16. 锁眼、钉扣（图1-2-22）

门襟锁纵向扣眼六个、下领角锁横向扣眼一个；对应的里襟钉六粒扣子、下领角钉一粒扣子。

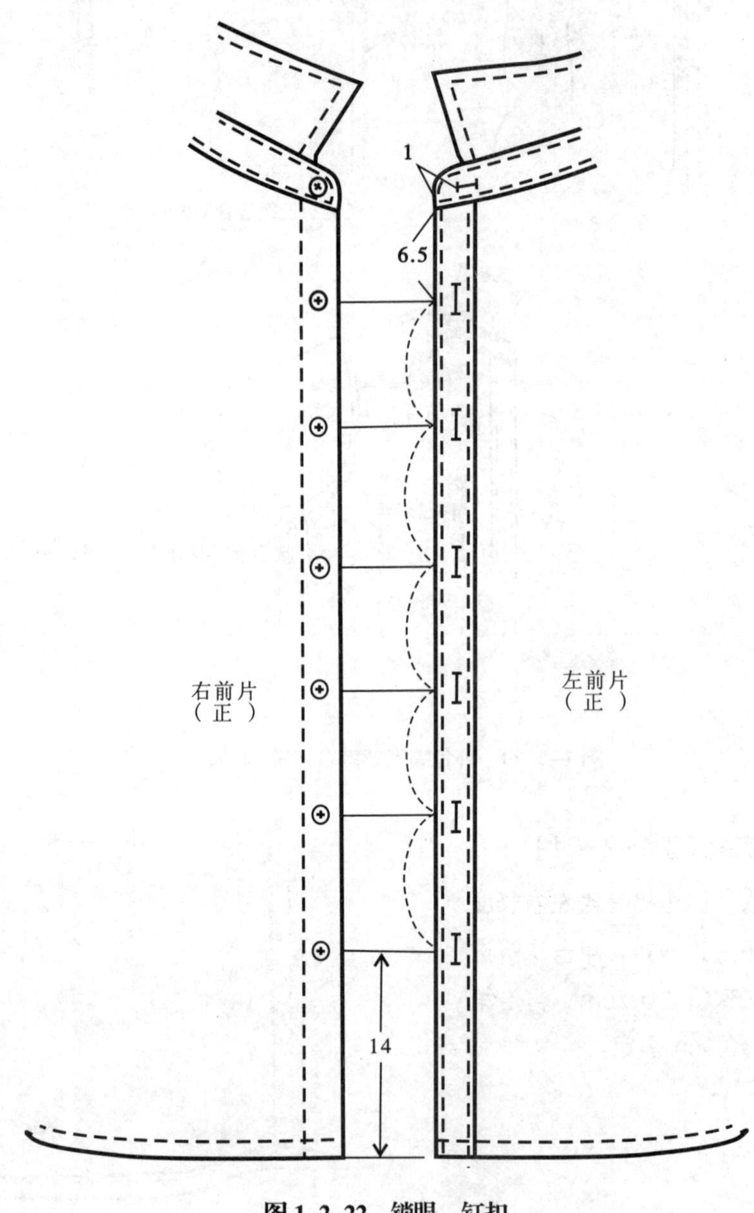

图 1-2-22　锁眼、钉扣

八、缝制工艺质量要求及评分参考标准（总分100）

1. 整件衣服缉线顺直，线迹均匀，针距符合要求。（5分）

2. 领子平服，两领角长短一致，领角不反翘，缉线圆顺对称，装领平整、左右对称。（20分）

3. 门里襟平服且长短、宽窄一致，缉线顺直、宽度符合要求。（10分）

4. 口袋左右对称、袋盖不反翘；缉线顺直、宽度符合要求。（10分）

5. 育克左右对称、平整，尖角处棱角分明，缉线顺直、宽度符合要求。（10分）

6. 绱袖吃势均匀，袖长左右对称，袖口宽窄一致。（20分）

7. 后衣片腰省左右对称、顺直。（10分）

8. 锁眼、钉扣位置准确。（10分）

9. 成衣无线头，整洁、美观。（5分）

九、实训题

1. 实际训练男式衬衫领的缝制和装领，注意装领时各处的对位。

2. 实际训练门里襟的缝制，并思考和练习其他类型门里襟的缝制。

3. 实际训练育克的缝制，并能加以熟练运用。

第三节　男衬衫工艺拓展实践

为巩固本章的知识点，本节着重在男衬衫款式拓展上给读者以相关内容的实际训练，达到学以致用的目的。

一、暗门襟短袖男衬衫

1. 款式特点

领型：上领为大八字窄形翻领，下领里采用别色布，左右两翻领角各锁一个扣眼并钉扣固定。

门襟、里襟：暗门襟内锁6个扣眼，里襟采用别色布，闷缝与右衣片缝合，里襟钉扣子6粒。

左衣片：胸部横向分割，装暗口袋。

后衣片：后育克横向分割，分割出的衣片左右各设计一个褶裥。

衣摆：弧线形下摆，后下摆长于前下摆。

袖口：翻边袖口，袖口贴边采用别色布。

具体款式见图1–3–1。

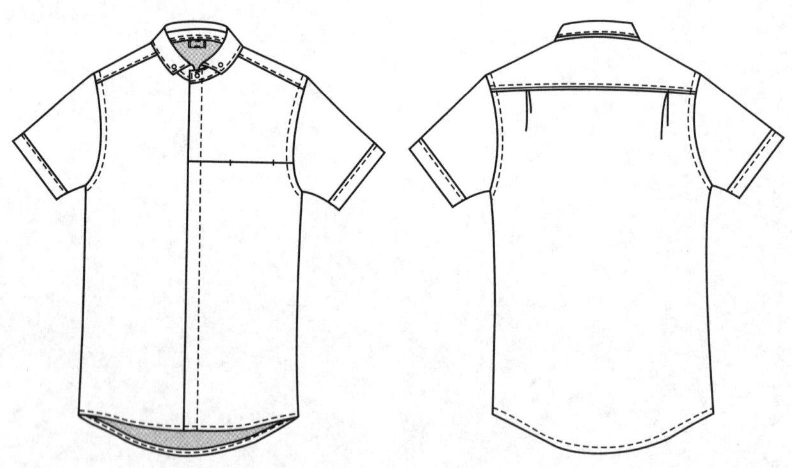

图1–3–1　暗门襟短袖男衬衫款式图

2. 适用面料

素色或暗小花薄型全棉织物，下领里、里襟、袖口贴边采用黑白细斜条全棉织物。拼色设计具有时尚感，较适合年轻男士穿着。

3. 面辅料参考用量

（1）面料：幅宽144cm（用料估算：衣长+袖长+10cm左右）。

（2）拼色布：约50cm。

（3）辅料：衬衫扣9粒，其中备扣一粒；粘合衬适量。

4. 结构制图

（1）制图参考规格（不含缩率）

表1-3-1　制图参考规格

（单位：cm）

号/型	后中长	胸围（B）	领围（N）	肩宽（S）	袖长	袖口大
170/92A	72	92+10（放松量）=102	41	45	21	33

（2）结构图（图1-3-2）

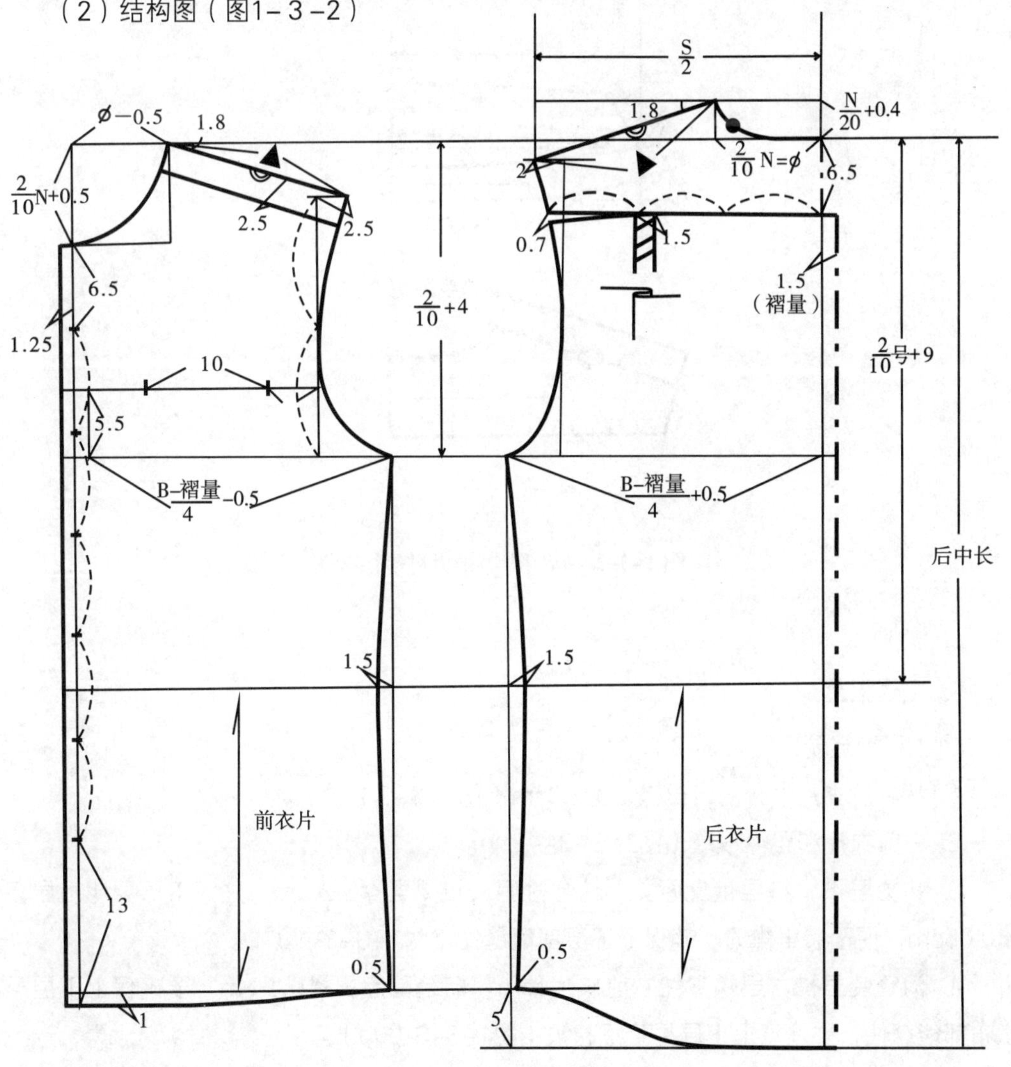

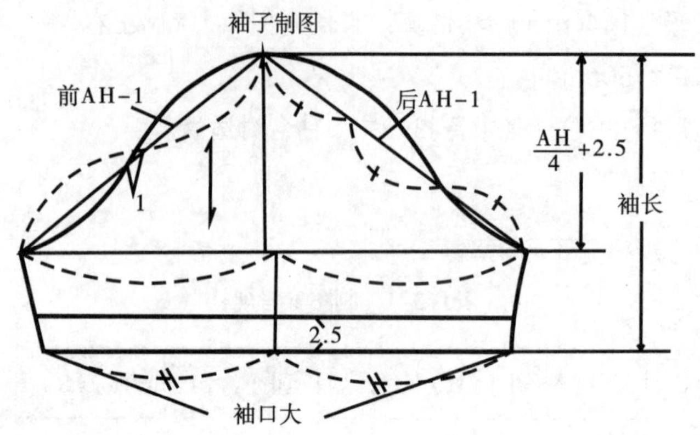

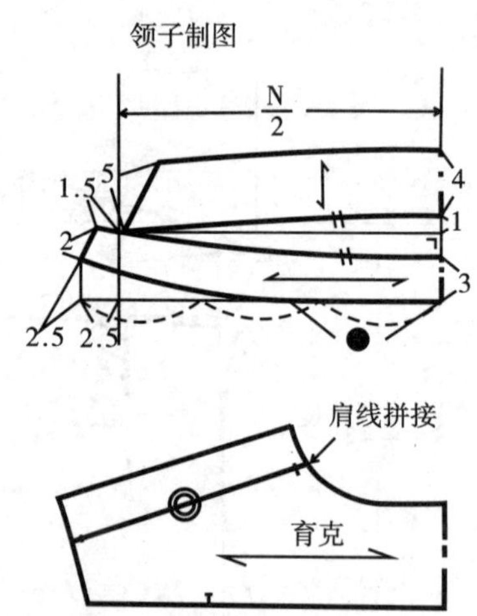

图 1–3–2 暗门襟短袖男衬衫结构图

5. 主要工艺

(1)里襟缝制(图1–3–3)

① 从右前衣片中分割出里襟，宽2.2cm(图1–3–3中①)。

② 右前衣片和里襟放缝(图1–3–3中②)。

③ 扣烫里襟，将里襟反面烫上粘合衬后，扣烫里襟2.2 cm，注意下层要比上层多出0.05cm，便于装里襟时，确保上下层都能缝住(图1–3–3中③)。

④ 闷缝装里襟，里襟夹住右前衣片1cm，闷缝固定里襟0.1 cm，要确保上下层里襟布都能缝住，并注意上下层平整不起皱(图1–3–3中④)。

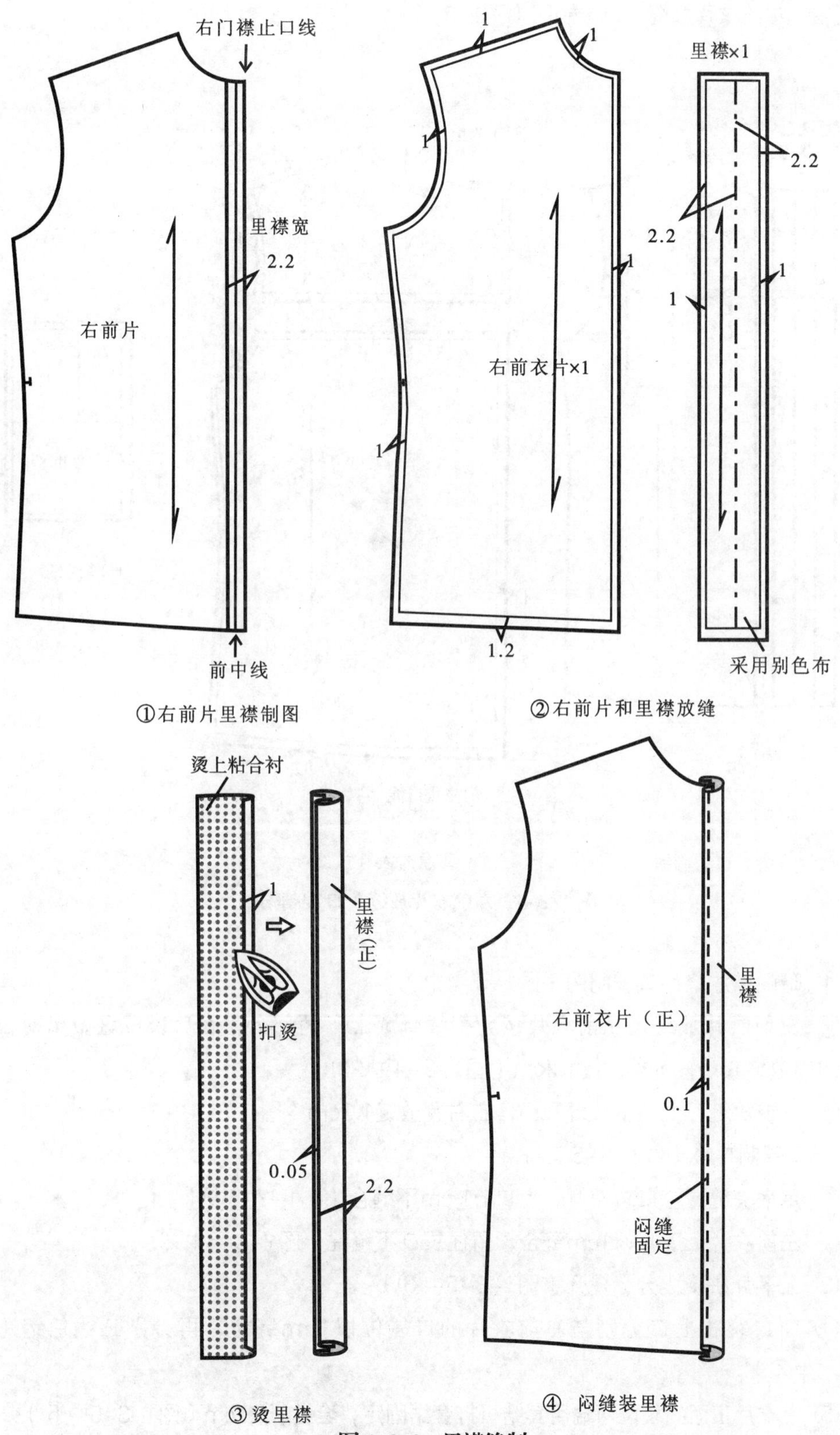
右门襟止口线
里襟宽
2.2
右前片
前中线
①右前片里襟制图
1
1
里襟×1
1
2.2
2.2
1
1
右前衣片×1
1
1
1.2
采用别色布
②右前片和里襟放缝
烫上粘合衬
1
里襟(正)
扣烫
0.05
2.2
③烫里襟
里襟
右前衣片（正）
0.1
闷缝固定
④ 闷缝装里襟

图 1-3-3　里襟缝制

（2）左前衣片放缝、口袋制图（图1-3-4）

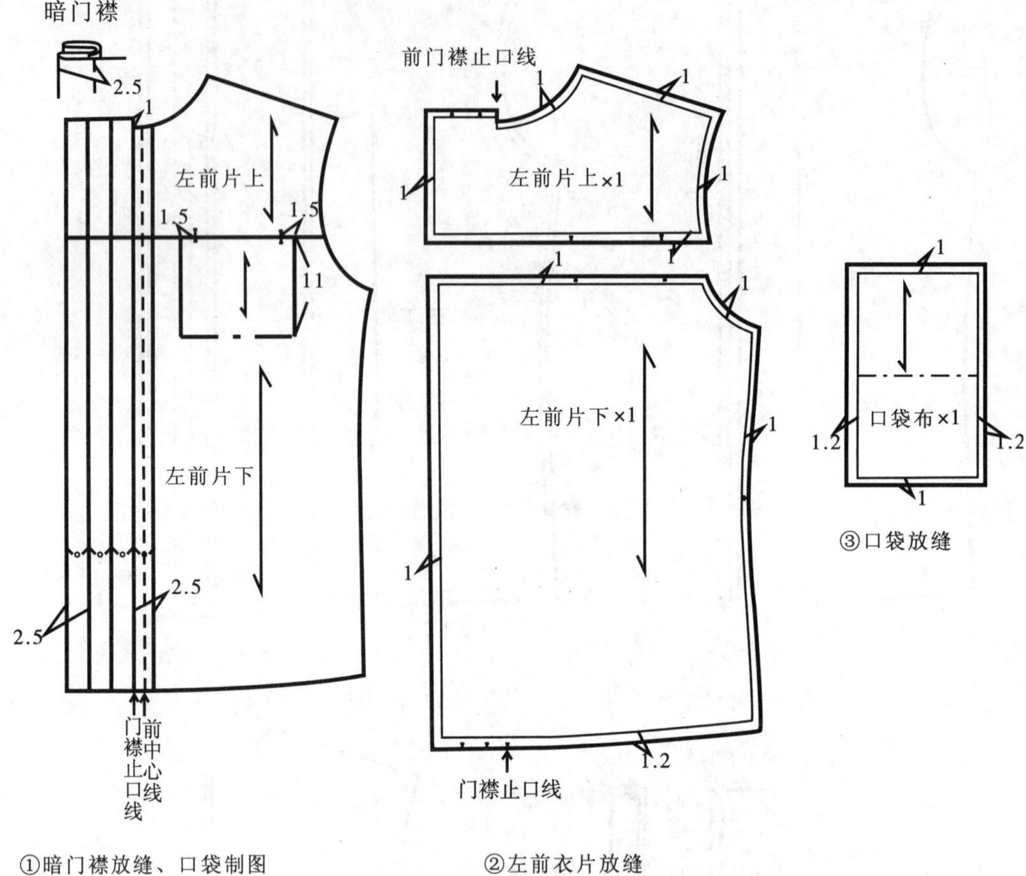

图1-3-4　左前衣片放缝、口袋制图

① 暗门襟放缝、口袋制图（图1-3-4中①）。

② 左前衣片放缝，左前衣片按分割线分成上下两部分，在口袋位置做出对位记号，四周放缝1cm，下摆放缝1.2cm（图1-3-4中②）。

③ 口袋放缝，上、下放缝1cm，左右侧放缝1.2cm（图1-3-4中③）。

（3）缝制口袋（图1-3-5）

① 用来去缝缝合口袋两侧，上口1.1 cm不缝合（图1-3-5中①）。

② 左前衣片上下片以1cm缝合，留住袋口不缝住（图1-3-5中②）。

③ 上下片拼接线分缝烫开（图1-3-5中③）。

④ 将口袋布上口分别与左前衣片的口袋位以1cm缝合，再分别三线包缝（图1-3-5中④）。

⑤ 在衣片正面的袋位两端用套结机打套结固定，套结长0.7cm（图1-3-5中⑤）。

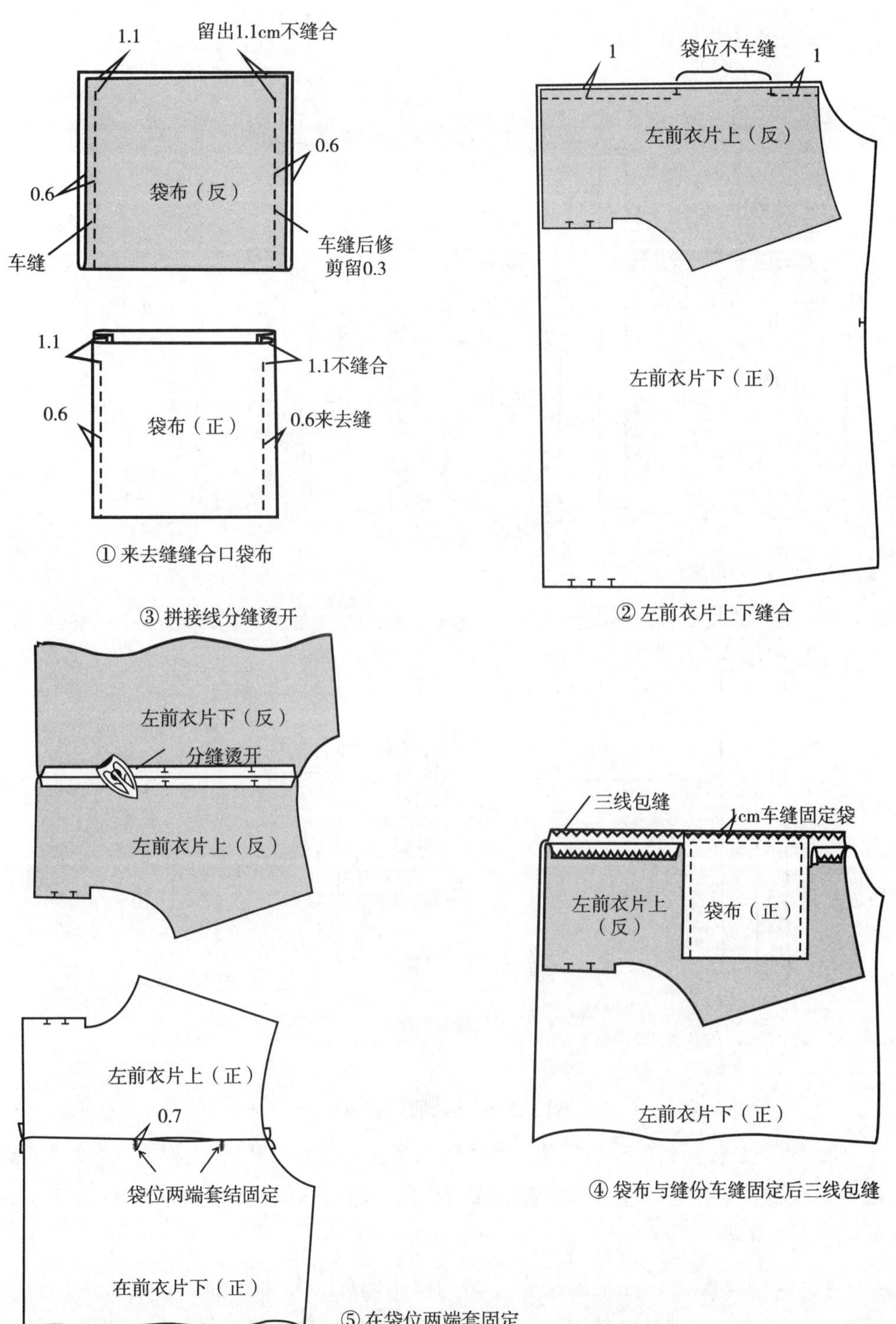
1.1
留出1.1cm不缝合
0.6
0.6
袋布（反）
车缝
车缝后修
剪留0.3
1.1
1.1不缝合
0.6
袋布（正）
0.6来去缝
① 来去缝缝合口袋布
1
袋位不车缝
1
左前衣片上（反）
左前衣片下（正）
② 左前衣片上下缝合
③ 拼接线分缝烫开
左前衣片下（反）
分缝烫开
左前衣片上（反）
三线包缝
1cm车缝固定袋
左前衣片上
（反）
袋布（正）
左前衣片下（正）
④ 袋布与缝份车缝固定后三线包缝
左前衣片上（正）
0.7
袋位两端套结固定
在前衣片下（正）
⑤ 在袋位两端套固定

图 1-3-5　缝制口袋

（4）缝制暗门襟（图1–3–6）

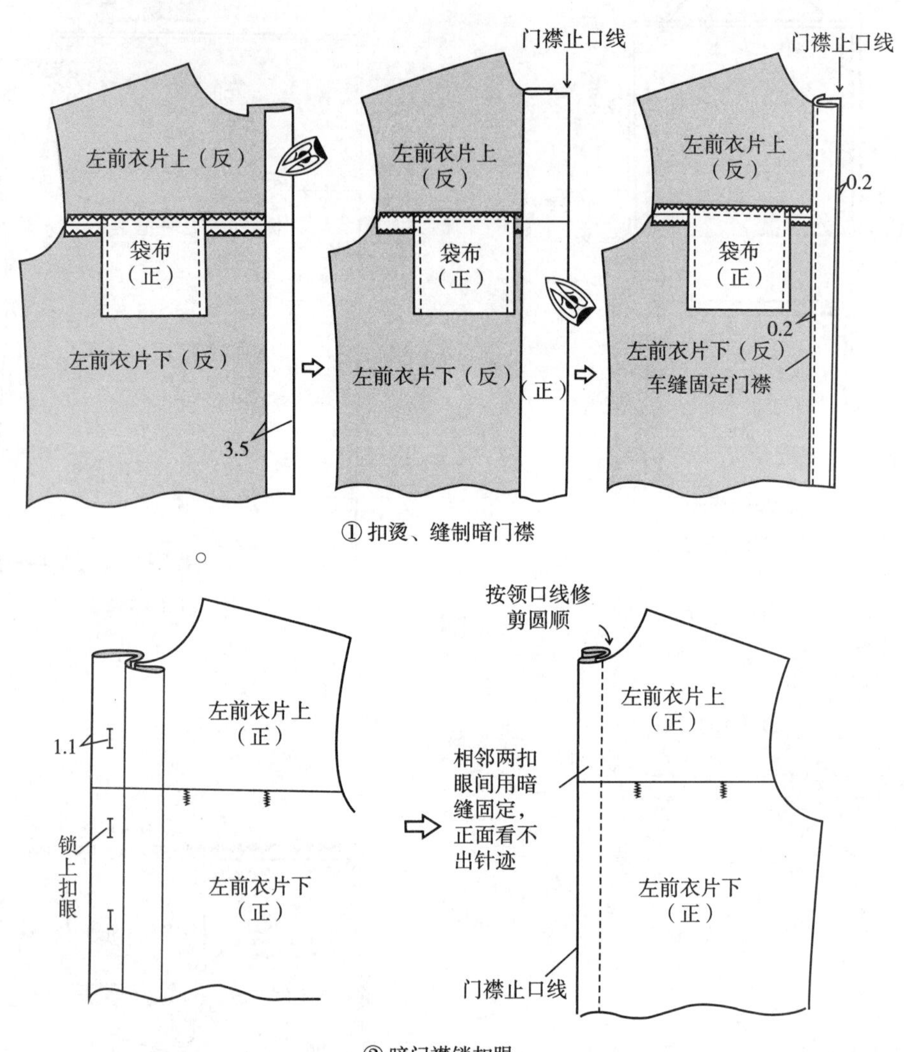

① 扣烫、缝制暗门襟

② 暗门襟锁扣眼

图 1–3–6　缝制暗门襟

① 暗门襟剪口位折转3.5cm扣烫，然后暗门襟止口线剪口折转扣烫后，再反方向折转扣烫，要求离门襟止口线0.2cm，最后车缝0.2cm固定暗门襟，同时固定住上下层门襟（图1–3–6中①）。

② 将上层门襟掀开，在下层门襟（暗门襟）暗扣位锁上扣眼后，将上层门襟放平，在相邻扣眼间用手缝针暗缝固定，要求正面看不出针迹，最后在门襟的领口处按领口线修剪长出的部分（图1–3–6中②）。

（5）缝制领子、领角，锁扣眼（图1–3–7）

领子缝制的方法参照P28~29，最后在上领角两端锁扣眼。

扣眼位置
0.8
0.2
0.8
上领面（正）
下领面（正）
下领采用别布
0.8

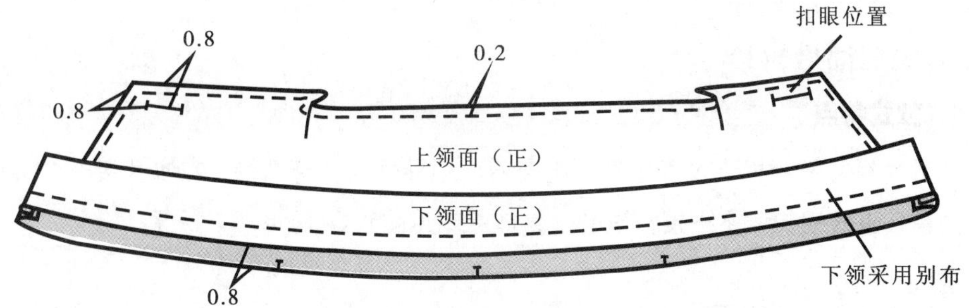

图1-3-7　缝制领子、领角，锁扣眼

（6）缝制袖口（图1-3-8）。

① 袖片、袖口贴边放缝，袖口翻边按2.5cm放缝，翻边装饰线折烫后按0.5cm车缝，故放缝合计1cm（图1-3-8中①）。

② 将袖口贴边与袖口翻边缝合后，在袖口贴边的正面车0.1cm固定住缝份，然后折转袖口贴边，烫成里外匀（图1-3-8中②）。

③ 折烫袖口翻边2.5cm，沿折烫边车0.5cm装饰线（图1-3-8中③）。

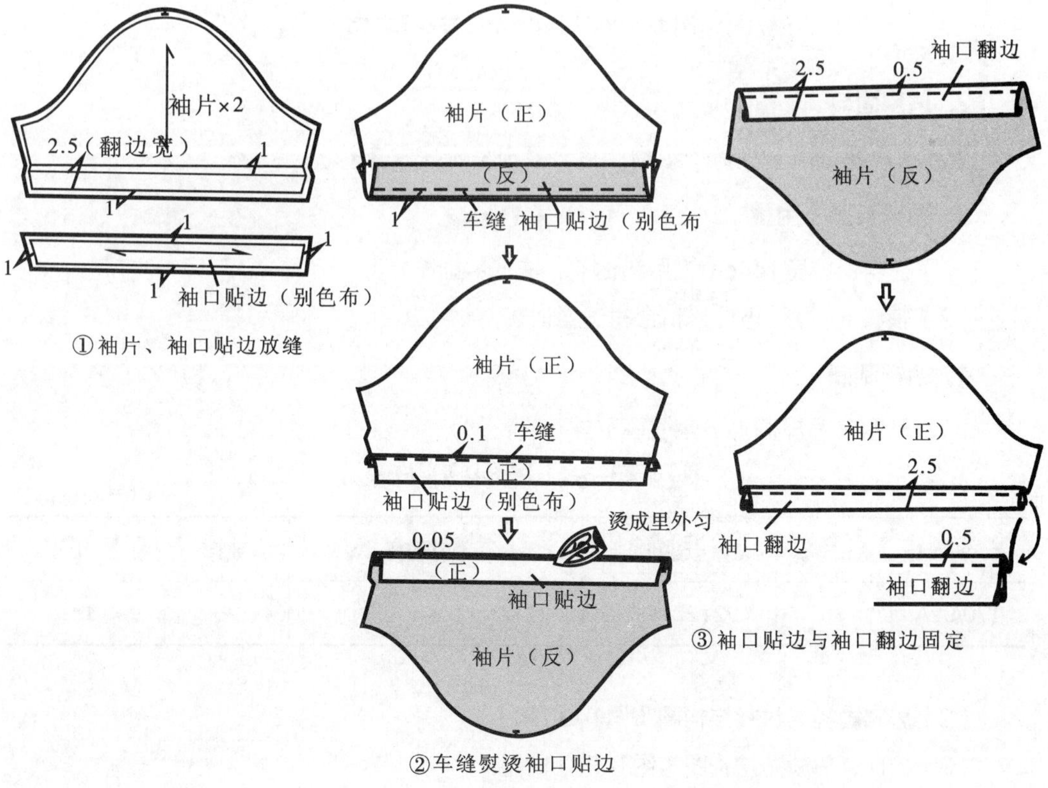

袖片×2
2.5（翻边宽）
1
1
1
1
1
1
袖口贴边（别色布）
①袖片、袖口贴边放缝
袖片（正）
（反）
1
车缝 袖口贴边（别色布
袖片（正）
0.1 车缝
（正）
袖口贴边（别色布）
烫成里外匀
0.05
（正）
袖口贴边
袖片（反）
②车缝熨烫袖口贴边
袖口翻边
2.5
0.5
袖片（反）
袖片（正）
2.5
袖口翻边
0.5
袖口翻边
③袖口贴边与袖口翻边固定

图1-3-8　缝制袖口

二、居家短袖男衬衫

1. 款式特点

本款男衬衫适合男士夏天居家休闲穿着。小翻领，直身结构，左衣片装一个尖底贴袋，门襟设五粒钮扣，平下摆，短袖，具体款式见图1-3-9。

图 1-3-9　居家短袖男衬衫款式图

2. 适用面料

素色或小花薄型全棉薄型织物，适合夏天男士居家穿着。

3. 面辅料参考用量

（1）面料：幅宽144cm（用料估算：衣长+袖长）。

（2）辅料：衬衫扣5粒，粘合衬适量。

4. 结构制图

（1）制图参考规格（不含缩率）。

表1-3-2　制图参考规格

（单位：cm）

号/型	后中长	胸围（B）	肩宽（S）	袖长	袖口大
170/92A	75	92+20（放松量）=112	45	25	39

（2）居家短袖男衬衫结构图（图1-3-10）。

（3）挂面、后领贴结构图（图1-3-11）。

在前、后衣片结构图上画出挂面、后领贴样板。

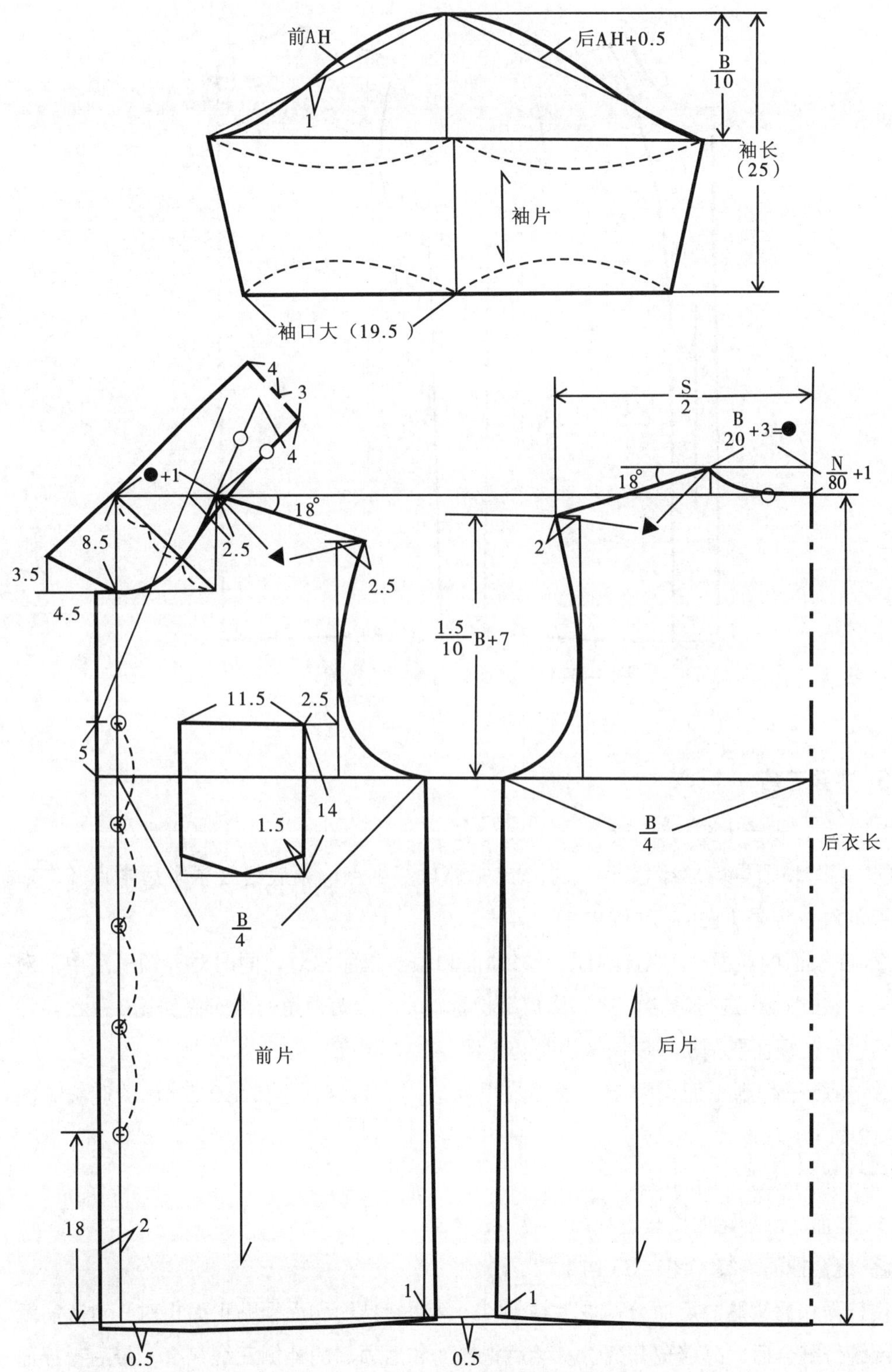

图 1-3-10　居家短袖男衬衫结构图

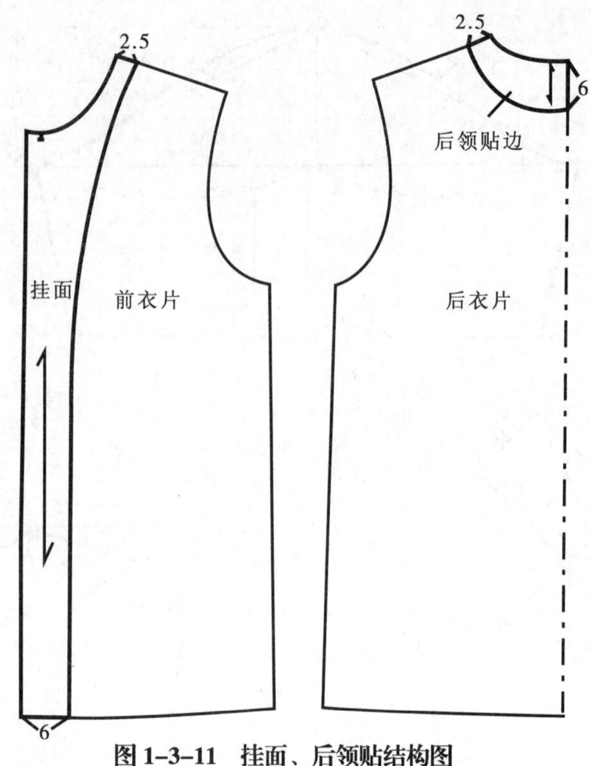

图 1-3-11　挂面、后领贴结构图

5. 主要工艺

（1）制作领子（图1–3–12）

① 领面和领里均放缝1 cm，并作出领外口线中点、领底线上领子后中点及左右侧颈点的对位记号（图1–3–12中①）。

② 在领面的反面烫上粘合衬后，将领面和领里正面相对，同时对齐领子后中的对位记号，按0.9 cm进行缝合，然后修剪缝份留0.6cm，两领角的缝份修剪留0.2cm。注意在两领角处领面要稍松，以便做出窝势（图1–3–12中②）。

③ 将领子翻到正面，领止口线烫成里外匀，最后沿领止口缉0.5 cm的明线（图1–3–12中③）。

（2）缝合挂面上的肩缝

① 挂面、后领贴四周放缝1cm（图1–3–13）。

② 缝合挂面肩缝（图1–3–14）。

在挂面和后领贴的反面分别烫上粘合衬，然后将挂面和后领贴正面相对，对齐肩缝按1cm缝份缝合后，分缝烫开缝份。然后把挂面和后领贴的外侧三线包缝，最后把挂面和后领贴的外侧往反面烫倒1cm后缉0.2cm的明线固定。

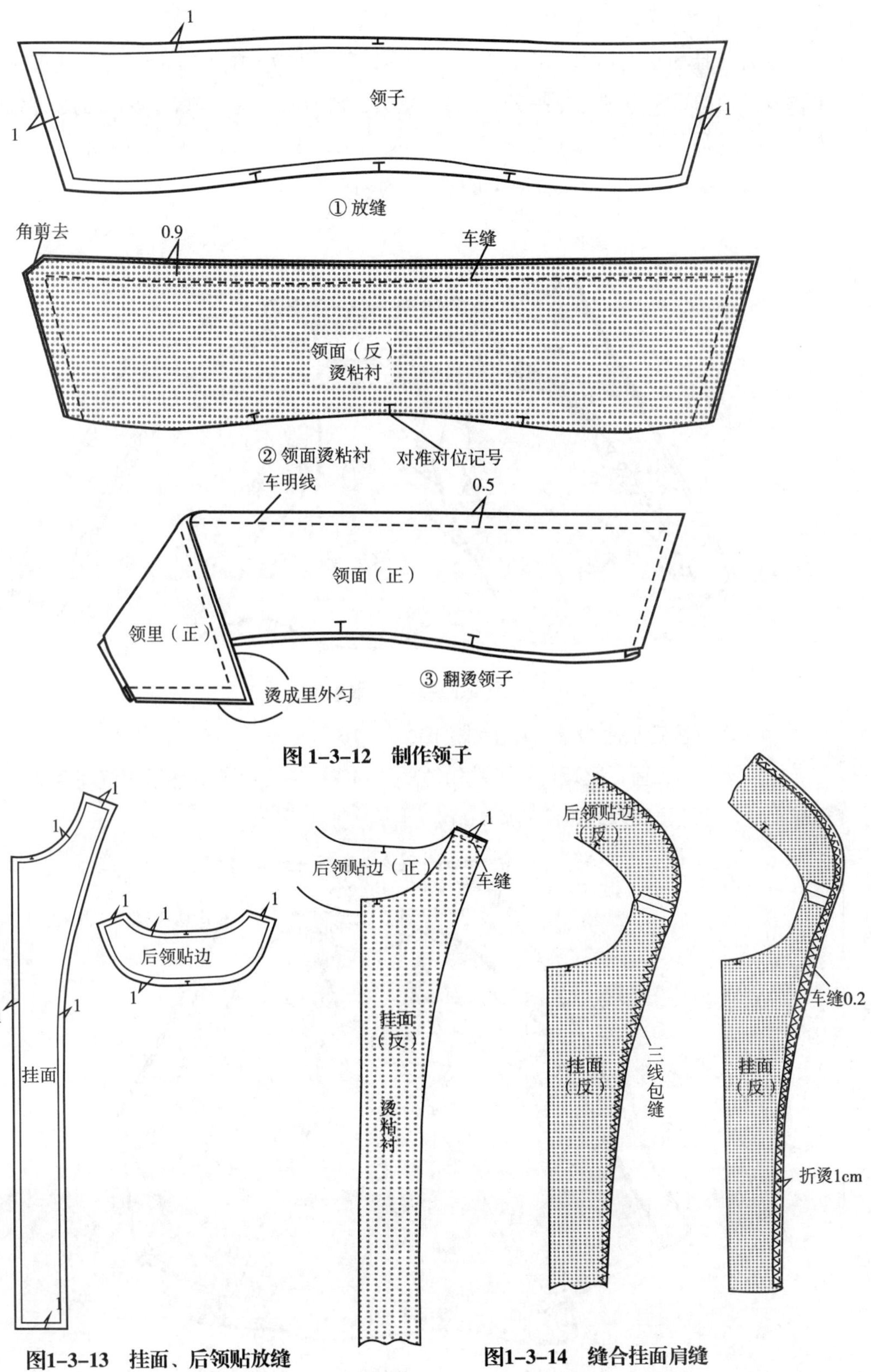

图 1–3–12　制作领子

图1–3–13　挂面、后领贴放缝

图1–3–14　缝合挂面肩缝

（3）装领子（图1–3–15）

衣片与挂面正面相对，把领子夹在挂面和后领贴边的中间，使领面的正面、挂面和后领贴边的正面相对，并要求领底线两端分别对准衣片的装领点，领子的领底线与衣片、挂面及后领贴边的领圈线对齐，同时使领子的后领中点、侧颈点对准衣片的后中点、肩线，按1cm缝合。最后将领圈线的缝份斜向剪口。

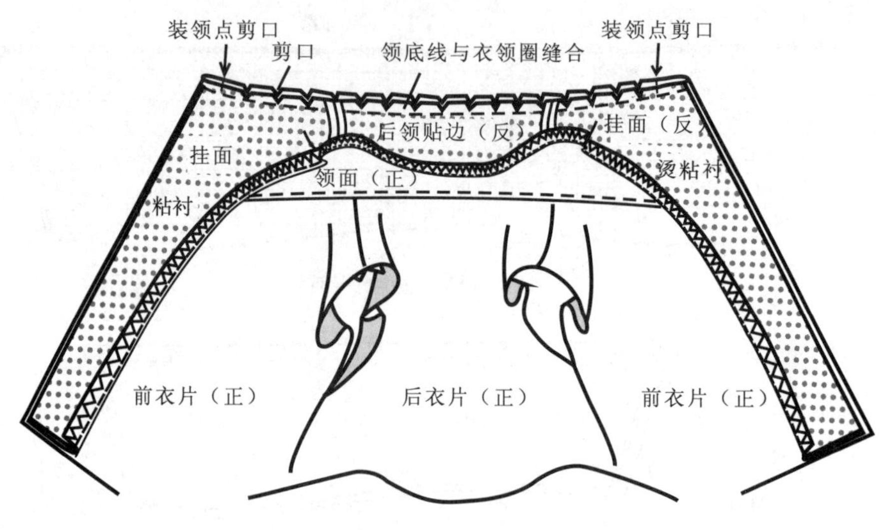

图1–3–15　装领子

（4）车缝固定领底线及门襟止口（图1–3–16）

把挂面翻到正面，整理门襟上端的领角及门襟，并烫平整。然后车缝固定领底线及门襟止口，注意领底缉线距装领点6 cm。

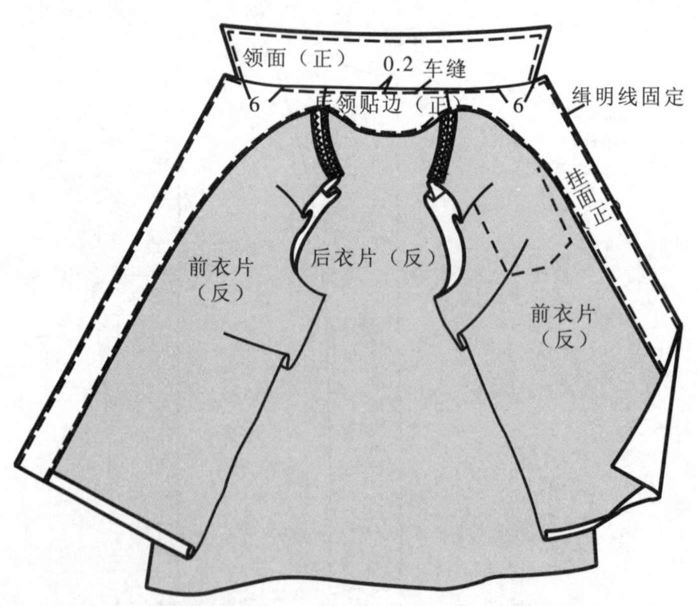

图1–3–16　车缝固定领底线及门襟止口

三、居家长袖男衬衫

1. 款式特点

本款男衬衫适合男士春秋季居家休闲穿着。小翻领，直身结构，左衣片装一个贴袋，门襟设六粒扣，平下摆，长袖，袖口翻边设计，具体款式见图1-3-17。

图1-3-17 居家长袖男衬衫款式图

2. 适用面料

素色或小花绒面全棉织物，适合春秋季男士居家穿着。

3. 面辅料参考用量

（1）面料：幅宽144cm（用料估算：衣长+袖长）。

（2）辅料：衬衫扣6粒，粘合衬适量。

4. 结构制图

（1）制图参考规格（不含缩率）

表 1-3-3 制图参考规格

（单位：cm）

号/型	后中长	胸围（B）	肩宽（S）	袖长	袖口大
170/92A	75	92+20（放松量）=112	45	58	30

（2）居家长袖男衬衫结构图（图1-3-18）

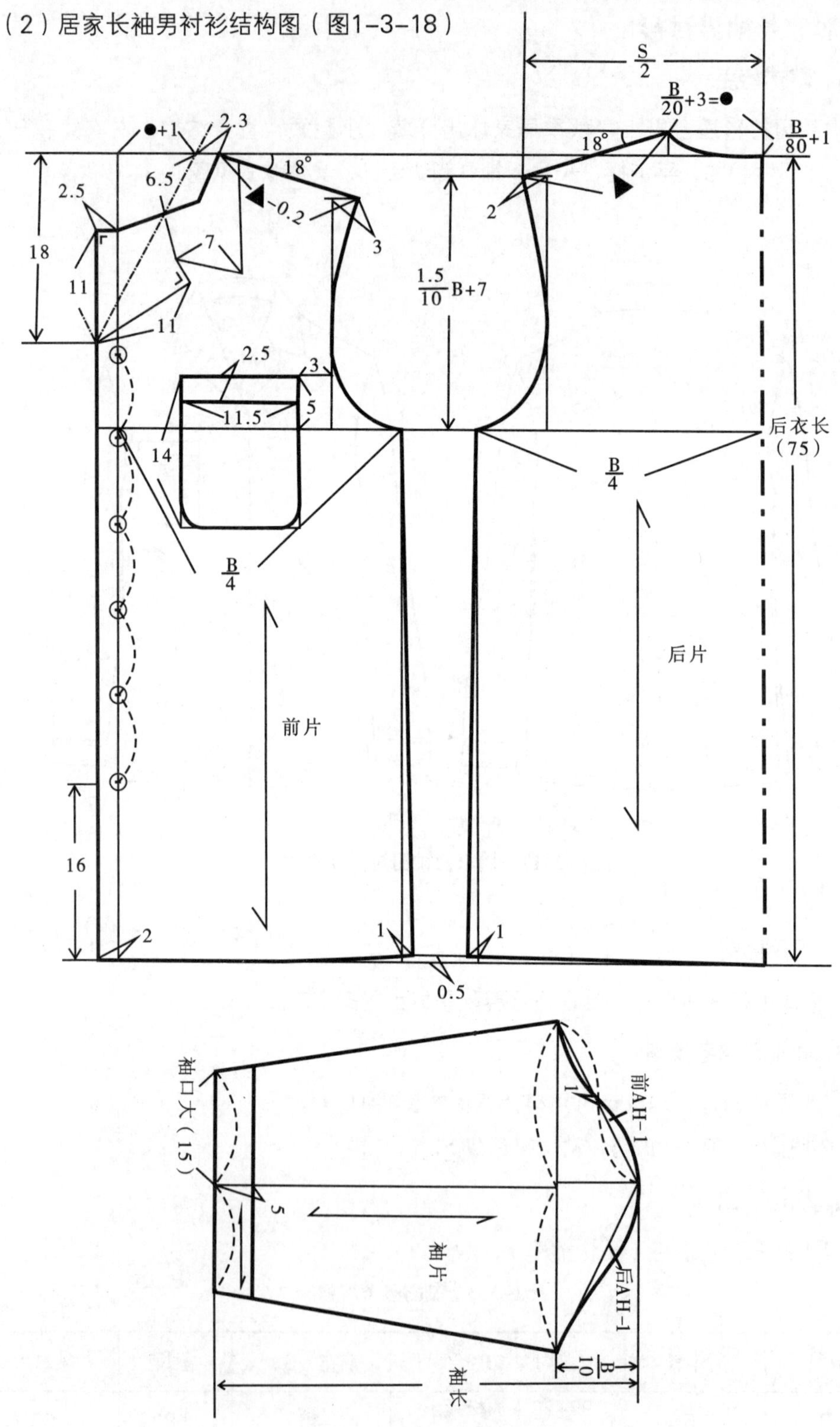

图1-3-18 居家短袖男衬衫结构图

（3）小翻领结构（图1–3–19）

领片制图要点：

① 确定领子前半部分的形状：先在前衣片上画出翻折线，在翻折线的右边画出驳领和翻领的翻折后形状，再以翻折线为对称轴，对称拷贝出B′、C′点，并在翻折线的左边对称画出领子的形状。

② 作领子后半部分的长方形AB′ED：以AB′直线为长方形的一边，画出长方形AB′ED，使AD=后领弧长A′P，DE=领子后中宽7cm。

③ 画后衣片的领外围线在后衣片上，画出领子后半部分的外围线HP′，后领HA′=前领AB=2.3cm，PP′=领子后中宽7cm–领座后中宽2.7cm–领子的翻折厚度约0.3～0.5cm。

④ 作出领子后半部分的图形

长方形AB′ED=长方形AJGF，B′G的长度=后领外围线HP′的弧长，KF的弧长=AK+A′P 弧长。

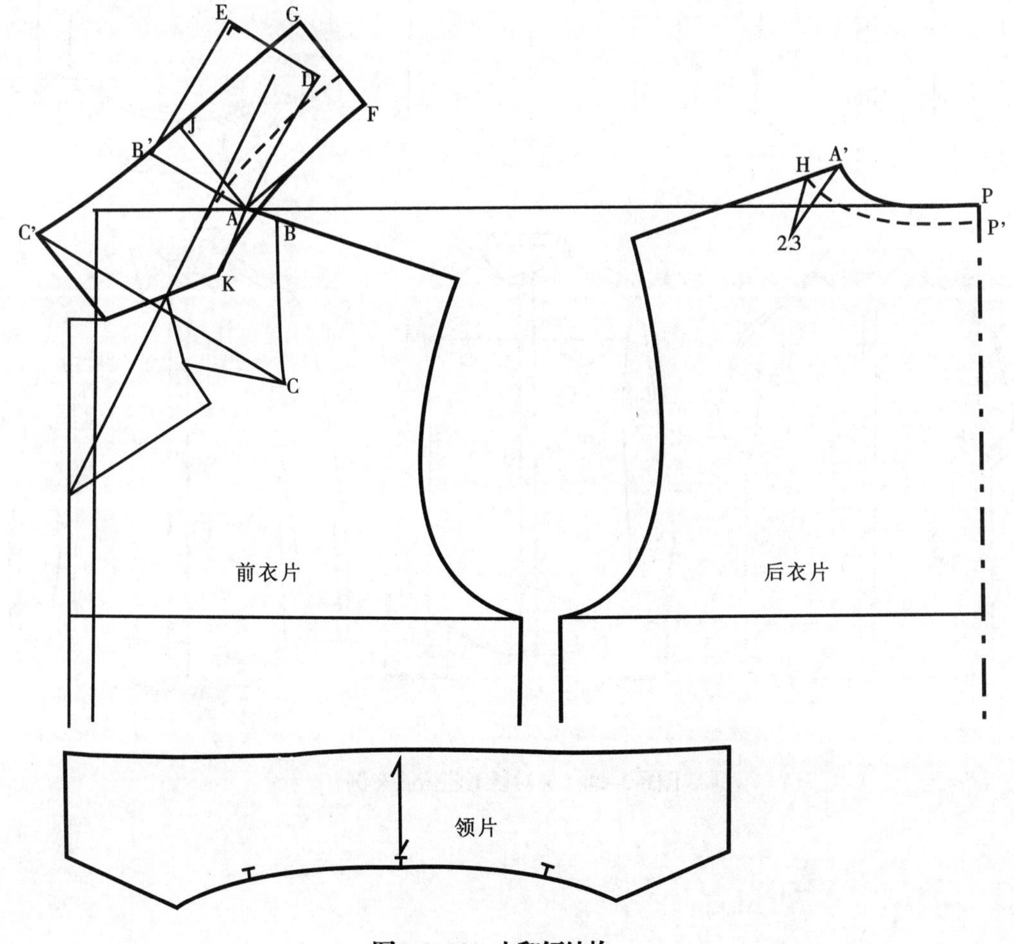

图1–3–19　小翻领结构

四、男衬衫工艺拓展变化

男衬衫工艺主要体现在领子、门襟、衣身分割、袖口、袖克夫、下摆等部位。图1-3-20中的6款男衬衫案例主要是供读者对于男衬衫工艺的拓展运用和实践练习。

图1-3-20　男衬衫工艺拓展案例

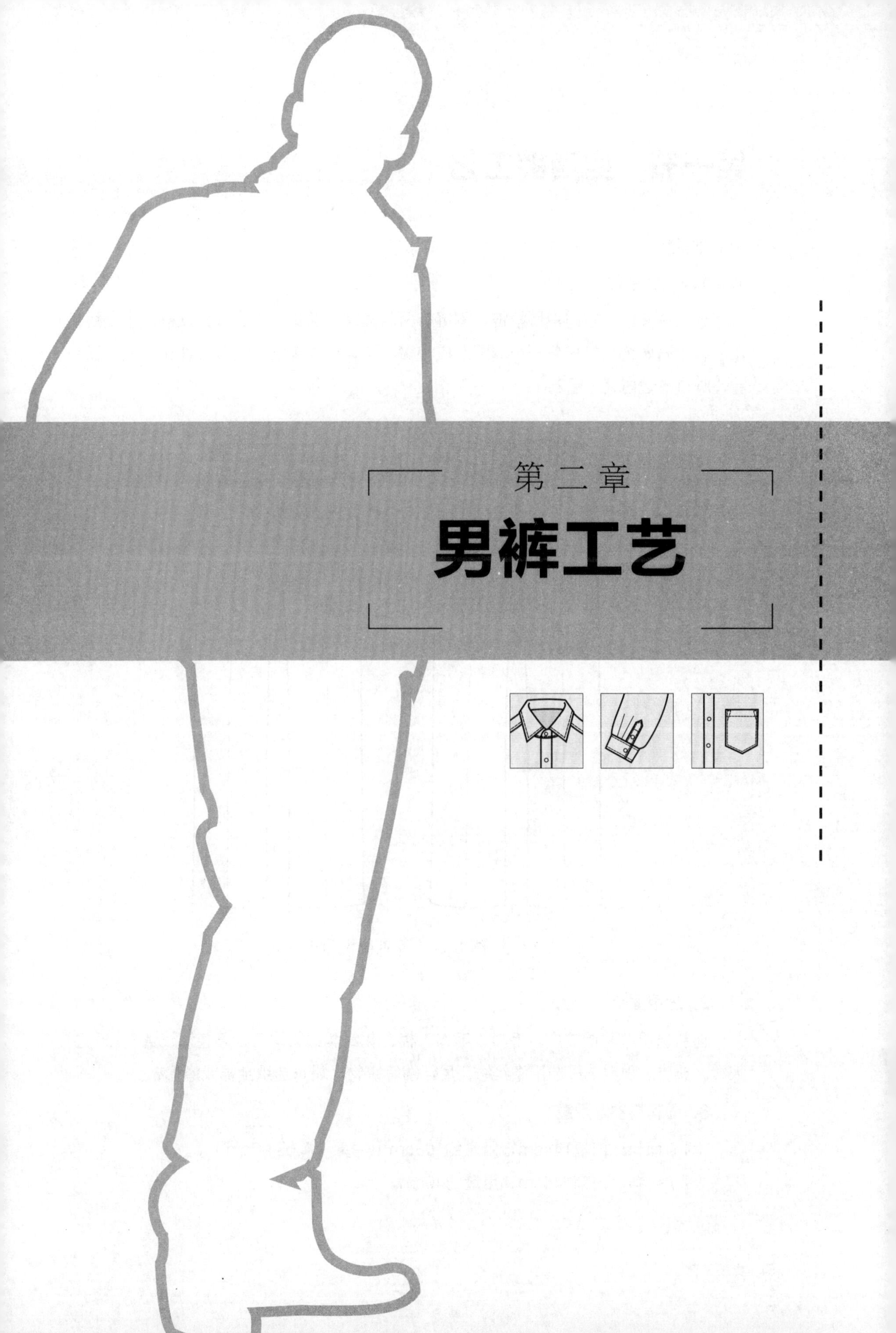

第二章

男裤工艺

第一节　男西裤工艺

一、概述

1. 外形特征

该西裤装腰、前门襟装拉链，侧缝有两斜插袋，前裤片左右各打反裥两个，后裤片左右各收省两个、挖袋各一个。腰装皮带襻六个，门里襟腰头处装四件扣一副，钮扣一粒，脚口贴边内翻（图2–1–1）。

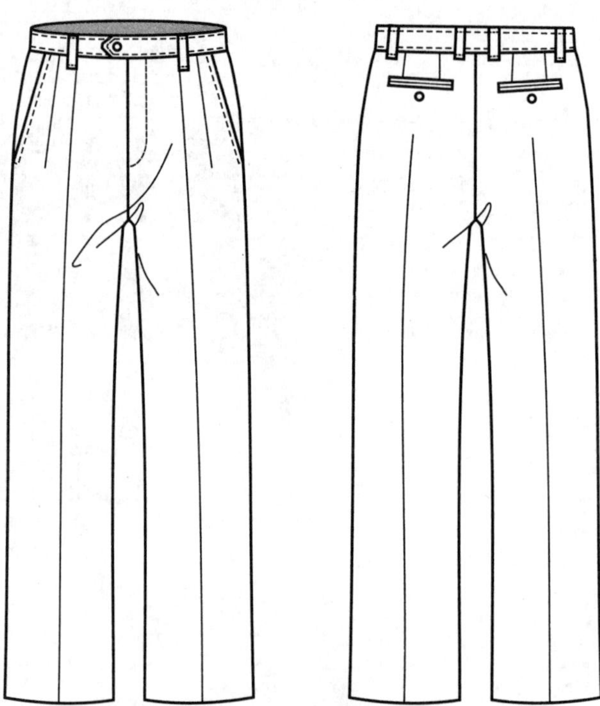

图 2–1–1　男西裤款式图

2. 适用面料

面料选用范围比较广，毛料、毛涤、棉、化纤类织物均可，颜色深浅兼备，稳重、大方、典雅。里料一般选用涤丝纺、尼丝纺等织物。袋布选用全棉或涤棉布。

3. 面辅料参考用量

（1）面料：门幅144cm，用量约108cm（估算：裤长＋6cm）。

（2）里料：门幅144cm，用量约40cm。

（3）辅料（表2-1-1）

表 2-1-1 男西裤辅料表

（单位：cm）

名称	袋布	无纺粘合衬	腰衬	腰里	拉链	钮扣	四件扣	直丝粘牵条
数量	60	30	100	100	1根	3粒	1副	40

4. 正反面组合图（图2-1-2）

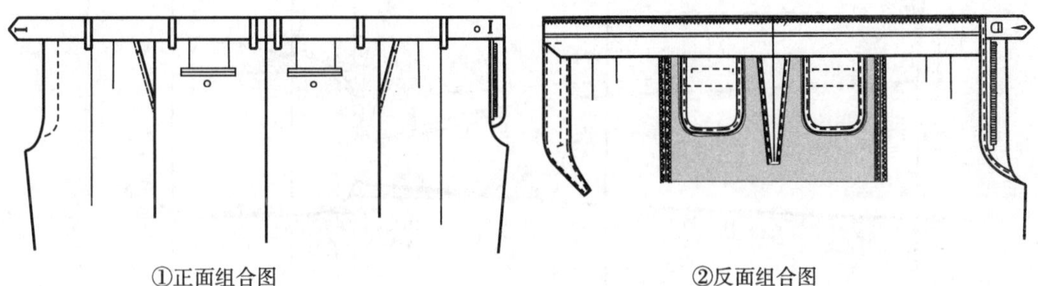

①正面组合图　　②反面组合图

图 2-1-2 正反面组合图

二、制图参考规格（不含缩率）

1. 主要部位制图参考规格

表 2-1-2 主要部位制图参考规格

（单位：cm）

名称	号/型	裤长	臀 围	腰 围	直 裆	脚口
规格	175/78A	103	98+12（放松量）=110	78+2（放松量）=80	28（包括腰头宽）	22

2. 细部参考规格

表 2-1-3 细部参考规格

（单位：cm）

部位	斜袋口大	后袋口大／嵌线宽	门襟宽	里襟宽	腰宽	裤襻长／宽
规格	15.5	13.5／0.5×2	3.3	4	4	5／1

三、款式结构图

1. 款式结构图

（1）面布结构图（图2–1–3）

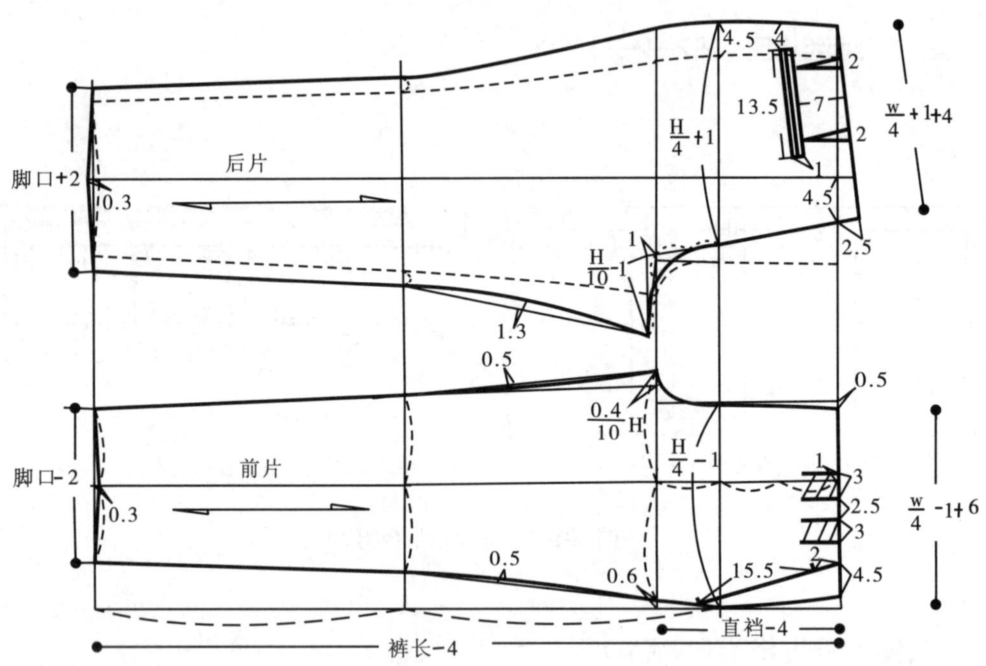

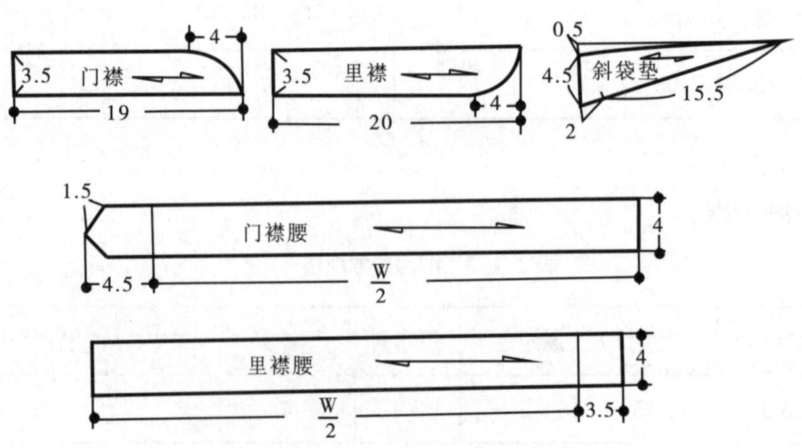

图 2–1–3　男西裤面布结构图

（2）前片里布结构图（图2–1–4）

2. 零部件毛样图

（1）表布零部件毛样（图2–1–5）

（2）袋布等部件毛样（图2–1–6）

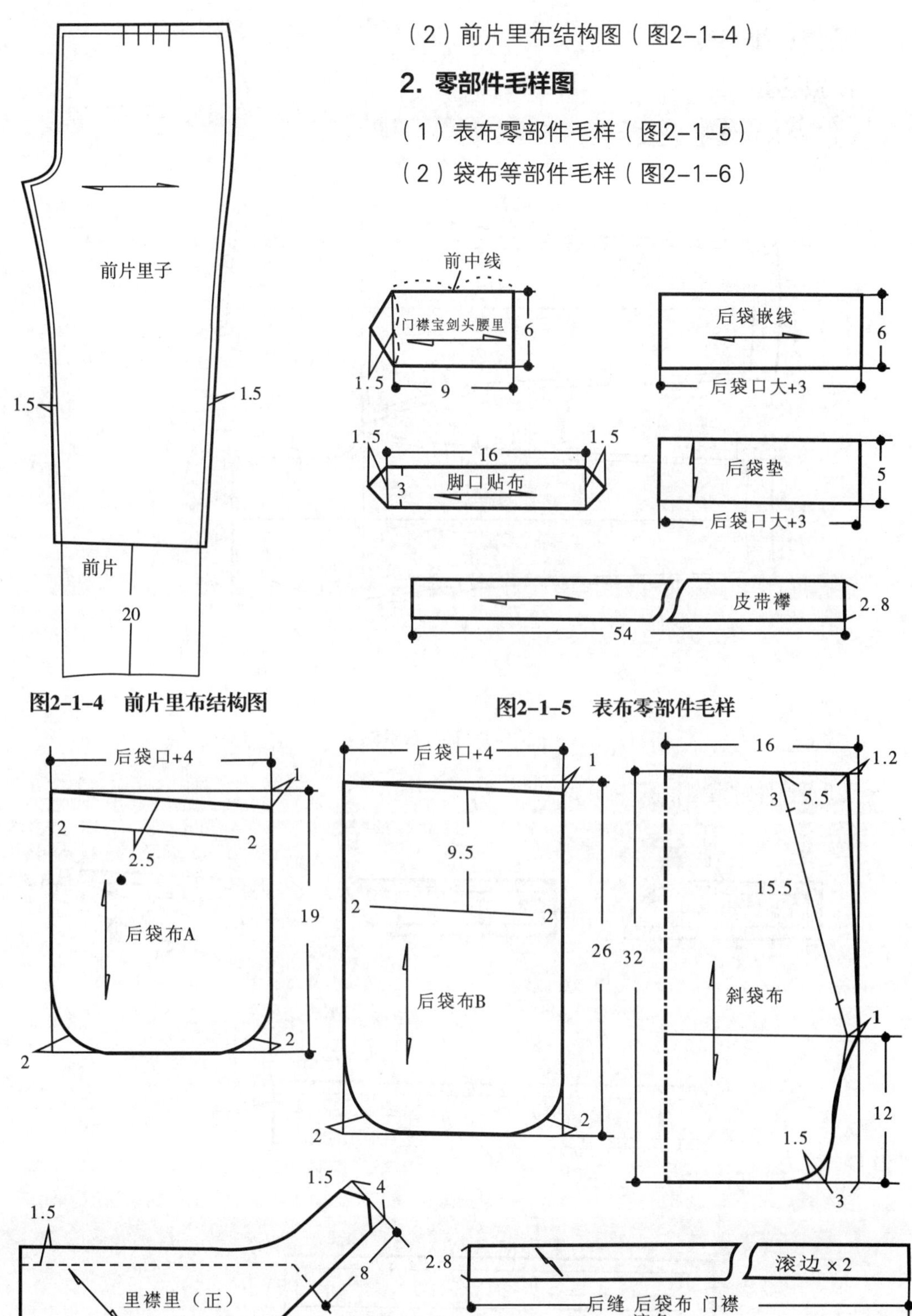

图2–1–4　前片里布结构图

图2–1–5　表布零部件毛样

图 2–1–6　袋布部件毛样

四、放缝、排料图

1. 放缝图

（1）裤片放缝图（图2-1-7）

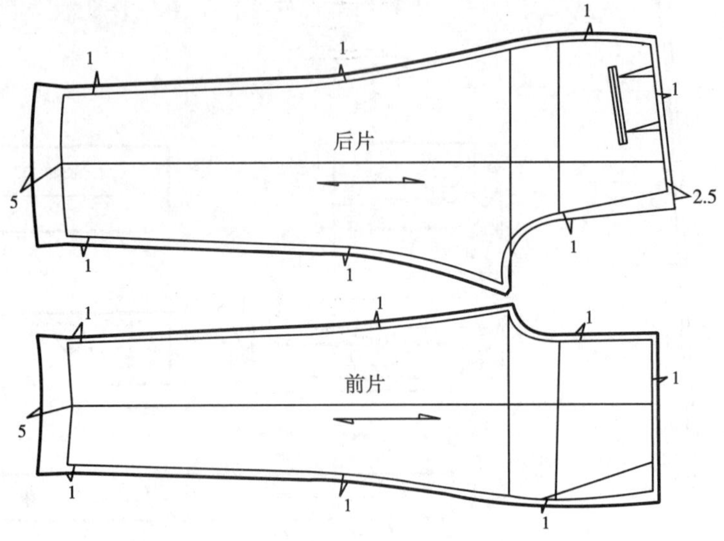

图 2-1-7　裤片放缝图

（2）部件放缝图（图2-1-8）

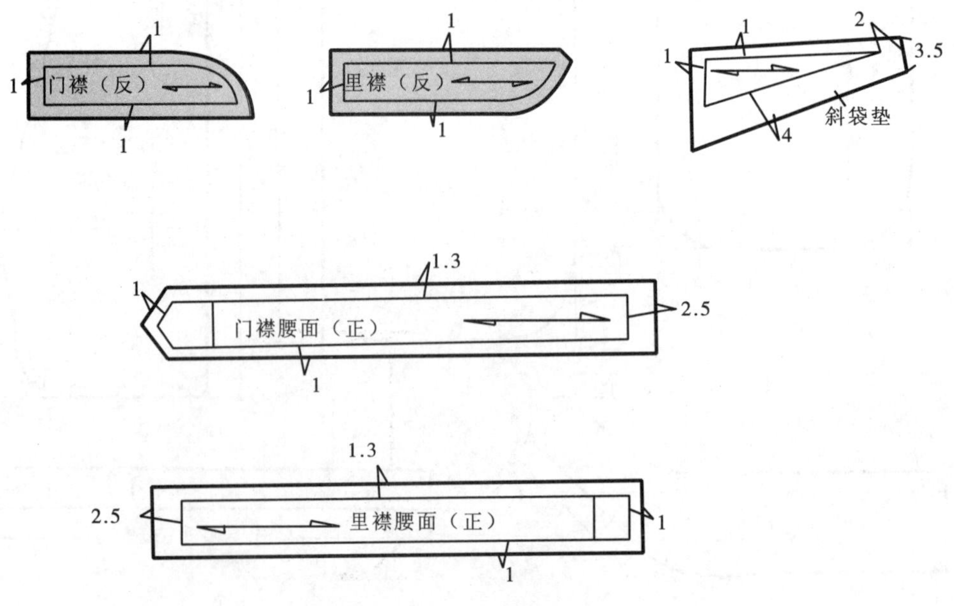

图 2-1-8　部件放缝图

2. 排料图

（1）面料排料图（图2-1-9）

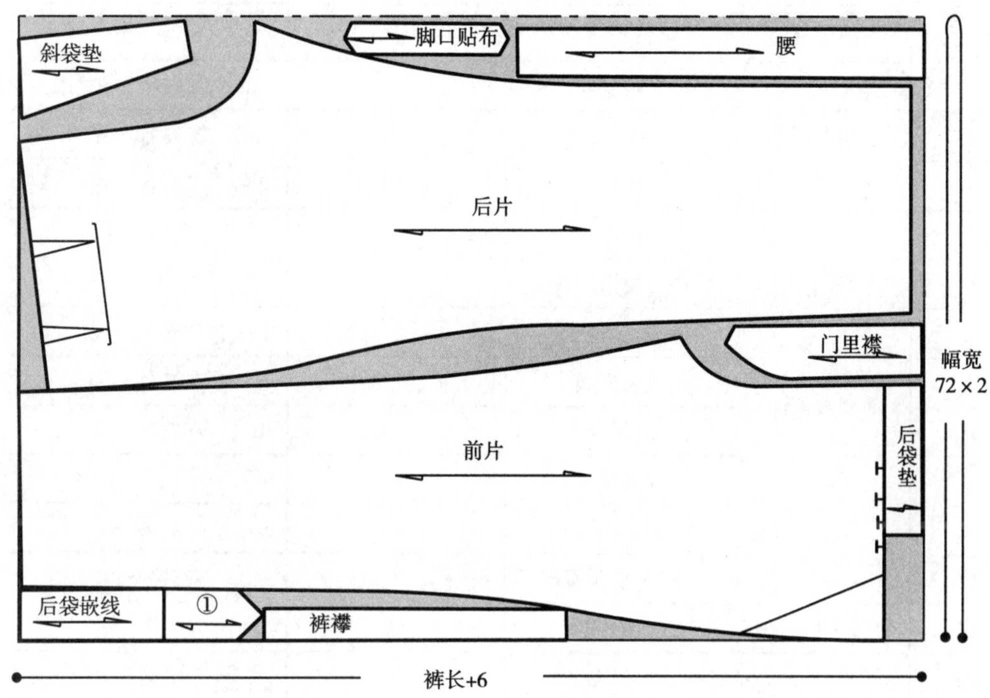

注：①门襟宝剑头腰里

图 2-1-9　面料排料图

（2）零部件排料图（图2-1-10）

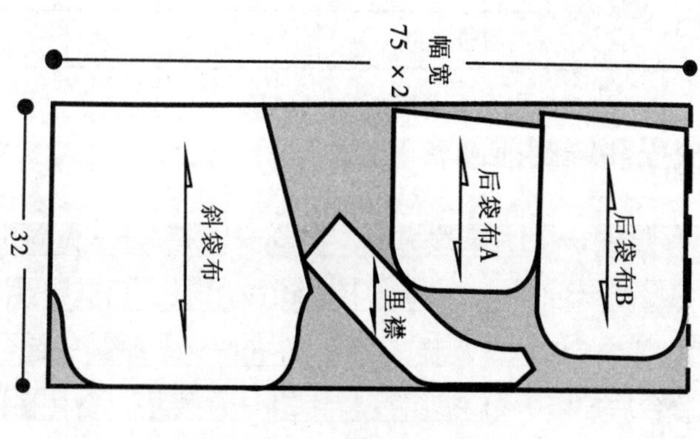

图 2-1-10　零部件排料图

五、样板名称与裁片数量（表2-1-4）

表2-1-4　男西裤样板名称与裁片数量

序号	种　类	名　称	裁片数量（片）	备　注
1	面料主部件	前片	2	左右各一片
2		后片	2	左右各一片
3		腰面	2	左右各一片
4	面料零部件	门襟	1	左侧一片
5		里襟	1	右侧一片
6		斜袋垫	2	左右各一片
7		后袋嵌线	2	左右各一片
8		后袋垫	2	左右各一片
9		裤襻	6	
10		脚口贴布	2	左右各一片
11		门襟宝剑头腰里	1	左侧一片
12	里料	前片	2	左右各一片
13	袋布	斜袋布	2	左右各一片
14		后袋布A	2	左右各一片
15		后袋布B	2	左右各一片
16		里襟里	1	右侧一片
17		滚条	约300cm	用于后缝等滚边
18	粘衬部位	门襟	1	左侧一片
19		里襟	1	右侧一片
20		后袋位	2	左右各一片
21		后袋嵌线	2	左右各一片

六、缝制工艺流程和缝制前准备

打线钉→后片归拔→后片三线包缝、收省→挖后袋→做斜袋、褶裥→覆里布、三线包缝、缝合侧缝→缝合下裆缝→烫前、后挺缝线→做、绱里襟→做、绱门襟→做裤襻及腰→钉四件扣→绱裤襻→缝合门襟宝剑头→绱腰→缝合后裆缝→门襟缉线、封口→缉腰面、缝裤襻→做、装脚口贴布→烫、缲脚口及腰里→锁眼、钉扣、打套结→整烫

2. 缝制前准备

（1）针号和针距：

针号：80/12~90/14号。

针距：明线14~16针/3cm，底、面线均用配色涤纶线。暗线13~15针/3cm，底、面线均用配色涤纶线。

（2）粘衬部位：（图2-1-11）

左右腰头、斜袋位、门襟、里襟、后袋位、后袋嵌线烫上无纺粘合衬。

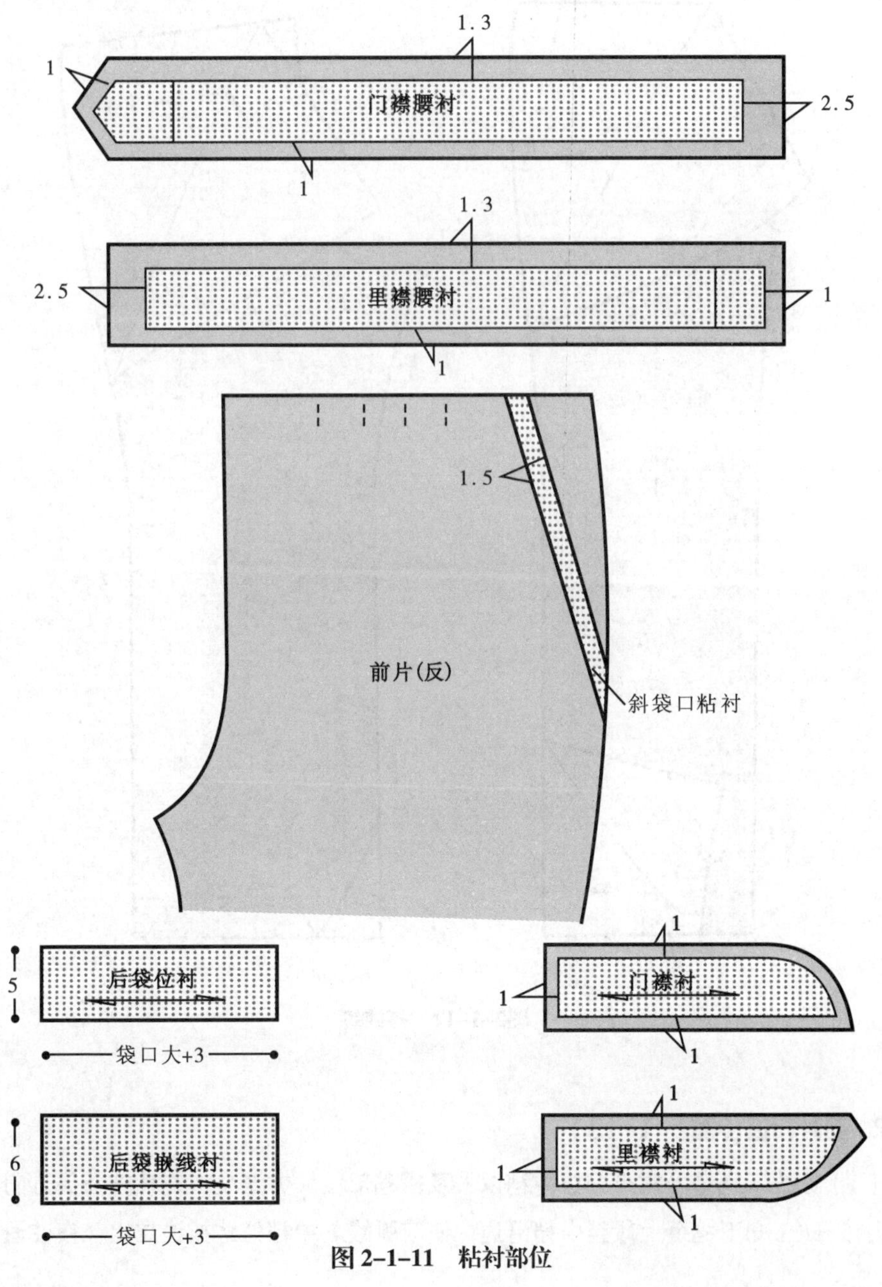

图2-1-11　粘衬部位

七、具体缝制工艺步骤及要求

1. 打线钉

通常采用棉纱线，一般以双线一长一短线钉为佳。线迹的疏密可因部位的不同而有所变化，通常在转弯处、对位标记处可略密，直线处可稀疏。

裤子的线钉部位，前裤片：裥位线、袋位线、中裆线、脚口线、挺缝线；后裤片：省位线、袋位线、中裆线、脚口线、挺缝线、后裆线（图2-1-12）。

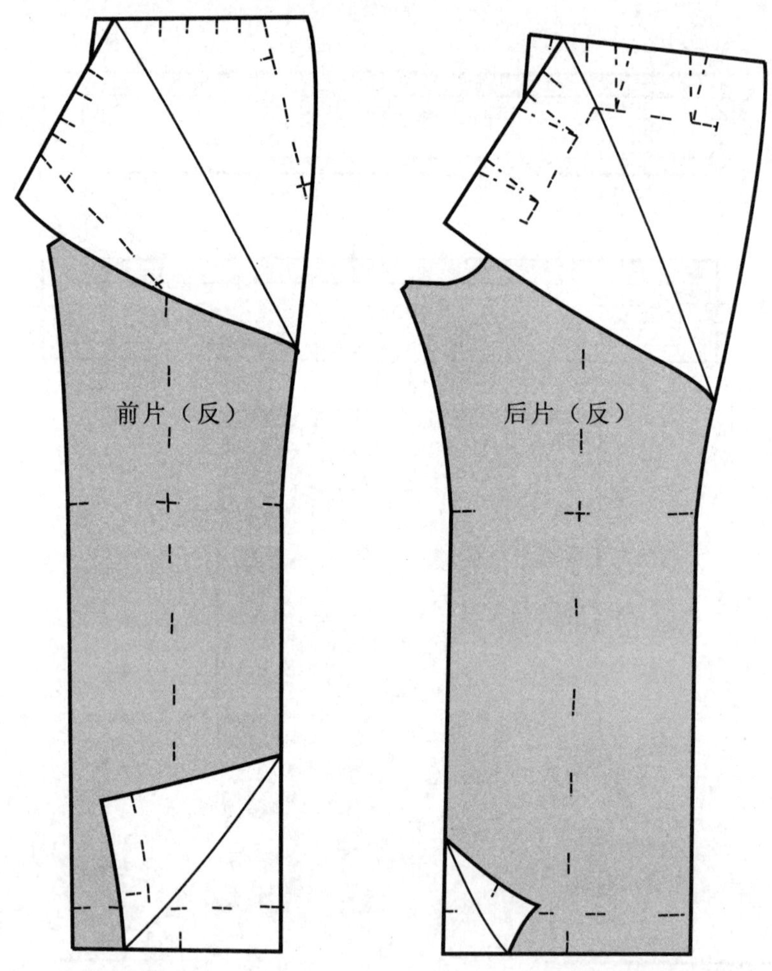

图2-1-12　打线钉

2. 后片归拔（图2-1-13）

（1）归拔下裆缝：重点归拔中裆以上及横裆部位。方法是：熨斗按箭头方向将直丝缕用力拔开(拉长)下裆缝上段至中裆沿边，使成弧线。中裆处边拔边拉出；在往返熨烫时要将回势归平；接着将后窿门横丝处拉开向下，才能在下裆缝10cm处归拢。经过这样连续、往返归拔，即可使下裆缝近似直线形，丝缕定型（图2-1-13中①）。

（2）归拔侧缝：与下裆缝部位对称归拔，方法相似。将上端臀围处归拢，边烫边用左手顺着箭头将直丝缕拉长至中裆，使中裆处一段也近似直线形（图2-1-13中②）。

（3）对折、复烫定型：将裤片对折，沿箭头方向反复归拔、熨烫定型，观察三处是否达到要求。一是横裆部位要有较明显的凹进，二是臀围部位胖势要凸出，三是下裆缝脚口处要平齐（图2-1-13中③）。

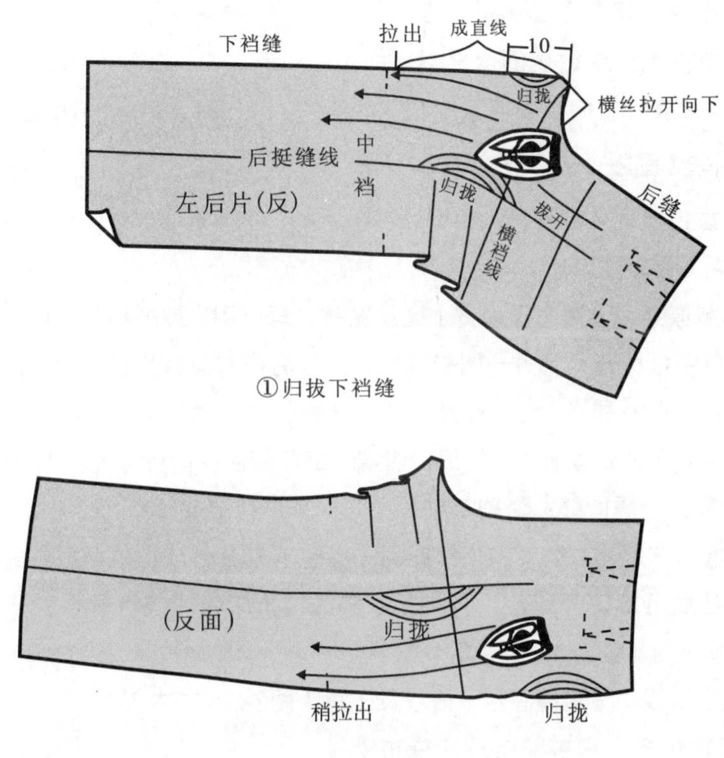

②归拔侧缝

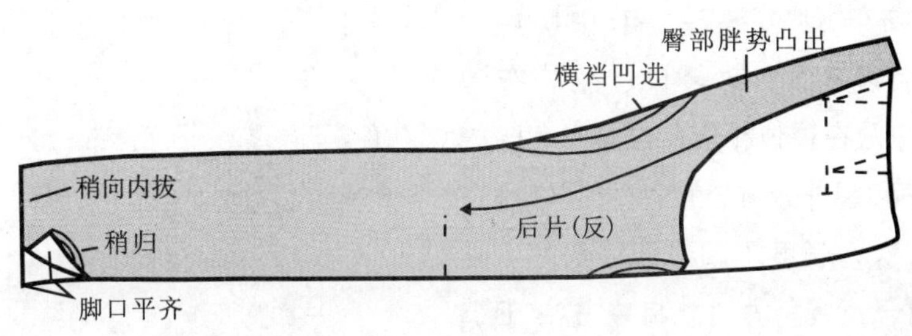

③对折、复烫定型

图2-1-13　后片归拔

3. 后片三线包缝、收省（图2-1-14）

（1）后片三线包缝部位：侧缝、脚口及下裆缝。

（2）后片收省：在后裤片反面按照省中线对折省量车缝，省净长为腰口下7cm，省大为1.5cm。腰口处打回针，省尖留5cm左右的线头打结。省要缉得直而尖。缝合后，在熨烫馒头上将省道缝头朝后中缝坐倒烫平，并将省尖胖势朝臀部方向推烫均匀。

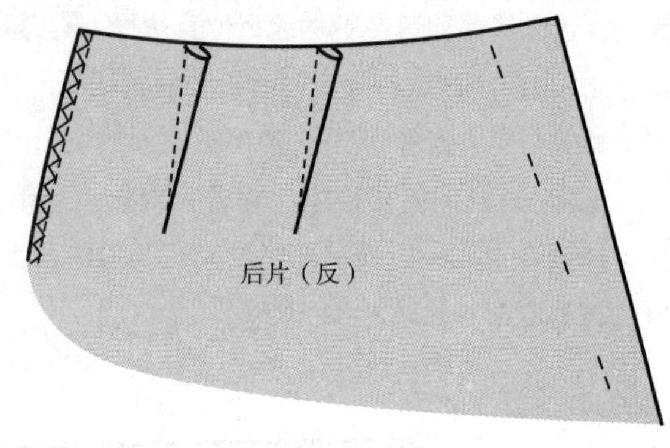

图 2-1-14　后片收省

4. 挖后袋（图2-1-15）

（1）画袋位、烫袋位粘衬：根据线钉在后裤片正面画出口袋位置。在袋位反面居中烫上无纺粘衬（图2-1-15中①）。

（2）车缝嵌线：嵌线布反面烫上无纺粘衬，居中画出双嵌线袋口的长度和宽度，并从一侧沿袋口中线剪开，到另一侧袋口大止。然后将布与裤片正面相对，嵌线布中线对准裤片袋位，同时将袋布A垫在裤片下面，放置袋口上线2.5cm，左右居中，然后按袋口长度，车两条和袋口等长的平行线，四端一定要倒回针固缝（图2-1-15中②）。

（3）剪袋口、烫嵌线：沿袋口中线剪开，袋口两端成“Y”形剪口，注意剪口要到位，但不能剪断车缝线。同时将嵌线布另一侧也剪开，分成上下两根嵌线，并分别翻向裤片反面，然后分缝烫开缝份，再将上下嵌线布折转包住缝份烫平。要求袋口规格准确，嵌线宽窄一致（图2-1-15中③）。

（4）固定嵌线：车暗缝固定下嵌线及三角（图2-1-15中④）。

（5）装袋垫布：将袋垫布放在袋布B的相应位置上，将袋垫布扣烫1cm后，用扣压缝的方法车缝固定（2-1-15中⑤）。

（6）装袋布B、封袋口、滚袋布边缘：将袋布B放在袋位相应的位置上，暗缝固定上嵌线和袋布B。袋口两端封口线来回不少于三次，长度不超过嵌线宽度。要求：袋口闭合，袋角方正。将袋布A、B缝合，用2.8cm宽45°的斜滚条包滚袋布缝份三边边缘（图2-1-15中⑥）。

（7）后裆缝滚边：用2.8cm宽 45°的

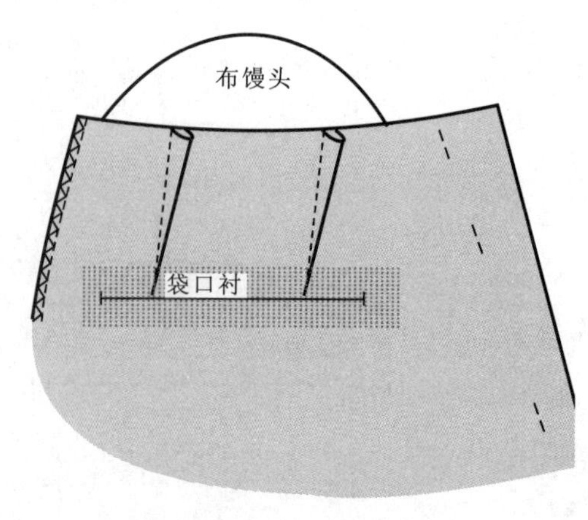

① 画袋位、烫袋位衬

图 2-1-15　挖后袋

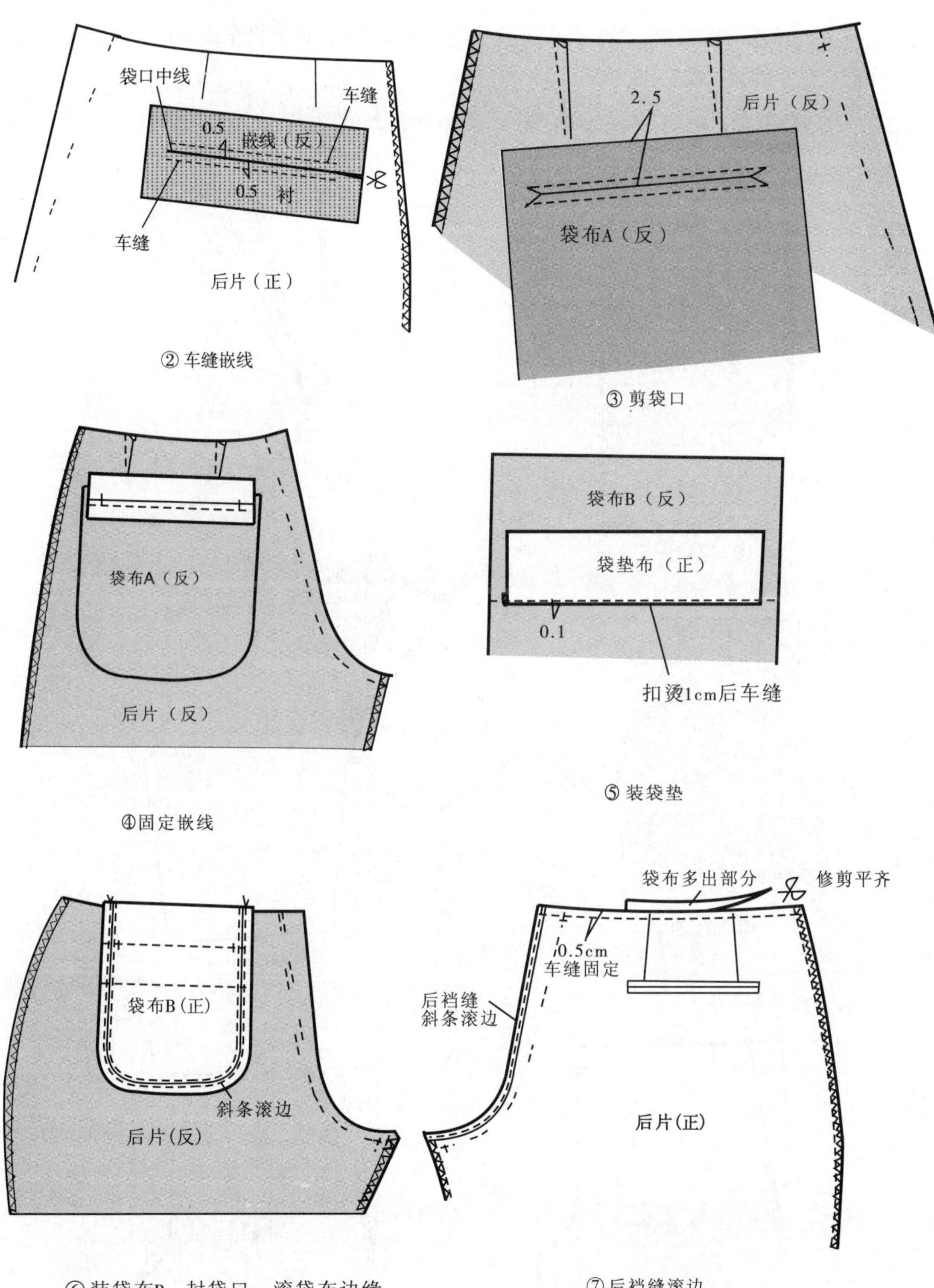

袋口中线
车缝
0.5
嵌线（反）
0.5
衬
车缝
后片（正）
② 车缝嵌线
2.5
后片（反）
袋布A（反）
③ 剪袋口
袋布A（反）
后片（反）
④固定嵌线
袋布B（反）
袋垫布（正）
0.1
扣烫1cm后车缝
⑤ 装袋垫
袋布B(正)
斜条滚边
后片(反)
⑥ 装袋布B、封袋口、滚袋布边缘
袋布多出部分
修剪平齐
0.5cm
车缝固定
后裆缝
斜条滚边
后片(正)
⑦ 后裆缝滚边

图2-1-15　挖后袋

斜滚条包滚左右后裆缝，然后将袋布B上口与腰口以0.5cm缝份车缝固定，修剪袋布超出腰口多余部分（图2-1-15⑦）。

5. 做斜袋、褶裥（图2-1-16）

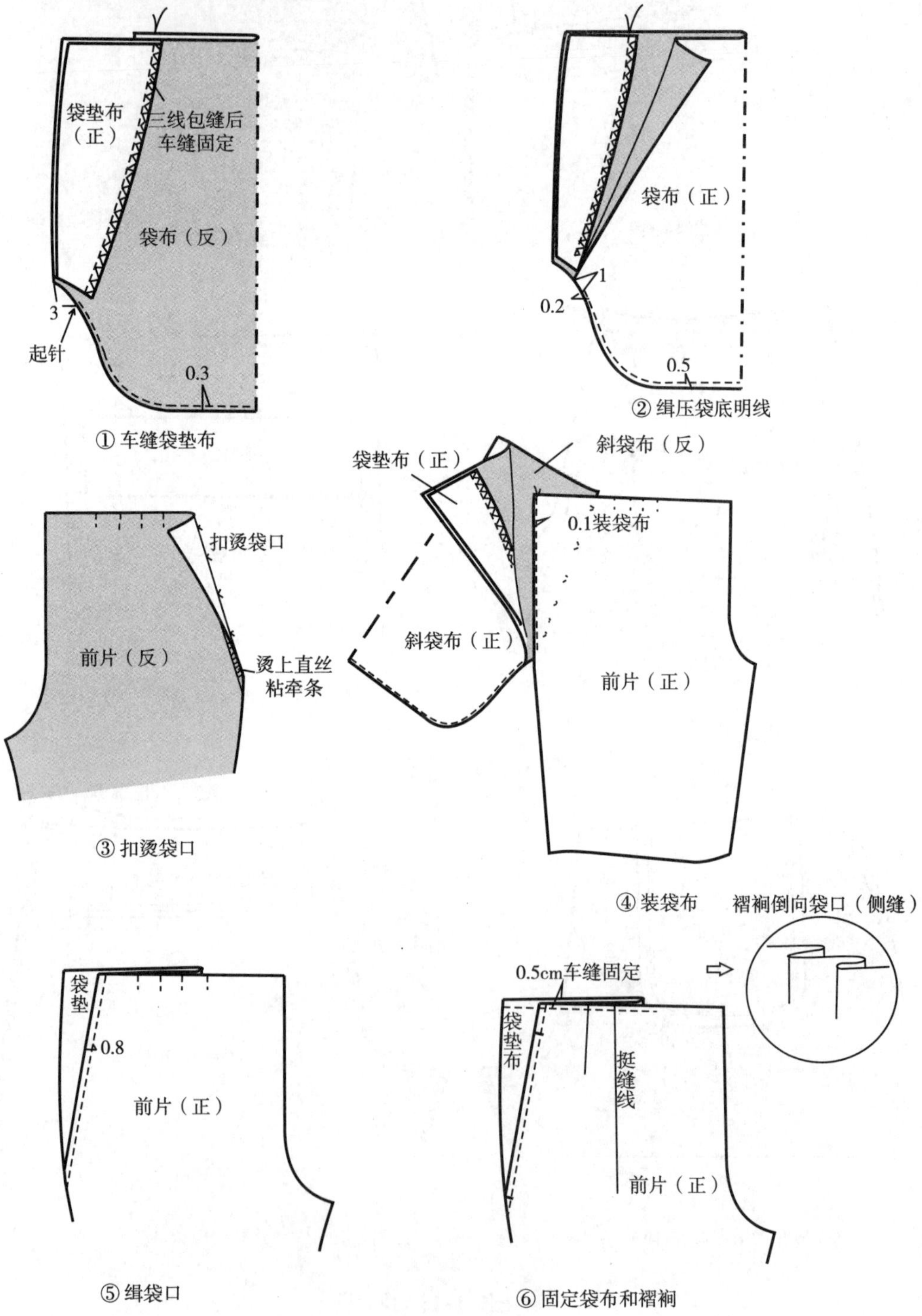
袋垫布
（正）
三线包缝后
车缝固定
袋布（反）
3
起针
0.3
① 车缝袋垫布
袋布（正）
1
0.2
0.5
② 缉压袋底明线
扣烫袋口
前片（反）
烫上直丝
粘牵条
③ 扣烫袋口
袋垫布（正）
斜袋布（反）
0.1装袋布
斜袋布（正）
前片（正）
④ 装袋布
褶裥倒向袋口（侧缝）
袋垫
0.8
前片（正）
⑤ 缉袋口
0.5cm车缝固定
袋垫布
挺缝线
前片（正）
⑥ 固定袋布和褶裥

图 2-1-16 做斜袋、褶裥

（1）车缝袋垫布：斜袋垫布三线包缝，沿包缝线内侧将袋垫布与下层袋布车缝固定，注意左右对称。斜袋布正面相对，离下袋口3cm处起针，以0.3cm缝份车缝袋底。（图2–1–16中①）。

（2）缉压袋底明线：将斜袋布翻出、烫平，沿袋底缉压0.5cm明止口（图2–1–16中②）。

（3）扣烫袋口：在前裤片斜袋位线钉内侧，烫上直丝粘牵条，再按照线钉将斜袋口边（光边）折转烫平（图2–1–16中③）。

（4）装袋布、缉袋口：前袋布袋口边对准前裤片袋口净线，沿裤片边缘（布边）缉0.1cm将斜袋布装于前裤片的恰当位置。将袋布折向裤片反面，在裤片正面缉0.8cm的袋口明线（图2–1–16中④）。

（5）固定袋布和褶裥：摆正袋布，按线钉将上、下袋口分别与袋布暂时固定。车缝前腰两褶裥，长5cm并烫倒。熨烫褶裥要求正面倒向侧缝线，其中侧缝褶裥烫18cm长左右，自然消失；挺缝褶裥烫后应与挺缝线连成一线。最后将打褶好的裤片腰口与袋布上口以0.5cm的缝份车缝固定（图2–1–16中⑤）。

6. 覆里布、三线包缝、缝合侧缝（图2–1–17）

（1）覆里布、三线包缝：前裤片面布与前裤片里布反面相对，用手针沿前裤片边缘0.4cm用绗针法固定。按照前裤片褶裥位置，扣烫里布腰褶裥，倒向与面布褶裥

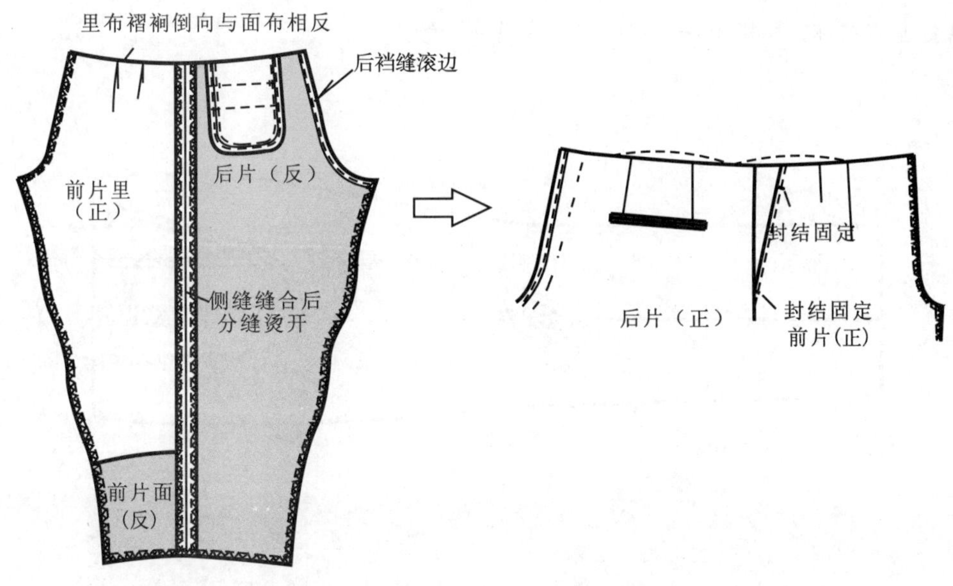

图2–1–17　覆里布、三线包缝、缝合侧缝

相反。再将前裤片的侧缝、脚口、前裆缝及下裆缝进行三线包缝。

（2）后裆缝滚边：用2.8cm宽、45° 的斜条滚边布将后裆缝进行滚边，滚边宽0.7cm。

（3）缝合侧缝：前裤片在上，后裤片在下，正面相对缝合侧缝，分缝烫开，最后在前裤片正面，将上、下袋口车回针固定或用套结机车缝固定。要求：袋口两端封口线来回不少于三次，长度不超过0.8cm袋口明线。

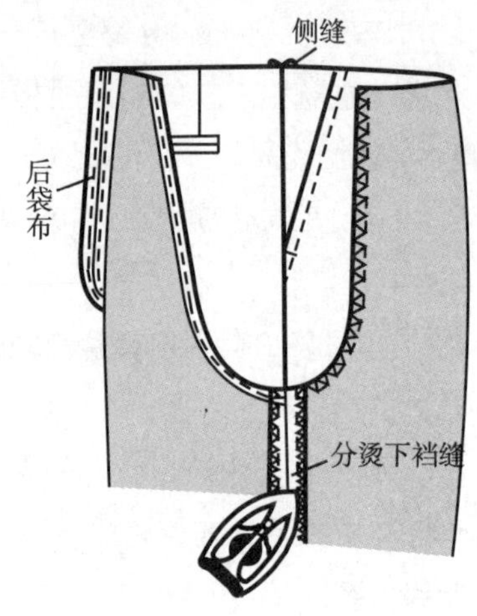

图 2-1-18　缝合并分烫下裆缝

7. 缝合并分烫下裆缝（图2-1-18）

缝合下裆缝：前片在上，后片在下，正面相对缝合，后片横裆下10cm处要有适当吃势。中裆以下前后片松紧一致，并应注意缉线顺直，缝头宽窄一致。中裆以上缉双线。然后将下裆缝分开烫平，烫时应注意横裆下10cm略为归拢，中裆部位略为拔伸。

8. 烫前、后挺缝线（图2-1-19）

将下裆缝正面朝上，侧缝和下裆缝对齐，以前挺缝线丝缕顺直为基准，侧缝、下裆缝对齐后，熨烫平整。烫后挺缝线时，先将横裆处后窿门捋挺，把臀部胖势推出，横裆下适当归拢。后挺缝线烫至腰口下8cm左右，熨烫平服。然后再熨烫裤子侧缝。要求：两裤片左右对称，后挺缝线上口烫迹线高低应一致。

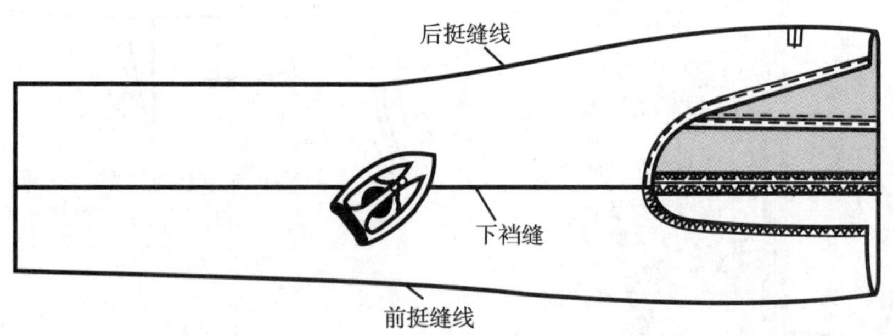

图 2-1-19　烫前、后挺缝线

9. 做、绱里襟（图2-1-20）

（1）做里襟：里襟面反面烫上无纺粘衬，在里襟面内侧三线包缝，里襟面、里正面相对，沿外侧车缝一道。将里襟翻转正面在上，熨烫平整，沿外侧压0.1cm明线（图2-1-20中①）。

（2）扣烫里襟：里襟里子按里襟面子毛样宽度进行扣烫，里襟弯头处打几个刀眼，使里子折转扣烫平整，并在下端略烫弯，最后按净样扣烫成宝剑头（图2-1-20中②）。

（3）缝合里襟拉链：将拉链正面朝上，平放在里襟面上，上口平齐，以0.6cm缝份缝合（图2-1-20中③）。

（4）绱里襟：从开口止点起缝合前裆缝，然后将拉链、里襟面与右前裤片正面相对缝合。再将里襟翻转正面朝上，缝份倒向裤片，同时摆平里襟里子，压0.1cm明线于裤片（图2-1-20中④）。

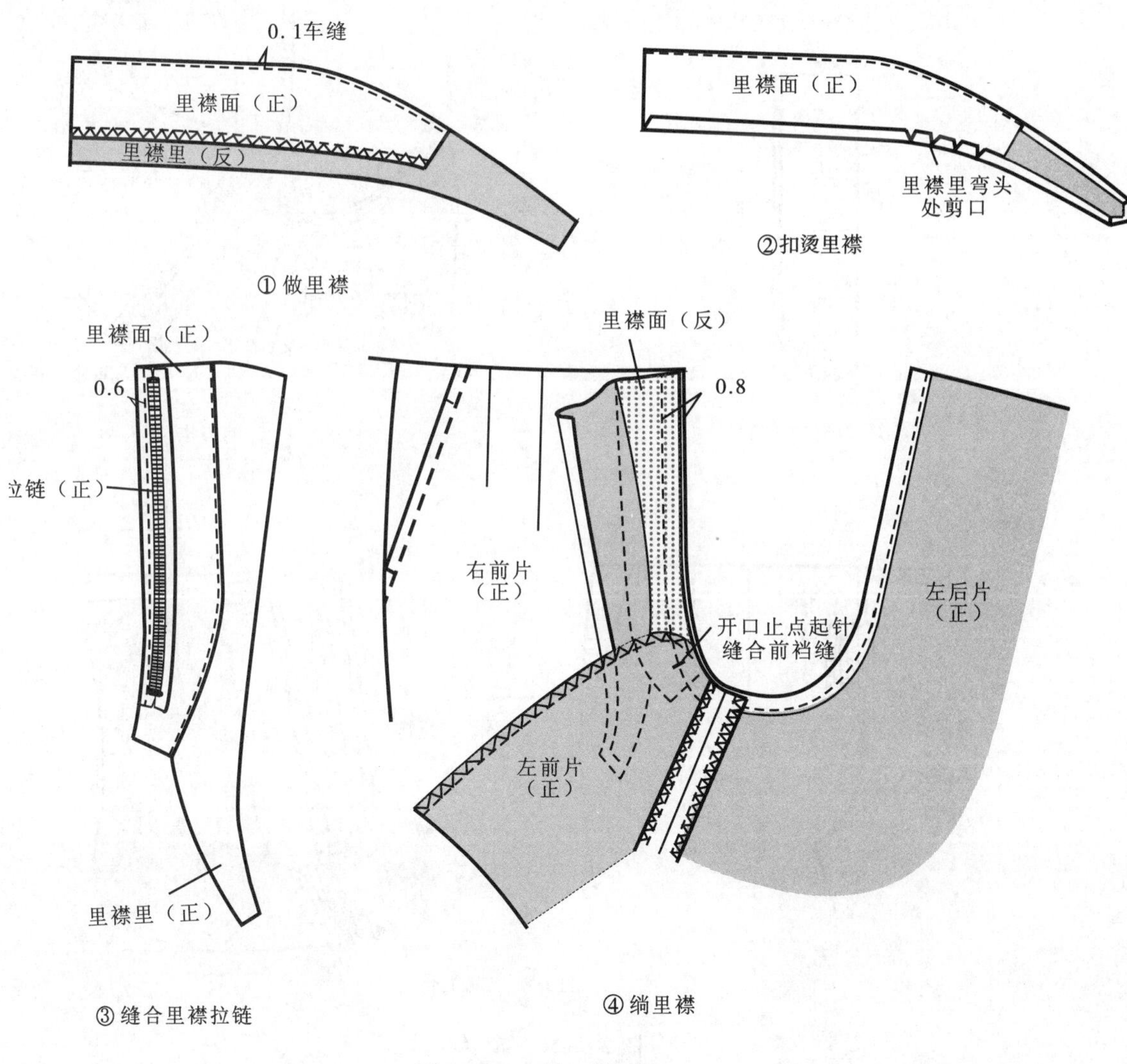

图2-1-20 做、绱里襟

10. 做、绱门襟（图2-1-21）

（1）做门襟：在门襟反面烫上无纺粘衬，门襟外侧毛边用宽2.8cm、45°的斜滚条包滚，滚边宽0.7cm（图2-1-21中①）。

（2）绱门襟：门襟与左前裤片正面相对，从下向上，缝份从上端0.8到下端0.5cm缝合。然后将门襟摊开放平，缝份朝门襟一侧倒，沿缝线在门襟上缉0.1cm明止口（图2-1-21中②）。

（3）门襟、拉链缝合：门襟坐进0.2cm烫好翻向正面，将拉链拉上，里襟放平，门襟盖过里襟缉线(封口处0.2cm，上口0.5cm（见图中虚线)，将拉链布边与门襟正面相对双线缝合（图2-1-21中③）。

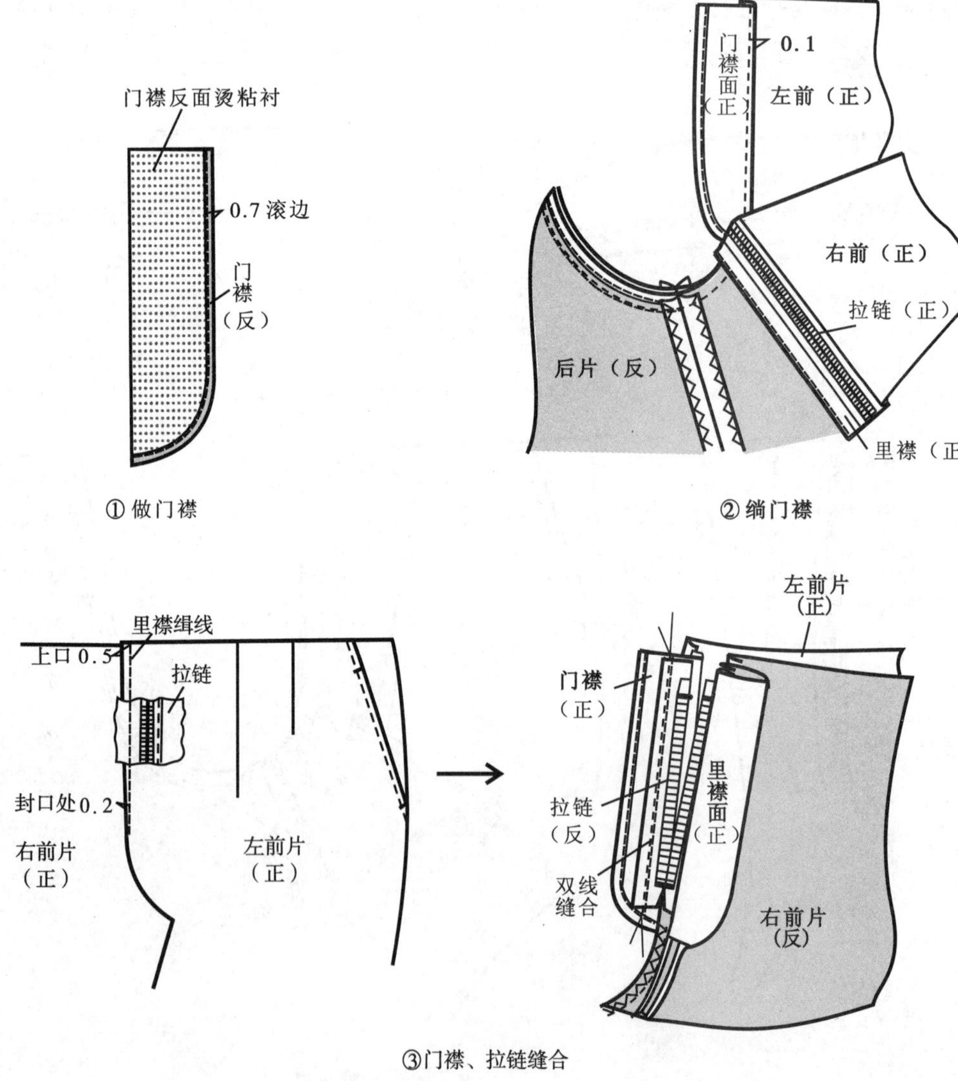

图 2-1-21　做、绱门襟

11. 做裤襻（图2-1-22）

做裤襻：取长9cm、宽2.8cm的直丝料6条。直丝料正面相对车缝，净宽1cm，将缝份放在中间分开烫平，用镊子夹住缝头将裤襻翻到正面并烫直。再在其正面两边缉0.1cm明止口（图2-1-22）。

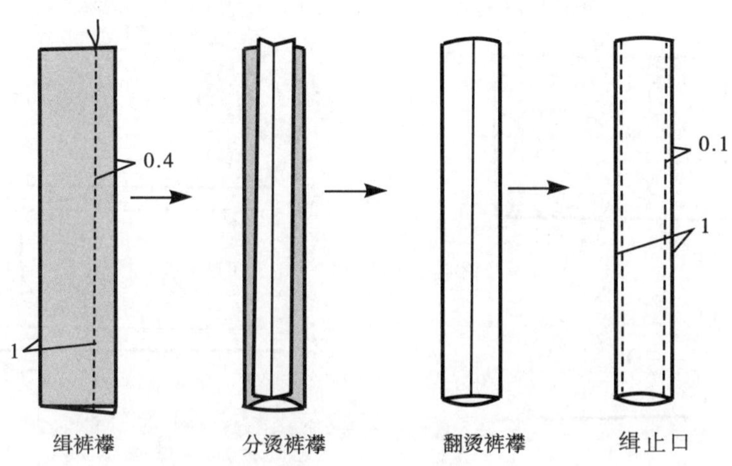

图2-1-22　做皮带襻

12. 做腰（图2-1-23）

采用分腰工艺，即分别制作左门襟、右里襟裤腰。左门襟腰面毛长为W／2+9cm（宝剑头5.5cm+缝份3.5 cm），右里襟腰面毛长为W／2+7cm（里襟3.5cm+缝份3.5 cm）。先分别在两腰面反面上口下1.3cm缝份处烫上4cm宽树脂粘合腰衬。腰里采用半成品，宽5.5cm。腰里正面朝上平叠1cm盖在腰面正面上，沿腰里上口边缘车缝三角针或0.1cm明线。将腰头面、里反面相对，腰面坐过腰里0.3cm将腰头上口烫好。在腰面下口缝份处做好门襟前中线、里襟位、侧缝、后缝等对位记号。

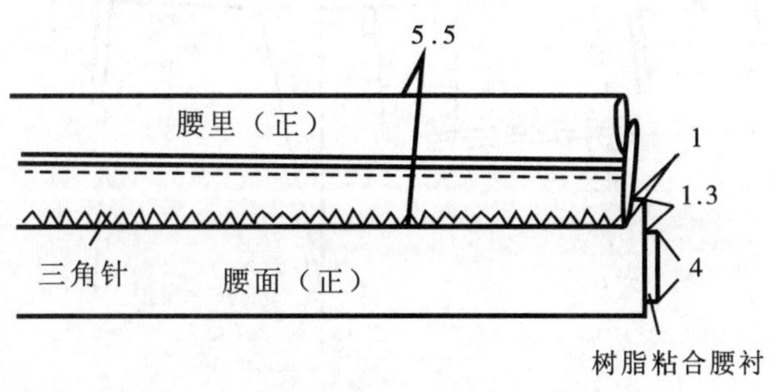

图 2-1-23　做腰

13. 钉四件扣（图2-1-24）

门襟腰里和里襟面钉四件扣。门襟腰里反面烫上无纺粘衬，并画出门襟腰宝剑头净线和四件扣位置，在门襟腰里正面按扣位钉上四件裤钩。里襟腰面装上四件裤襻，上下左右与门襟侧腰面的裤钩位置相对应。

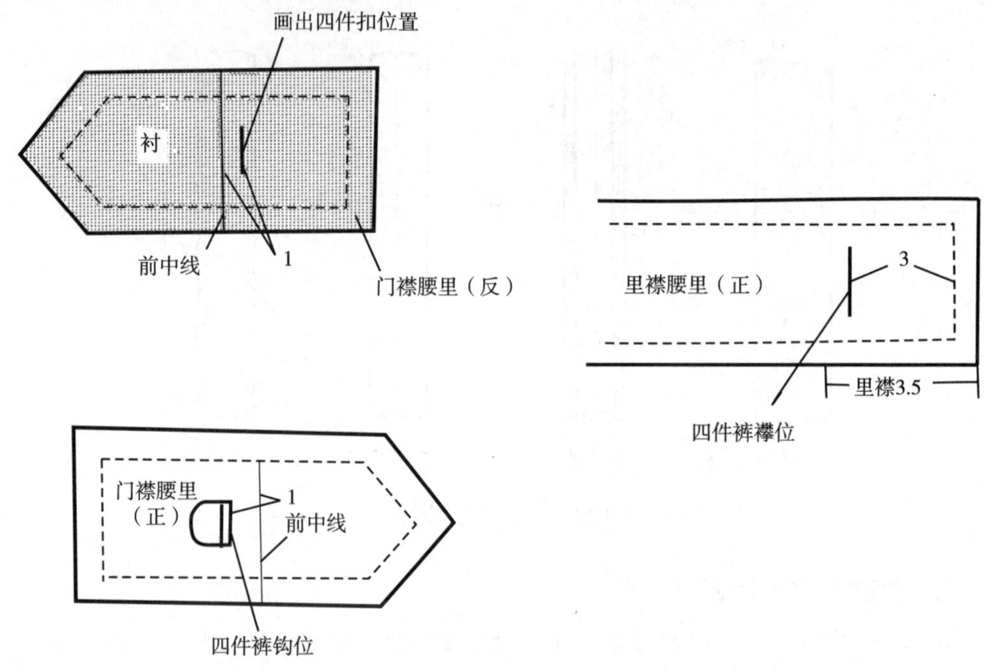

图 2-1-24　钉四件扣

14. 绱裤襻（图2-1-25）

绱裤襻：在裤片上定好裤襻的位置，左右前裥面各一只、后中缝居中分别向两侧3cm处各一只，其余两只裤襻分别位于前两个裤襻之间的中点位置上。

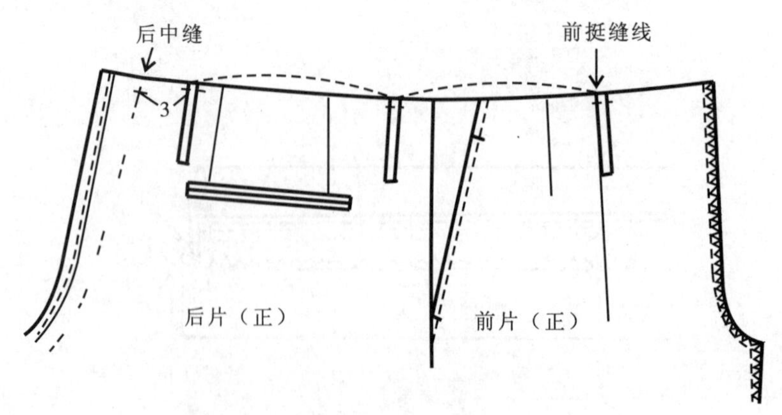

图 2-1-25　绱裤襻

15. 缝合门襟宝剑头（图2-1-26）

（1）缝合门襟宝剑头：先将门襟宝剑头腰里一端扣烫1cm，再使门襟宝剑头腰里反面在上，门襟腰面在下，正面相对，对准记号，沿净线车缝（图2-1-26中①）。

（2）缝合门襟宝剑头腰里与门襟上口：门襟宝剑头腰里反面在上，门襟在下，正面相对，对准记号，沿净线车缝长4.5cm（图2-1-26中②）。

（3）车缝固定门襟宝剑头腰里：先修、翻、烫门襟宝剑头，然后将门襟宝剑头腰里在上，平叠在门襟腰里上口宽4.5 cm距离段，沿边缉0.1明线，将门襟宝剑头腰里、门襟腰里缉住，注意：不车住腰面（图2-1-26中③）。

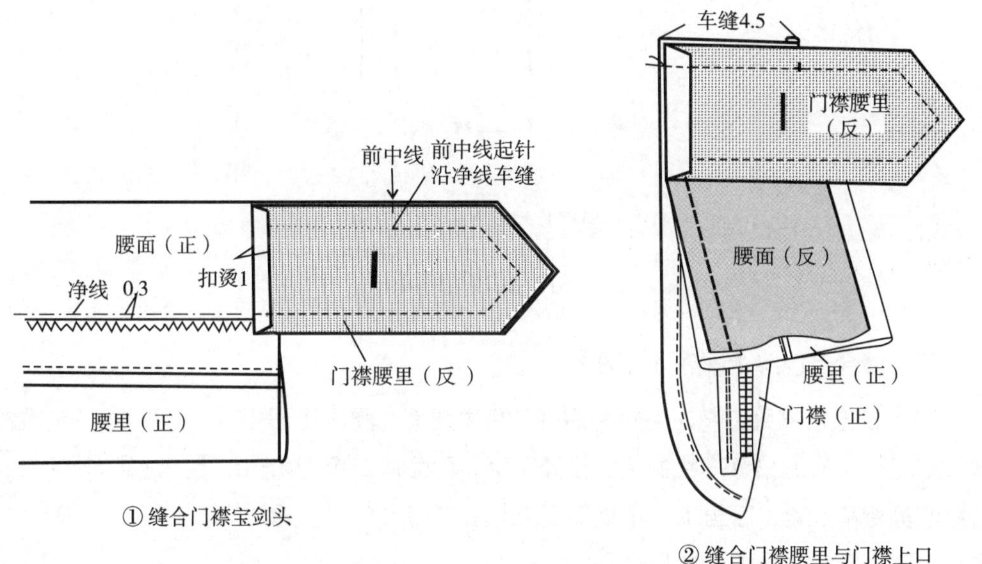

① 缝合门襟宝剑头

② 缝合门襟腰里与门襟上口

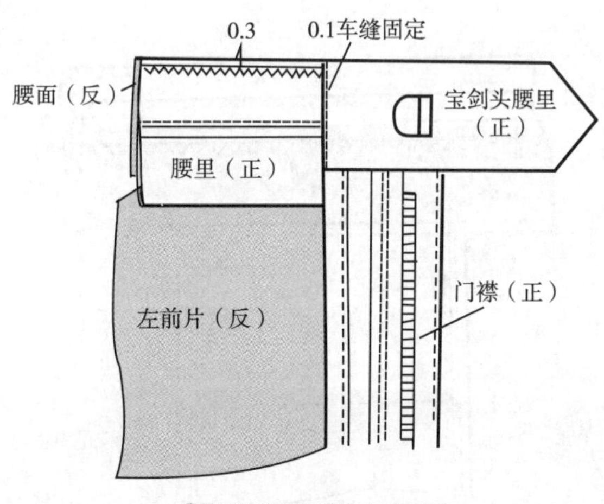

③车缝固定门襟宝剑头腰里

图 2-1-26 缝合门襟宝剑头

16. 绱腰（图2-1-27）

裤片在下，腰头在上，正面相对，记号对准，左右腰头分别缝合。门襟片车缝从门襟前中缝起针，至后中缝止；里襟片从后中缝起针，至里襟止。

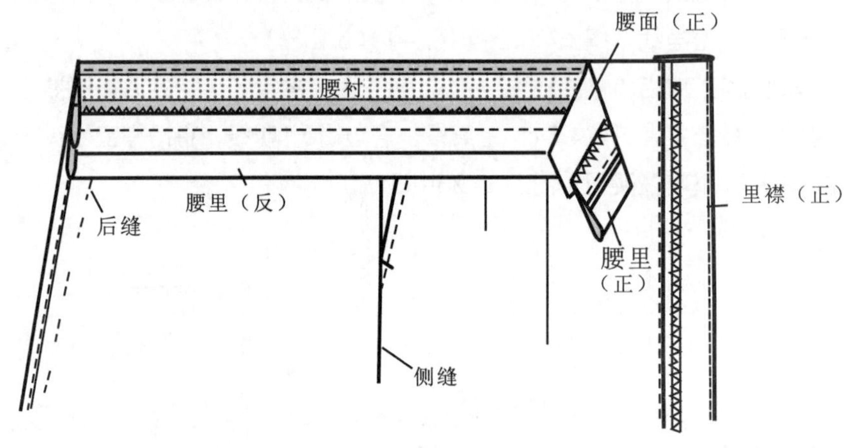

图 2-1-27　绱腰

17. 缝合后裆缝（图2-1-28）

（1）缝合后裆缝：将左右裤片后缝、后中腰面、腰里正面相对，上下层对齐，由前裆缝处起针，沿后裆缝净线的线钉位置车缝，到后腰口缝份2.5cm止。注意车缝时，在后裆弯势处稍拉紧，腰里下口车缝斜度应与后裆缝上口斜度相对应。后裆缝应车双线以增加牢度。将前、后裆缝分开烫平。

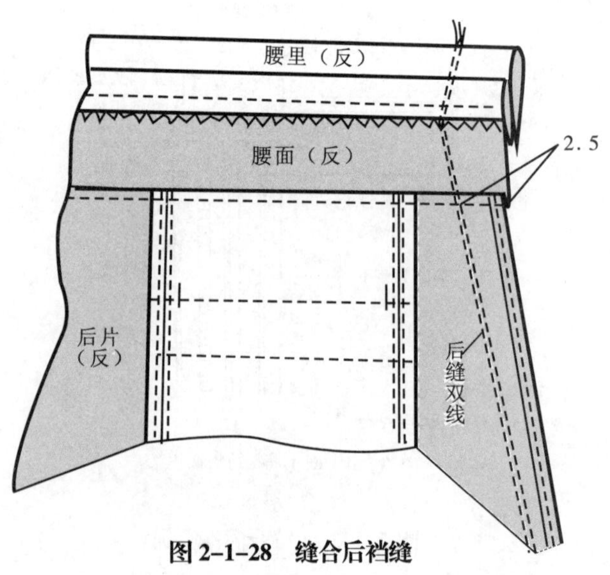

图 2-1-28　缝合后裆缝

18. 门襟缉线、封口（图2–1–29）

（1）门襟缉线：门襟正面朝上放平，由圆头至腰线按净3.5cm宽缉线。为防止出现起皱，车缝时上层面料可用镊子推送或用硬纸板压着缉（图2–1–29中①）。

（2）封口：门、里襟下口圆头重叠按45º封口，封口长度1cm。最后将里襟里宝剑头与前、后裆缝缝份用0.1cm明线车缝固定（图2–1–29中②）。

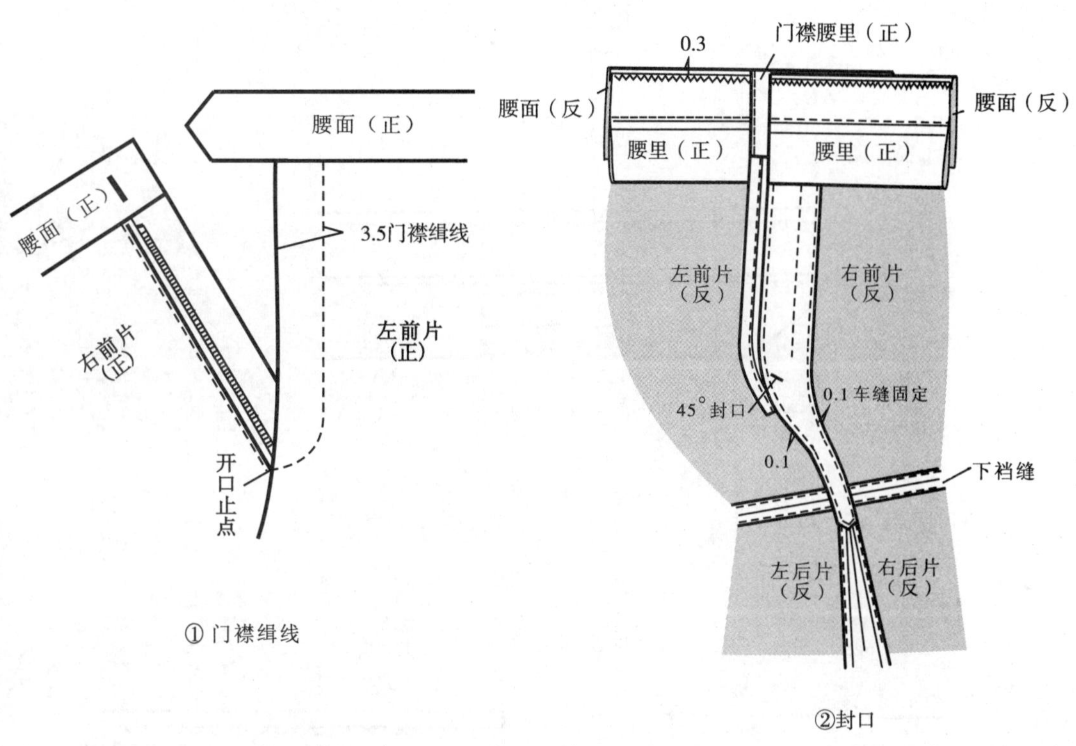

图 2–1–29　门襟缉线、封口

19. 缉腰面、缝裤襻（图2–1–30）

（1）缉腰面：将腰面烫直烫顺，绱腰缝头朝腰头坐倒。腰里翻起，用手工将腰头面、里衬固定，然后绷挺腰面与大身，自门襟开始，在装腰线下0.1cm处缉漏落缝，将腰里衬缉住。缉线时应注意上下层一致，上层面子应用镊子推送，下层里子当心起皱，应保证腰面、里平服（图2–1–30中①）。

（2）缝裤襻：腰线下1.5cm处缝裤襻下口，缉线来回四次，长度不超过裤襻宽。裤襻向上翻正折光，上端离腰口边0.3cm处封口，缉线来回四次。要求：上口缝线反面只缉住腰面，而不能缉住腰里（图2–1–30中②）。

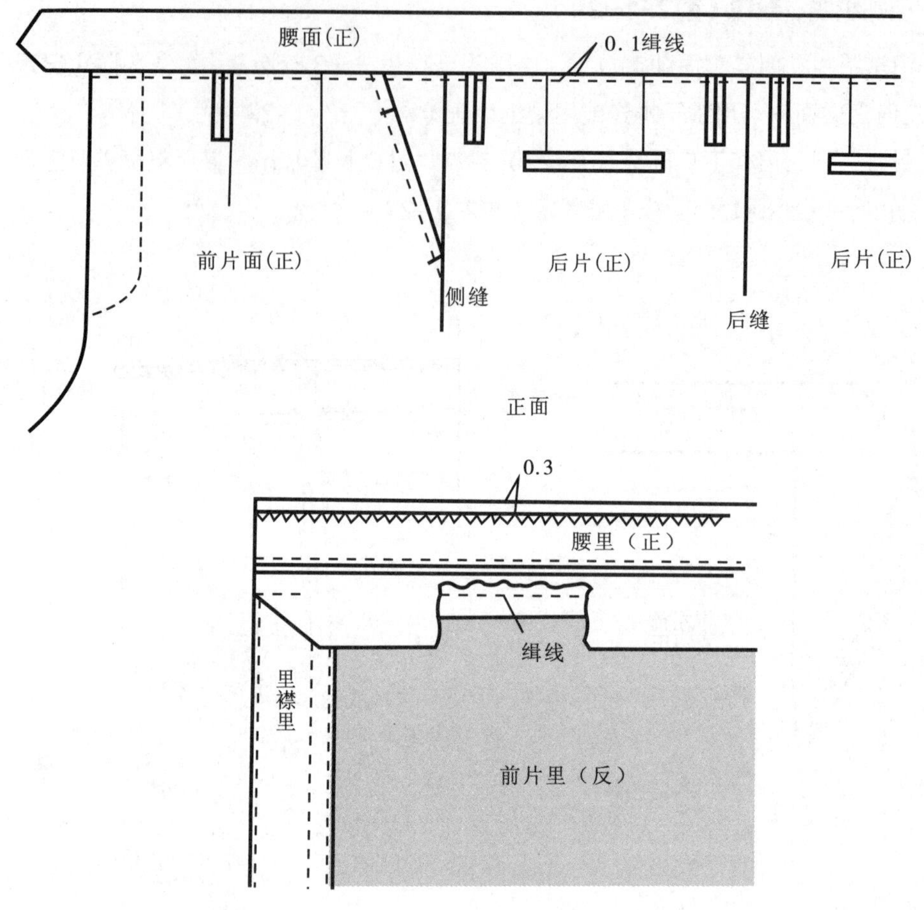

① 缉腰面

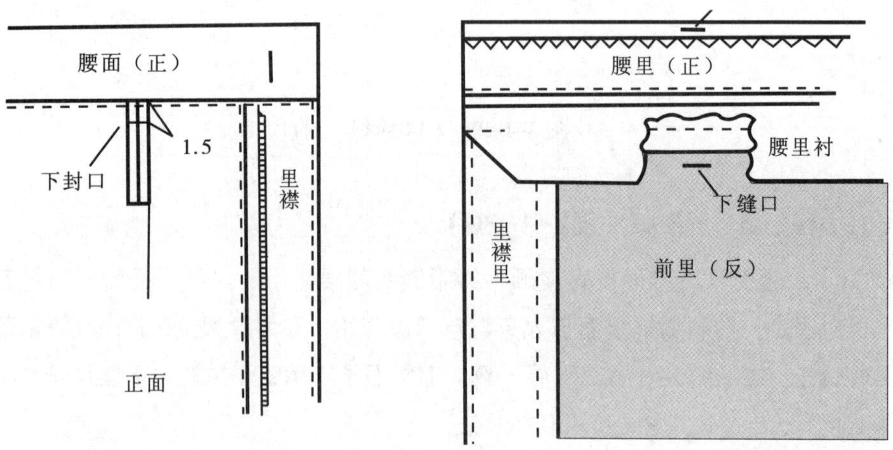

② 缝裤襻

图 2-1-30　缉腰面、缝裤襻

20. 做、装脚口贴布（图2-1-31）

（1）扣烫脚口贴布：把裤脚贴布烫成长16cm，宽1cm的宝剑头形状（图2-1-31中①）。

（2）车缝脚口贴布：将脚口贴布与后裤口正面中线对齐，并放在脚口折边上，比脚口折边长出0.1cm，沿四周车缝0.1cm的明线固定（图2-1-31中②）。

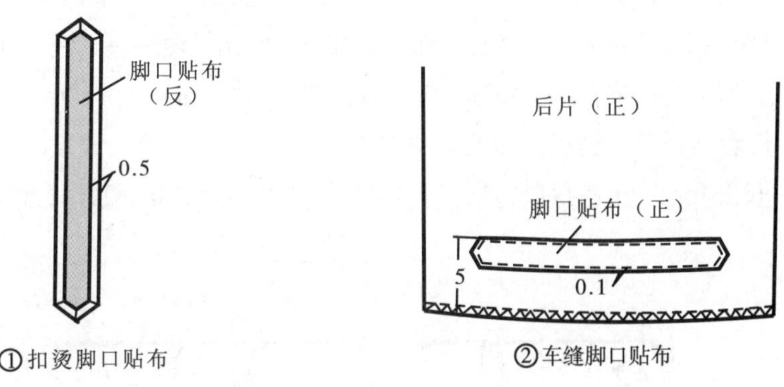

图2-1-31　做、装脚口贴布

21. 烫、缲脚口及腰里（图2-1-32）

（1）烫脚口：沿裤脚口线钉折转烫平、烫顺折边。后片处脚口贴布应吐出0.1cm止口（图2-1-32中①）。

（2）缲脚口：将扣烫好裤脚边，沿边用手缝长绗针暂时固定折边，然后用三角针法手缝沿包缝线将脚口贴边与大身缲牢。要求：线迹松紧适宜，大身只缲住一二根丝，裤

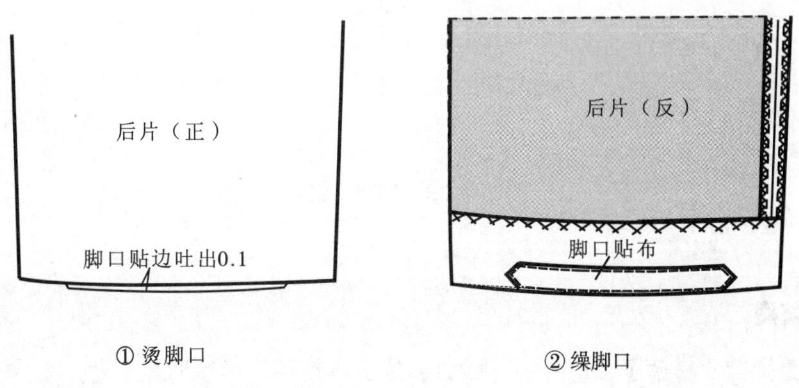

图2-1-32　烫、缲脚口

脚正面不露针迹（图2-1-32中②）。

（3）手缲腰里：在后腰处将腰里翻开，将2.5cm宽的腰里后缝折成三角，用暗缲针固定。将腰里布与前片居中处、后片居中处、两侧缝处，分别用手工缲针，将腰里、腰里衬、裤片固定，腰里正面不露针迹。

22. 锁眼、钉扣、打套结（图2-1-33）

（1）锁眼、钉扣：门襟腰宽居中，宝剑头进2cm处，锁圆头扣眼1只，眼大1.7cm。里襟头正面相应位置钉钮扣1粒，钮扣大1.5cm。两后袋嵌线下1cm居中分别锁圆头眼1只，眼大1.7cm。在袋垫布相应位置钉钮扣1粒，钮扣大1.5cm（图2-1-33）。

（2）打套结：用套结机打套结。两斜袋口上、下封口4只，长度0.8cm。两后袋口封口4只，长度1cm。小裆封口1只、门、里襟下口圆头封口处1只，长度均为1cm。

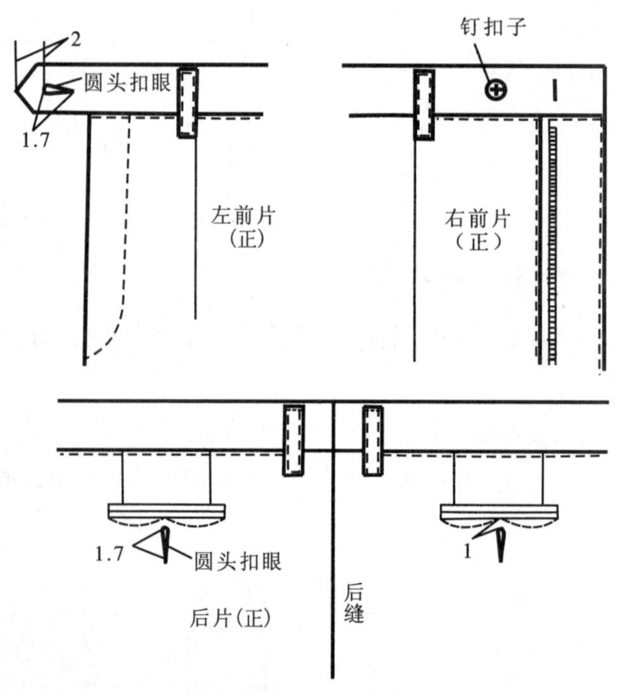

图 2-1-33　锁眼、钉扣

23. 整烫

（1）整烫前应将裤子上的扎线、线钉、线头、粉印、污渍清除干净。

（2）先烫裤子内部：重烫分缝，将侧缝、下裆缝分开烫平，把袋布、腰里烫平。随后在铁凳上把后缝分开、烫平。

（3）熨烫裤子上部：将裤子翻到正面，先烫门襟、里襟、裥位，再烫斜袋口、省缝、后袋嵌线。熨烫时应注意各部位丝绺要顺直，如有不顺可用手轻轻捋顺，使各部位平挺圆顺。

（4）烫裤子脚口：先把裤子的侧缝和下裆缝对准，然后让脚口对平齐熨烫。

（5）烫裤子前后挺缝：将侧缝和下裆缝对齐，重烫裤子的前、后挺缝线，把挺缝烫平服，然后将裤子调头，熨烫裤子的另一片，烫完后用裤架吊起晾干。

七、男西裤缝制工艺质量要求及评分参考标准（总分100）

1. 规格尺寸符合标准与要求。（5）
2. 外形美观，整条裤子无线头。（5）
3. 前、后袋口分别左右对称、平服，高低一致。（20）
4. 腰头宽窄一致；腰头面、里顺直，无起涟现象。（20）
5. 裤腰襻左右对称，高低一致。（10）
6. 前门襟装拉链平服，拉链不能外露；前后裆缝无双轨。（20）
7. 裤脚边平服不起吊；锁眼位置正确，钉扣符合要求。（10）
8. 成衣整洁，不能有水迹，不能烫焦、烫黄；前后挺缝线要烫煞，后臀围按归拔原理烫出胖势，裤子摆平时，能符合人体要求。（10）

八、实训题

1. 实际训练男西裤斜袋的缝制。
2. 实际训练男西裤做腰、绱腰。
3. 裤子前门襟拉链有哪几种缝制方法。进行男西裤前门襟拉链的缝制训练。

第二节 男休闲裤工艺

一、概述

1. 外形特征

该款为装腰男式休闲裤。前门襟绱拉链，2个前挖袋，右前挖袋装有零钱袋，并采用铆钉装饰；后片育克分割，左右各设计2个贴袋；腰头设有7个裤襻。款式见如图2–2–1，局部平面展开图见图2–2–2。

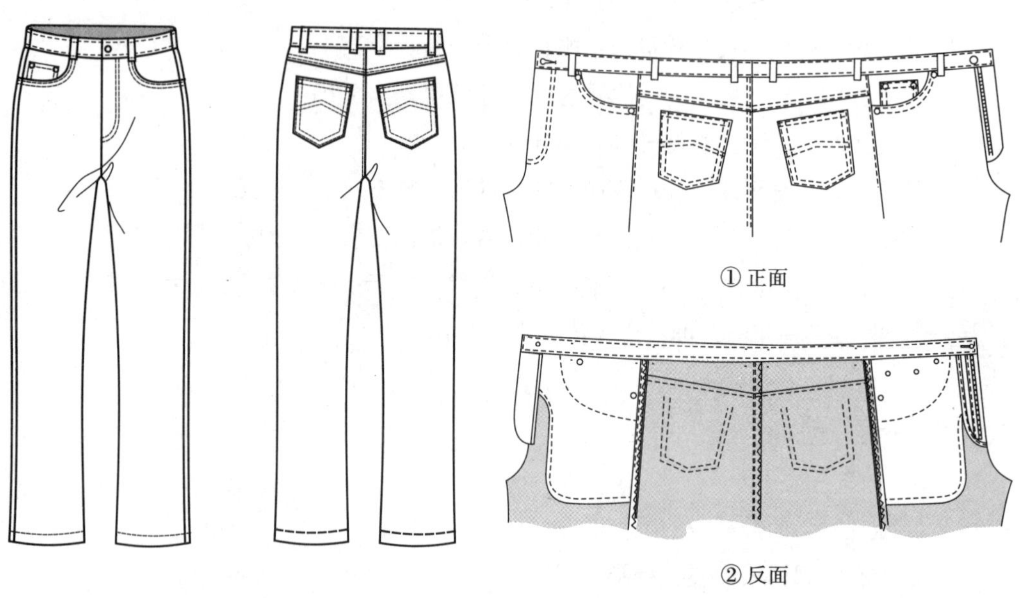

图 2–2–1 男式休闲裤款式图

图 2–2–2 男式休闲裤局部平面展开图

2. 适用面料

选用范围比较广，各种中厚型棉布、灯芯绒、斜纹布、牛仔布均可。袋布可以选用棉布或涤棉漂白布。

3. 面辅料参考用量

（1）面料：幅宽144cm，用量约120cm。估计式为裤长 + 20cm 左右。

（2）辅料：无纺粘合衬适量，袋布约30cm，铜拉链一条，腰头扣子1粒，装饰铆钉6粒。

二、制图参考规格（不含缩率）

表 2-2-1　制图参考规格

（单位：cm）

号　型	腰围（W）	臀围（H）	裤长	直裆（含腰头）	脚口	腰头宽	腰头叠门宽
175/78A	78+2=80	98	104	27.5	22	4	4

三、款式结构图（图2-2-3）

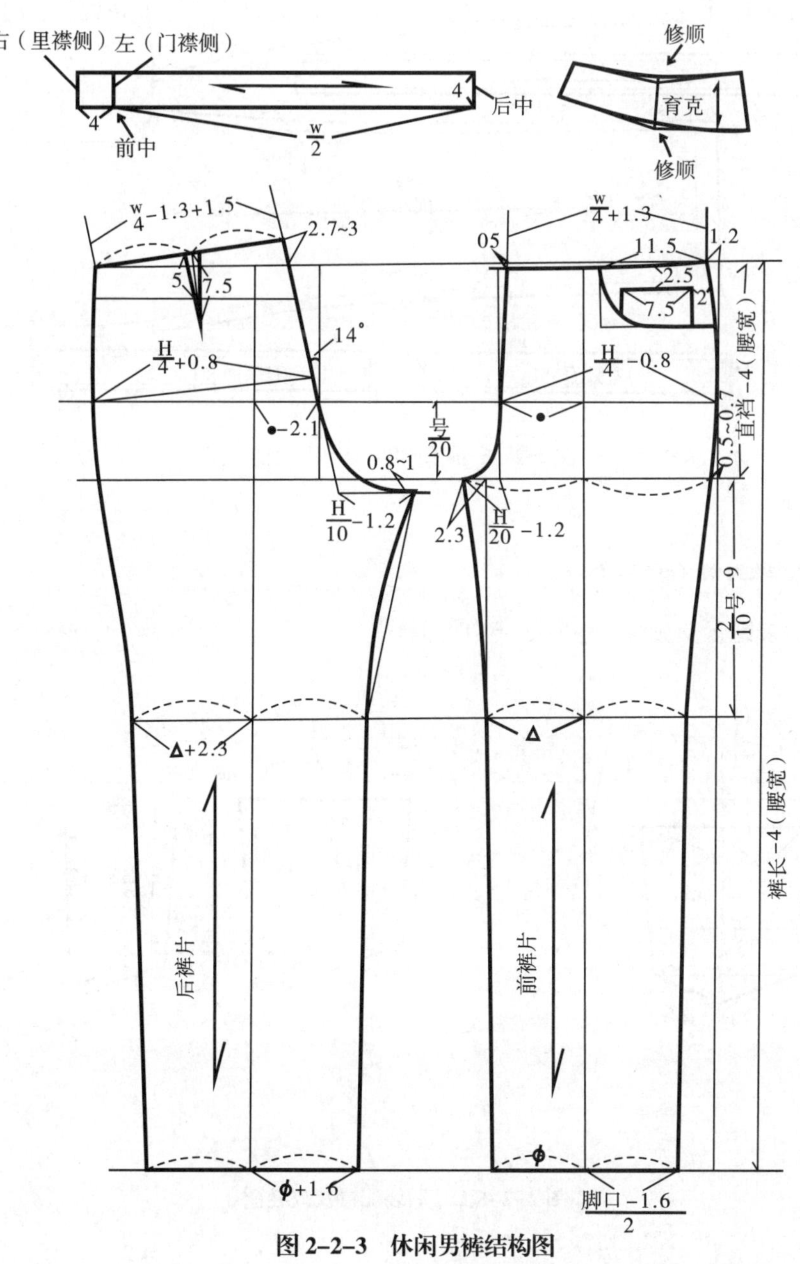

图 2-2-3　休闲男裤结构图

四、放缝、排料

1. 面料放缝（图2-2-4）

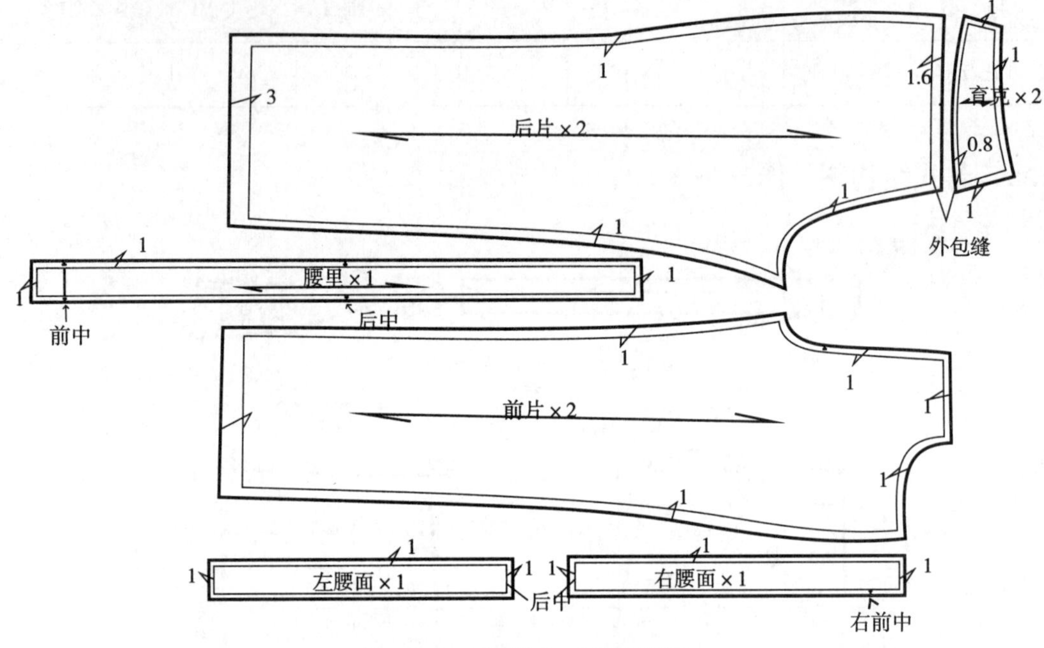

图 2-2-4 前后裤片、腰头放缝图

2. 零部件放缝（图2-2-5）

（1）后袋配置及放缝（图2-2-5中①）

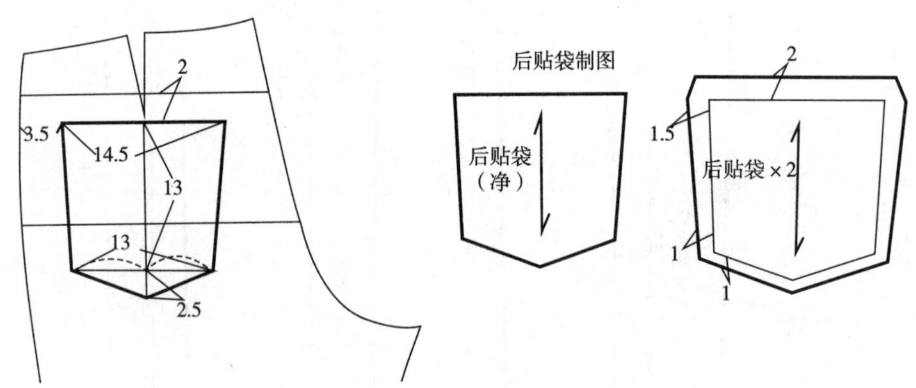

图 2-2-5① 后袋配置及放缝图

（2）前袋配置及放缝（图2-2-5中②）

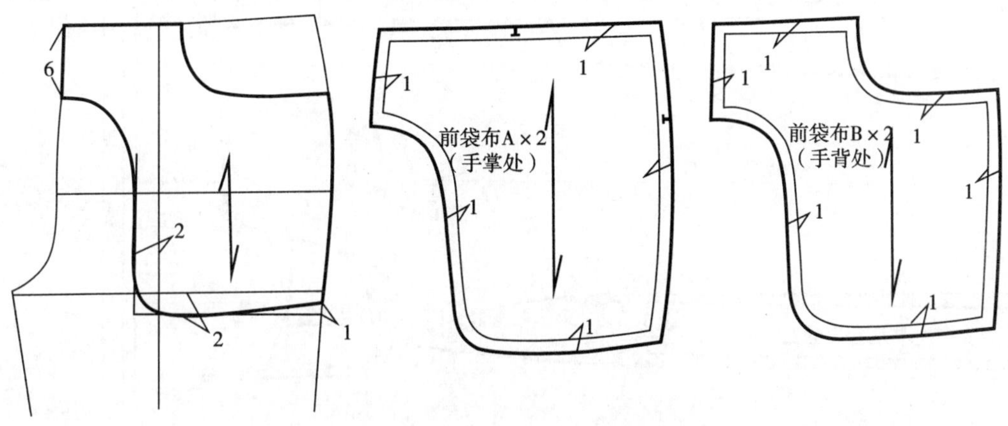

图 2-2-5② 前袋配置及放缝图

（3）袋垫布、门里襟、零钱袋配置及放缝（图2-2-5中③）

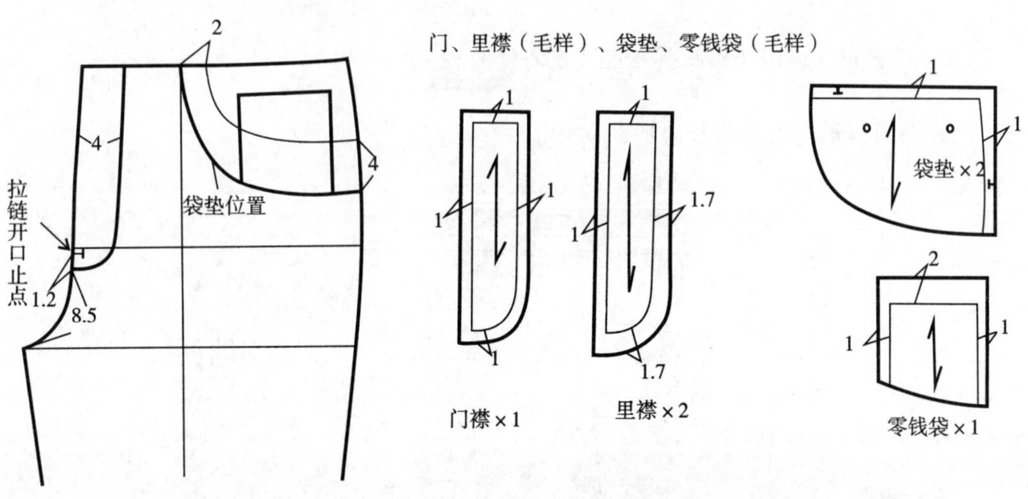

图 2-2-5③ 袋垫布、门里襟、零钱袋配置及放缝图

3. 排料

（1）面料排料参考图（图2-2-6）

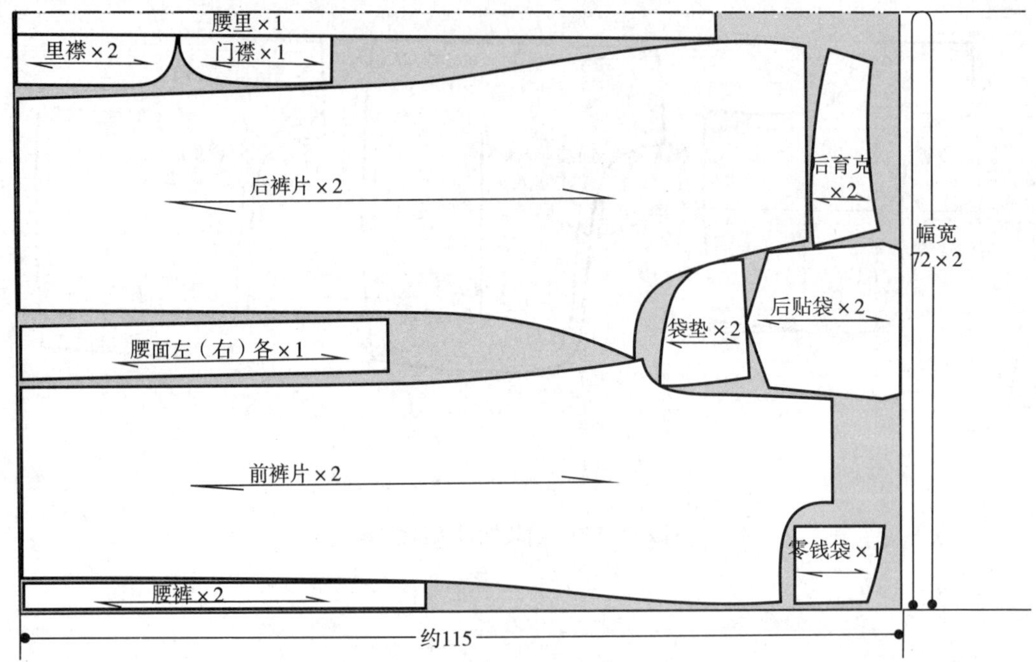

图 2-2-6　面料排料参考图

（2）前袋布、滚边布排料参考图（图2-2-7）

前袋布用料长度为前袋长再加3~5cm。

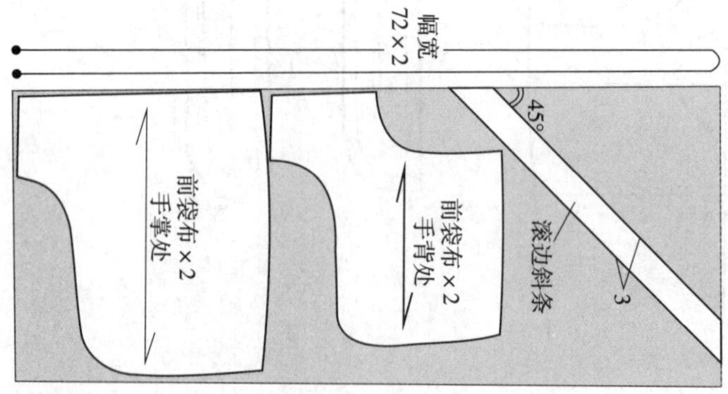

图 2-2-7　前袋布、滚边布排料参考图

五、样板名称与裁片数量

休闲男裤样板名称与裁片数量

序号	种 类	样板名称	裁片数量（单位：片）	备 注
1	面料主部件	前裤片	2	左右各一片
2		后裤片	2	左右各一片
3		后育克	2	左右各一片
4		左腰头面	1	
5		右腰头面	1	
6		腰头里	1	
7	面料零部件	后贴袋	2	左右各一片
8		袋垫布	2	左右各一片
9		零钱袋布	1	只装右边
10		门襟	1	左一片
11		里襟	2	右边两片
12		腰襻	2	根据腰襻长剪成7片
13	袋布	前挖袋袋布（手掌处）	2	左右各一片
14		前挖袋袋布（手背处）	2	左右各一片
15	滚边布	门里襟滚边布	1	

六、缝制工艺流程、缝制前准备

1. 休闲男裤缝制流程

缝制、安装后贴袋 → 拼接后育克 → 缝合后裆缝 → 缝制前挖袋 → 门里襟滚边 → 缝合门襟、前裆缝 → 绱拉链 → 车缝固定门襟、前裆缝缉明线 → 缝合内侧缝 → 缝合外侧缝 → 缝制腰襻、装腰襻 → 缝制腰头 → 绱腰头、固定腰襻 → 缝制裤口 → 锁扣眼、钉扣子 → 整烫

2. 缝制前准备

（1）针号：90/14号或100/16号。

针距：10~12针/3cm，面底线均用配色涤纶线。

（2）粘衬部位：腰头面、门襟、里襟。

七、缝制工艺步骤及主要工艺

1. 缝制并安装后贴袋（图2-2-8）

（1）扣烫、缝制后贴袋（图2-2-8中①）：先把后贴袋的上口三折卷边后车0.1cm+0.6cm的双明线；再根据需要在袋布上车缝装饰图案；然后按后贴袋净样扣烫袋布。

（2）安装、固定后贴袋（图2-2-8中②）：将后贴袋放在后裤片的袋位处，车缝0.1cm+0.6cm的明线固定。

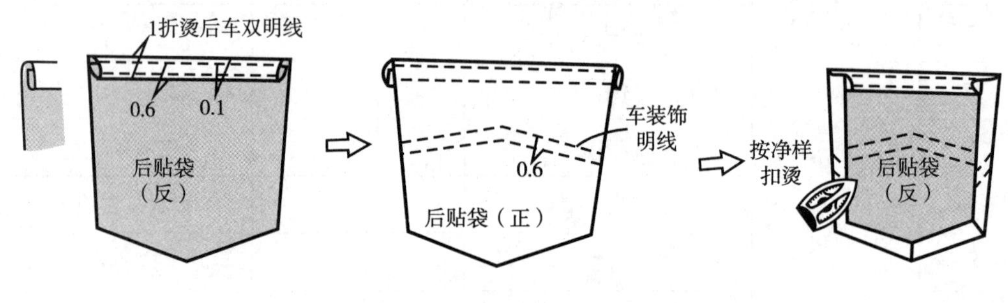

① 扣烫、缝制后贴袋

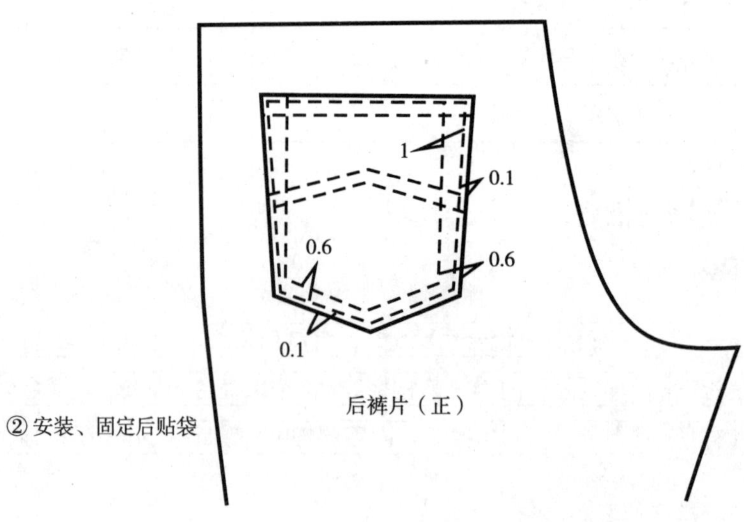

② 安装、固定后贴袋

图 2-2-8　缝制并安装后贴袋

2. 拼接后育克（图2-2-9）

将后育克与后裤片按外包缝的方法车缝拼接。

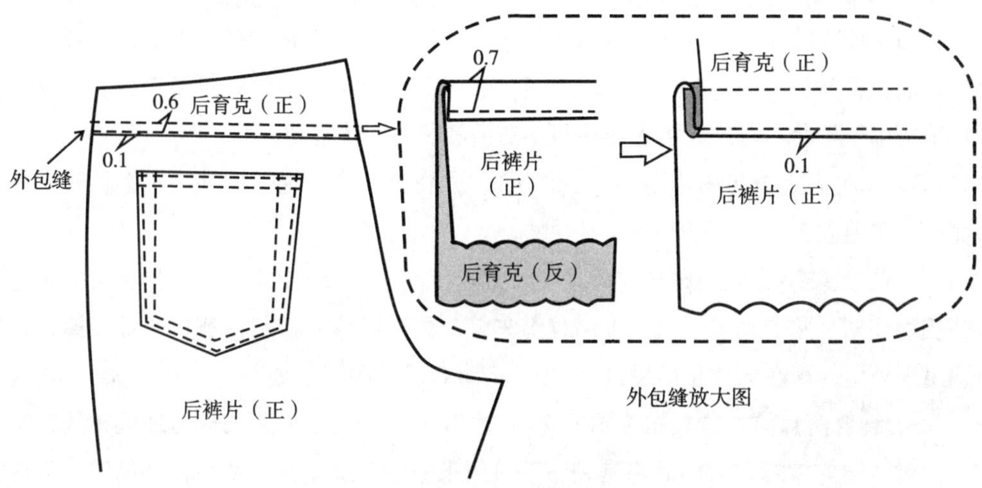

图 2-2-9 拼接后育克

3. 缝合后裆缝（图2-2-10）

将左右两片后裤片正面相对缝合后裆缝，缝份1cm，注意左、右育克分割线的对位；再将右裤片放上层三线包缝，然后在左裤片正面车缝两道明线0.1cm和0.6cm。

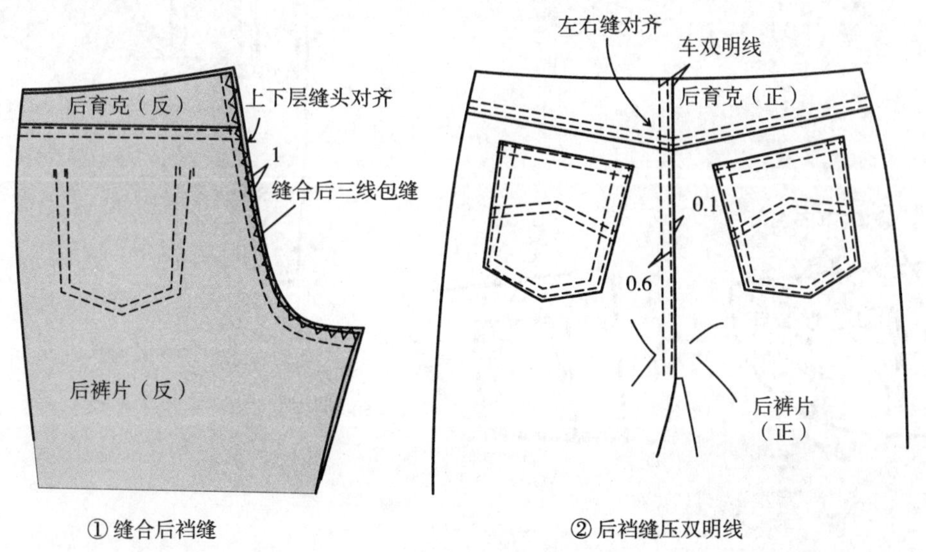

图 2-2-10 缝合后裆缝

4. 缝制前挖袋（图2-2-11）

（1）扣烫零钱袋（图2-2-11中①）：将零钱袋布的上口三折卷边后车缝0.1cm＋0.6 cm的双明线；再按净样扣烫袋布。

（2）固定零钱袋布（图2-2-11中②）：零钱袋布只装在右袋垫布上，按袋位对齐下口，袋两侧车0.1cm＋0.6cm的双明线；然后在袋垫布的圆弧处三线包缝。注意：左侧袋垫布由于不装零钱袋，故直接在袋垫布的圆弧处三线包缝。

（3）车缝固定袋垫布（图2-2-11中③）：将袋垫布放在手掌处袋布上，对齐上口和侧边后车缝固定。

（4）前挖袋手背处袋布与前裤片袋口缝合（图2-2-11中④）：先将手背袋布与前裤片反面相对，袋口对齐后按0.9cm缝份车缝，再在弧线处打斜向剪口；翻转裤片，袋口烫出里外匀，再在裤片正面袋口处车0.1cm＋0.6cm的双明线。

（5）缝合两片前挖袋袋布（图2-2-11中⑤）：先将前裤片袋口与袋垫布的刀眼对位，核对两层前挖袋布大小后将其袋布下口用来去缝车缝固定。最后在外侧缝、腰口按对位记号对齐后，将袋布按0.5cm车缝固定在腰口及侧缝上。

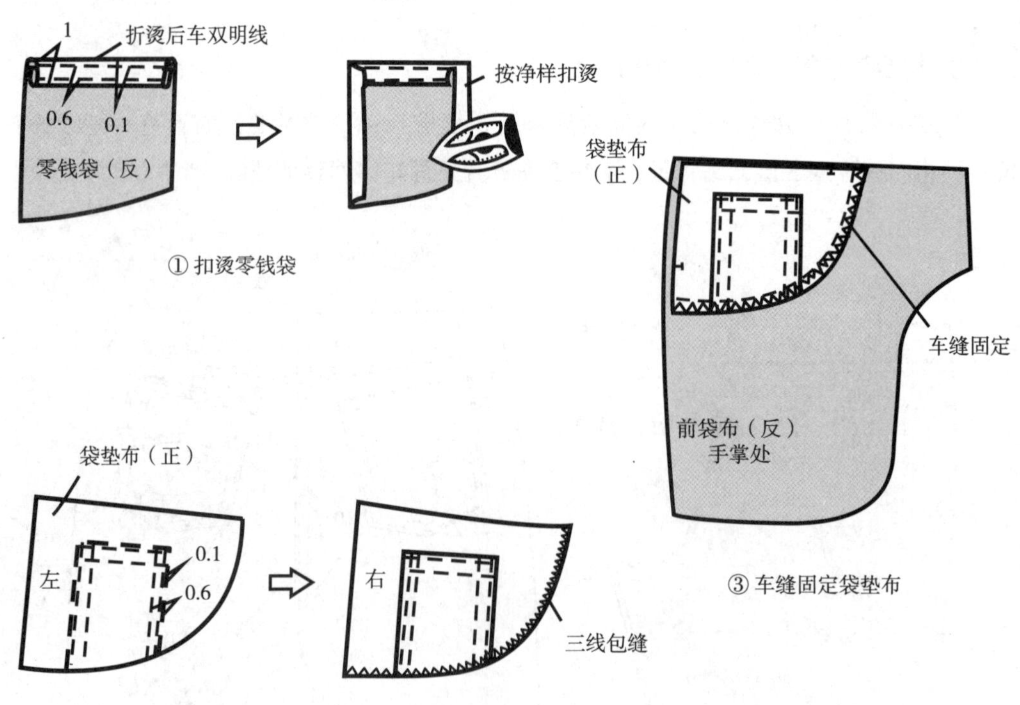

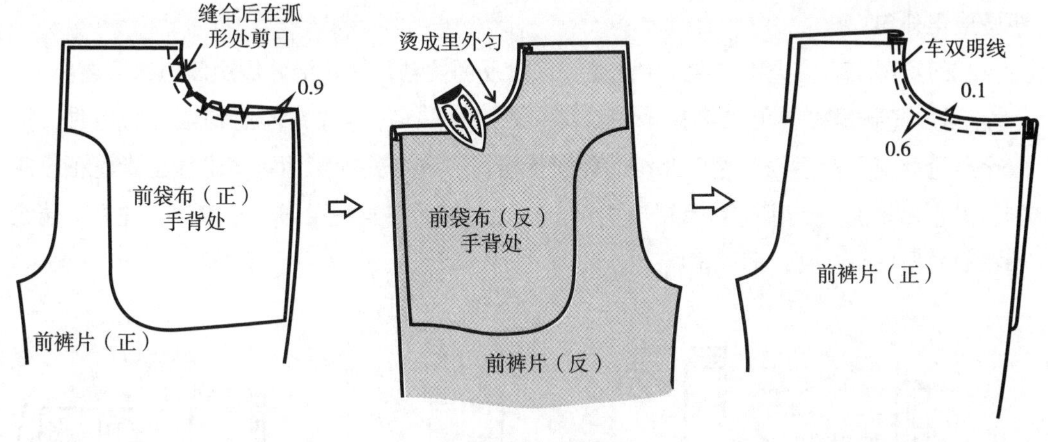

④ 前挖袋手背处袋布
与前裤片袋口缝合

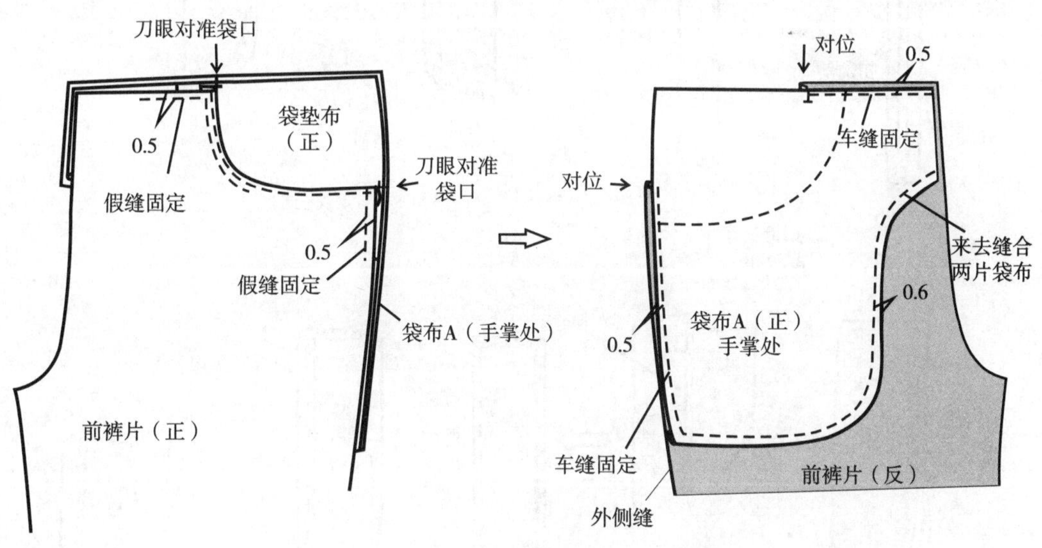

⑤ 缝合两片前挖袋袋布

图 2-2-11　缝制前挖袋

5. 门里襟滚边（图2-2-12）

（1）扣烫斜丝滚边布（图2-2-12中①）：将滚边布两侧折进0.6cm扣烫后，再对折烫成里外匀。

（2）门襟滚边（图2-2-12中②）：门襟反面烫粘衬后，沿外侧用滚边布滚边。

（3）缝制里襟、里襟滚边（图2-2-12中③）：将里襟布的面和里正面相对，按1cm缝合外侧；然后修剪留0.3cm，翻到正面，在缝合处的正面将缝份往里襟面布一侧倒，沿止口车0.1 cm固定；用熨斗烫平止口线，最后在里侧用滚边布滚边，注意下端滚边布要长出1cm左右，再往里折上。

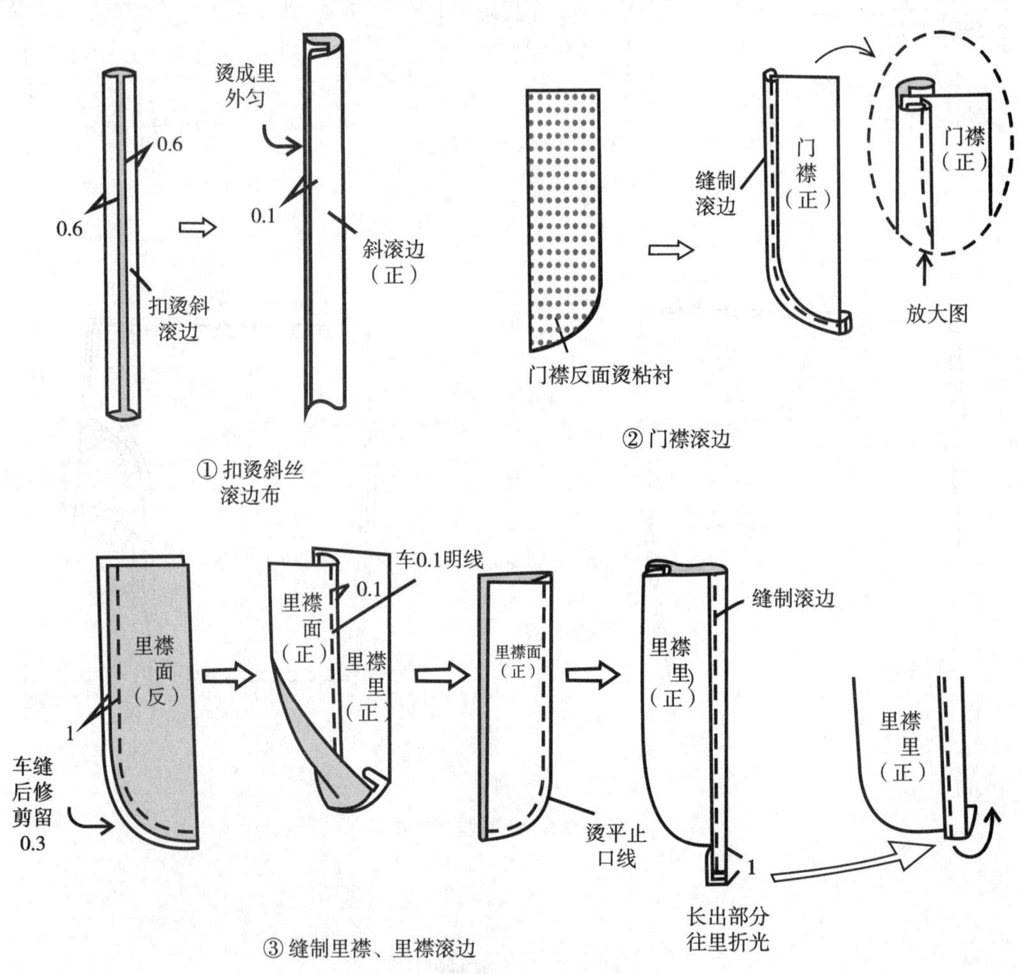

图 2-2-12 门里襟滚边

6. 缝合门襟、前裆缝（图2–2–13）

（1）三线包缝裤片前裆缝（图2–2–13中①）：分别把左、右前裤片的裆缝三线包缝。

（2）门襟与左前裆缝缝合（图2–2–13中②）：将门襟放在左前裤片上，对齐裤腰和裤片前裆缝，按0.9cm缝合至开口止点。

（3）缝合前裆缝（图2–2–13中③）：掀开门襟，把左、右前裤片正面相对，左前片放上，对齐前裆缝，从门襟缝合线止口开始，并距其0.1cm缝合前裆缝。

（4）门襟止口压明线（图2–2–13中④）：在左前片的裆缝，将门襟往里折进，烫出平止口后，压0.1cm明线至开口止点。

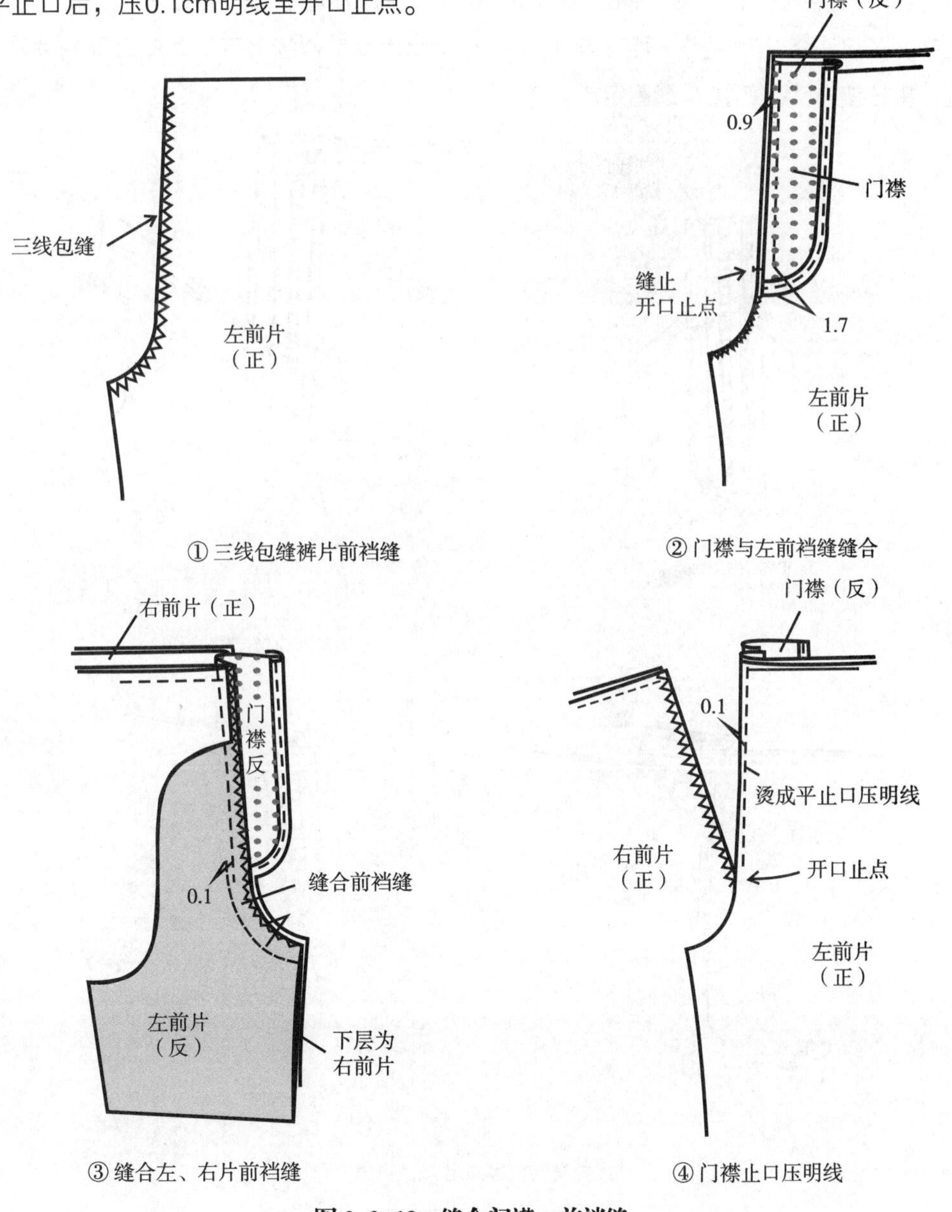

图 2–2–13　缝合门襟、前裆缝

7. 绱拉链（图2-2-14）

（1）里襟与拉链缝合（图2-2-14中①）：拉链放在里襟上，距里襟外侧4.2cm车缝。注意：拉链的金属卡头要距里襟下端约2.5cm，避免在车缝固定门襟时缝针碰到拉链的金属卡头。

（2）里襟及拉链与右前开口缝合（图2-2-14中②）：右前裤片腰口处的裆缝折进0.8 cm，开口止点处的裆缝折进0.5cm，将里襟及拉链放在下方，按0.1 cm车缝固定。要求：左前止口须盖住右前止口0.3cm~0.5cm左右。

（3）拉链与门襟固定（图2-2-14中③）：将左前门襟开口盖住右前开口，并对齐腰口、开口止点处放平整，距左前止口约0.3 cm用手针假缝上下层。然后翻到裤片的反面，将拉链布边与门襟车缝固定。

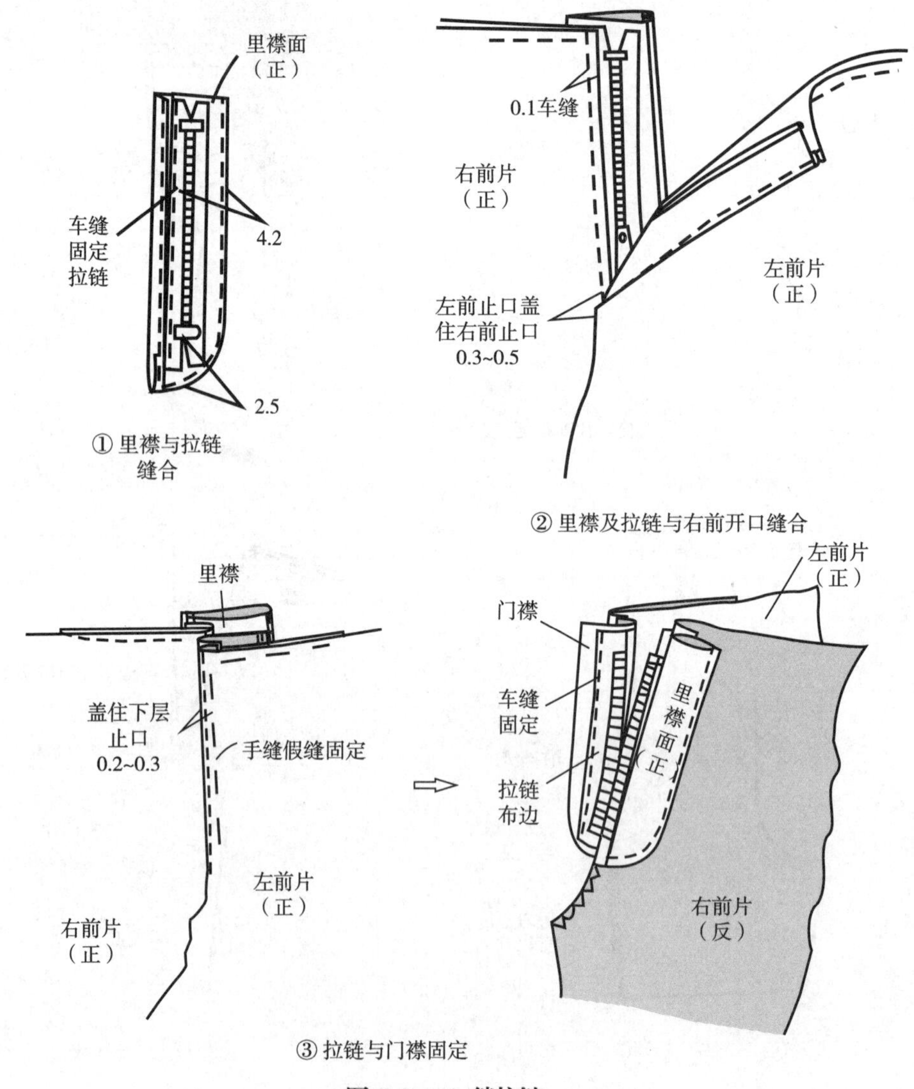

图 2-2-14　绱拉链

8. 车缝固定门襟、前裆缝缉明线（图2-2-15）

（1）裤片与门襟固定（图2-2-15①）：将里襟反折，把左裤片与门襟按门襟净样车缝两道线固定，两线相距0.6cm，离开口止点0.5 cm。注意：车缝线不能缝住里襟。

（2）前裆缝缉明线（图2-2-15②）：接住左前片的开口止口线车缝前裆缝明线，两线相距0.6cm；在开口止点处用套结机，放平里襟后打套结加以固定。

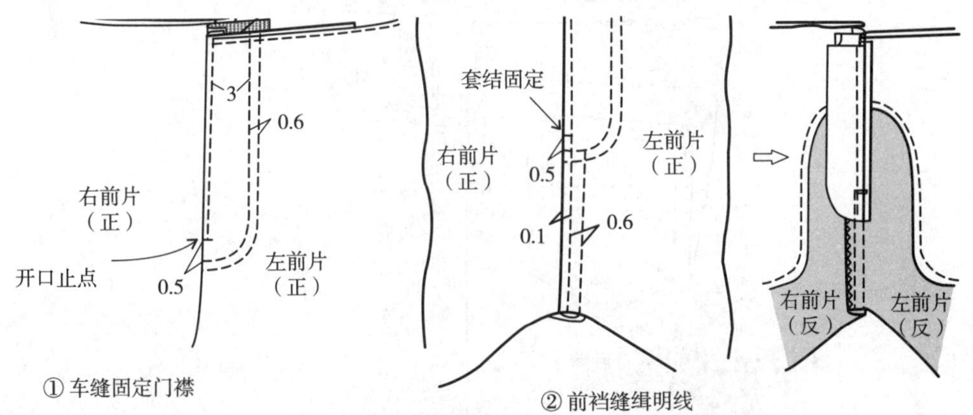

图 2-2-15　车缝固定门襟、前裆缝缉明线

9. 缝合内侧缝（图2-2-16）

可选择在内侧缝或外侧缝上车明线，若想在哪一侧有明线，则先缝合哪条线，本款选择在内侧缝上车明线。

（1）缝合内侧缝并三线包缝（图2-2-16中①）：前后裤片正面相对，对齐内侧缝后按1cm的缝份车缝，要求对准裤裆底；然后将后裤片朝上三线包缝。

（2）内侧缝压明线（图2-2-16中②）：将缝份倒向前裤片，在前裤片的正面，沿拼合线车缝0.1cm＋0.6cm的双明线。

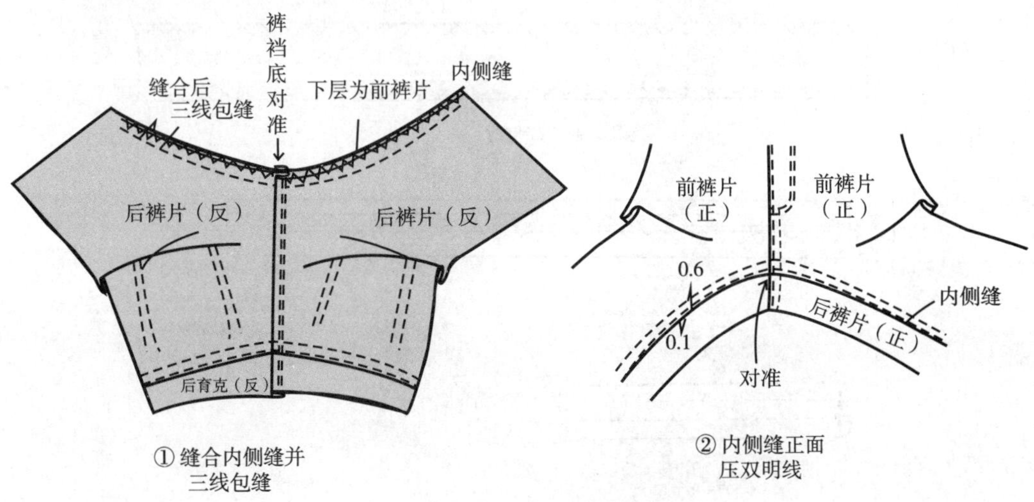

图 2-2-16　缝合内侧缝

10. 缝合外侧缝（图2-2-17）

将前后裤片正面相对，缝合外侧缝后，前裤片朝上三线包缝；再把裤子翻到正面，将缝份往后裤片倒，在后裤片从腰口侧缝处开始沿外侧缝的拼合线车缝至前袋口下12cm处，要求车0.1cm + 0.6cm的双明线。

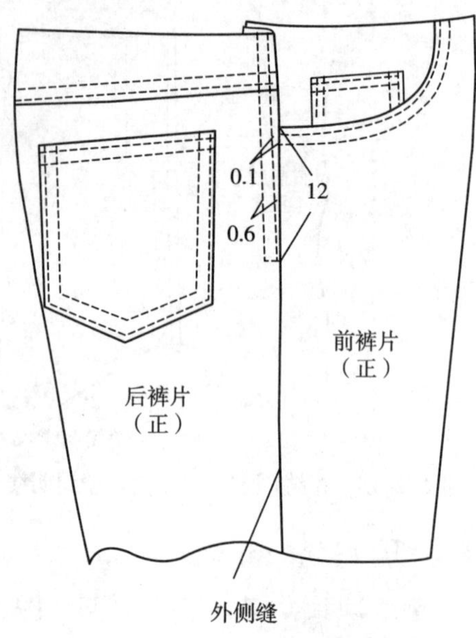

图 2-2-17　缝合外侧缝

11. 缝制腰襻（图2-2-18）

先将腰襻布的两侧三线包缝，反面朝上，两侧折烫后净宽1.7cm，在正面两侧各距折烫边0.5cm车缝固定；然后按9.5cm的长度剪出腰襻，腰襻共7个。

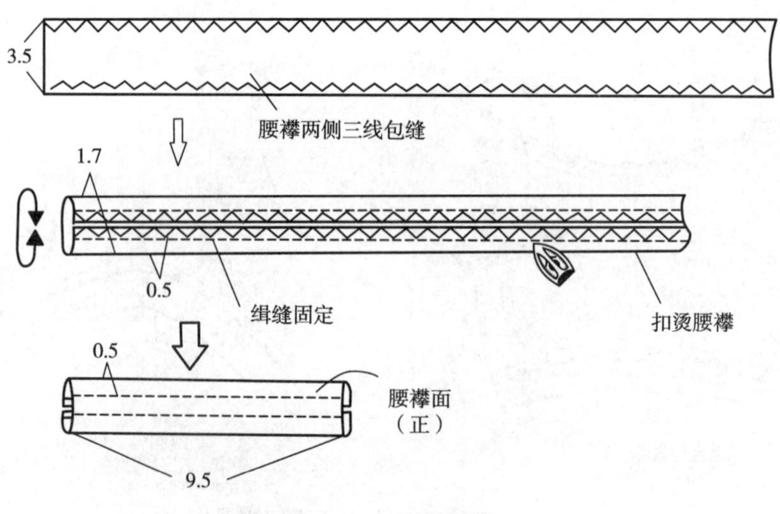

图 2-2-18　缝制腰襻

12. 装腰襻（图2–2–19）

将腰襻反面朝上，在裤片的腰口按图示位置依次放上7个腰襻。具体位置为：前裤袋口处左右各一个，距后片裆缝线3 cm处左右各一个，前、后裤腰襻的中点左、右各一个，然后在距裤腰口0.5 cm处车缝固定腰襻。

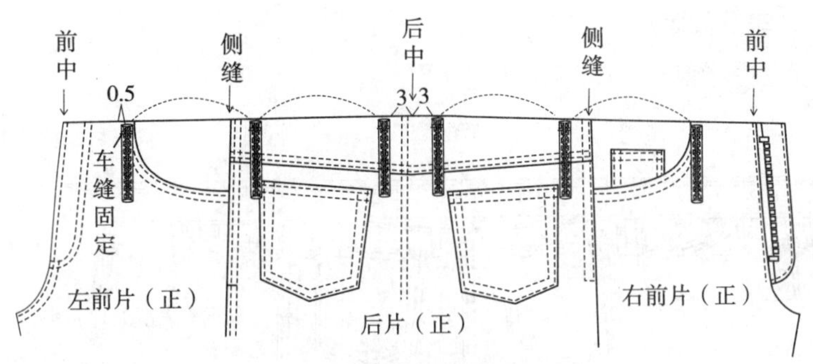

图 2–2–19　装腰襻

13. 缝制腰头（图2–2–20）

（1）缝合腰面后中（图2–2–20中①）：先在左、右腰面的反面烫上粘合衬，然后将左、右腰面正面相对，按1cm缝合后中缝。

（2）缝合面、里腰上口（图2–2–20中②）：先将腰里的装腰口按0.9cm扣烫，再将腰里和腰面正面相对，对齐腰上口后按0.9cm车缝。

（3）熨烫腰上口（图2–2–20中③）：将腰头翻到正面，腰里朝上，将腰口烫成里外匀。

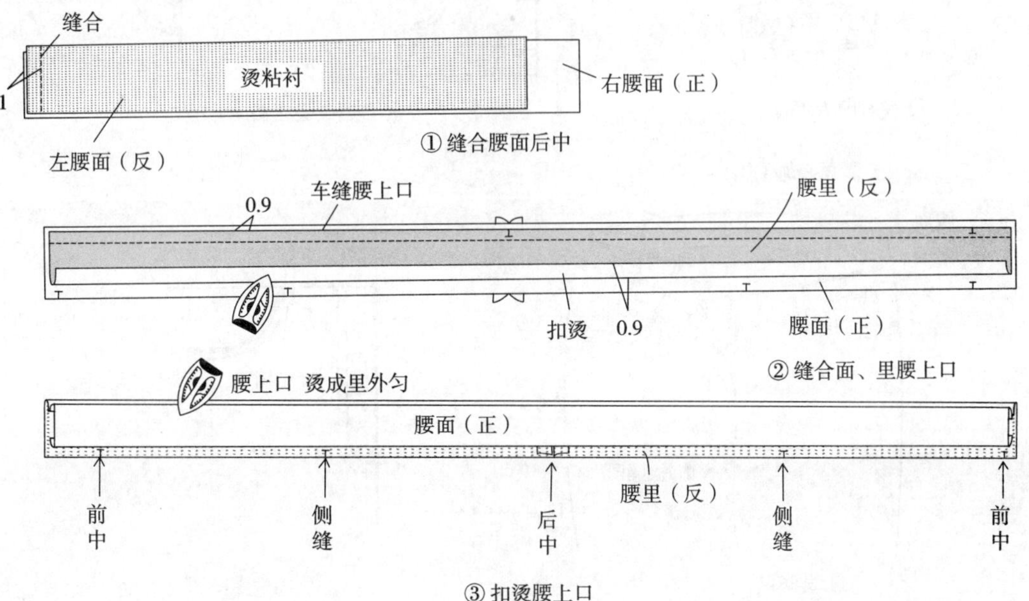

图 2–2–20　缝制腰头

14. 装腰、固定腰襻（图2-2-21）

（1）装腰面（图2-2-21中①）：把腰面与裤片正面相对，并将腰面对位记号对准裤片腰口线上的相应位置，按1 cm的缝份车缝。

（2）缝合腰头两端（图2-2-21中②）：将腰头面和腰头里正面相对，两端距门、里襟各0.1cm，车缝固定。

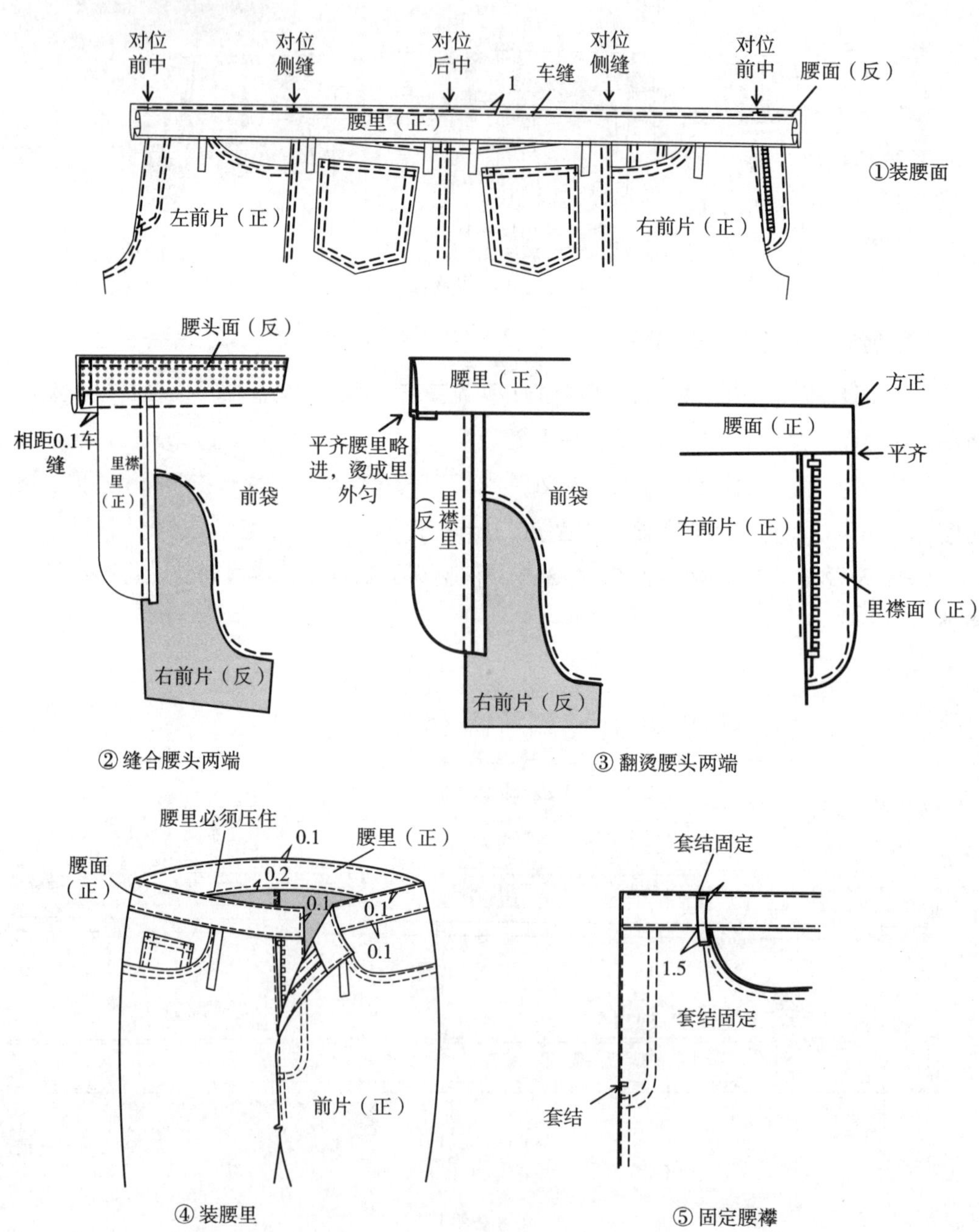

图 2-2-21　装腰、固定腰襻

（3）翻烫腰头两端（图2-2-21中③）：修剪腰头两端的缝份留0.5cm，然后把腰头翻到正面，腰头两端烫成里外匀，并要求腰头两端分别与门里襟平直，腰头两端上口方正。

（4）装腰里（图2-2-21中④）：在裤子正面，将腰头整理平整，将腰面与裤子的腰口线压线0.1cm固定，同时要缝住腰里0.2cm；然后沿腰两端、腰头上口压线0.1cm。

（5）固定腰襻（图2-2-21中⑤）：将腰襻往上翻，并折进1cm，用套结机，打套结固定裤襻上下两端。

15. 车缝固定裤脚口（图2-2-22）

先折烫裤口1cm，再折烫2cm，在反面沿折烫边车缝0.1cm固定，要求正面明线宽窄一致，接线在内侧缝后侧。

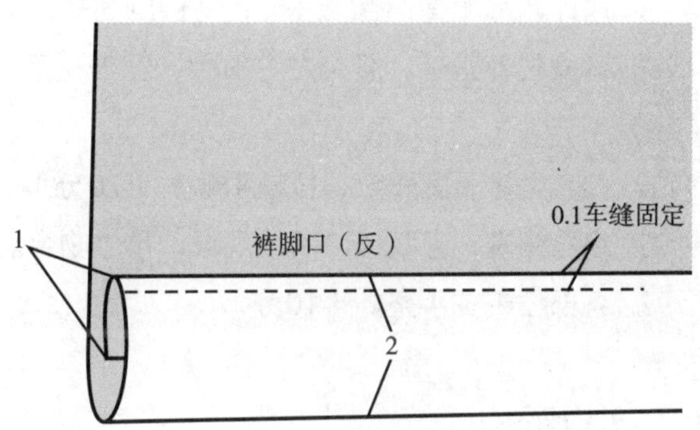

图 2-2-22　车缝固定裤脚口

16. 锁扣眼、钉扣子、整烫（图2-2-23）

（1）锁扣眼：在腰头门襟处锁一个圆头扣眼，距边1cm，扣眼大=扣子直径+扣子的厚度。

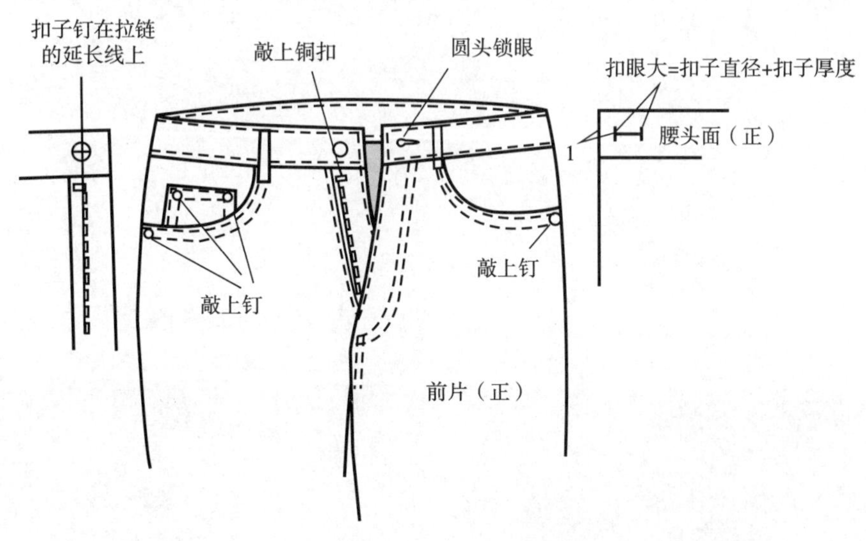

图 2-2-23　锁扣眼、钉扣子、整烫

（2）钉扣子：扣子钉在里襟拉链的延长线上；铆钉钉在零钱袋上口两端，前挖袋下两端。

（3）整烫：用熨斗将各条缝份、裤腰及裤口烫平整。

八、缝制工艺质量要求及评分参考标准（总分100）

1. 后贴袋大小一致，袋位高低一致，左右对称，育克线左右对称。（15分）
2. 前挖袋松紧适宜，大小一致，袋位高低一致，左右对称。（15分）
3. 内外侧缝顺直，臀部圆顺，两裤脚长短、大小一致。（10分）
4. 裤襻位置正确，腰头左右对称，宽窄一致，腰头里、腰头面平服，止口不反吐。（20分）
5. 门、里襟长短一致，拉链平顺。（20分）
6. 缉线顺直，无跳线、断线现象，尺寸吻合。（10分）
7. 各部位熨烫平整。（10分）

九、实训题

1. 实际训练休闲裤前袋的缝制。
2. 实际训练门、里襟滚边的缝制。
3. 实际训练休闲裤腰头的缝制和装腰。

第三节　男裤工艺拓展实践

为巩固本章的知识点，本节着重在男裤款式拓展上给读者以相关内容的实际训练，达到学以致用的目的。

一、休闲中裤

1. 款式特点

裤子长度过膝，装腰式，腰头装有五个腰襻。前裤片有水平斜向和纵向分割，左侧设计一个带袋盖的挖袋，右侧设计纵向单嵌线挖袋。后裤片腰部收省，左右装两个立体贴袋。整条裤子缉明线工艺，有较好的装饰效果。

具体款式见图2-3-1。

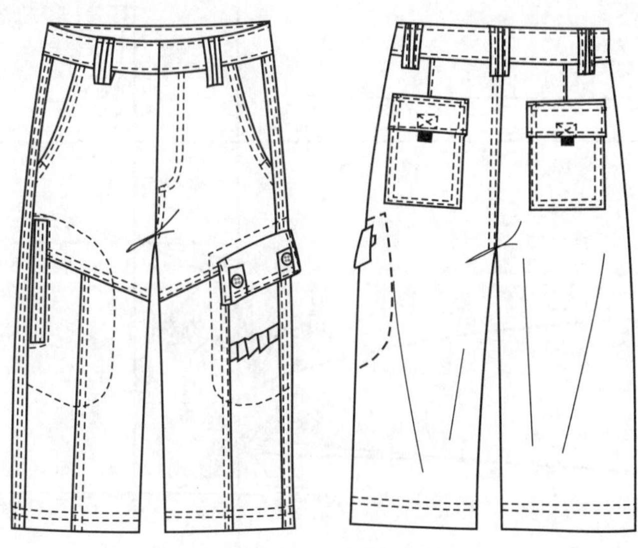

图 2-3-1　休闲中裤款式图

2. 适用面料

素色全棉水洗织物， 适合男士夏季穿着。

3. 面辅料参考用量

（1）面料：幅宽144cm（用料估算：腰围+10cm）。

（2）袋布：幅宽114cm或144cm，用料约50cm。

（3）辅料：铜拉链1根，铜扣2颗，气眼3颗，魔术贴适量、袋盖织带和粘合衬适量。

4. 结构制图

（1）制图参考规格（不含缩率）

表 2-3-1　制图参考规格

（单位：cm）

号/型	裤长	腰围（W）	臀围（H）	脚口大
170/78A	70	78+2（放松量）=80	78（腰围）+24（放松量）=80	33

（2）结构图（图2-3-2）

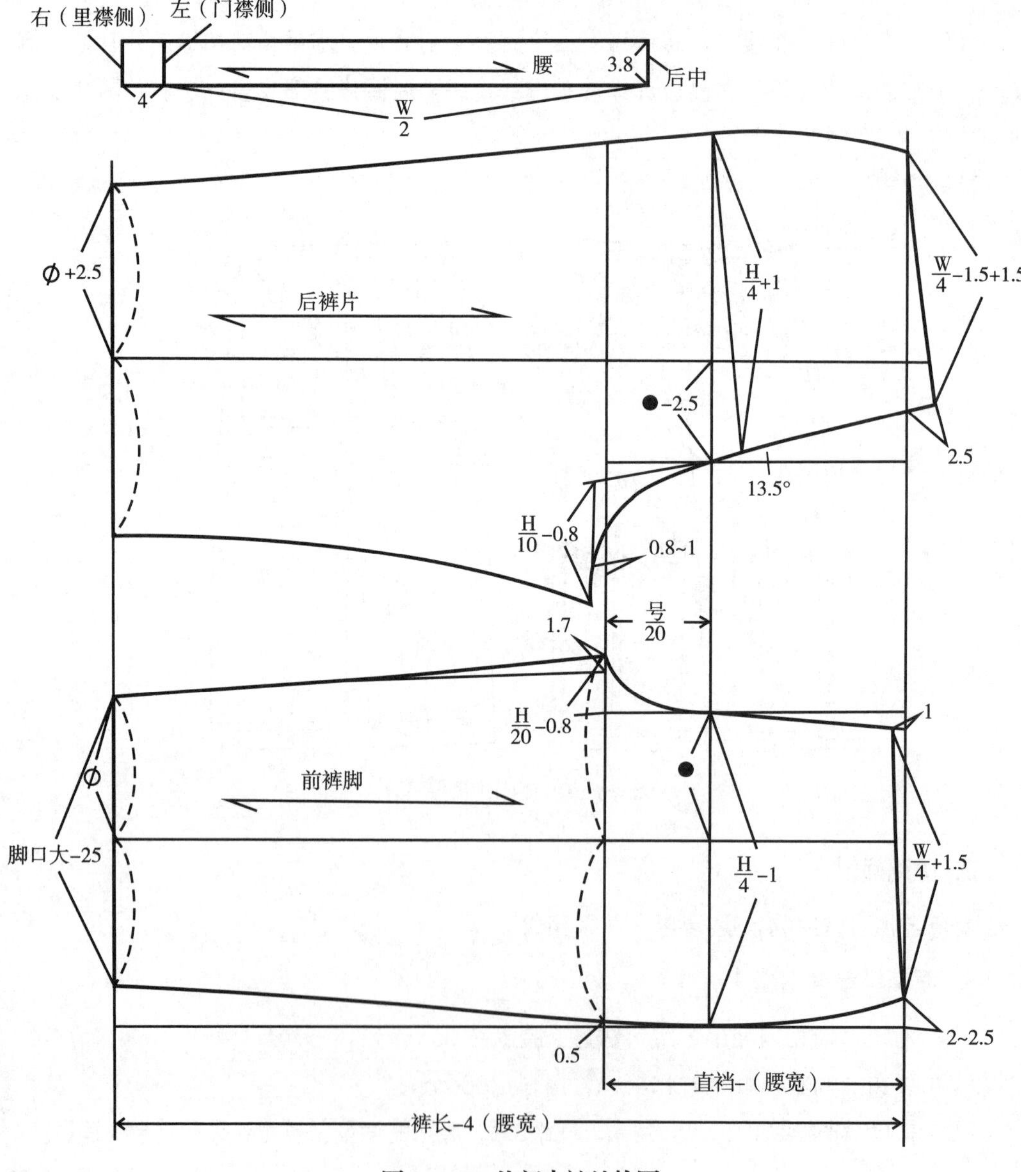

图 2-3-2　休闲中裤结构图

（3）裤子细部结构（图2-3-3）

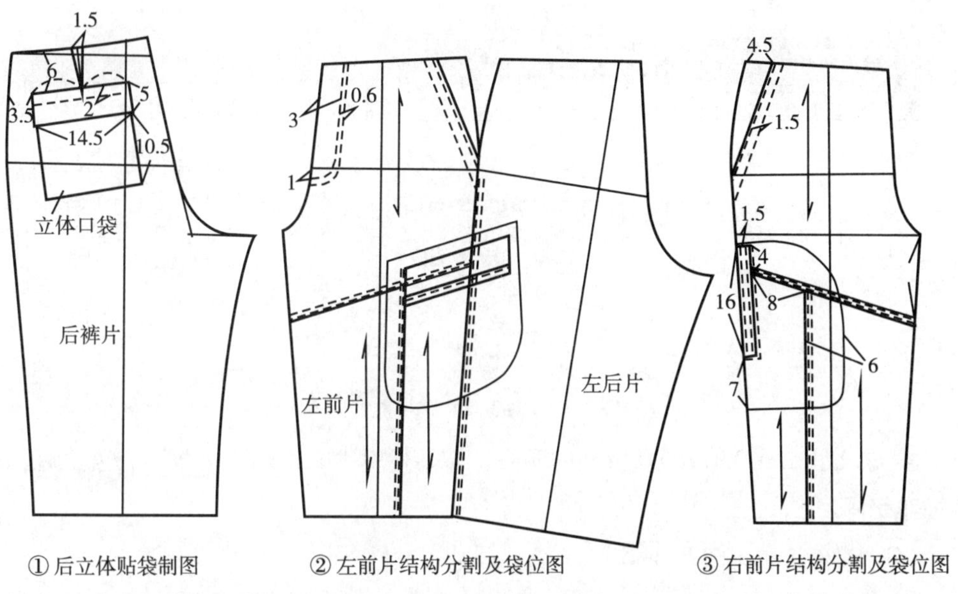

图 2-3-3　裤子细部结构图

5. 主要工艺

立体贴袋的缝制：

（1）袋盖和袋布的放缝（图2-3-4）

（2）做袋盖（图2-3-5）

① 将袋盖反面烫上粘合衬；取5 cm长，2.5cm宽的织带，把长度对折。

② 将袋盖面和里正面相对，把对折后的织带夹在两层中间，按袋盖的净线车缝。

③ 把袋盖翻到正面，烫平袋盖止口，要求袋盖角方正。

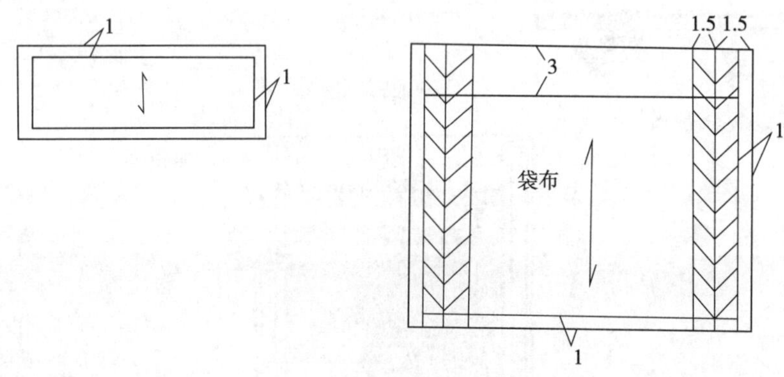

图 2-3-4　袋盖和袋布的放缝

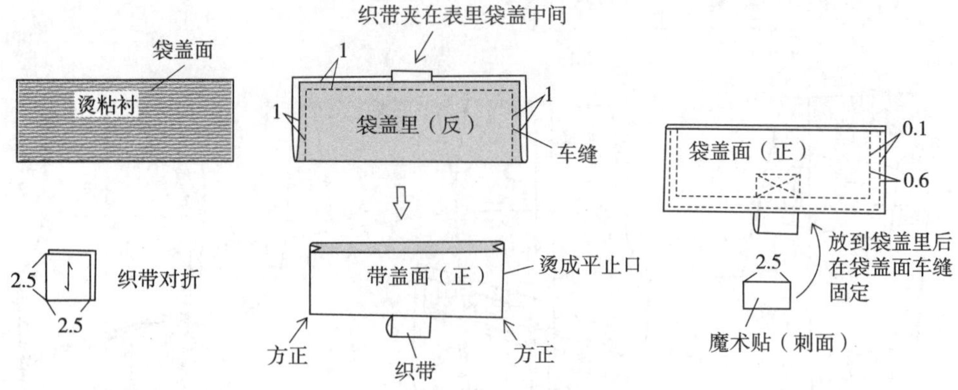

图 2-3-5　做袋盖

④ 袋盖止口缉0.1cm+0.6cm的明线，最后把魔术贴（刺面）放到袋盖里后，从袋盖面车缝固定。

（3）扣烫袋布（图2-3-6）

① 袋布贴边三线包缝后折进3cm烫平，距折边1.5cm处车缝固定；再将袋布底边折烫1cm。

② 袋布两侧折烫4cm后，距折边缉0.1cm+0.6cm的明线。

③ 在袋布贴边上车缝固定魔术贴（绒面），再把袋布两侧的侧边布按刀眼折烫。

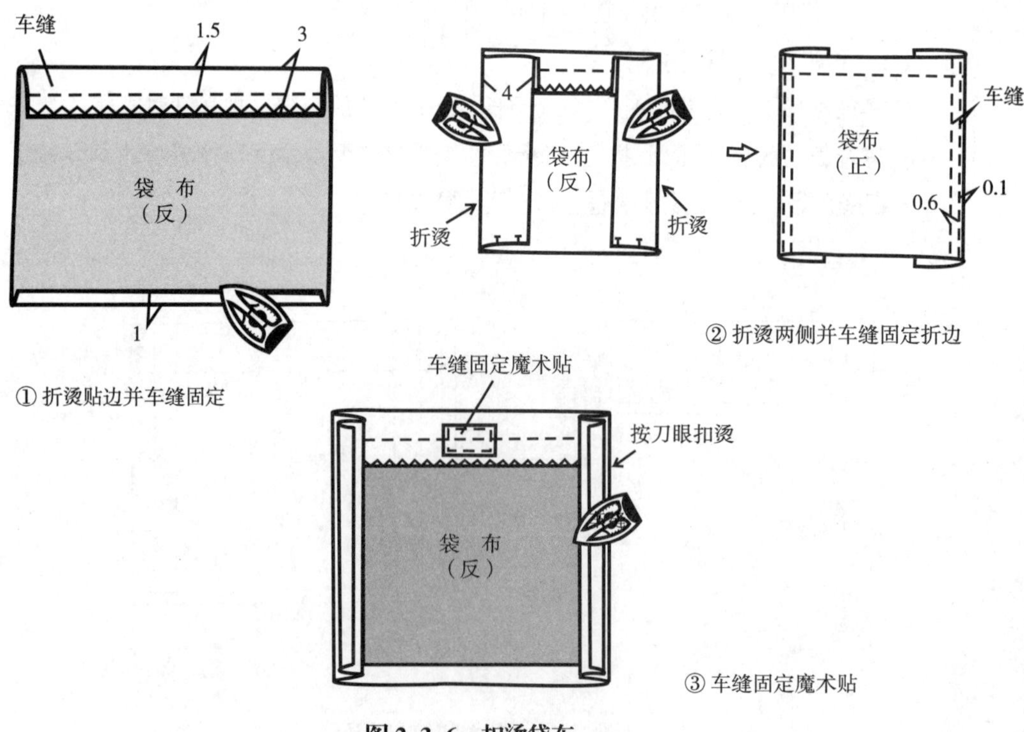

图 2-3-6　扣烫袋布

（4）安装袋布和袋盖（图2-3-7）

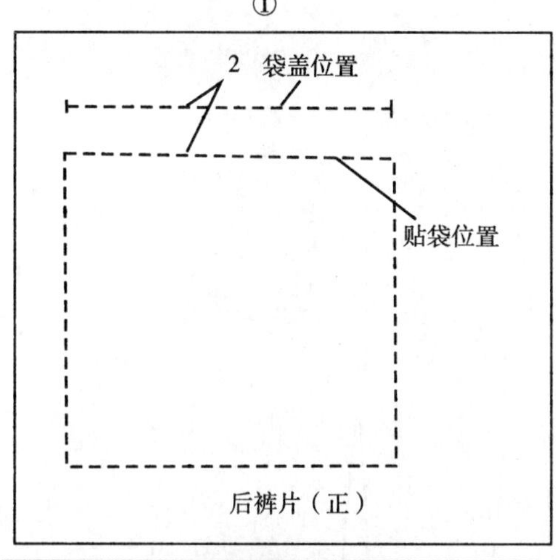

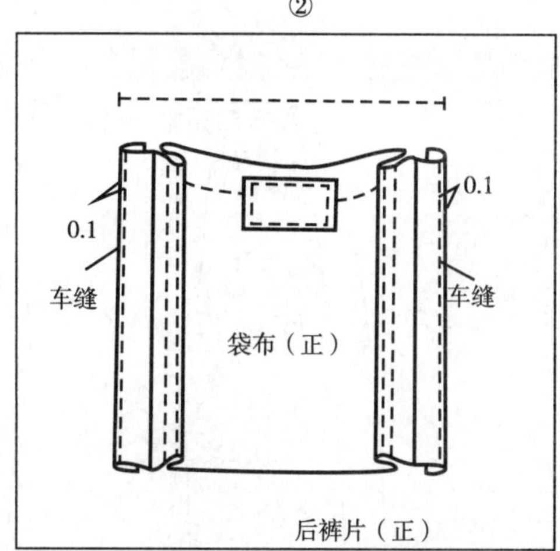

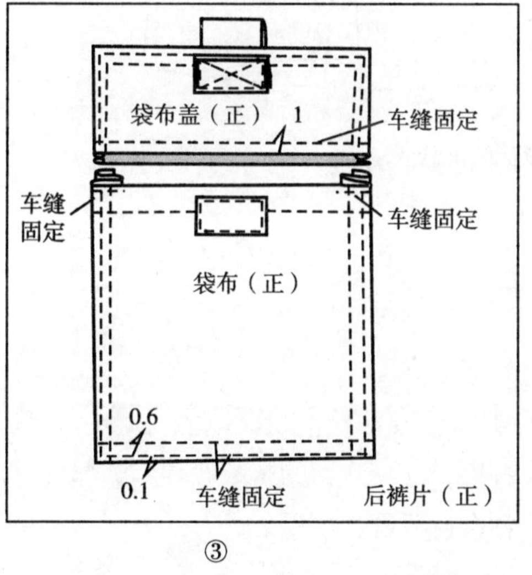

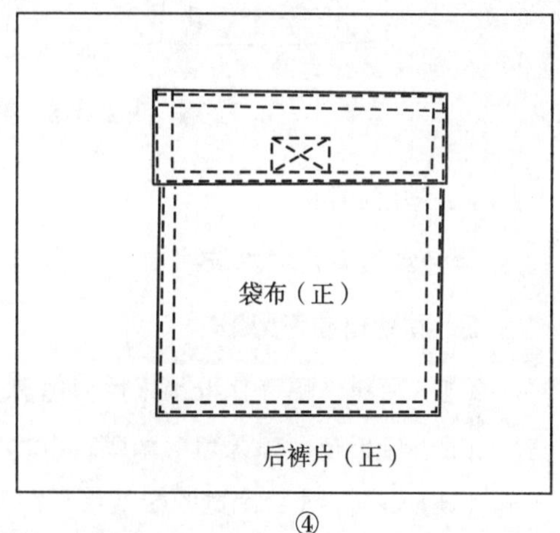

图 2-3-7　安装袋布和袋盖

① 先在后裤片画出袋位，见图2-3-7中的①图。

② 将袋布放在袋位上，车缝固定两侧边布，见图2-3-7中的②图。

③ 先车缝固定袋布的底边，再车缝固定袋布上端两侧，然后把袋盖放在袋位上车缝固定，见图2-3-7中的③图。

④ 先把袋盖缝份修剪留0.3 cm，然后翻下袋盖，按0.1cm + 0.6cm车缝明线。

二、男式沙滩休闲裤

1. 款式特点

本款适合男士夏天外出旅游休闲穿着。腰头装松紧带，并设有五个腰襻；前裤片的门襟为假门襟，以作为装饰；前裤片纵向分割，分割线上装有插袋，插袋上下端套结固定；后右裤片设计一个贴袋。具体款式见图2-3-8。

图 2-3-8　男式沙滩休闲裤款式图

2. 适用面料

素色或素花全棉水洗织物， 适合男士夏季穿着。

3. 面辅料参考用量

（1）面料：幅宽144cm（用料估算：裤长+10cm）。

（2）口袋布：幅宽114cm或144cm，用料约40cm。

（3）辅料：3.2cm宽的松紧带长约70cm，粘合衬适量。

4. 结构制图

（1）制图参考规格（不含缩率）

表2-3-2　制图参考规格

（单位：cm）

号/型	裤长	直裆长（连腰）	臀　围（H）	脚口大
170/78A	48	31	78（腰围）+34（放松量）=112	33

（2）沙滩裤结构制图（图2-3-9）。

（3）口袋、门襟结构制图（图2-3-10）。

（4）门襟放缝、三线包缝（图2-3-11）。

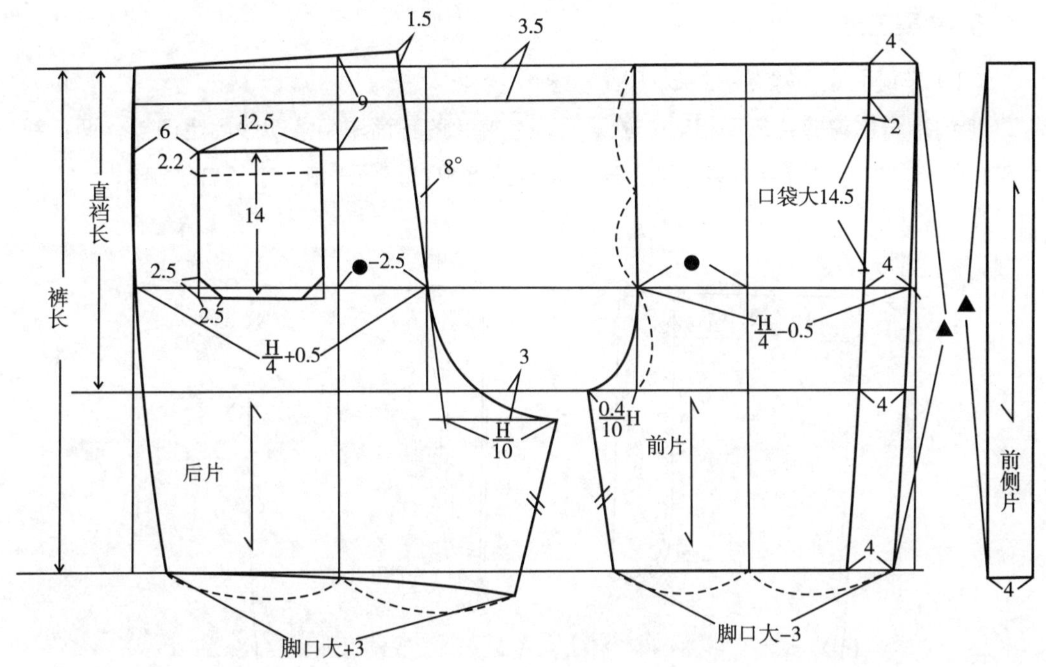

图 2–3–9　沙滩裤结构图

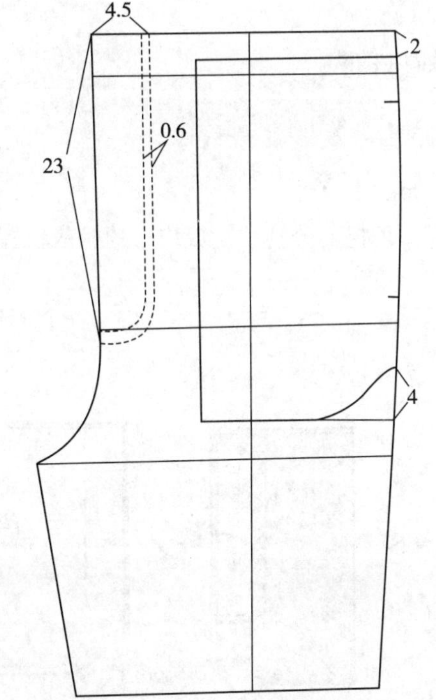

图 2–3–10　口袋、门襟结构制图

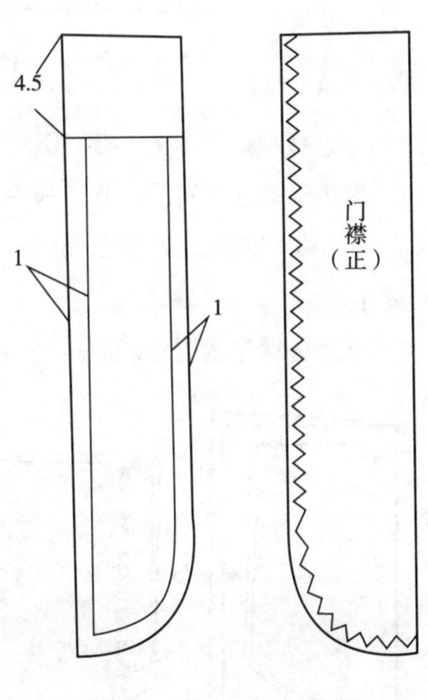

图 2–3–11　门襟放缝、三线包缝

5. 主要工艺

（1）车缝固定门襟（图2-3-12）

把门襟与左前裤片反面相对，放平后，在裤片的正面车两条明线固定门襟，两条线相距0.6cm。然后在裤片装袋布的上端、袋口位置剪口，便于下一步的口袋制作。

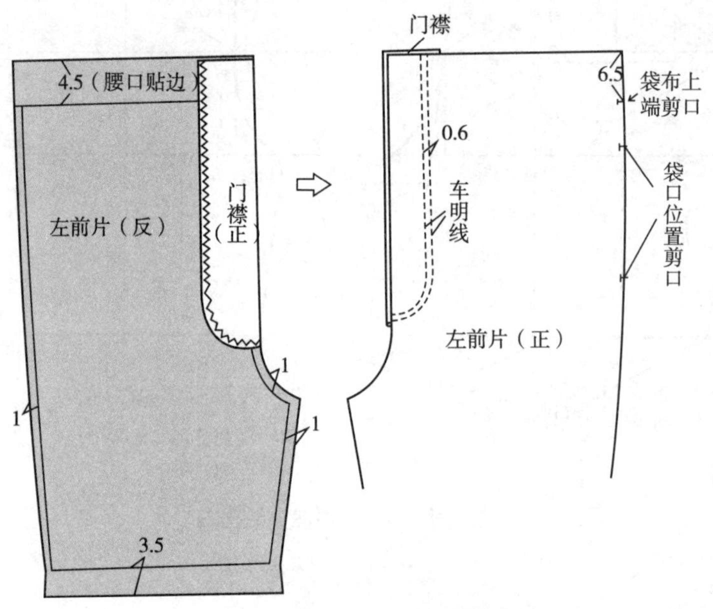

图 2-3-12　车缝固定门襟

（2）缝制口袋（图2-3-13）

① 将口袋面料对折，按口袋毛样板裁剪口袋布。

② 先将袋口贴边和袋垫布的一侧三线包缝后，再将其分别放在口袋布的相应位置车缝固定。

③ 来去缝车缝固定袋底。

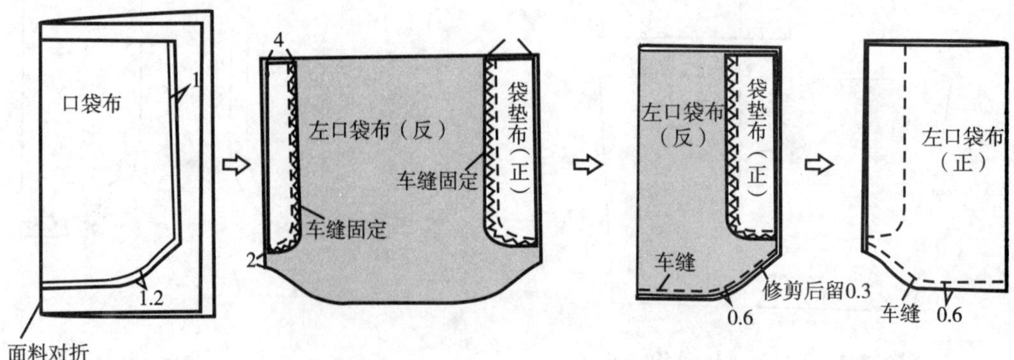

图 2-3-13　缝制口袋

（3）装口袋（图2-3-14）

①把做好的口袋按裤片袋口剪位放置，将上层袋布与左前片的袋口处按0.9cm车缝，然后在袋位斜向剪口。

② 将口袋翻到裤片的反面，袋口熨烫平整后，在袋口缉0.6cm的明线。

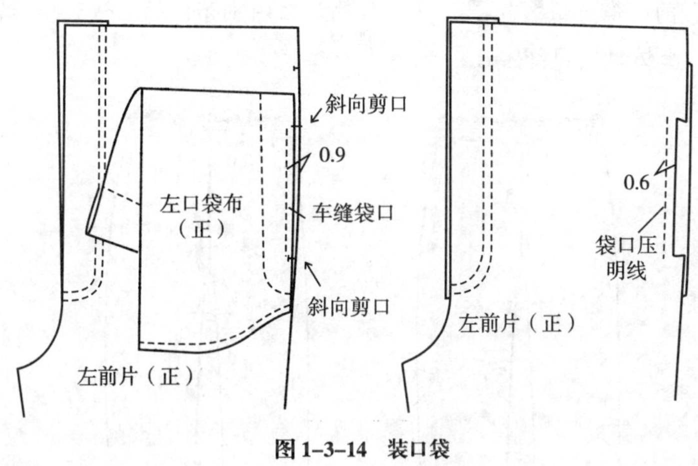

图1-3-14 装口袋

（4）前侧片分别与前片、后片缝合（图2-3-15）

① 前侧片与前片侧缝对齐缝合后，将前侧片朝上进行三线包缝。

② 前侧片与后片侧缝对齐缝合后，将前侧片朝上进行三线包缝。

③ 将裤片正面朝上，缝合线缝份分别朝向前、后裤片，在前侧缝除袋口外，车0.6cm的明线固定，然后在袋布上压0.1cm的线。在后侧缝车0.6cm的明线固定。

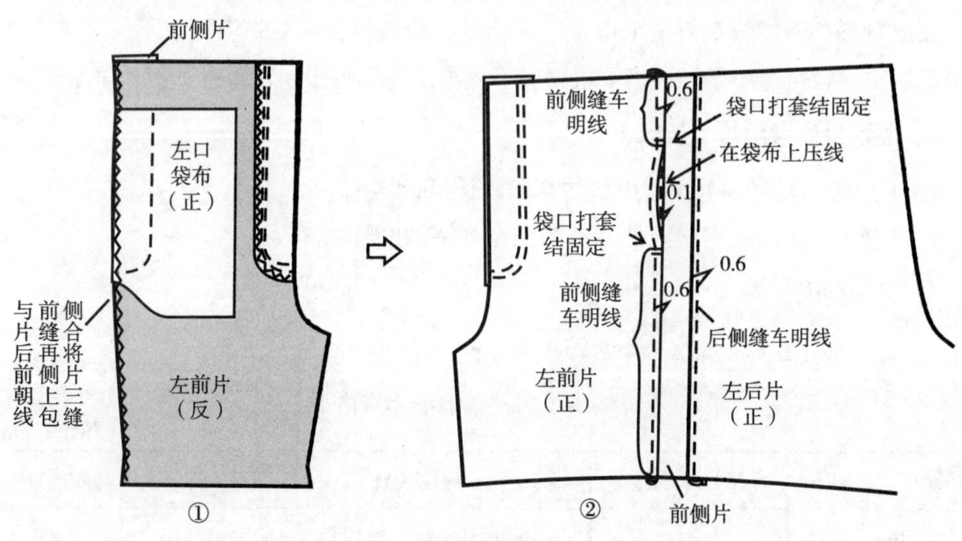

图2-3-15 前侧片分别与前片、后片缝合

三、居家休闲男裤

1. 款式特点

本款男休闲裤适合男士春秋季居家休闲穿着。腰头装松紧带，全身左右两片结构，侧缝前后相连；前门襟开口装扣子，裤脚口翻边采用别布设计。裤长根据需要可设计成中裤或七分裤。具体款式见图2-3-16。

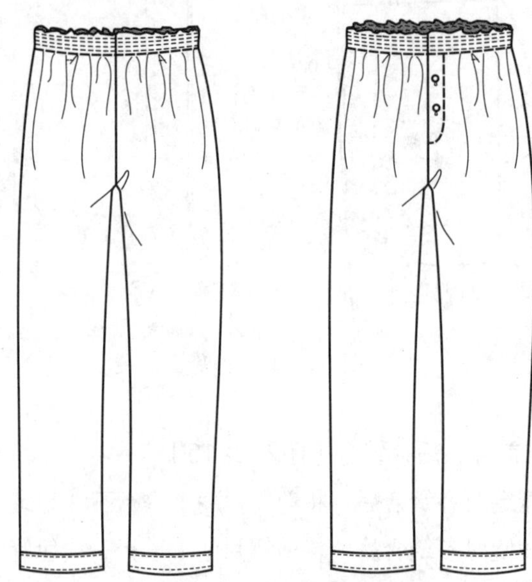

图 2-3-16　居家休闲男裤款式图

2. 适用面料

皮肤触感和吸湿性良好的毛巾布、全棉绒布或其他全棉织物均可，不仅可选用素色或小花织物，也可选用条子和格子织物。不受男士的年龄限制，适合春秋季居家穿着。

3. 面辅料参考用量（长裤）

（1）面料：幅宽144cm（用料估算：裤长+5cm）。

（2）辅料：3.6cm宽松紧带，长75cm；门襟扣2颗。

4. 结构制图

（1）长裤制图参考规格（不含缩率）

表2-3-3　长裤制图参考规格

（单位：cm）

号/型	裤长	直裆长（连腰）	臀围（H）	脚口大	脚口翻边宽
170/78A	104	31	78（腰围）+34（放松量）=108	25	6

注：为使穿着舒适，直裆尺寸要比普通裤子长出1~2cm，臀围的放松量也比普通裤子要大。

（2）居家休闲裤结构图（图2-3-17）

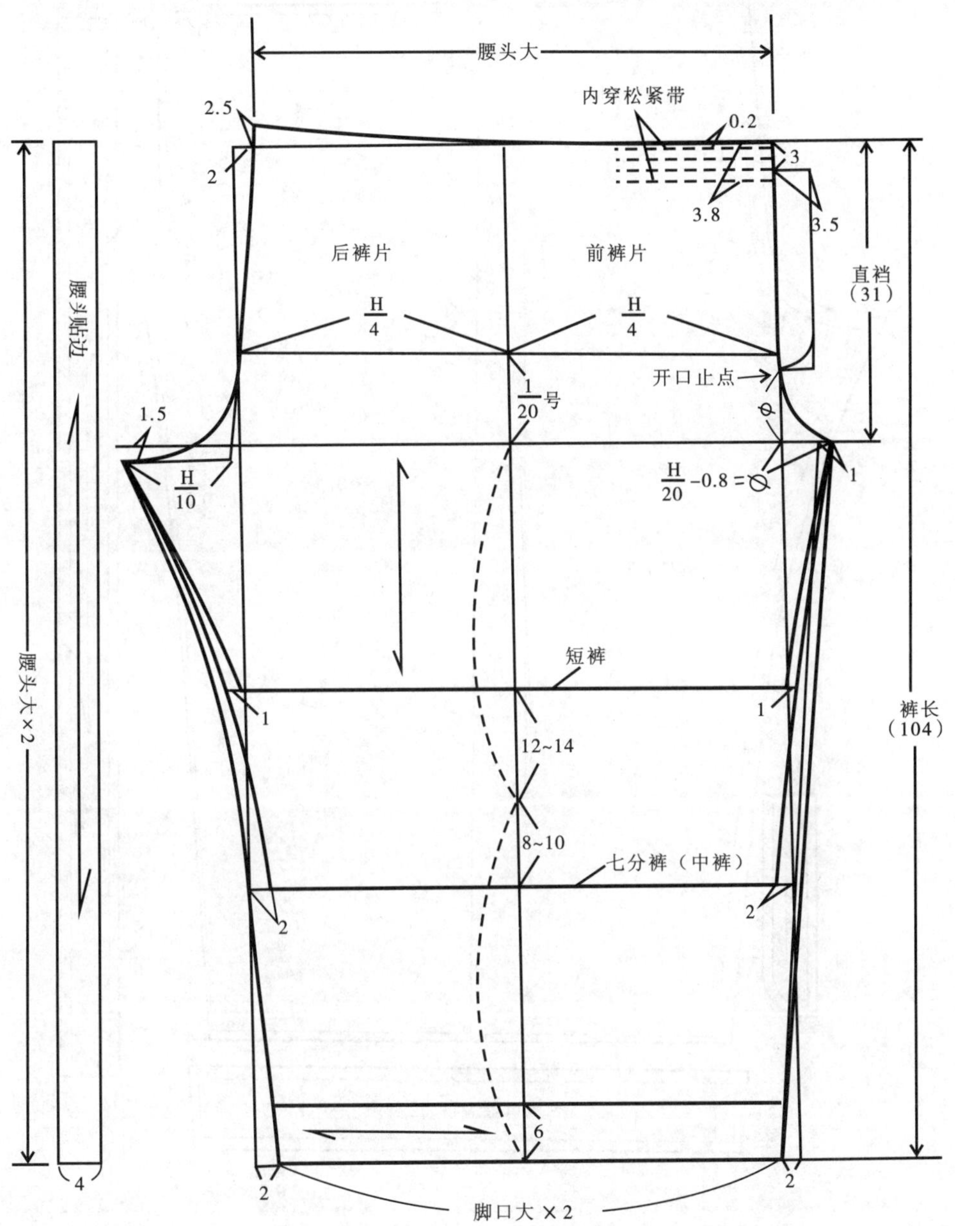

图 2-3-17　居家休闲裤结构图

注：根据需要，该款裤子也可设计成七分中裤和短裤，具体制图方法见图2-3-17所示。

（3）居家休闲长裤放缝图（图2-3-18）

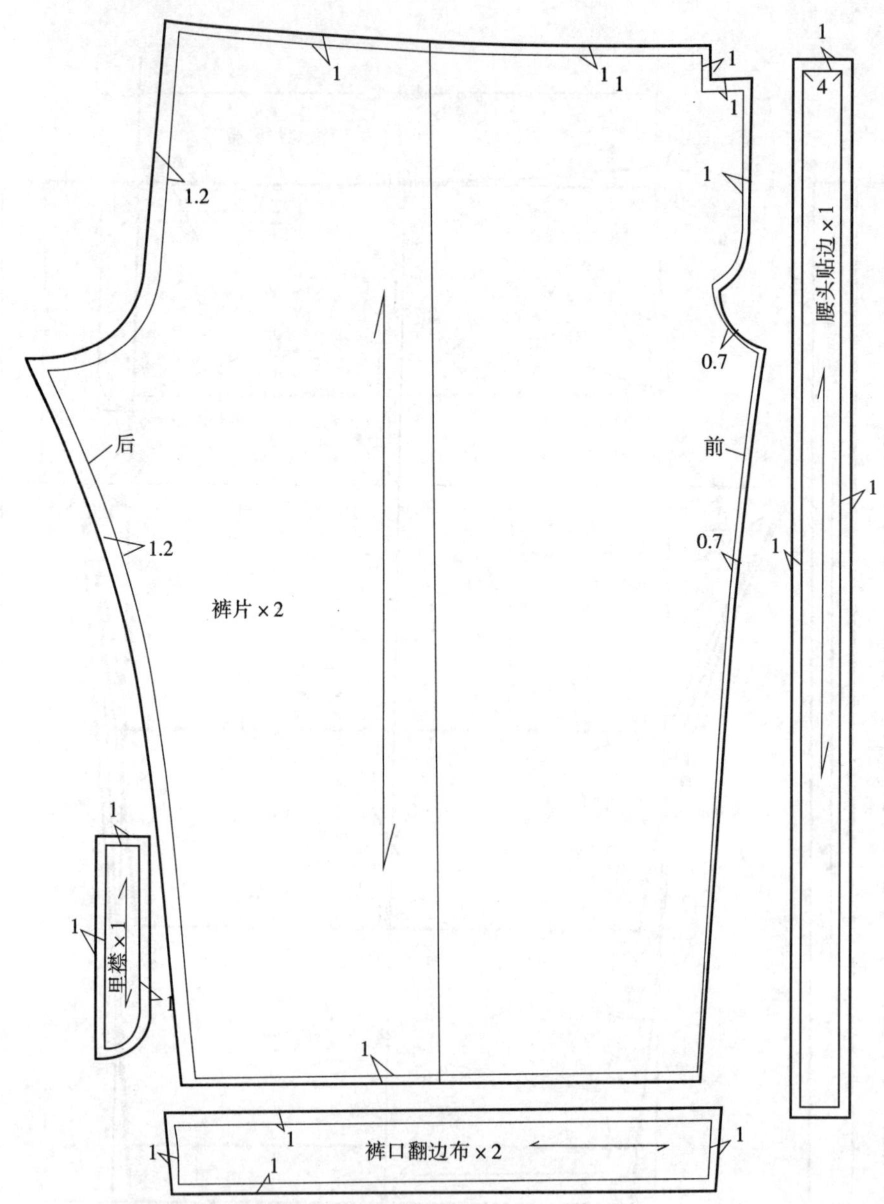

图 2-3-18　居家休闲长裤放缝图

注：① 裤口如不做翻边设计时，直接在裤口的净线上加4cm即可。

② 因内侧缝工艺采用内包缝，故前片的内侧缝放0.7cm的缝份，后片的内侧缝放1.2cm的缝份。

5. 主要工艺

（1）做门襟（图2–3–19）

① 左裤片的门襟反面烫粘合衬。

② 按净样扣烫门襟边缘1cm。

③ 按前中线折烫门襟及前裆缝，车缝前门襟止口0.1cm，再将门襟与左前片按0.2cm的缝份车缝固定，最后在门襟上锁两个横向平头扣眼。

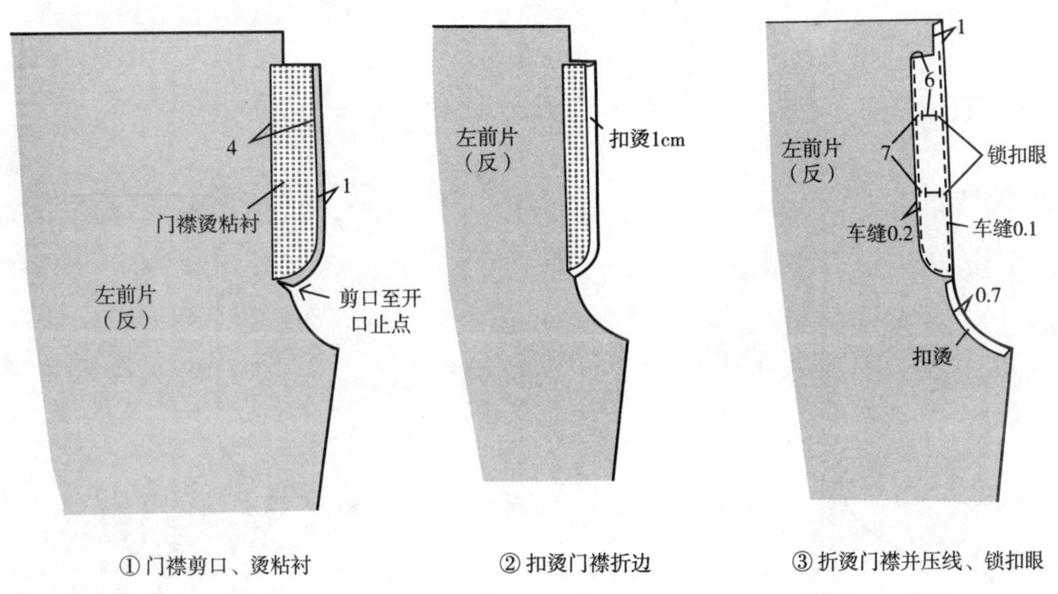

① 门襟剪口、烫粘衬　　② 扣烫门襟折边　　③ 折烫门襟并压线、锁扣眼

图 2–3–19　做门襟

（2）做里襟、缝合前裆缝（图2–3–20）

① 将里襟布与右裤片的里襟正面相对，沿外口车缝1cm；然后折烫里襟直边0.7 cm。

② 修剪里襟缝份留0.3cm后，将里襟翻到正面，车缝固定里襟止口。

③ 把左前片放在右前片上，车缝两道明线0.1cm和0.6cm，再分别车缝固定门襟上下端，上端车两道线，两线相距0.5cm。

④ 把与面料相同的垫布折烫后，放在裤片反面的前裆缝上，与前档缝份一同车缝固定。

注：靠近里襟处的垫布要折烫1.5cm。

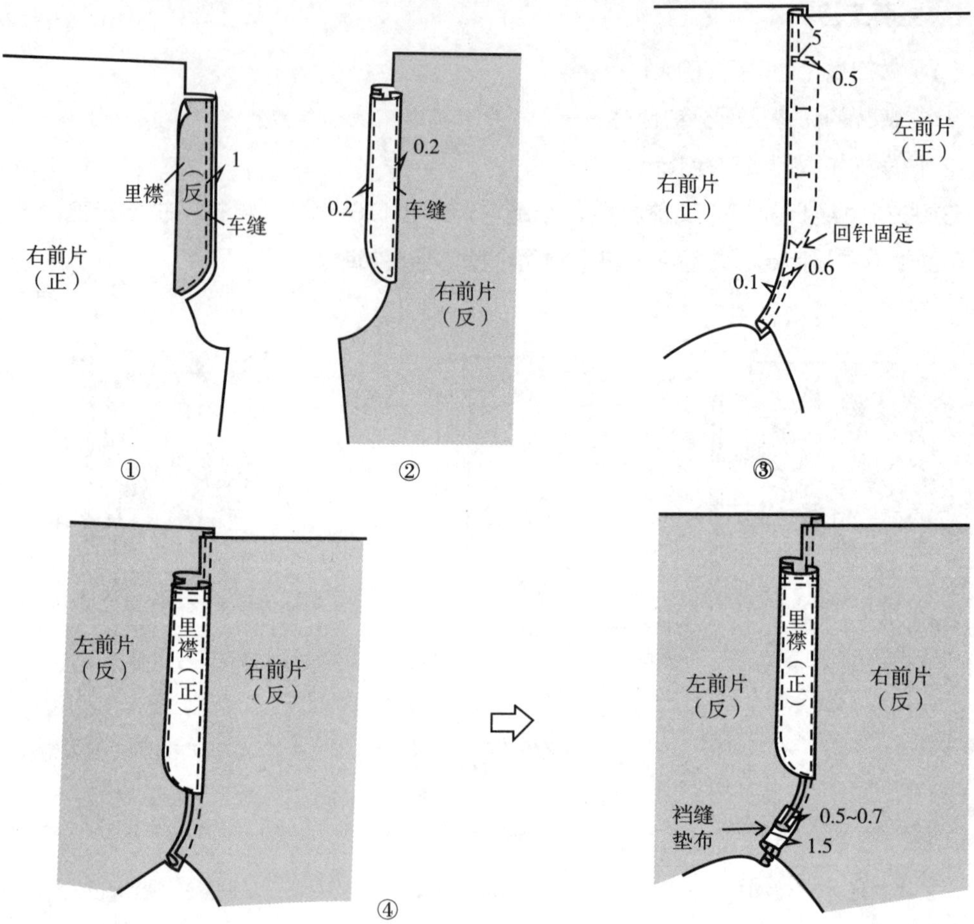

图 2-3-20　做里襟、缝合前裆缝

（3）缝合腰头（图2-3-21）

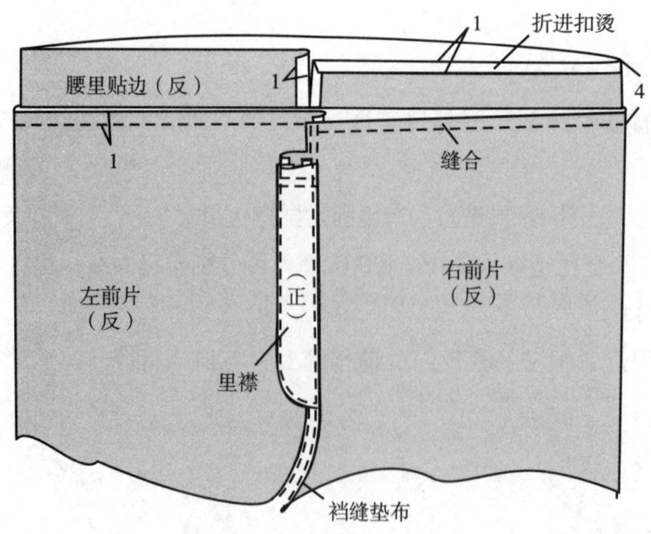

图 2-3-21　缝合腰头

先把腰里贴边一侧及两端按1cm折烫后，再将腰里与裤子正面相对，按1cm缝合腰口。注：腰里贴边两端需对齐，开口对准裤子的前中线，便于松紧带从开口穿入。

（4）腰头穿松紧带、缝合内侧缝、车缝固定脚口贴边（图2-3-22）。

将两条松紧带从腰里贴边的开口处分别穿入，裤子的内侧缝采用内包缝的工艺缝合，注意要把前裆缝的垫布也一同缝住。

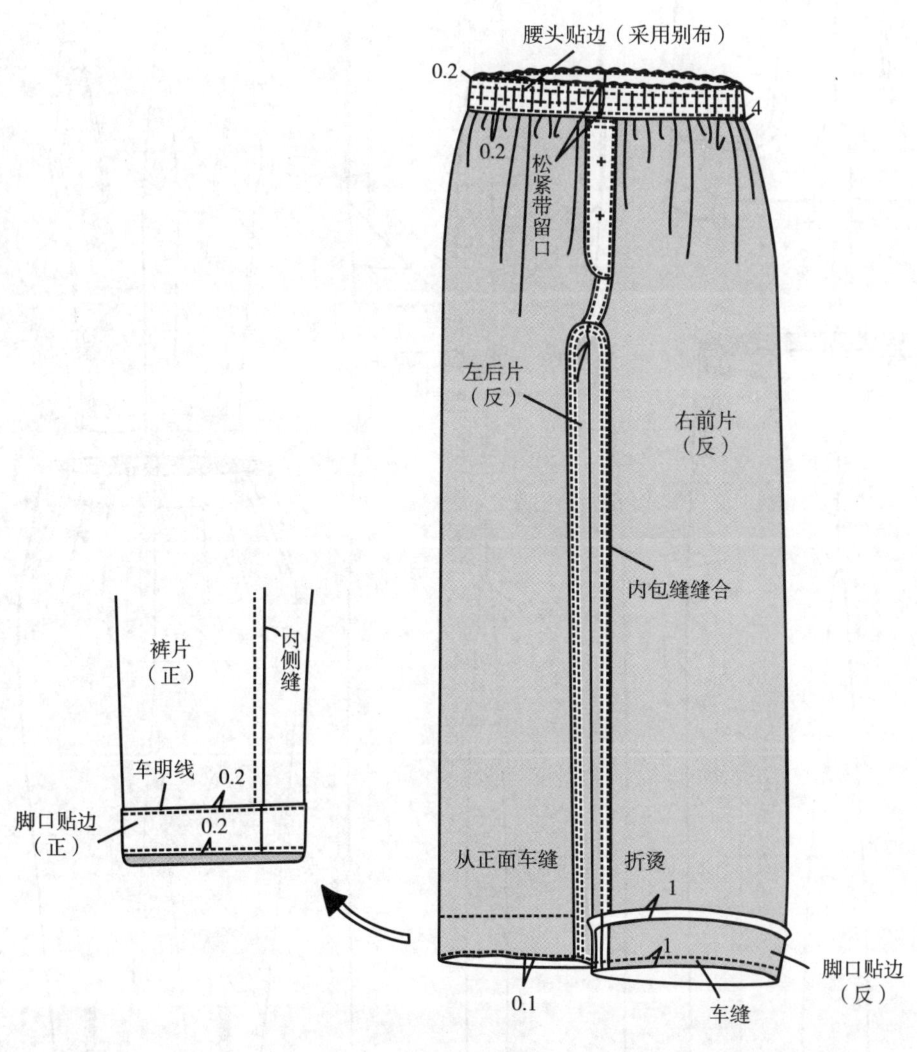

图2-3-22　腰头穿松紧带、缝合内侧缝、车缝固定脚口贴边

四、男裤工艺拓展变化

男裤工艺主要体现在裤腰、门襟、口袋、裤脚口等部位，图2-3-23为六款男裤拓展案例主要是激发读者对于男裤工艺的拓展运用和实践练习。

图 2-3-23　男裤工艺拓展案例

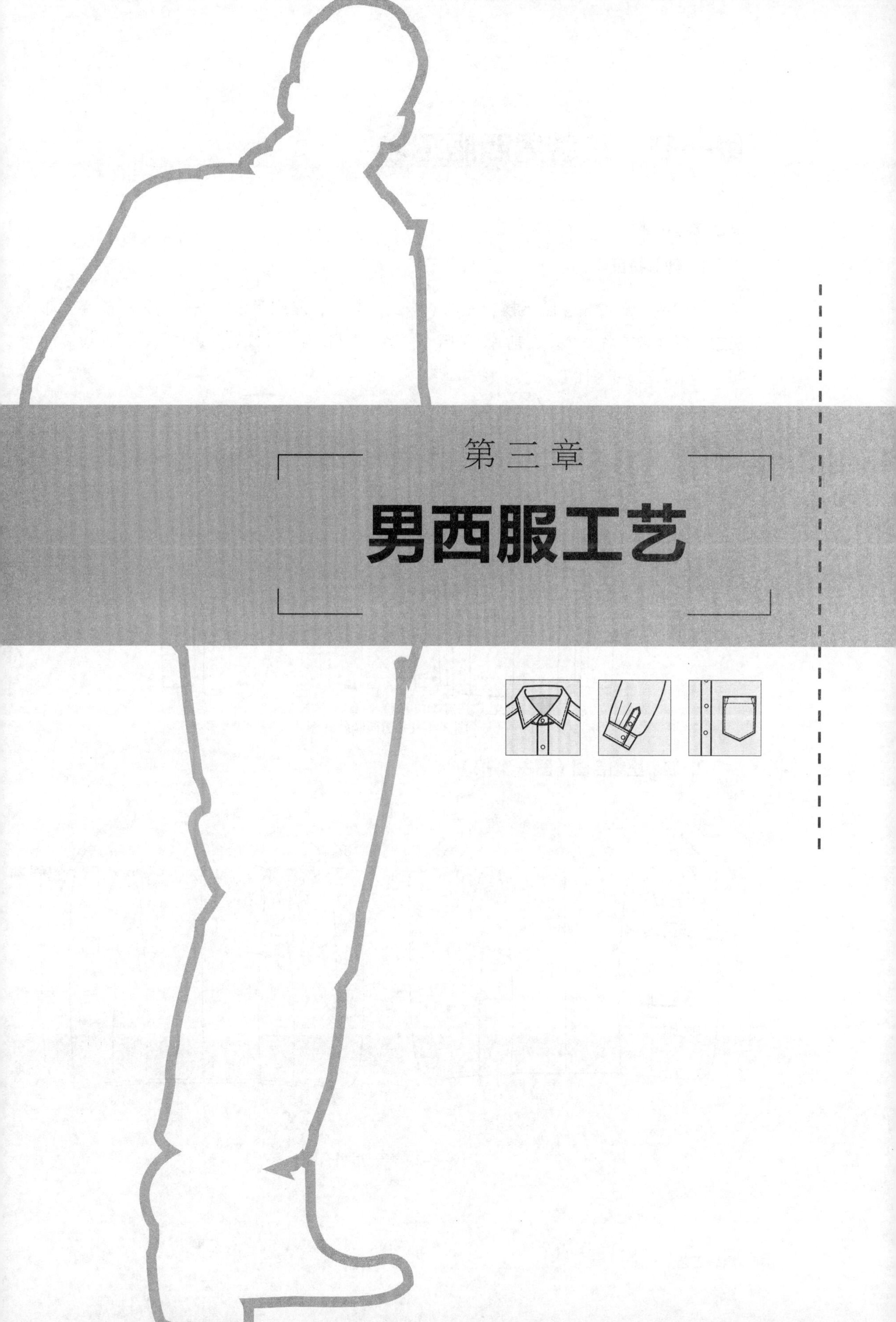

第三章

男西服工艺

第一节　正装男西服工艺

一、概述

1. 外形特征

平驳头、三粒扣、圆下摆，左右双嵌线加袋盖，左胸手巾袋一个。里料前片上部左右双嵌线胸袋各一个，左前片下部卡袋一个。圆装袖，袖口处开真袖衩，配四粒装饰扣。款式见图3-1-1。

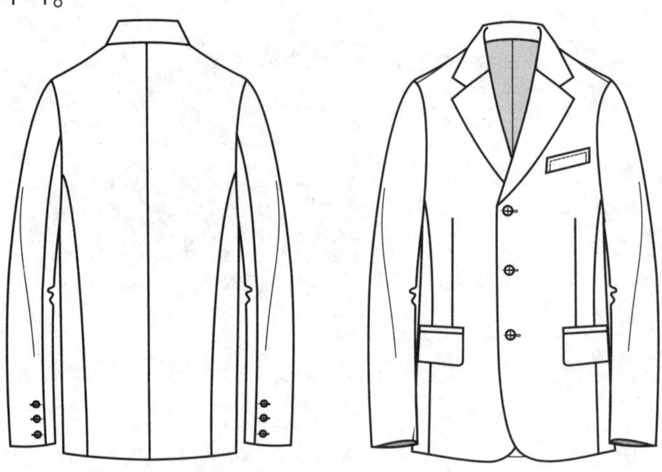

图 3-1-1　男西装款式图

2. 表、里组合图（图3-1-2）

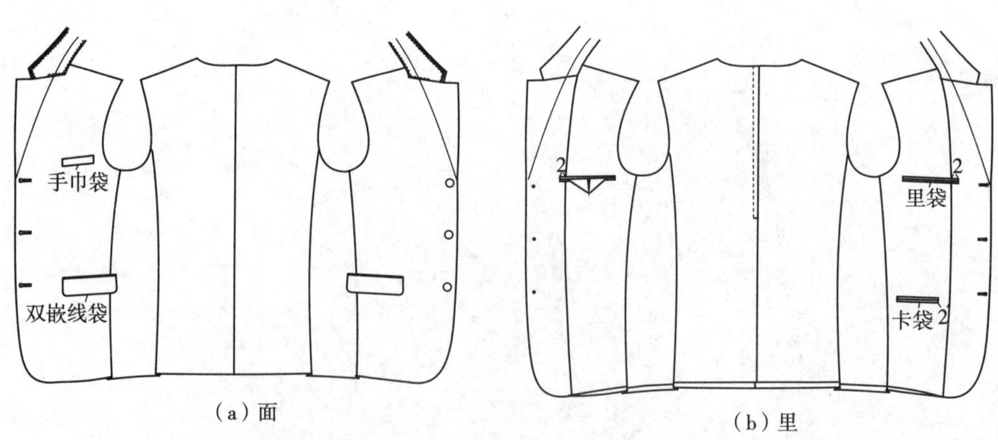

图 3-1-2　表、里组合图

3. 适用面辅料参考表（表3-1-1）

表 3-1-1　正装男西服面辅料参考表

序号	面辅料名称	适用面辅料参考	用量参考	用料估算公式
1	面料	全毛、毛涤混纺、棉、麻、化纤等	幅宽：144cm 用量约160cm	衣长+袖长20cm左右
2	里料	涤丝纺、尼丝纺、醋酸酯绸等	幅宽：144cm 用量约160cm	衣长+袖长15cm左右
3	袋布	里料、全棉、涤棉布均可	幅宽：144cm 用量约50cm	
4	有纺粘合衬	薄型有纺粘合衬	200cm	
5	成品胸衬		1副	
6	成品弹袖棉		1副	
7	双面粘合衬		100cm	
8	垫肩		1副	
9	粘合牵条	直丝和斜丝均需	500cm左右	
10	白色棉纱线		1个	
11	大钮扣		4粒（备扣1粒）	
12	小钮扣		9粒（备扣1粒）	

二、制图参考规格（不含缩率，见表3-1-2）

表 3-1-2　制图参考规格

（单位：cm）

号/型	衣长	胸围（B）	肩宽（S）	袖长	袖口大	翻领/领座	驳头宽	大袋长	袋盖宽	手巾袋宽
175/92A	76	92+16（放松量）	47	60	15	3.8/3	8	15	5.5	2.5

三、款式结构图

1. 男西服大身、袖子、领子结构图（图3-1-3）

（1）衣身结构：如图3-1-3中①所示。

（2）袖片结构：如图3-1-3中②所示。

① 大袖片上的ab弧长=前衣片袖窿上Ab弧长+1.2cm吃势。

② 大袖片上的ad弧长=后衣片袖窿上A′c弧长+0.7cm吃势。

③ 小袖片上的ef弧长=侧衣片和后衣片袖窿上ec弧长+1cm吃势。

④ 后衣片袖窿c点为后袖绱袖对位点。

（3）领面原样结构：如图3-1-3中③所示。

① 后领座=3cm，后翻领=3.8 cm。

② 领片上：C′ E′ =CE，C′ D′ =后翻领外口长IH，AB′ =后领弧长KJ-1.5cm。

（4）领底呢净样结构：如图3-1-3中④所示。

领片上：C′E′=CE，C′D′=后翻领外口长IH-0.5cm，AB′ =后领弧长KJ。

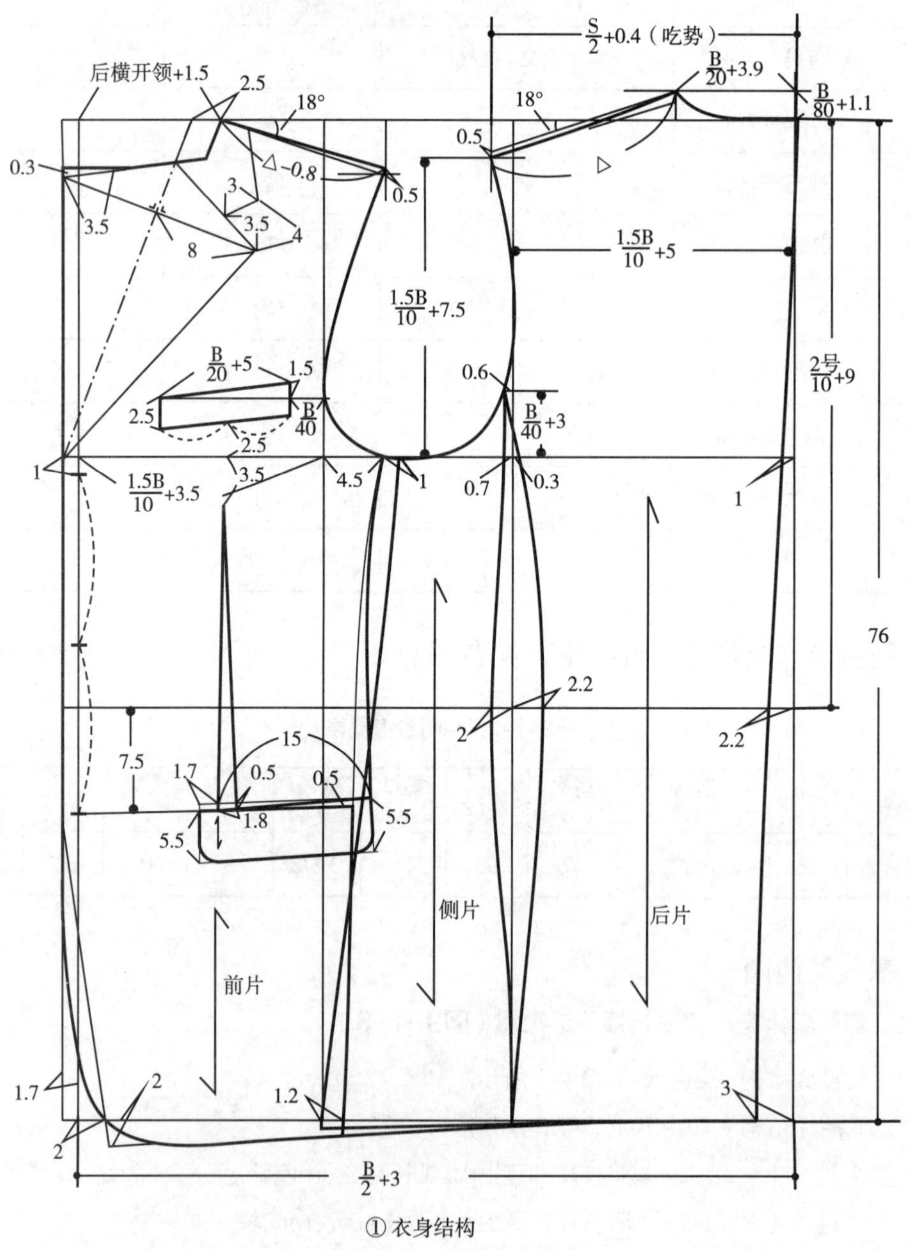

① 衣身结构

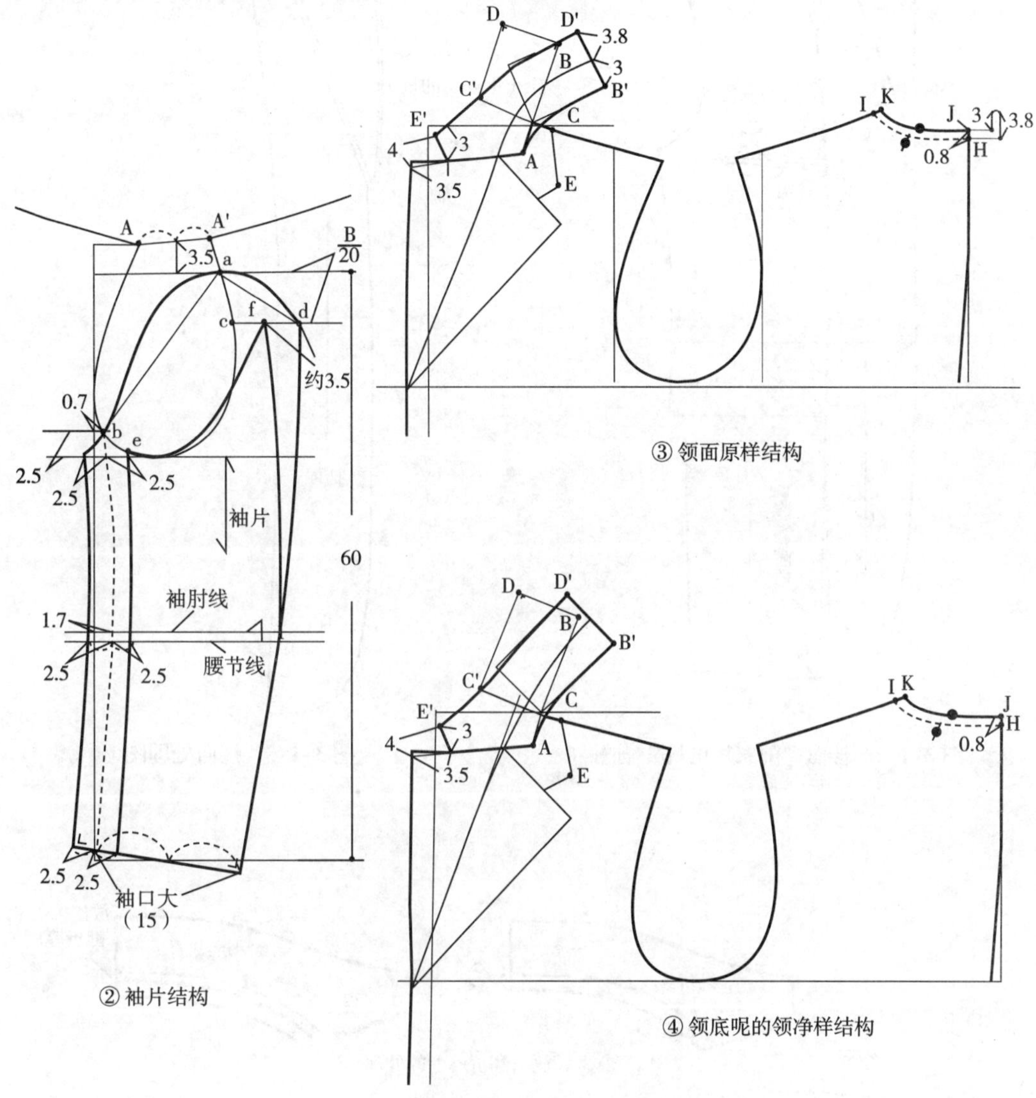

图 3-1-3　男西服大身、袖子、领子结构图

2. 挂面、前衣片里料分割图（图3-1-4）

3. 挂面处理图（图3-1-5）

4. 翻领、领座结构处理图（图3-1-6）

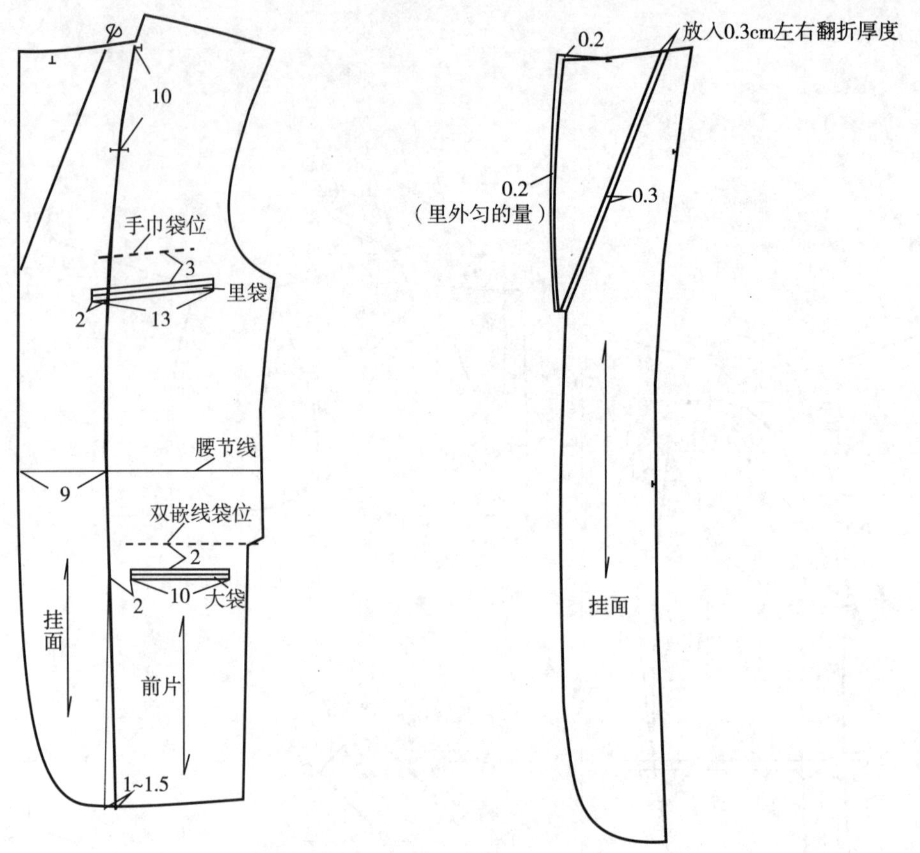

图 3–1–4　挂面、前衣片里料分割图

图 3–1–5　挂面处理图

图 3–1–6　翻领、领座结构处理图

四、放缝、排料和裁剪

1. 放缝图

（1）面料放缝图（图3-1-7）

（2）里料放缝图（图3-1-8）

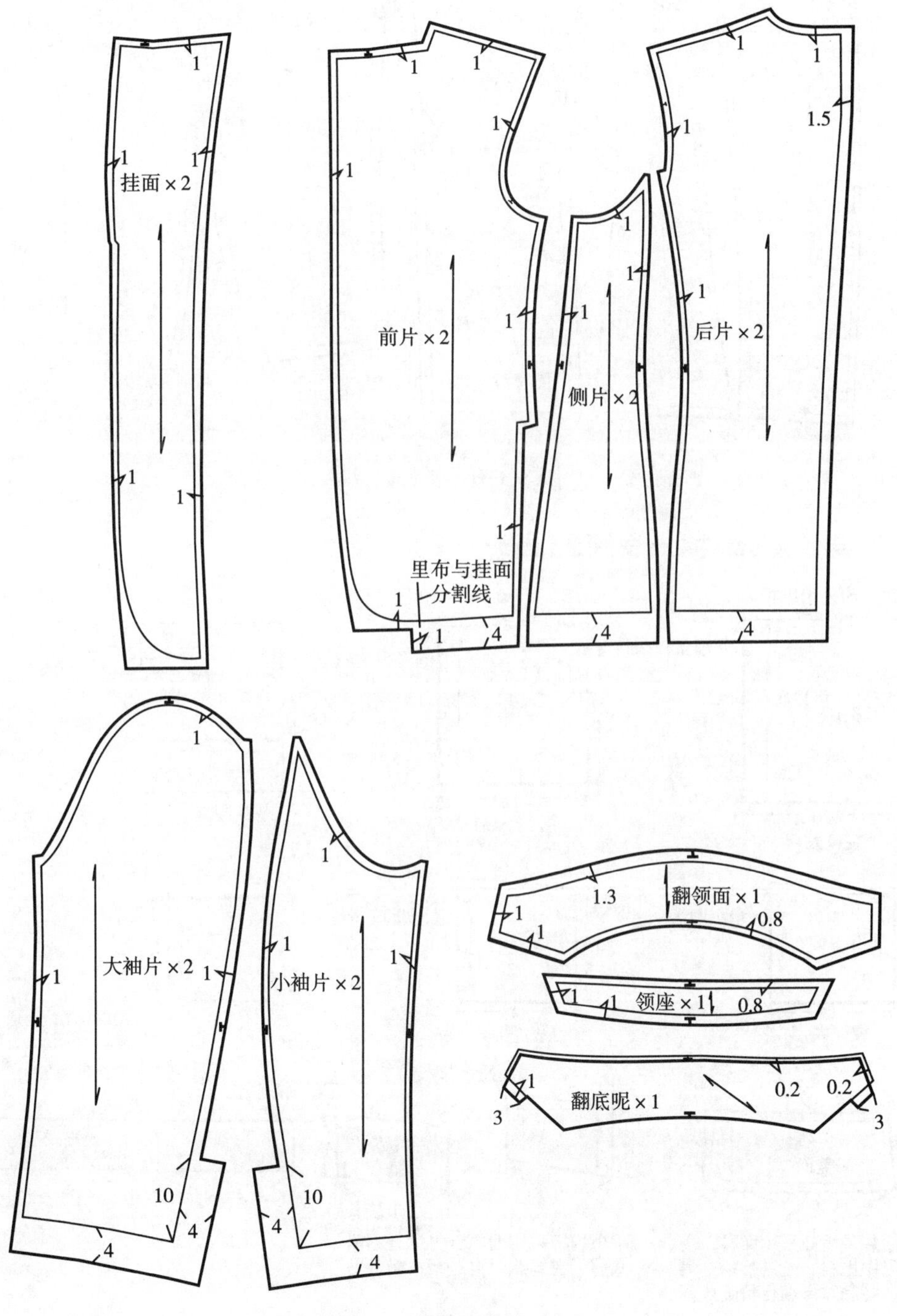

图 3-1-7　面料放缝图

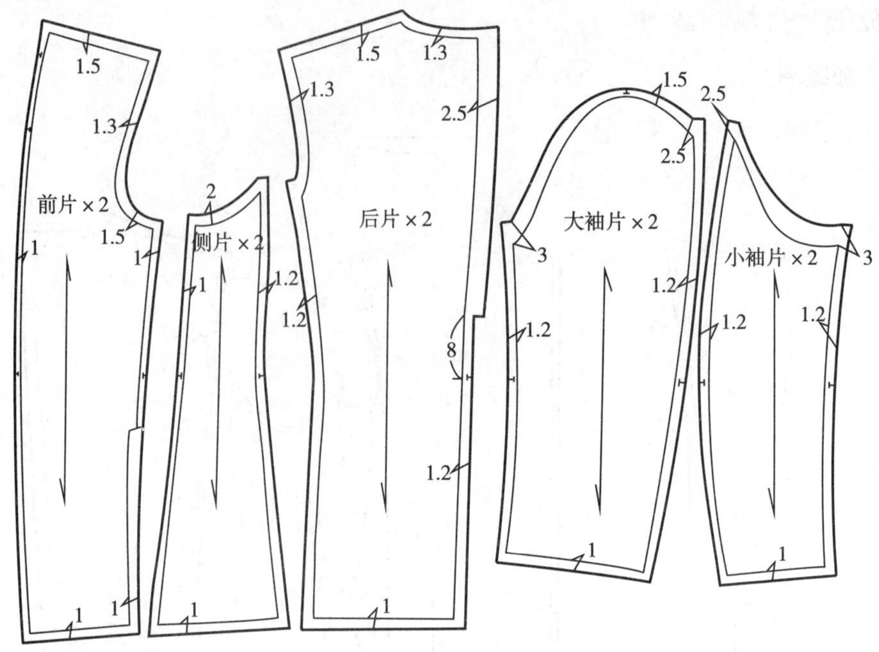

图 3-1-8　里料放缝图

2. 男西服零部件毛样裁剪图（图3-1-9）

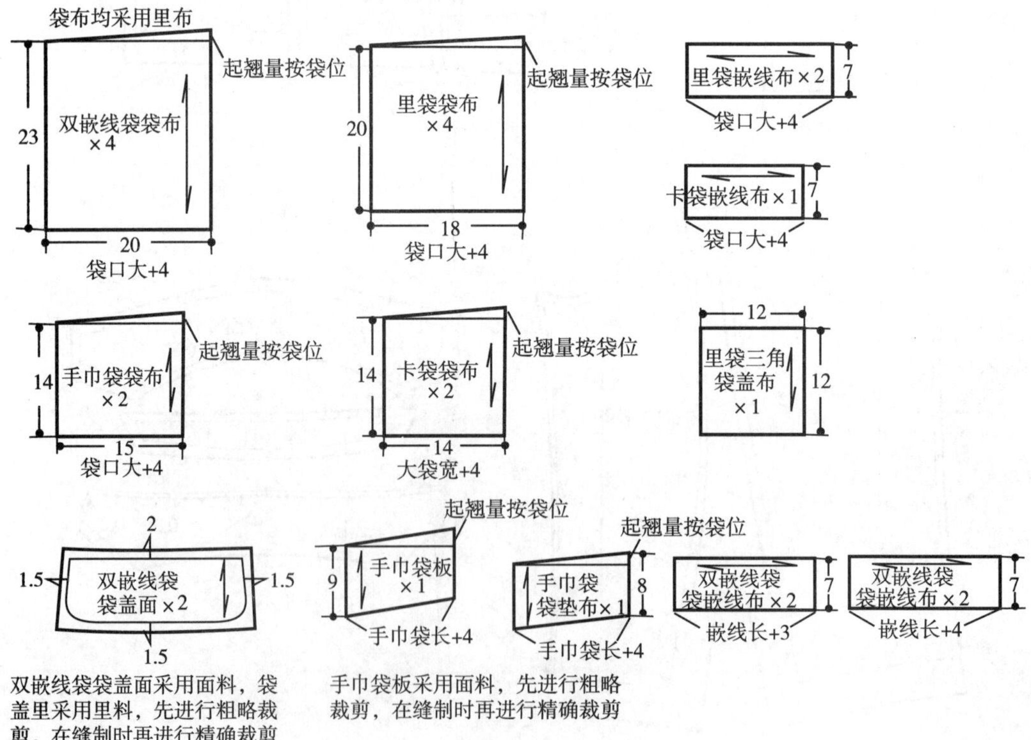

图 3-1-9　男西服零部件毛样裁剪图

3. 排料图

（1）面料排料参考图（图3-1-10）

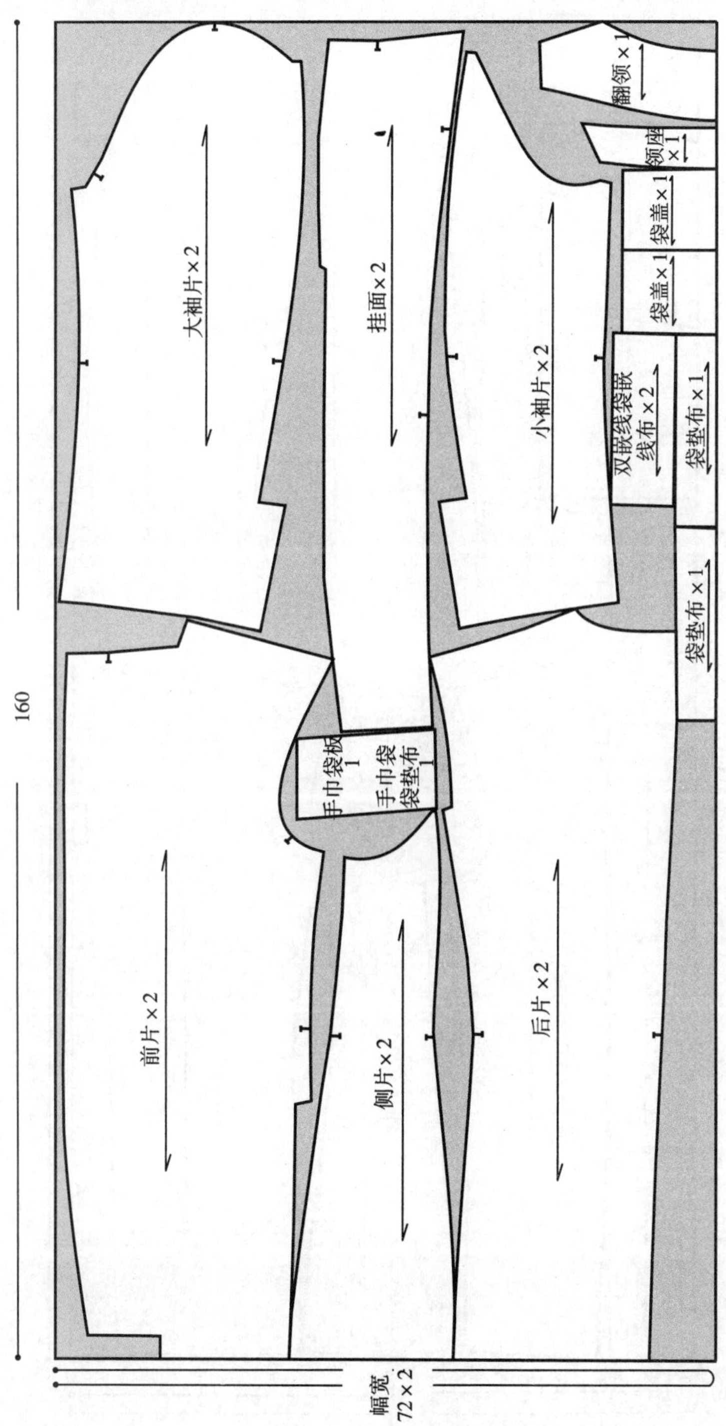

图 3-1-10　面料排料参考图

（2）里料排料参考图（图3-1-11）

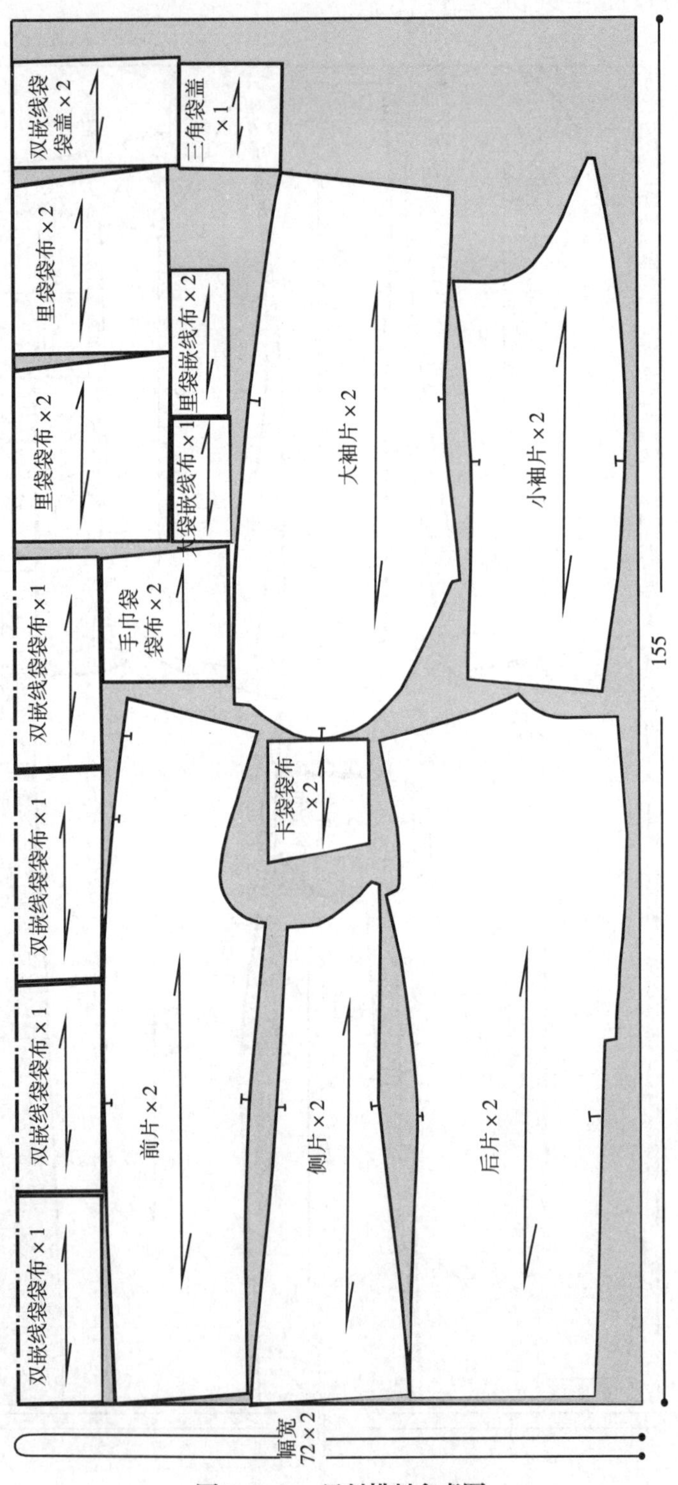

图3-1-11 里料排料参考图

五、裁片名称及裁片数量

表 3–1–3　裁片名称及裁片数量

序号	种类	样板名称	裁片数量（单位：片）	备　注
1	面料 主部件	前衣片	2	左右各一片
2		后衣片	2	左右各一片
3		侧片	2	左右各一片
4		挂面	2	左右各一片
5		大袖片	2	左右各一片
6		小袖片	2	左右各一片
7	面料 零部件	翻领面	1	
8		领座	1	
9		大袋盖面	2	左右各一片
10		手巾袋板	1	左一片
11		手巾袋袋垫	1	左一片
12		双嵌线袋嵌线布	2	左右各一片
13		双嵌线袋袋垫布	2	左右各一片
14	里料 主部件	前衣片	2	左右各一片
15		后衣片	2	左右各一片
16		侧片	2	左右各一片
17		大袖片	2	左右各一片
18		小袖片	2	左右各一片
19	里料 零部件	大袋盖里	2	左右各一片
20		双嵌线袋袋布	4	左右各两片
21		里袋袋布	4	左右各两片
22		里袋嵌线	2	左右各一片
23		手巾袋袋布	2	左衣片两片
24		卡袋袋布	2	左衣片两片
25		卡袋嵌线布	1	左衣片一片
26		里袋三角袋盖	1	右衣片一片
27	辅料	领底呢	1	

（续表）

序号	种类	样板名称	裁片数量（单位：片）	备 注
28	粘合衬	前片	2	左右各一片
29		挂面	2	左右各一片
30		翻领面	1	
31		领座面	1	
32		侧片上端	2	左右各一片
33		侧片下端	2	左右各一片
34		后片上端	2	左右各一片
35		后片下端	2	左右各一片
36		大袖片上端	2	左右各一片
37		小袖片上端	2	左右各一片
38		大袖口贴边	2	左右各一片
39		小袖口贴边	2	左右各一片

六、缝制工艺流程 、缝制前准备

1. 男西装缝制工艺流程

打线丁→收省、拼合侧片→推、归、拔前衣片→缝制手巾袋→装袖窿牵条→缝制双嵌线袋盖→缝制双嵌线袋嵌线布、装袋盖及袋布→覆胸衬→缝合背缝→缝合侧缝、修剪袖窿胸衬、分烫侧缝→缝合肩缝、装垫肩→缝合里料侧缝、挂面→制作里袋→缝制领子→缝合领面与挂面串口→缝合里料背缝、侧缝、肩缝→分烫串口、里料肩缝及烫里料侧缝和背缝→缝合领面与衣片里料→缝合驳角、领串口与领底呢→修剪领圈处垫肩、画领圈→缝合领圈及领底呢→缝合挂面→做止口→烫领驳头及挂面→固定挂面与领圈→固定前衣片与挂面、领面与领底呢固定→缝合并固定面料与里料底摆→制作袖子→绱袖子→固定垫肩、弹袖棉→缝合袖里料与袖窿→锁钉→整烫

2. 缝制前准备

（1）针号和针距：针号为80/12或90/14号；针距14~15针/3cm。

（2）粘衬部位：粘衬裁剪时注意要比面料的四周少0.2cm左右，用粘合机压烫裁片前，放正裁片丝缕，先用熨斗预烫一遍。衬要略松些，自裁片中心向四周熨烫，使其初步固定后再经粘合机压烫定型。这样操作可以避免移动裁片时导致的裁片变形（图

3-1-12）。

裁片需用粘合机进行粘合。在产品进行粘合之前，需对所粘合的面料进行小面积测试，以获取面料粘合时的温度、时间、压力。

（3）修片：如单件制作，裁剪时注意要对需粘合的裁片部件再多放0.8cm的缝份，作为过粘合机的缩率，过粘合机压烫后，需将其摊平冷却后再重新根据毛样板修片，注意衣片的丝缕。

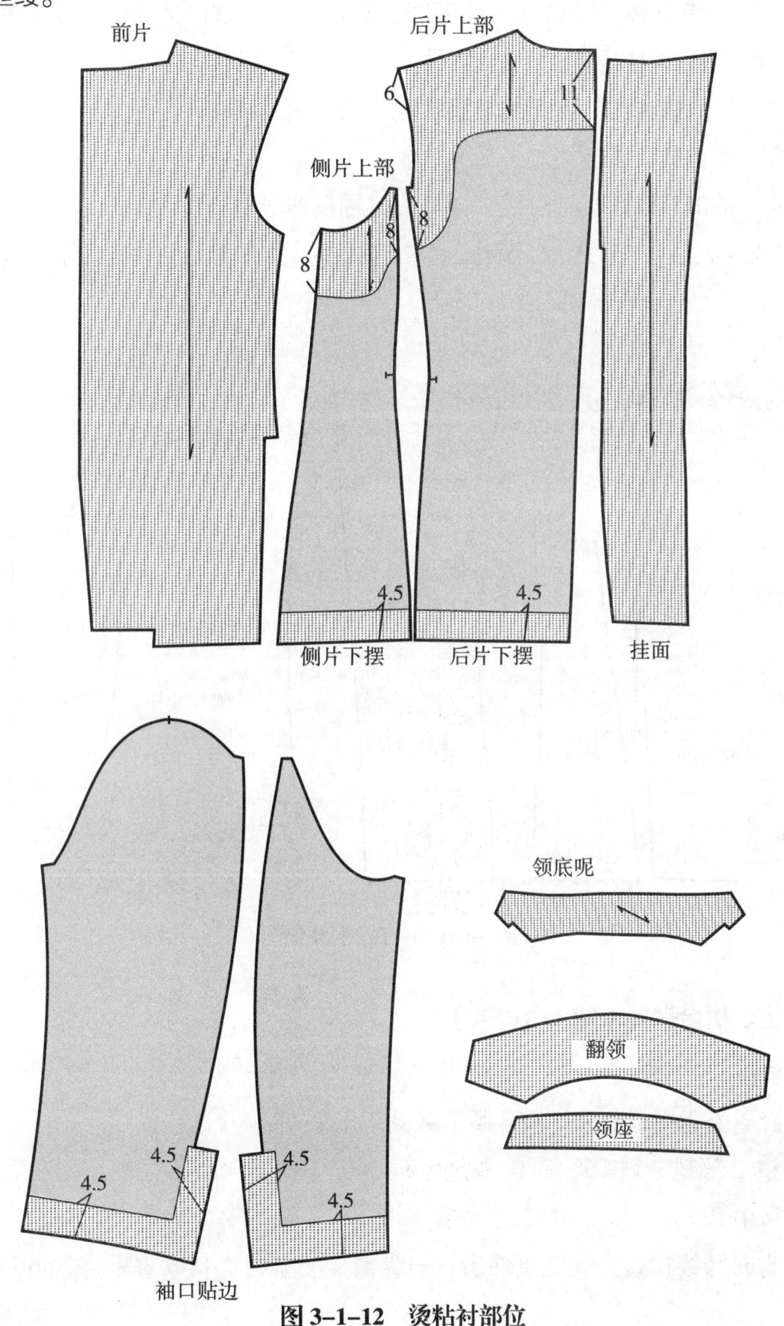

图 3-1-12　烫粘衬部位

七、具体缝制工艺步骤及要求

1. 打线丁

（1）要求：打线丁通常采用与面料色彩对比较明显的双股白色棉线。线丁的疏密可因部位的不同而有所变化，通常在转弯处、对位标记处可略密，直线处可稀疏。

（2）线丁部位（图3-1-13）：

① 前衣片：串口线、驳口线、领圈线、袋位（手巾袋、大袋）、绱袖对位点、胸省、肚省、腰节线、眼位、底边线。

② 后衣片：后领弧线、背缝线、腰节线、底边线、绱袖对位点。

③ 侧片：底边线、腰节线。

④ 袖片：袖山对位点、袖肘线、袖口线、袖衩线。

也可以放齐衣片，按毛板作出标记，先打线丁，再劈片，可防止面料滑动，保证丝缕正确。

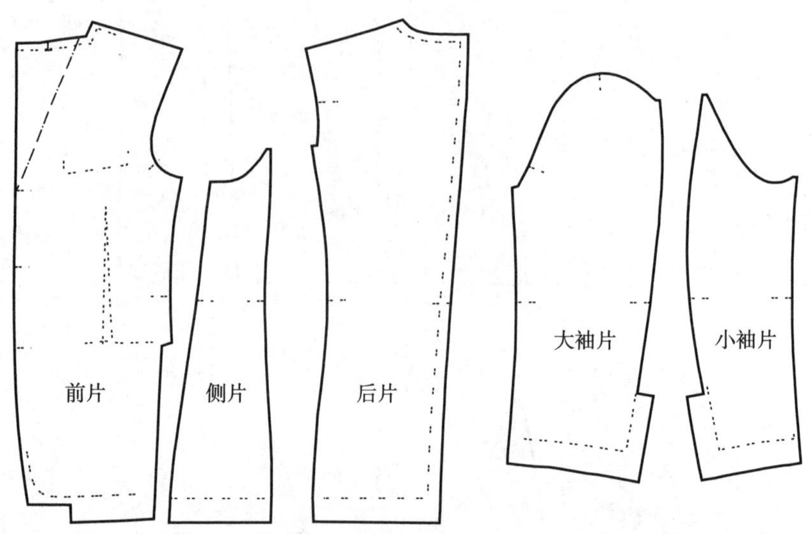

图 3-1-13　打线丁部位图

2. 收省、拼合侧片（图3-1-14）

（1）收省：

① 将肚省沿省中缝剪开，剪至腰节线处（图3-1-14中①）。

② 省道上部垫一块45° 斜丝本色面料，长于省尖1cm、宽2cm，然后车缝胸省（图3-1-14中②）。

③ 收省时缝线在省尖处直接冲出，省尖缉尖（条格面料收省后，省道两边的条格要对称）。

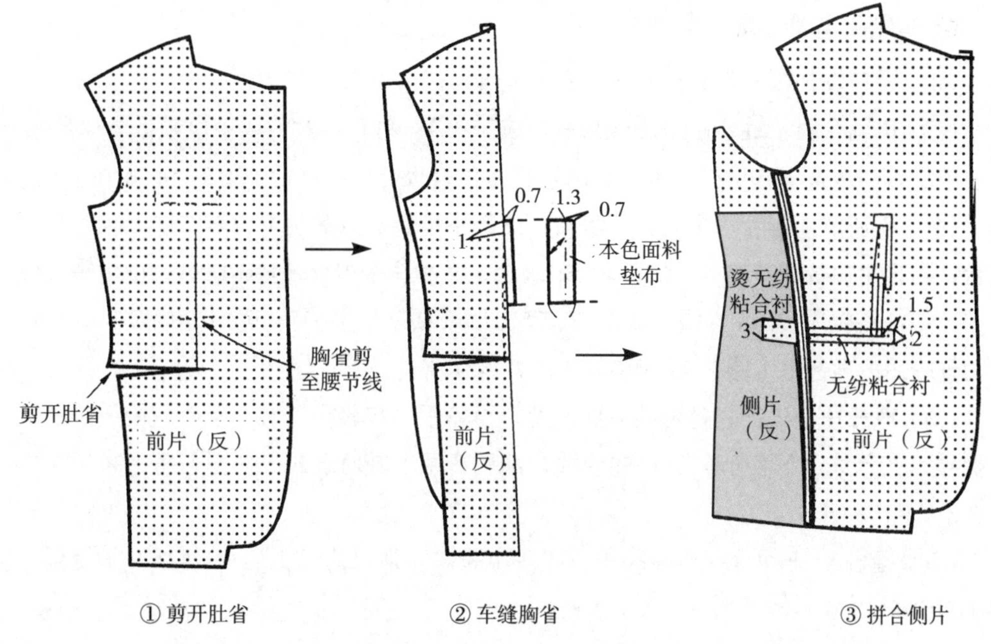

图 3-1-14　收省、拼合侧片

④ 省尖缝熨烫要求：在省道的尖点处将靠近省道的垫布剪一刀口，垫布下端将靠近垫布一侧的省道剪一刀口，省缝分缝熨烫。

⑤ 肚省剪开处，上下片并拢形成一条无缝隙的直线，用2cm宽的无纺衬粘合，靠前中袋口处粘合衬出袋位1.5cm。

（2）拼合侧片：（图3-1-14中③）。

① 前衣片与侧片正面相对，侧片放上层以1cm的缝份进行缝合。要求：袖窿下10cm左右前衣片略有0.2cm吃势，有利于胸部的造型饱满。

② 将衣片反面朝上，分烫侧缝，将缝合线熨烫顺直。在侧片袋位处粘烫3cm宽的无纺衬。

3. 推、归、拔前衣片（图3-1-15）

此道工序也叫推门，是利用熨斗热塑定型手段塑造胸部、腰部、腹部、胯部等形体造型状态的过程和手段。要求：衣片胸部隆起、腰部拔开吸进，驳头和袖窿处归拢。熨烫前衣片止口处时，要在驳口处将前身衣片向外轻拉，烫后使衣身丝缕顺直。

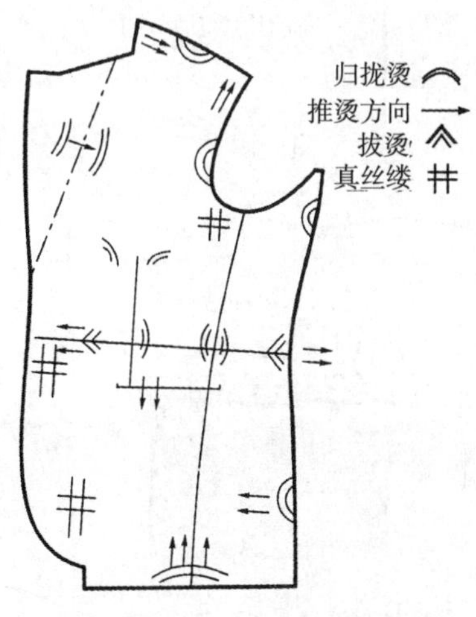

图 3-1-15　推、归、拔前衣片

4. 缝制手巾袋（图3-1-16）

（1）画袋位：在左前衣片按线丁的位置画出袋位（图3-1-16中①）。

（2）烫粘合衬、缝合手巾袋板与手巾袋袋布A：将粘合衬裁成手巾袋板净样尺寸,烫在手巾袋板的反面；按净样扣烫两边后，将手巾袋板与袋布缝合（图3-1-16中②）。

（3）在袋位上缝合手巾袋和袋垫布：先将手巾袋板放在手巾袋袋位线上与衣片一起缝合，再把手巾袋袋垫布的一侧与袋布B缝合，然后将手巾袋袋垫布缉缝在手巾袋袋位上方，与袋位线相距1.5cm。缉缝手巾袋袋垫布时，要求手巾袋袋口两端各缩0.2~0.3cm，以防开袋后袋角起毛（图3-1-16中③）。

（4）剪三角：先把袋角两端剪成三角，再将手巾袋袋板缝份与手巾袋袋垫布缝份分开烫平，在缝线上下各车0.1 cm的明线，然后将手巾袋两端的三角插入手巾袋袋板中间（图3-1-16中④）。

（5）缝合A、B两片手巾袋袋布：将手巾袋袋布放平后，把A、B两片袋布缝合（图3-1-16中⑤）。

（6）固定手巾袋袋板两端：在手巾袋袋板的两端车缝明线或暗缲针固定，最后熨烫平整（图3-1-16中⑥）。

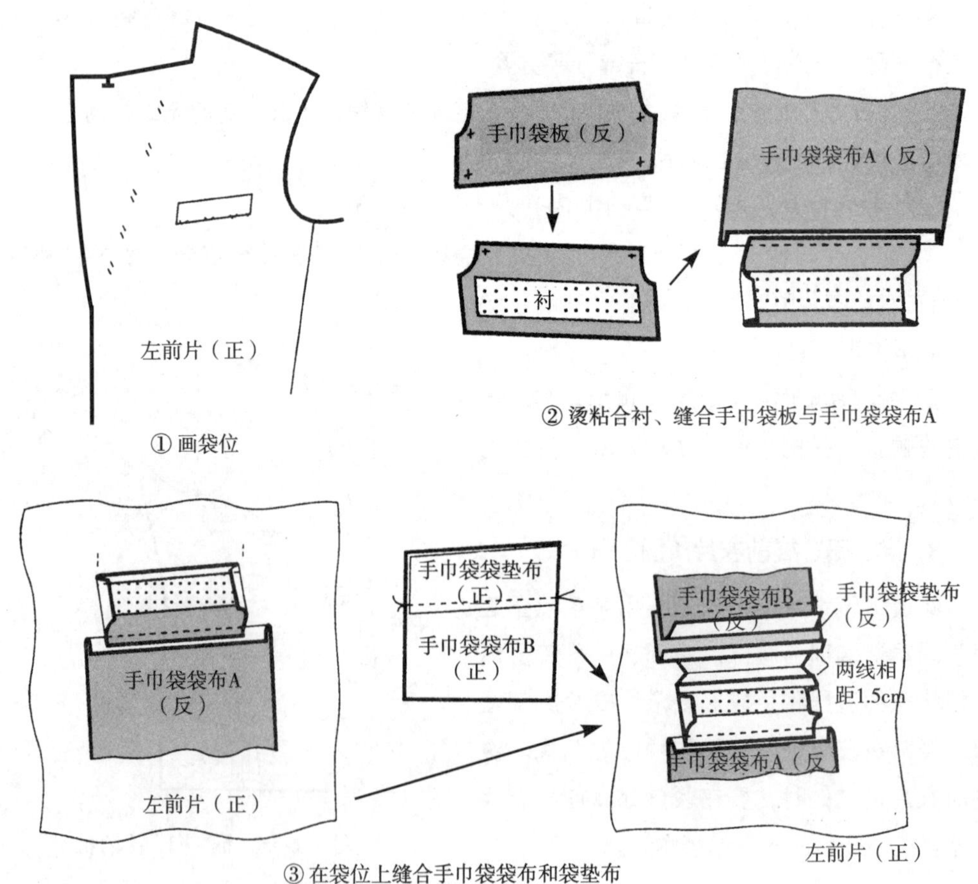

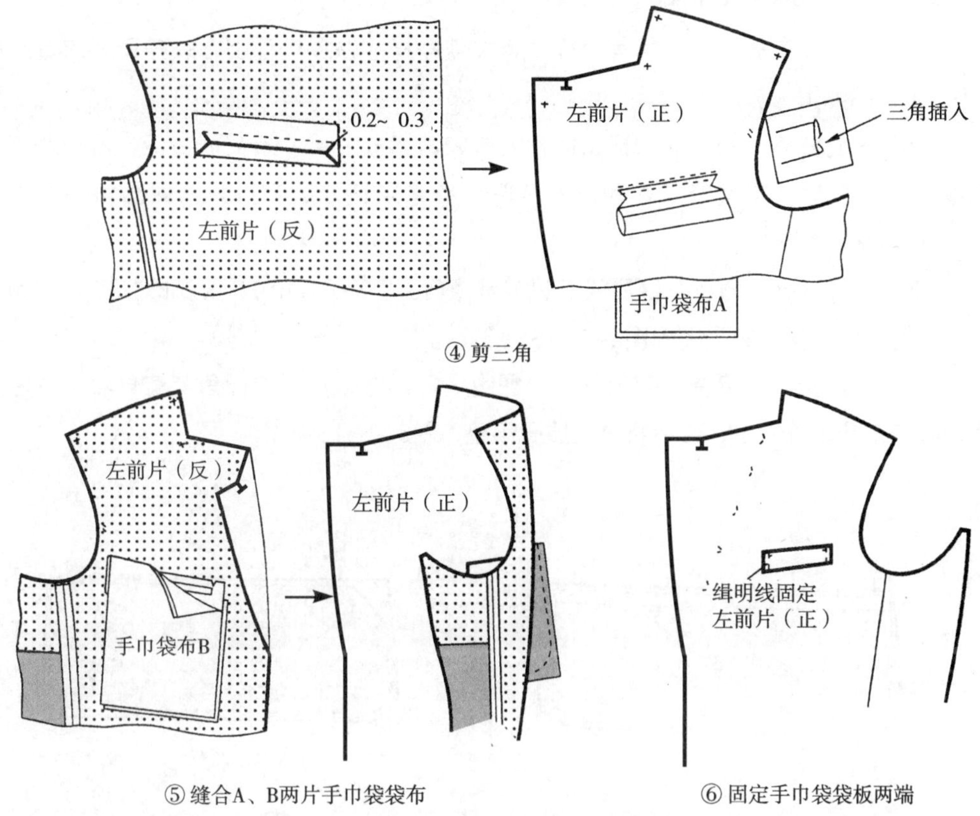

④ 剪三角

⑤ 缝合A、B两片手巾袋袋布　　⑥ 固定手巾袋袋板两端

图 3-1-16　缝制手巾袋

5. 装袖窿牵条（图3-1-17）

为防止领圈、袖窿等部位伸长，需在领圈和袖窿处烫粘合牵条，牵条为斜丝。

（1）车缝粘合牵条：从肩点开始距袖窿边缘0.5cm车缝直丝粘合牵条，要求A点至肩点衣片袖窿收拢0.5cm左右，A点至B点袖窿收拢0.2~ 0.3cm（图3-1-17中①）。

（2）烫粘合牵条：在圆弧处打剪口，用熨斗将粘合牵条熨烫粘合（图3-1-17中②）。

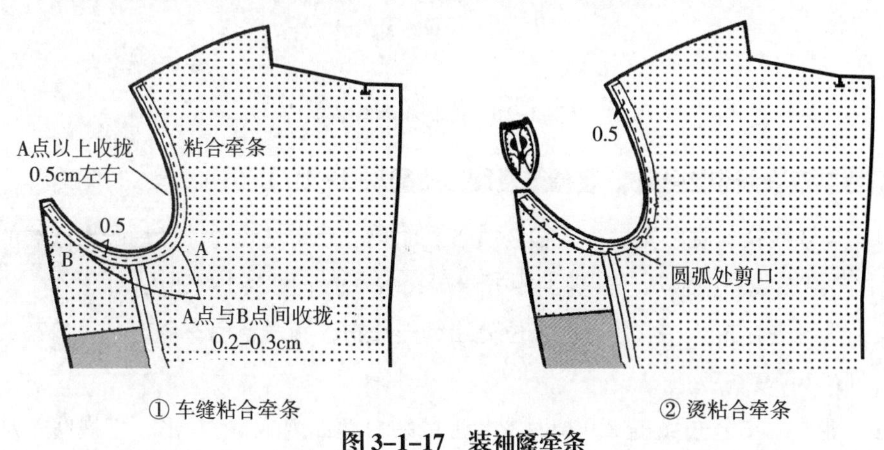

① 车缝粘合牵条　　② 烫粘合牵条

图 3-1-17　装袖窿牵条

6. 缝制双嵌线袋盖（图3-1-18）

（1）检查袋盖裁片、画袋盖净样：将袋盖净样放在袋盖面上，袋盖面要求直丝缕（图3-1-18中①）。

（2）车缝袋盖：袋盖面、里正面相对，袋盖里放上层、袋盖面在下，沿边对齐，沿净线车缝三边。车缝袋盖两侧及圆角时，要求里料要适当拉紧，两圆角圆顺（图3-1-18中②）。

（3）修剪缝份：先将车缝后的三边缝份修剪到0.3~0.4cm,圆角处修剪到0.2 cm，然后将缝份向里料一侧烫倒（图3-1-18中③）。

（4）烫袋盖：先将袋盖翻到正面，翻圆袋角，伸平止口，圆角窝势自然，然后沿边如图示手针假缝固定，最后将袋盖熨烫平整（图3-1-18中④）。

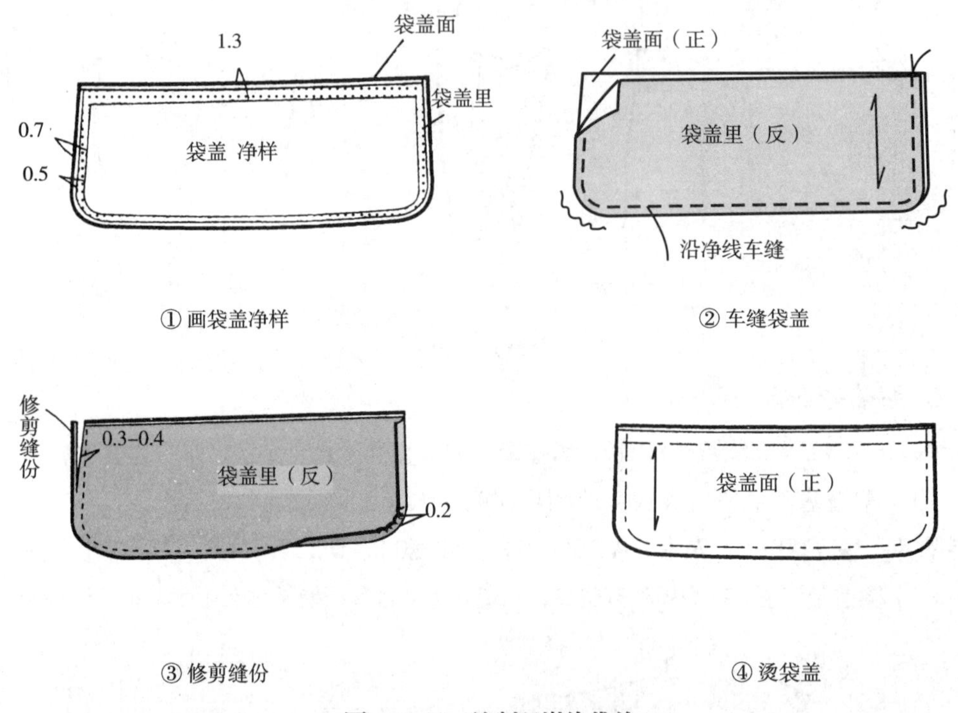

图 3-1-18　缝制双嵌线袋盖

7. 缝制双嵌线袋嵌线布、装袋盖及袋布（图3-1-19）

（1）画嵌线袋长度和宽度：先在嵌线布反面烫上无纺粘合衬，然后画出嵌线的长度和宽度，再沿嵌线的中线从一端剪到距另一端1cm为止（图3-1-19中①）。

（2）缉缝嵌线布：在衣片正面袋位处缉缝嵌线布，两端倒回车固定，再剪开余下的1 cm（图3-1-19中②）。

（3）翻烫、车缝嵌线布：开袋时衣片上的袋口两端剪成“Y”形，把嵌线布从袋口剪位处翻到反面，整理嵌线布的宽度至合适后用手针假缝固定，最后车缝固定袋口两端的三角，并车缝固定袋布A与下嵌线布（图3–1–19中③）。

（4）安装、固定袋盖：先将袋垫布的下端与袋布B车缝固定（图中a线）；再把袋盖与袋垫布对齐、袋布上端对齐，一起车缝固定（图中b线）；然后将袋盖从袋口处穿到正面，最后把袋布A与袋布B对齐车缝四周固定。注意：上、下嵌线布不能豁开（图3–1–19中④）。

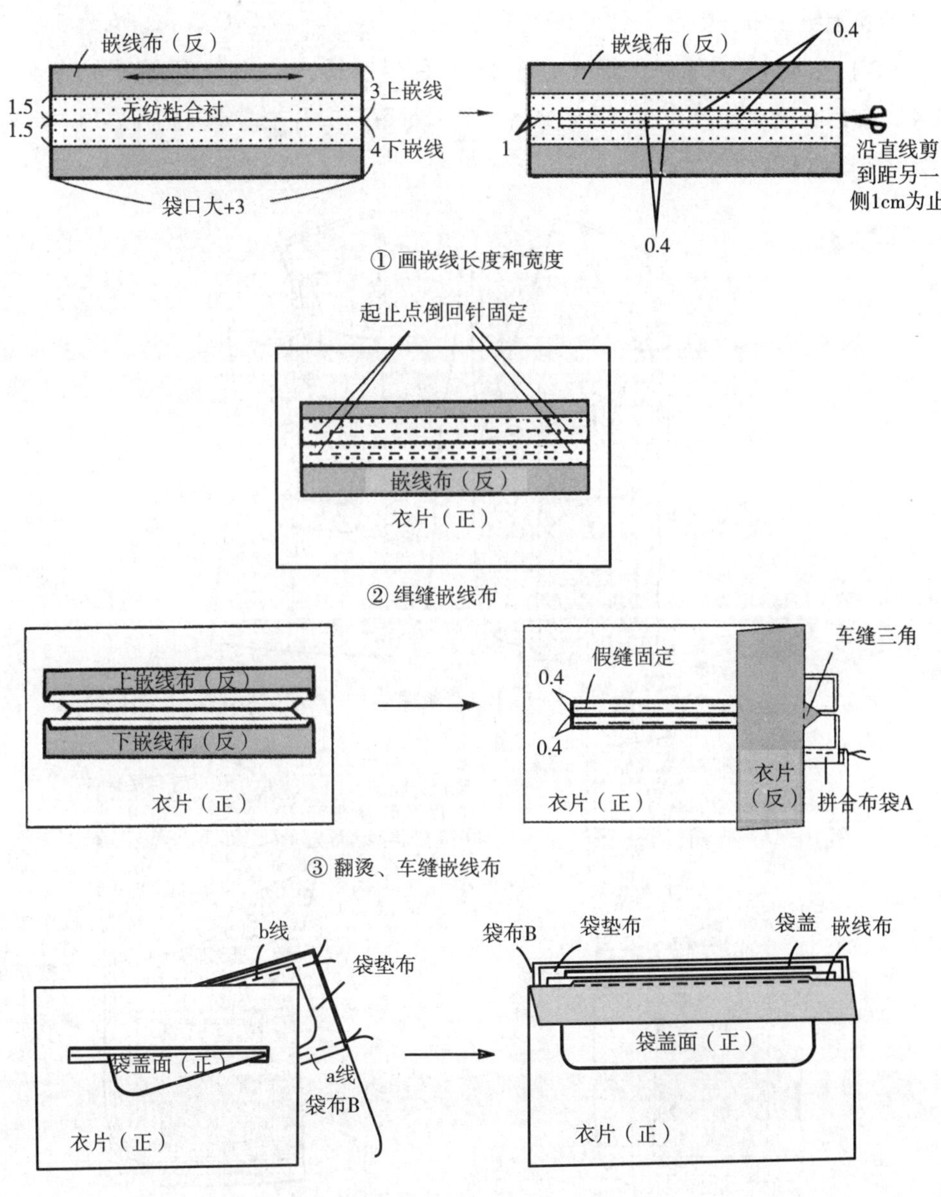

图 3–1–19　缝制双嵌线袋嵌线布、装袋盖及袋布

8. 覆胸衬（图3–1–20）

（1）手针覆胸衬：将成品胸衬与前衣片胸部反面对齐，上部距驳口线1cm，下部距驳口线1.5cm；衣片胸部凸势与胸衬应完全一致，然后在前衣片正面用手针覆胸衬。注意衣片与胸衬要尽量吻合，针距一致，缝线平顺（图3–1–20中①）。

（2）粘烫直丝牵条：先将覆胸衬的衣片整烫，使衬与衣片服贴，然后在胸衬与驳口处粘烫直丝牵条，要求牵条的一半要压住胸衬，烫牵条时中间部位要拉紧一些，粘合后在牵条上缝三角针固定（图3–1–20中②）。

（3）按净线烫贴牵条、修剪袖窿缝份：围绕前领口、前止口及底摆处的净线烫贴牵条，然后将胸衬与衣片肩线齐边修齐，胸衬袖窿与衣片袖窿修剪整齐后用手针将两者固定（图3–1–20中③）。

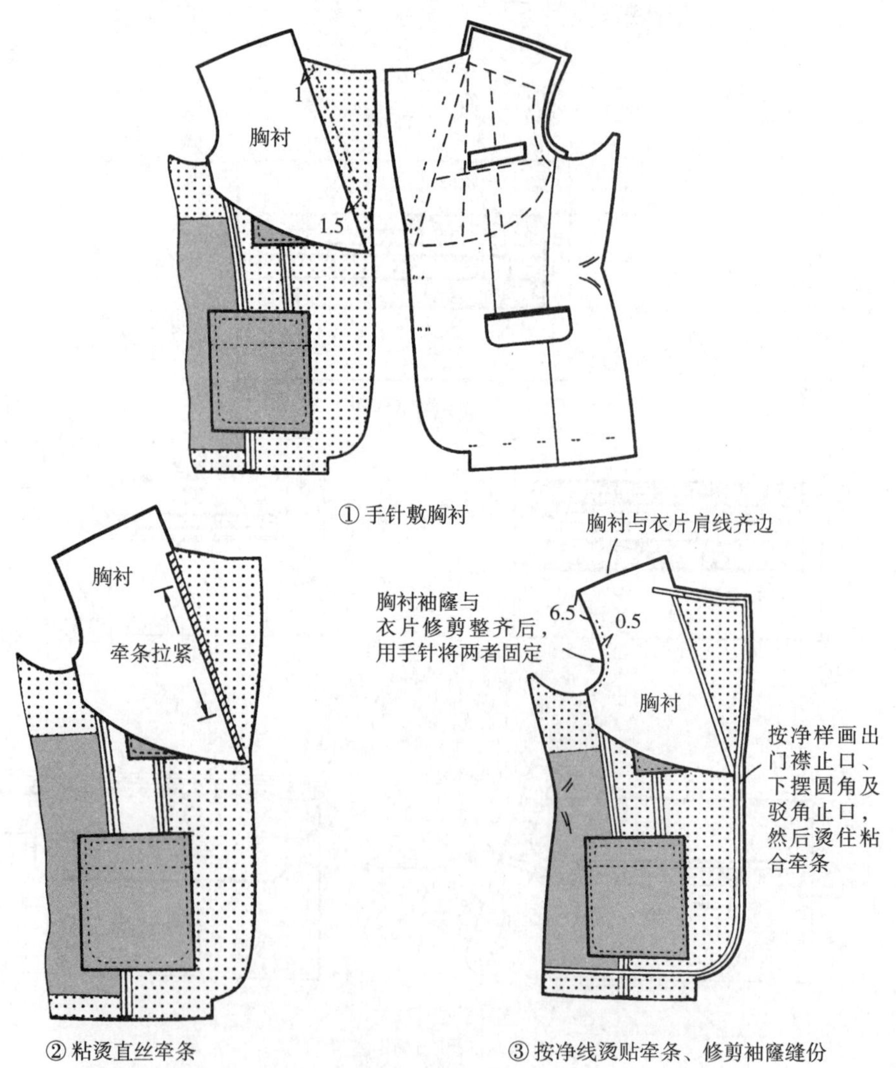

图 3–1–20　覆胸衬

9. 缝合背缝（图3-1-21）

（1）缝合背缝、归拔后背：将两后片对齐，缝合背缝，用熨斗归烫后背上部外弧量，拔出腰节部位内弧量，袖窿、肩部稍归拢，侧缝胯部稍归拢，腰部拔开，使之符合人体的背部曲度（图3-1-21中①）。

（2）分烫背缝、烫牵条：先将后背缝分开烫平，然后在袖窿及领口处烫斜丝牵条（图3-1-21中②）。

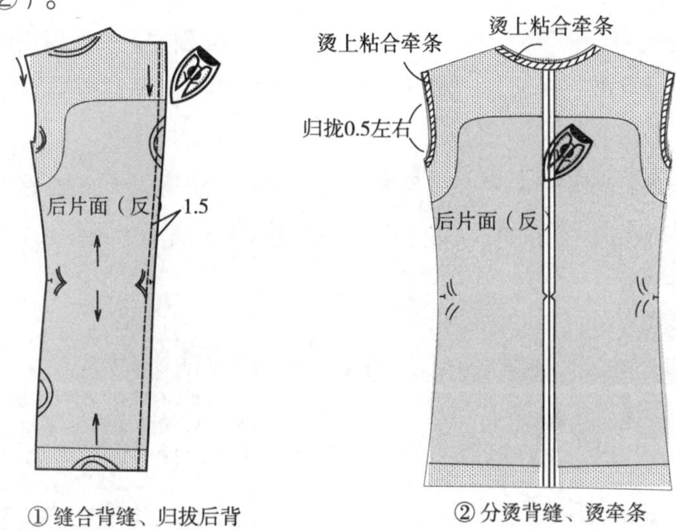

图 3-1-21　缝合背缝

10. 缝合侧缝、修剪袖窿胸衬、分烫侧缝（图3-1-22）

（1）缝合侧缝、修剪袖窿胸衬：将前衣片放在后衣片上，正面相对车缝侧缝，袖窿下15cm这段侧缝后衣片吃进0.3 ~0.4cm，注意侧缝上部不要拉长；然后根据袖窿弧势剪去袖窿刀眼至肩缝这段胸衬，宽为1.2cm（图3-1-22中①）。

（2）分烫侧缝：将侧缝的缝份分开烫平（图3-1-22中②）。

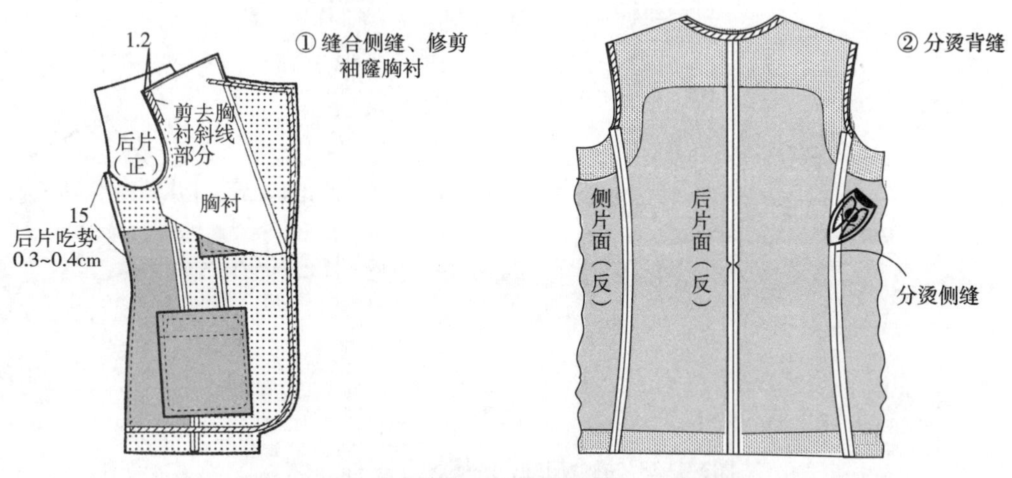

图 3-1-22　缝合侧缝、修剪袖窿胸衬、分烫侧缝

11. 缝合肩缝、装垫肩（图3-1-23）

（1）缝合肩缝：缝合时，靠近领圈2cm及靠近袖窿4cm两段平缝，后中段肩缝吃势均匀，要求缝线顺直（图3-1-23中①）。

（2）分烫肩缝：先不放蒸汽将肩缝分开，再放蒸汽熨烫。然后用手在领圈A点开始的3~4cm肩缝附近捏住，稍向前身拉，使肩缝略呈S形后归拢熨烫，最后归拢后身肩头处（图3-1-23中②）。

（3）固定胸衬与面料：在直开领与靠袖窿肩头位置，分别放置2条5cm和2.5cm的双面粘衬，然后用左手将前身衣服略微托起，再将胸衬与面料熨烫固定住（图3-1-23中③）。

（4）装垫肩：将垫肩的中心线与大身肩缝对准，垫肩稍长出袖窿0.3~0.4cm，然后将前后身肩部捋窝服，用手针固定（在距肩点处1/3）肩缝长不缝住，便于后面的绱袖（图3-1-23中④）。

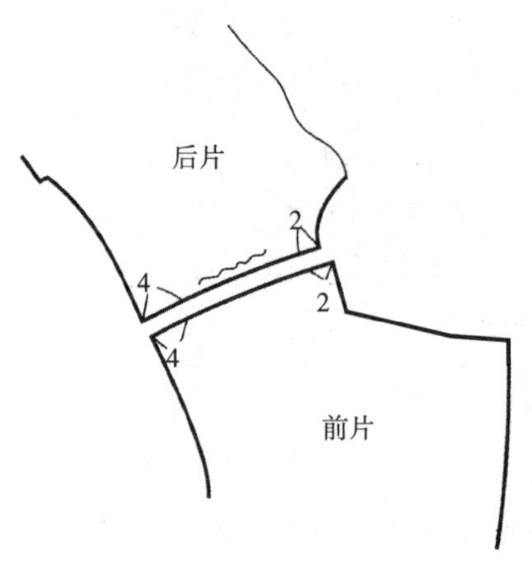

① 缝合肩缝

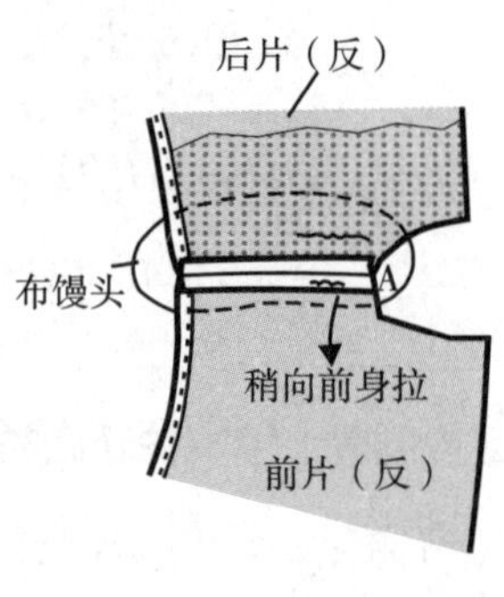

② 分烫肩缝

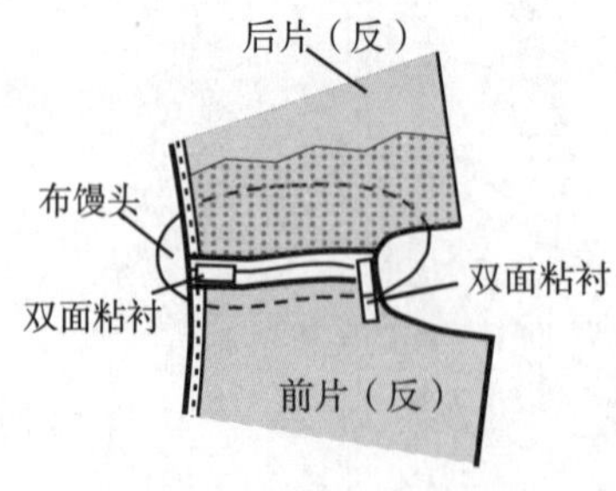

③ 固定胸衬与面布

④ 装垫肩

图3-1-23 缝合肩缝、装垫肩

12. 缝合里料侧缝、挂面（图3-1-24）

（1）缝合里料侧缝：先将里料侧片放在里料大身上，正面相对，顺直平缝，缝份为1cm。

（2）缝合里料与挂面：将里料放在挂面上，里料刀眼A、B与挂面刀眼A′、B′对齐后开始缝合，里料B到C这段吃势为1cm，其余平缝，缝份为1cm。缝制时，要求里料平顺，松度自然，缝份平直，无抽丝。

（3）熨烫缝份：衣片反面朝上，将缝份倒向侧缝熨烫，要求熨烫后正面无坐势。

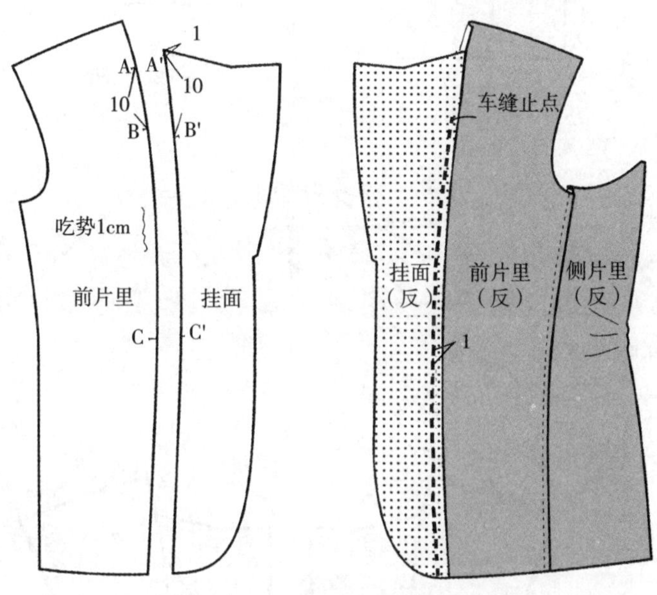

图3-1-24 缝合里料侧缝、挂面

13. 制作里袋（图3-1-25）

（1）画里袋位：里料正面朝上，按图3-1-4的口袋位置及规格，画出左右两个里胸袋，在左前片画一个卡袋，然后在袋位反面烫上无纺粘合衬，宽为1.5cm，长为袋口长加1cm。

（2）做里袋三角袋盖：里袋三角袋盖在右片里胸袋上，具体步骤如下：

① 在三角里袋布的反面烫上无纺粘合衬（图3-1-25中①）。

② 将三角袋盖布反面相对对折，两边对齐后烫平（图3-1-25中②）。

③ 将对折线两端A、B两点向上折至C、D的中点，要求中间的两条线拼拢成三角形状，然后烫平（图3-1-25中③）。

④ 展开三角袋盖布，三角袋盖布面朝上，在中线上距折边线1.3cm处，锁一个扣眼，扣径大2cm（图3-1-25中④）。

⑤ 重新折成三角状，在距三角尖嘴5cm处画一直线，与里袋布一道缝合（图

3-1-25中⑤）。

（3）缝制里袋、卡袋：缝制方法同双嵌线。注意只是在右里胸袋装有三角袋盖（图3-1-25中⑥）。

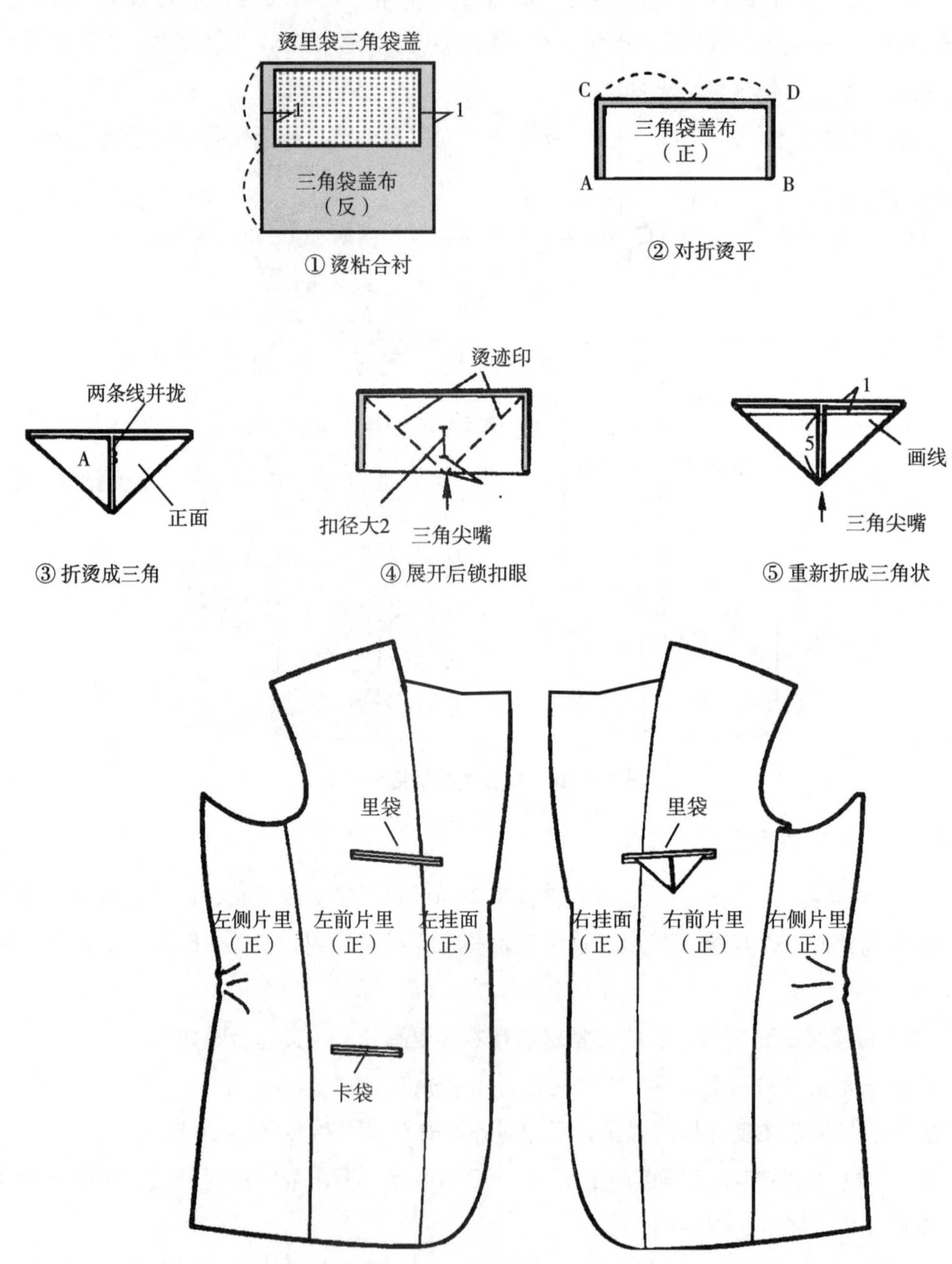

图 3-1-25 制作、缝制里袋

14. 缝制领子（图3-1-26）

（1）画翻领对位记号：将领角样板放在翻领上，并与串口线、领角及领子下部拼接线三边对齐，画出翻领面缝份与后中对位记号（图3-1-26中①）。

（2）缝合翻领面、领座：翻领拼接线上共有5个刀眼，分6段，将翻领和领座正面相对， A段上、下层平缝，B段将领座吃进0.15cm，C段上、下层平缝。另一侧方法相同，用0.8cm的缝份车缝，然后修剪缝份至0.5cm（图3-1-26中②）。

（3）烫翻领、领座拼缝并固定：先将翻领和领座拼接线的缝份分开烫平，在翻领一侧的缝份上缉一条0.1cm的线；然后在领座颈侧点刀眼位置上的拼缝处，左右两端各粘一段4cm长的双面粘衬。注意熨烫时不可将领座的曲势压平（图3-1-26中③）。

（4）拉领底呢翻折线的皱度：将领底呢正面朝上，领外沿朝向操作者左手方向，拼接线起点宽为2.5cm，中部宽为2.8cm，AB段与EF段平缝，BC段与DE段以颈侧点刀眼为中心各向两边约3cm的间距收拢约0.4cm，CD段收拢约0.4cm（图3-1-26中④）。

（5）领底呢两领角处拼接里料：在领底呢的两领角拼一块45°的斜丝里料，车缝0.1cm固定，两领角各探出1cm（图3-1-26中⑤）。

（6）三角针缝合领底呢与翻领：将领底呢的外口盖住翻领外口1 cm，然后用三角针固定。要求翻领略归吃，吃势要左右对称（图3-1-26中⑥）。

（7）缝合领角：领底呢反面朝上，在领底呢与领角里料拼接缝上车缝（图3-1-26中⑦）。

（8）翻领角、烫领面（图3-1-26中⑧）：

① 先修剪领角缝份，然后翻转翻领领角到正面；再将领子的外沿，根据样板的势道烫成里外匀0.2cm。

② 将领底呢的领座部分往操作者方向折倒，然后沿翻折线烫平。

③ 根据领底呢折转的势道，将领面的领座部分折倒，然后烫平。

（9）修剪领面串口线：领面串口处多出领底呢0.8cm，修剪掉多余的量。然后检查领角左右是否对称，要求两领角误差不大于0.15cm（图3-1-26中⑨）。

（10）假缝固定翻领与领底呢（图3-1-26中⑩）：

① 先把领底呢正面朝上、领外沿向外，然后放平翻领部分，沿领外沿手针假缝固定，假缝线距领外沿1cm、距两领角1cm。

② 领座部分呈波浪放置，在距领串口线约8cm处开始沿翻领和领座的拼接线假缝固定到另一侧相应点结束。

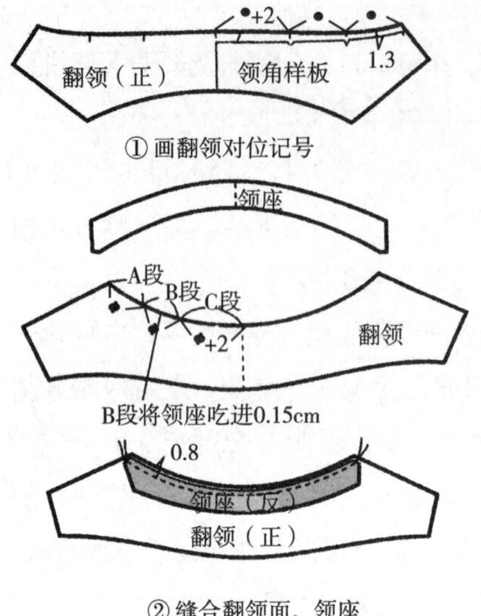

① 画翻领对位记号

② 缝合翻领面、领座

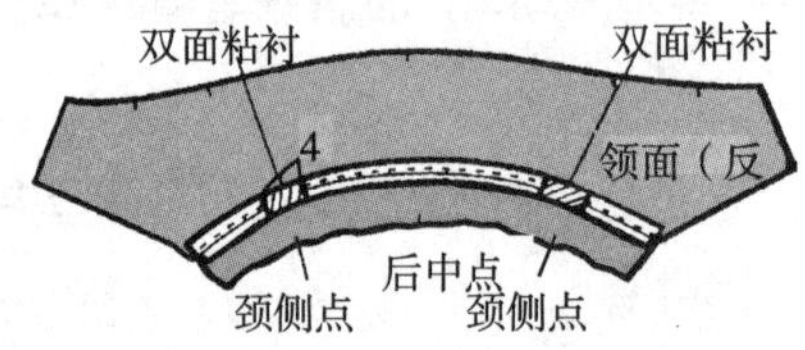

③ 烫翻领、领座拼缝并固定

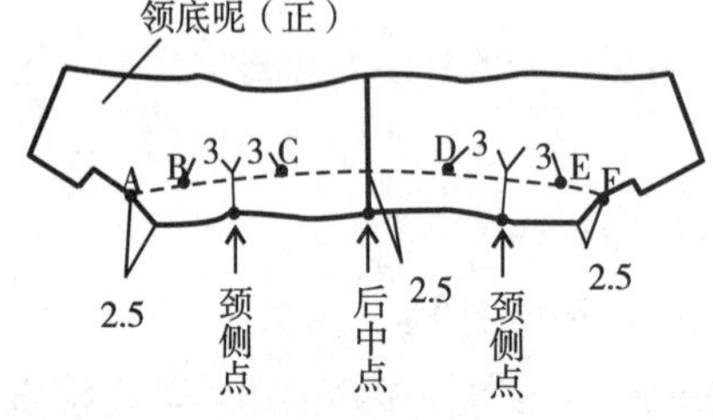

④ 拉领底呢翻折线的皱度

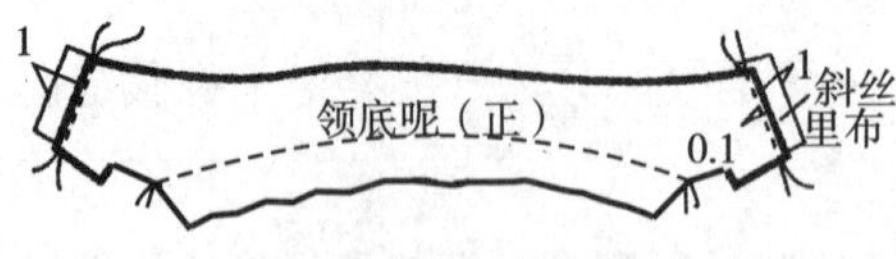

⑤ 领底呢两领角处拼接里料

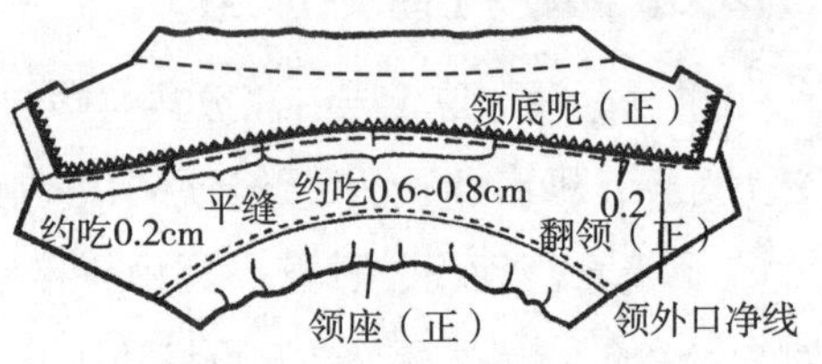

⑥ 三角针缝合领底呢与翻领

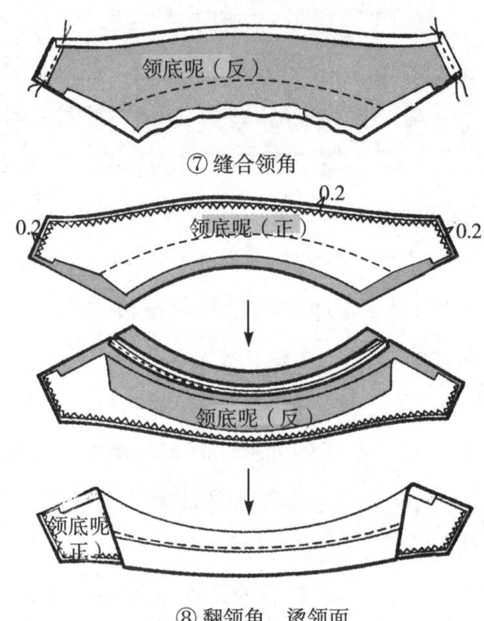

⑦ 缝合领角

⑧ 翻领角、烫领面

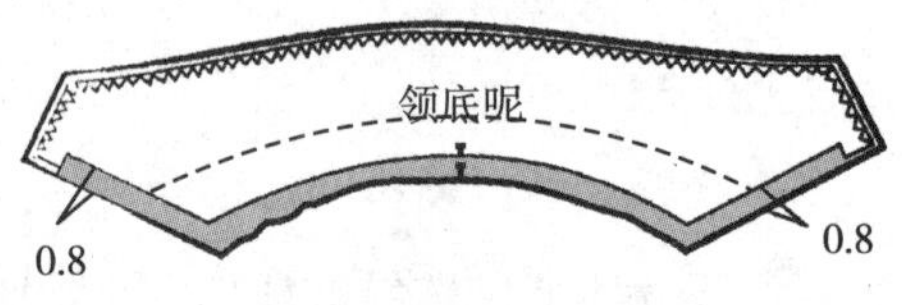

⑨ 修剪领面串口线

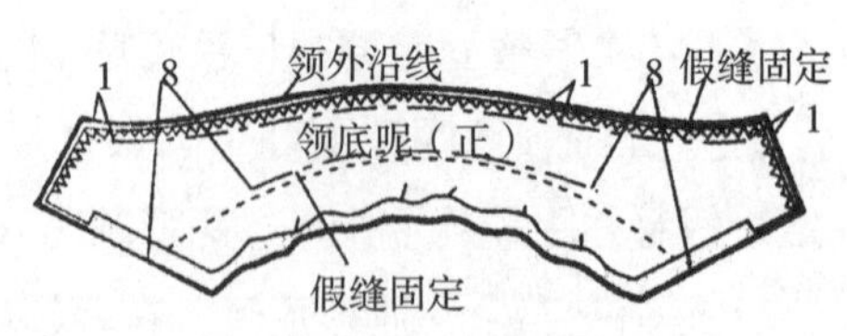

⑩ 假缝固定翻领与领底呢

图 3-1-26　缝制领子

15. 缝合领面与挂面串口（图3-1-27）

将领面串口反面朝上，与挂面串口线对齐，同时对齐装领点止点车缝，缝份为1cm。注意领角应左右对称。

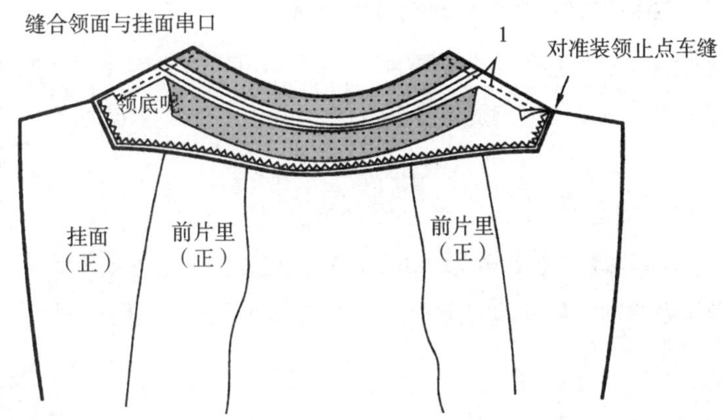

图3-1-27 缝合领面和挂面串口

16. 缝合里料背缝、侧缝、肩缝（图3-1-28）

（1）缝合里料背缝：自上而下顺着背缝线平缝，缝份为1cm（图3-1-28中①）。

（2）缝合里料侧缝：将侧片放在后片上，由侧缝最上部向下约15 cm的距离，后衣

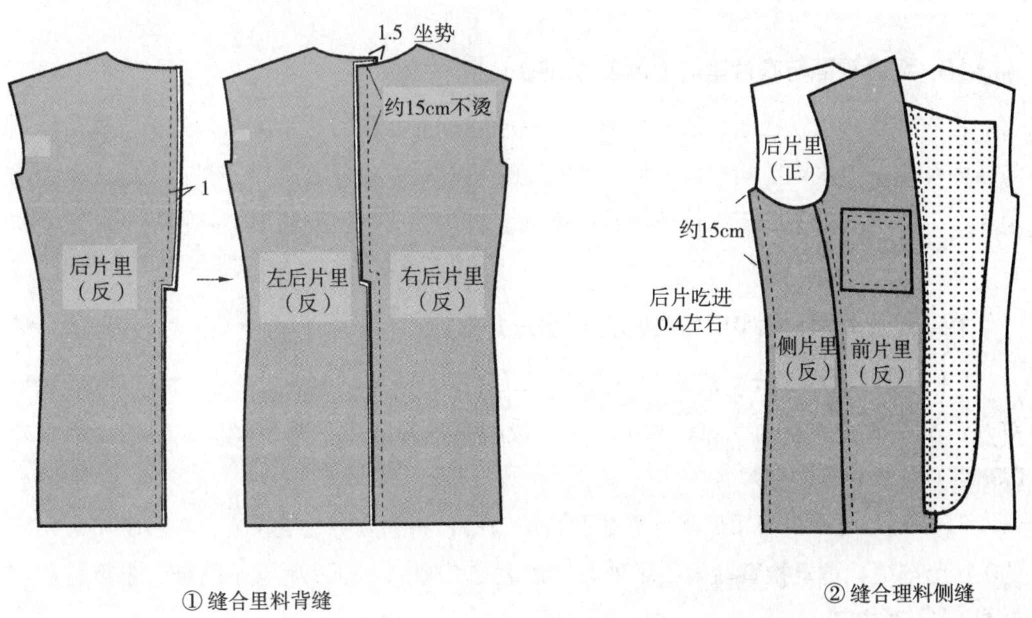

图3-1-28 缝合里料背缝、侧缝、肩缝

片里料有0.4 cm左右的吃势，其余平缝，缝份为1cm（图3–1–28中②）。

（3）缝合里料肩缝：将前衣片里料放在后衣片里料上，领窝处至肩缝约1/2有1cm左右的吃势。

17. 分烫串口、里料肩缝及烫里料的侧缝与背缝

（1）分烫串口：将衣片的串口放在烫台上，领子、驳角朝向操作者左手方向，分烫串口缝，烫时需用力归0.2 cm，烫至离领子、驳角交接点约2.5cm处停止不烫（图3–1–29）。

（2）烫里料肩缝：缝份倒向后片，正面无坐势。

（3）烫里料侧缝与背缝：将里料反面朝上，将侧缝往后片顺着熨烫，坐势0.2 cm。然后将背缝倒向操作者方向，从底边烫至距离领圈约15 cm结束，里料正面有坐势。

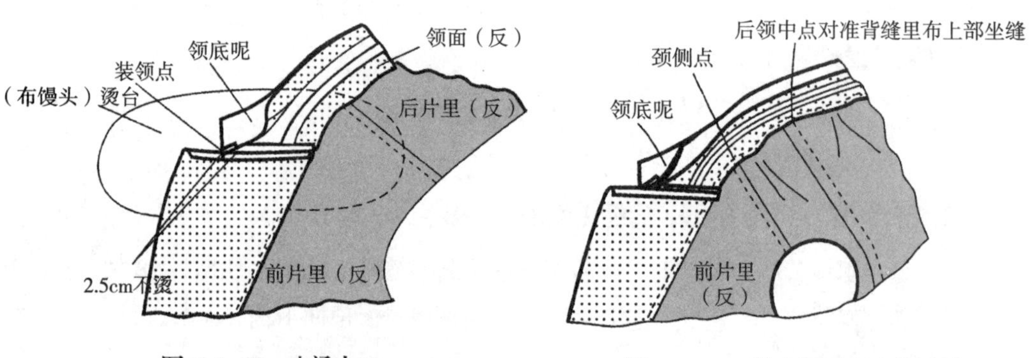

图 3–1–29 分烫串口

图 3–1–30 缝合领面与衣片里料

18. 缝合领面与衣片里料（图3–1–30）

将衣片里料放在挂面及领子下部上，后领圈朝向操作者右手方向，先缝合衣片里料与挂面及肩头刀眼以前的一段。缝合后领圈里料时，注意背缝里料上部有坐缝，坐缝与领中心刀眼对准，背缝折向操作者相反方向。缝合完成后，检验串口处领子下部宽窄是否一致。

19. 缝合驳角、领串口与领底呢（图3–1–31）

（1）缝合驳角：先对准装领点刀眼，缝合左边驳角，驳角处挂面止口与大身止口对齐，缝合时要求挂面吃进0.3cm，以便烫出里外匀，缝合到领串口处为止，缝份为0.9cm（图3–1–31中①）。

（2）缝合领串口与领底呢：略拔面料串口缝，将领底呢略进于大身领驳交接点刀眼约0.1cm车缝，注意检查驳角的里外匀；然后在装领点、领底呢与领圈缝合止点打剪口（图3–1–31中②）。

（3）烫驳角及领底呢上的串口：将驳角翻到正面，大身与领底呢正面朝上，领子朝

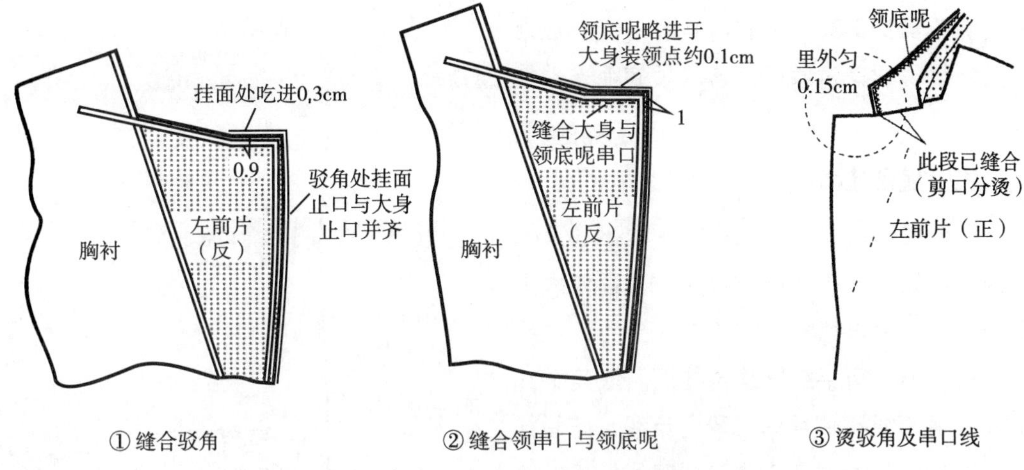

图 3-1-31　缝合驳角、领串口与领底呢

外放在烫台上，分别放好领串口（面）的缝份及领底呢与大身的缝份，并将领角处已剪口的缝份往下坐倒，同时将领底呢盖在大身领圈上，放好领角处约0.15cm的里外匀，放顺驳头及领子势道，烫顺驳角及领底呢上的串口（图3-1-31中③）。

20. 修剪领圈处垫肩、画领圈

（1）修剪领圈处垫肩：垫肩修剪后，垫肩与领圈平齐。

（2）画领圈：将衣片领圈朝向操作者，后片正面朝上，放平后领圈，根据后领圈样板画领圈缝份1cm。

21. 缝合领圈与领底呢（图3-1-32）

将衣片正面朝上，领底呢盖过领圈1cm，领座方角刚好盖住串口线转角点，领底呢上的颈侧点、后中点分别与衣片的颈侧点、后中点对准，先用手针假缝固定，再用三

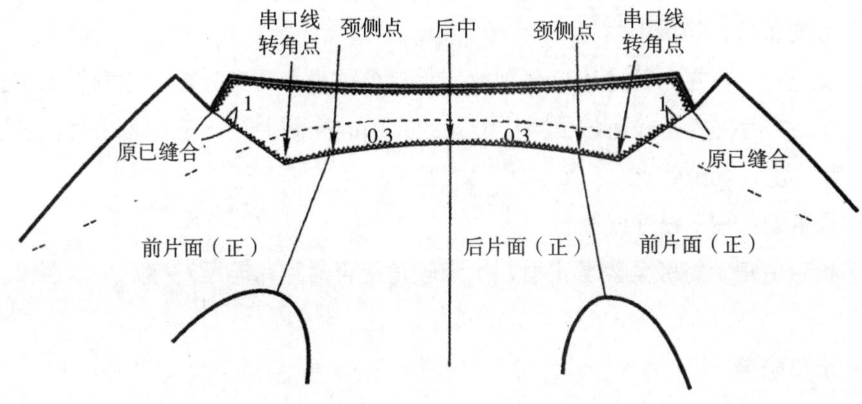

图 3-1-32　缝合领圈与领底呢

角针固定。要求肩头至后背中心的领圈内，领底呢吃势约0.3cm左右，其余平缝。注意三角针缝线要盖过原已缝合的领底呢末端约1cm。

22. 缝合挂面

缝合左边挂面时，先用右手捏出驳头上端的吃势量，左手在第一粒扣位处捏住大身和挂面，挂面与第一粒扣位处大身止口处平齐，自上而下用手缝针缝合挂面。驳角下约5~6cm处手针缝假缝第一段固定线，此段挂面吃势0.3～0.4cm。在大身扣眼位处手针缝假缝第二段固定线，前段略下拉，在第二段固定线往上4～5cm内吃势为0.3cm。在大袋盖1/2处手针缝假缝第三段固定线，第三、第四段内无吃势，下摆圆角处挂面向下拉0.2cm，向内拉0.3～0.5cm。缝合右边挂面的方法同左边（图3-1-33）。

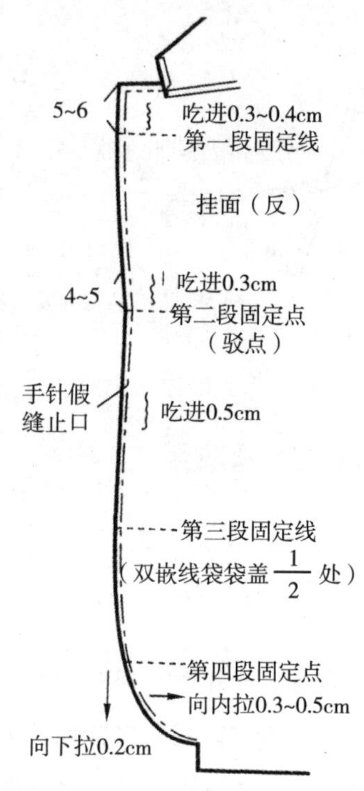

图3-1-33　缝合挂面

23. 做止口（图3-1-34）

（1）画驳角：在大身反面的驳头处，对准装领点画出驳角大小。

（2）缝合止口、修剪缝份：大身反面朝上，从驳头到下摆圆角按净线车缝，要求缝线顺直；然后拆假缝线迹，再修剪缝份，缝份修剪呈阶梯状。大身止口缝份留0.4cm，挂面止口缝份留1cm；下摆圆角处大身止口缝份留0.3cm，挂面止口缝份留0.5~0.6cm。最后剪去驳角的三角（图3-1-34中①）。

（3）分烫止口、扣烫下摆：

① 分烫止口：将左右两边止口分别放在止口分烫摸上顺直分烫。注意不要将止口拉长、烫还口。然后在离开挂面与里料拼缝处约1cm的挂面上粘一条双面粘衬，长度为里袋口至过串口线3~4cm处止。

② 扣烫下摆：按下摆净线进行扣烫。

（4）检查驳角：将驳角翻至正面，检查驳角是否对称，若不对称则加以翻修，使之对称。

（5）止口缭缝：

① 门襟止口缭缝各分两段，一般次序为：左前身眼位至底边 → 右前身底边至眼位→左前身眼位至领驳交接点→右前身领驳交接点至眼位。

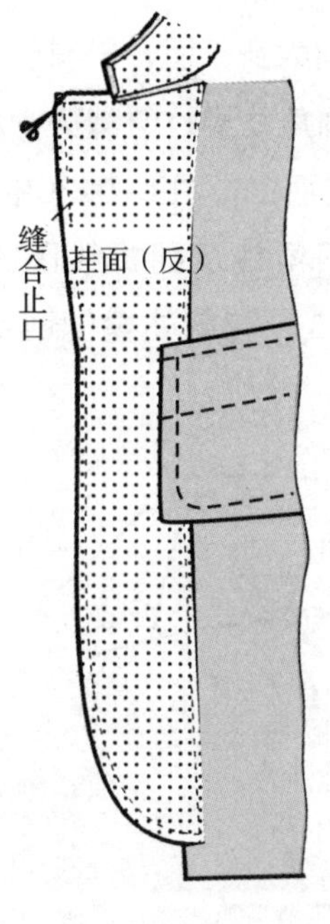

① 缝合止口、修剪缝份

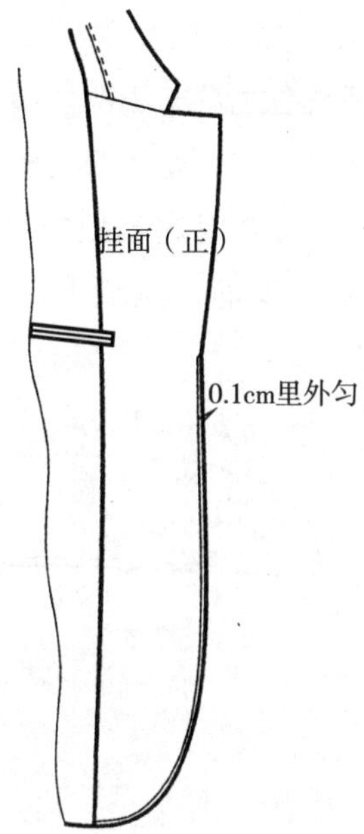

② 止口里外匀

图 3-1-34　做止口

② 缲缝左前身眼位至底边时，将左前身挂面朝上，从眼位处开始顺直缲缝至过挂面与里料拼接线约2cm处止。注意平驳领西装下摆圆角以及挂面与贴边交接处要顺着缲缝。

③ 缲缝左前身扣眼位至领驳头交接点时，将大身正面朝上，从扣眼位开始顺直缲缝至领驳头交接点。右前身里缲缝原理同左前身。

④ 要求止口里外匀一致，为0.1cm，缲缝缝份为0.3~0.4cm。注意：扣眼位交接处止口里外匀要到位（图3-1-34②）。

24. 烫领驳头及挂面（图3-1-35）

在烫领驳头及挂面时，驳头上部及靠近领角部位，挂面及领面应留适当余量，烫平。同时检查翻折线末端距扣眼位固定线是否为1cm。

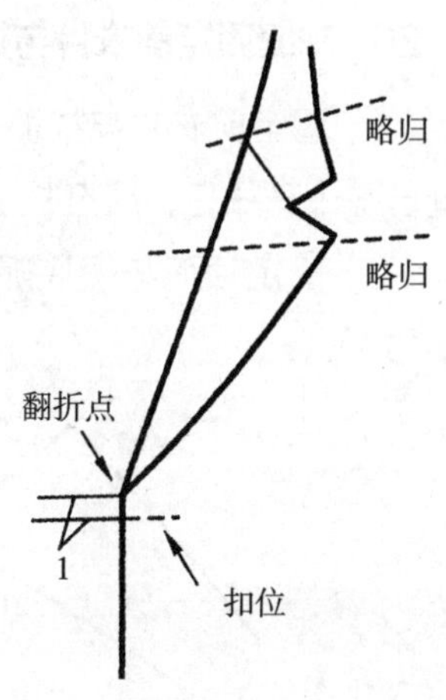

图 3-1-35　烫领驳头及挂面

25. 车缝固定挂面与领圈（图3-1-36）

（1）固定挂面与大身至里袋口：将驳头按翻驳线折向大身正面，里料朝上，放平里袋袋布，用手捏住面料与里料拼缝处底边，并做出下摆圆角处里外匀窝势，从距底边约5~6cm处开始固定挂面与大身至里袋口止，假缝线缝在挂面上（图3-1-36中①）。

（2）从背缝处固定至里袋口：里料朝上放平，领角线及翻折线因烫痕呈自然凸起状，然后对准面、里背缝，从背缝处固定至里袋口，背缝处需倒回针固定（图3-1-36中②）。

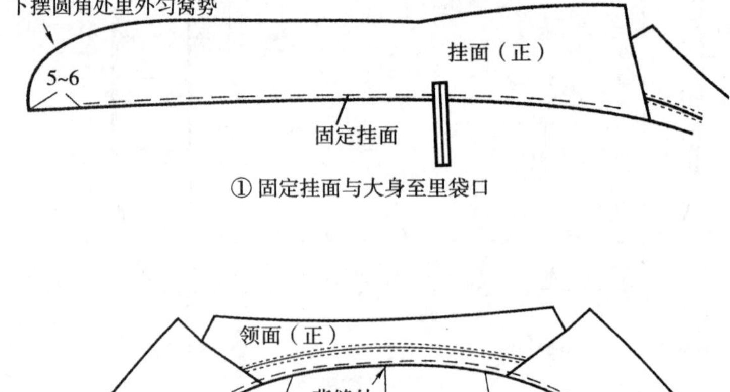

图 3-1-36　假缝固定挂面及领圈

26. 车缝固定前衣片与挂面、领面与领底呢

（1）固定前衣片与挂面：将大身面、里料反面朝上，从前身底边约8cm处开始将挂面缝份与大身缲住，缲至挂面顶端止，正面不能有针花，不能缲住手巾袋袋布。

（2）固定领面与领底呢：将领面朝上，在分割线下端车缝固定领面与领底呢（图3-1-37）。

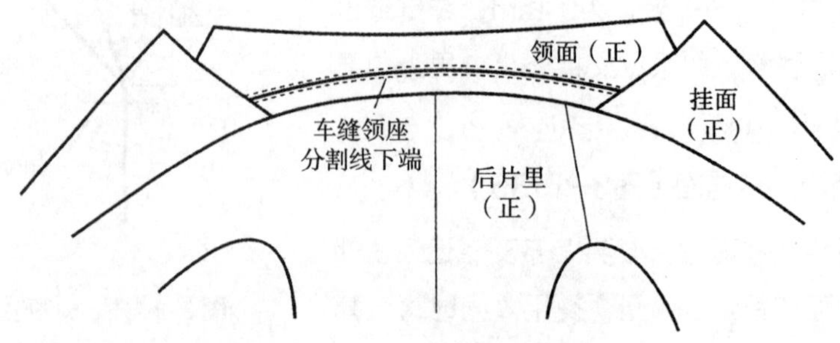

图 3-1-37　车缝固定领面与领底呢

27. 缝合并固定面料、里料底摆（图3-1-38）

（1）缝合面料、里料底摆：将衣片翻到反面，里料放在面料上，缝合底边。要求面、里的腋下缝、侧缝、背缝对正（图3-1-38中①）。

（2）固定面料、里料底摆：按底摆贴边的折烫痕，将缝合后的底摆缝份与面料的腋下缝、侧缝、背缝车缝固定。

（3）烫里料底摆：将衣片翻到正面，里料底摆距面料底摆1.5cm，向挂面逐步过渡烫平（图3-1-38中②）。

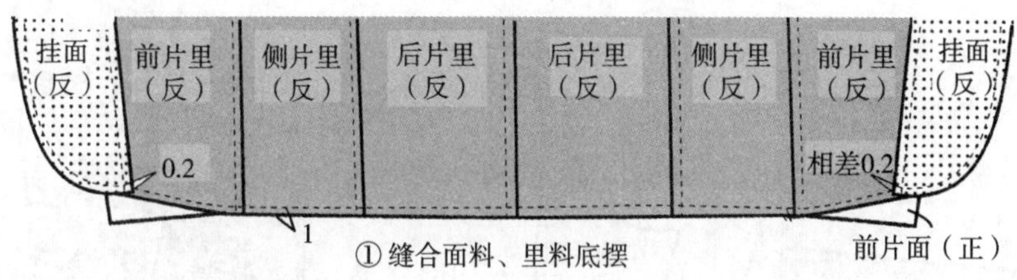

① 缝合面料、里料底摆

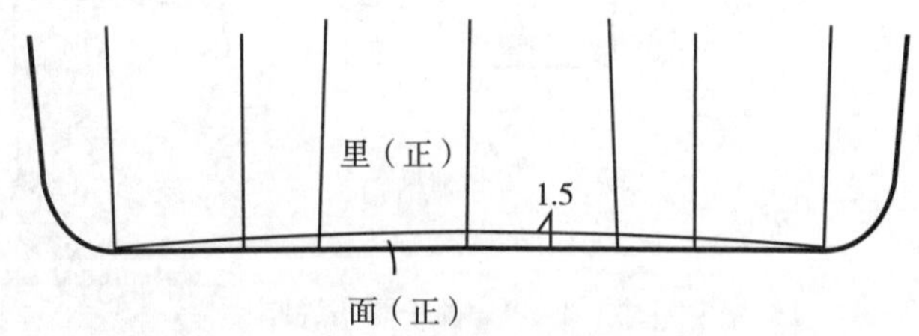

② 固定面料、里料底摆

图3-1-38　缝合并固定面料、里料底摆

28. 制作袖子

（1）缝制袖子面料（图3-1-39）

① 大袖衩锁眼、拔大袖片内袖缝：先将大袖袖衩锁眼3个；然后在大袖的袖肘位置拔开内袖缝，使之成自然弯曲状；最后将大小袖口折边按线丁位置扣烫（图3-1-39中①）。

② 做袖衩：先缝合大袖衩三角，距边1cm时倒回针固定；小袖衩按线丁位置车缝，距边1 cm时倒回针固定；再把袖口折边翻到正面，按线丁扣烫（图3-1-39中②）。

③ 缝合袖缝：先缝合外袖缝及袖衩，将小袖衩转角处的缝份剪口，分缝烫平，再缝合内袖缝，然后分缝烫平。

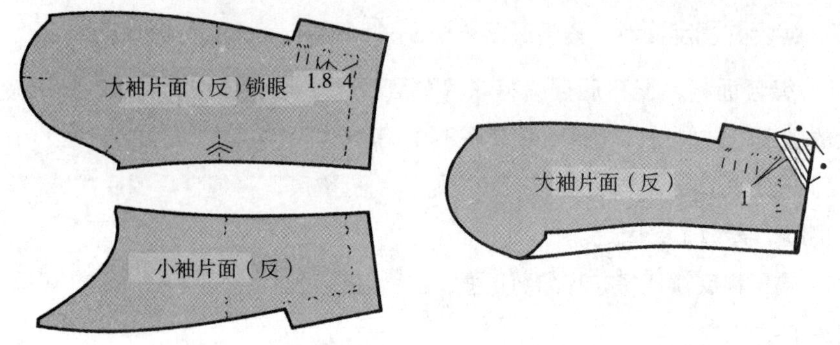

① 大袖衩锁眼、拔大袖片内袖缝

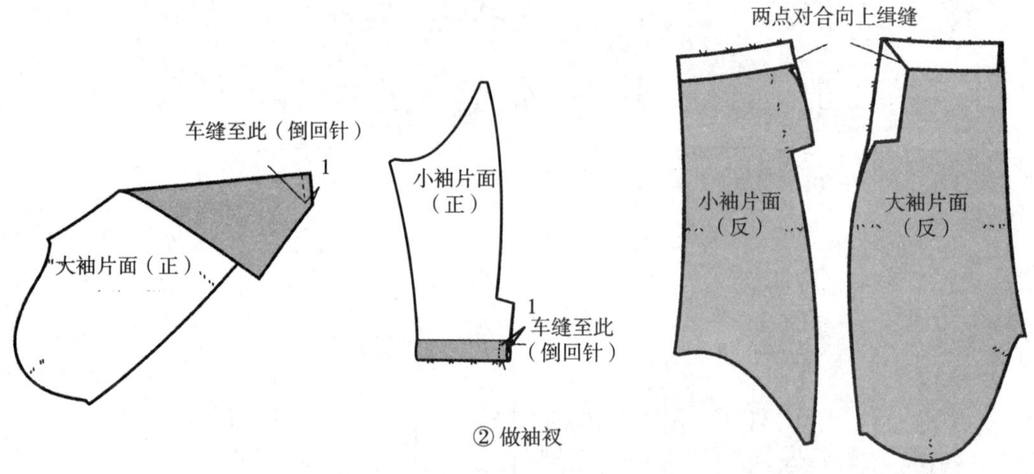

② 做袖衩

图 3-1-39　袖子面布缝制

（2）缝制袖子里料（图3-1-40）

先缝合外袖缝，再缝合内袖缝，缝份为1cm；注意内袖缝只缝合上下两段，上为6cm，下为14cm，中间空当留作为翻口；然后将内、外袖缝份向大袖片烫倒。

（3）缝合袖口面料、里料，固定面料、里料袖缝（图3-1-41）

① 缝合袖口面料、里料：将面料、里料袖口正面相对，并使袖片面位于袖片里上，对准袖子内袖缝，并从内袖缝开始缝合袖口处面料、里料，在袖衩位大、小袖片折边处要对齐并用倒回针车缝固定。

② 固定面料、里料袖缝：将袖子的反面翻出使之朝外，使小袖片面料与里料相对，袖口烫痕，捏好袖口折边宽4cm，折转袖口并对准面料、里料上袖缝上的刀眼，使袖口里料有0.5cm的坐势，将面、里袖的内袖缝以袖肘点的对位记号为准上下各7cm左右车缝固定；最后将袖子翻至正面，检查袖片里长出袖片面的长度是否标准，内袖缝部位长出2.5cm，外袖缝长出1.5cm。

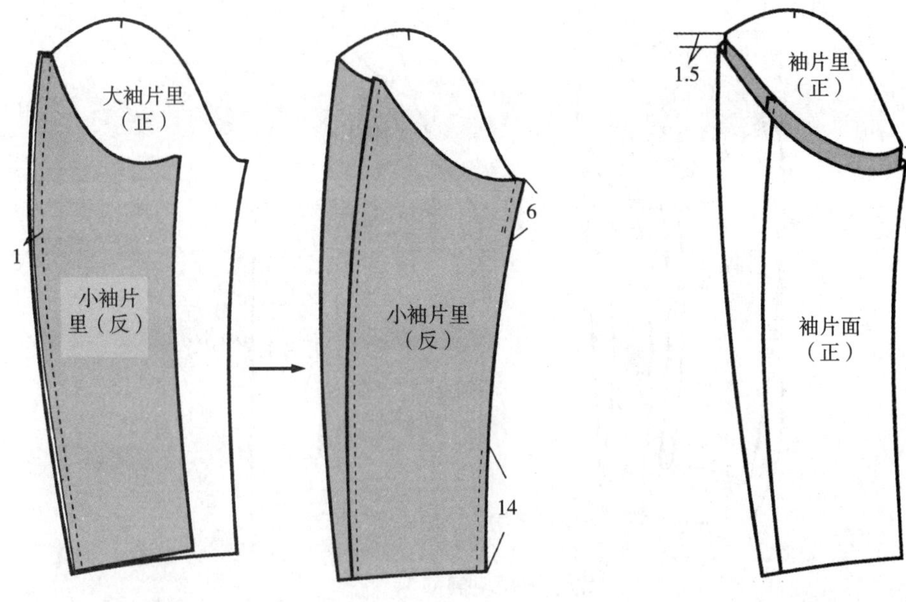

图 3–1–40　缝制袖子里料

图 3–1–41　缝合袖口面、里布

29. 绱袖子

（1）抽袖山吃势量（图3–1–42）

用手针收袖山吃势量或用斜丝布条收拢，手缝针迹要小、紧密、均匀，并位于袖山净线以外0.3cm左右，然后在专用圆形烫凳上用蒸气熨斗将袖山头烫圆顺并定型。

（2）绱袖（图3–1–43）

先绱左袖，从大身袖窿靠近侧缝的对位点开始绱袖，将袖子与衣片袖窿上的各对位点对准，依次绱后袖窿、肩头及前袖窿。要求袖子的袖山点对准衣片的肩点，袖子的外缝线对准后衣片的对位点。

绱右袖的方法同绱左袖，次序相反。绱袖时，也可先用手针假缝，调整好袖子的位置后再车缝，缝份为1cm。要求缝份顺直，袖子前登、后圆。

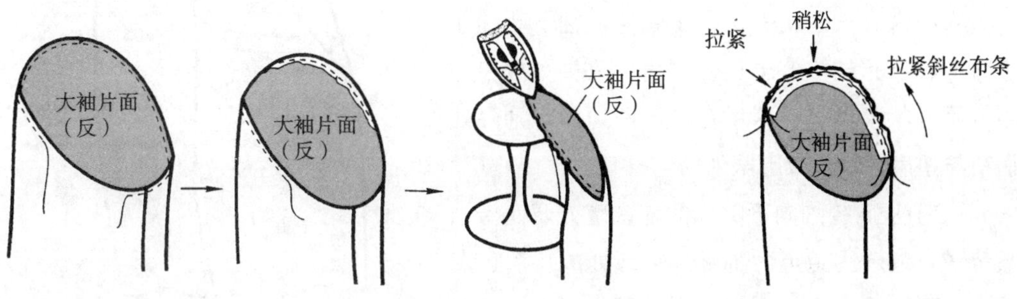

图 3–1–42　抽袖山吃势量

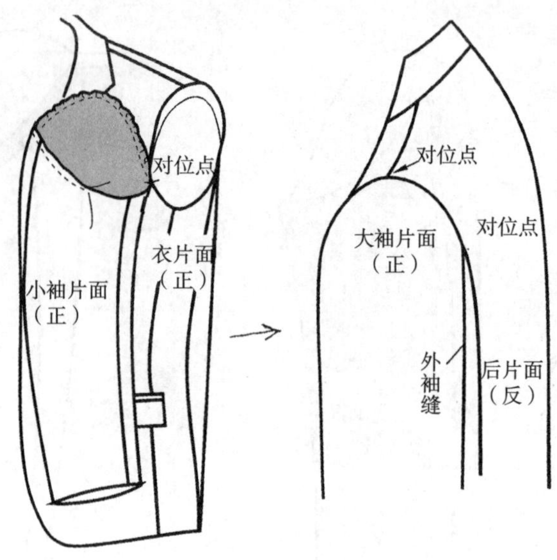

图 3-1-43　绱袖

（3）分烫袖山头缝分：

① 先将衣片里朝外，袖窿朝向操作者方向，将袖山头及肩头部位放在袖山分烫模子上。

② 向外翻起袖山处垫肩，根据对位刀眼分烫袖山缝份，前肩分缝刀眼位于前身胸衬缺口处，后身分缝刀眼离肩缝约6.5cm。要求袖山头分缝圆顺，不能将缝份拉长或拉还。

③ 轧袖窿（此步骤需用专用的袖窿模子及专用设备）：是将袖窿处大身里料退下，大身面料反面与袖窿模贴住，袖片面料反面朝上，然后将袖窿放平、烫服，轧烫绱袖各部分（除已分烫袖山外）。将绱袖处各部位轧圆，一只袖子一般需分次轧。完成后检查各部位是否已轧顺。

30. 固定垫肩，缝弹袖棉（袖窿衬）

（1）手针假缝固定袖窿处垫肩

衣服大身正面朝上，领子朝外，袖子朝操作者方向，撩起袖窿处里料，将肩头及袖窿放在专用的圆柱状模具上，两手在模具两边固定袖窿处面料与垫肩，以便做出里外匀。

（2）从肩缝约向下9cm的前袖窿处开始沿袖窿势道，顺着固定至后袖窿外袖缝处的垫肩止点结束（图3-1-44）。注意：垫肩固定后袖缝不能起吊或歪斜。

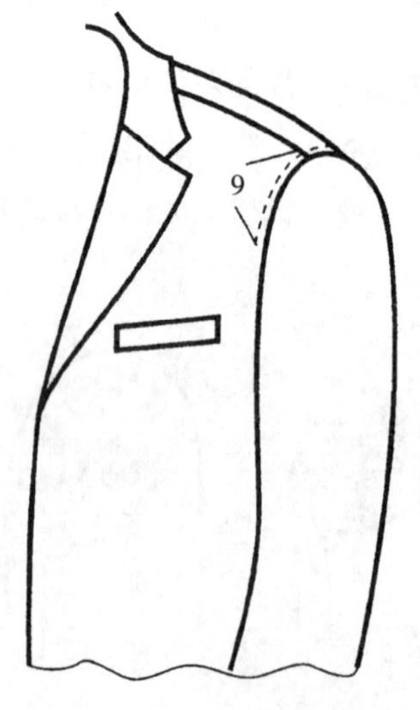

图 3-1-44　固定袖窿处垫肩

31. 缝弹袖棉（袖窿衬）

弹袖棉可采用市场上销售的成品，也可自己制作。

（1）弹袖棉的制作（图3-1-45）：先将弹袖棉用一块斜纱布包转。将大小2块D形黑炭衬按图3-1-45中①叠好缝合。然后将已用纱布包转的弹袖棉置于两块D形黑炭衬上，并与小D形黑炭衬的刀眼对准，然后在棉条下面，如图3-1-45中②距棉条末端约进0.5cm处缝一块小D形黑炭衬，最后将一对缝合完成的弹袖衬检验一下，是否对称。小D形黑炭衬在棉条两侧，大小相同，丝缕相反。

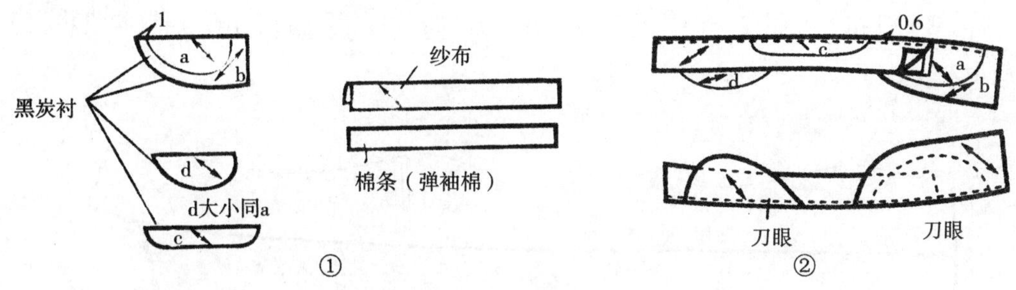

图 3-1-45　弹袖棉的制作

（2）弹袖棉与袖窿缝合：

将袖面子反面朝上置于车台上，两块D形黑炭衬面粘住袖子反面，有两块D形黑炭衬重叠这端位于前袖窿处。缝右袖弹袖衬时，将有两块D形衬重叠这端弹衬置于右袖子刀眼下1cm处开始缝合，至后袖窿约侧缝处止，弹袖衬与面子边缘并齐，前、后袖窿处弹袖衬略有吃势，袖山头及后袖窿平缝，缝头0.85cm。缝左袖弹袖衬时，要在右袖窿弹袖衬的终止点的对应位置放入弹袖衬，缝合要求与右袖弹袖衬一致。缝完后检查一下，缝弹袖衬的线迹是否比原绱袖线进0.15cm。

（3）市场销售成品弹袖棉的固定：弹袖棉两端的形状为一大一小，将大的一头放在前袖窿对位点下1cm处，从此点开始将弹袖棉与袖窿缝份手缝固定。要求弹袖棉与面料的边缘对齐，手缝线距面料边缘0.85cm。

32. 缝合袖子里料与袖窿

（1）袖窿里料定位：里料面朝外，将袖窿套于车缝位上，左袖从侧缝处开始用专用机器定位车缝，经前袖窿、后袖窿到侧缝止，右袖从侧缝处开始定位车缝，经后袖窿、前袖窿到侧缝止。对位后要求袖窿里料丝缕顺直，缝份在0.5cm以内，定位线迹不能超过绱袖线。

（2）缝合袖里料与袖窿：袖里料朝外，手从里料内袖缝未缝合的部位穿进，捏准面、里内袖缝，然后以1 cm的缝份开始缝合。要求缝线不能超过原绱袖线，里料绱袖，前后圆顺，丝缕顺直。

（3）缝合袖里上的翻口：将缝合完成的袖子翻至袖里料朝外，根据袖里料原缝份大小，将里翻口处的缝头向里折转，以0.1 cm缝份缝合，起始与结束需倒回针固定；最后将完成后的袖子翻至正面。

33. 锁钉

（1）画眼位（图3-1-46）：将左大身夹里朝上，大身眼位样板置于眼位处的挂面上，将样板缺口处与衣服正面的眼位线对准，根据衣服规格选择样板上的眼档位置，分别画出各粒扣眼的位置。画好后需自检。最后用圆头锁眼机按眼位进行锁眼。

（2）钉扣子：扣位与眼位相对应，在衣片的右边，距止口2cm，用钉扣机将扣子钉上。

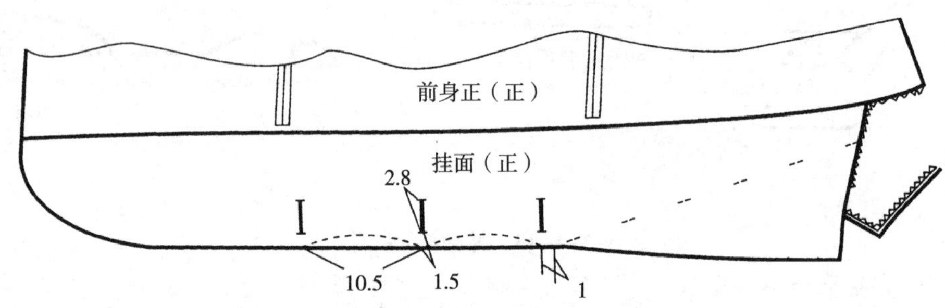

图3-1-46　画眼位

34. 整烫

拆除所有制作过程中的假缝线，将西服置于整烫机专用凸起的馒头状架上，按胸部造型进行塑形压烫，按顺序再烫肩头部位、前底摆，然后熨烫后背部位。熨烫至袖窿部位时要沿袖窿缝压烫，切忌压烫到袖山头及袖子缝，要使袖子保持自然丰满状态。最后可将西服置于立体整烫机上进行立体整烫处理。

八、缝制工艺质量要求及评分参考标准（总分100）

1. 规格尺寸符合设计要求。（10分）

2. 翻领、驳头、串口均要求对称，并且平服、顺直，领翘适宜，领口不倒吐。（20分）

3. 两袖山圆顺，吃势均匀，前后适宜。两袖长短一致，袖口大小一致，袖开衩倒向正确、大小一致，袖口扣位左右一致。（20分）

4. 各省缝、省尖、侧缝、袖缝、背缝、肩缝直顺、平服。（10分）

5. 左右门襟长短一致，下摆圆角左右对称、圆顺，扣位高低对齐。（10分）

6. 胸部丰满、挺括，表、里袋位正确，袋盖窝势适宜，嵌线端正、平服。（10分）

7. 里料、挂面及各部位松紧适宜、平顺。（10分）

8. 各部位熨烫平服，无亮光、水花、烫迹、折痕，无油污、水渍，面里无线丁、线头。（10分）

九、实际训练

1. 实际训练男西装领子的缝制，并思考此款男西装的领子制作与女套装的领子制作有什么区别?

2. 实际训练男西装口袋的缝制，并掌握其缝制要点。

3. 实际训练打线丁及了解线丁的作用。

4. 实际训练男西装绱袖，并思考男西装的绱袖与女套装的绱袖有什么不同?

5. 实际训练弹袖棉的缝制和固定，掌握其缝制要点。

6. 实际训练覆胸衬，掌握其步骤及要点。

第二节　休闲男西服工艺

一、概述

1. 外形特征

该款休闲男西服为单排扣，三开身结构、两片袖、衣片局部有衬里，平驳领、三粒扣、两个加袋盖的立体贴袋、胸袋为加袋盖的单嵌线挖袋，里袋为加扣襻的双嵌线挖袋。拼缝、领止口、门襟止口、下摆、袖口等处车装饰明线，缝份、里布下摆等滚边处理。属外套经典款型，适合中青年男性穿着。款式见图3-2-1。

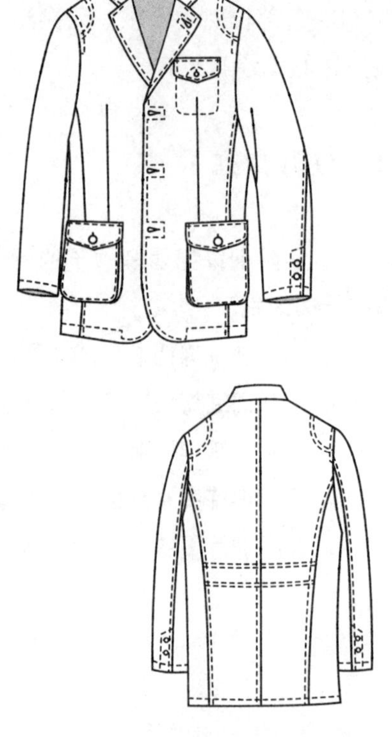

图 3-2-1　休闲男西服款式图

2. 休闲男西服表、里组合图（图3-2-2）

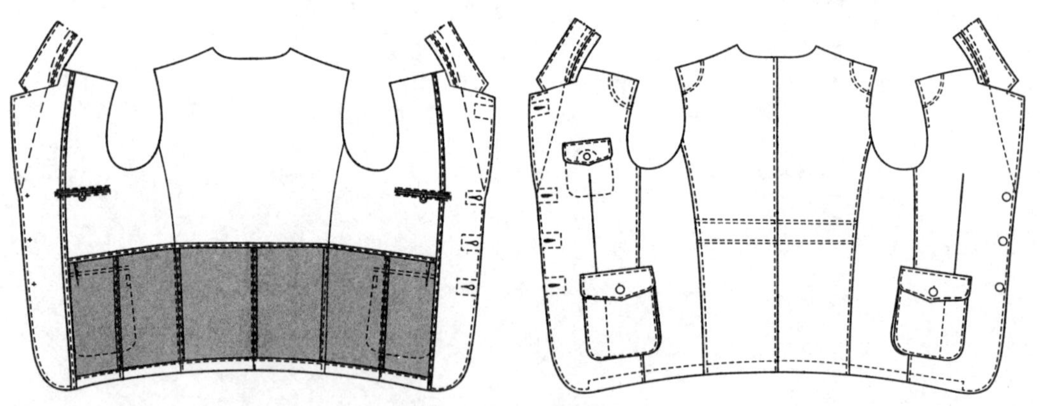

图 3-2-2　休闲男西服表、里组合图

3. 面辅料参考用量

（1）面料：门幅144cm，用量约170cm（估算式：衣长+袖长+35cm）。

（2）里料：门幅144cm，用量约95cm。

（3）辅料：有纺粘合衬，约80cm。

4. 适用面辅料参考表（表3-1-1）

表 3-2-1 适用面辅料参考表

序号	面辅料名称	适用面辅料参考	用量参考	用料估算公式
1	面料	棉、麻、毛等混纺面料，选用中等厚度的全棉斜纹织物更能体现休闲风格	幅宽：144cm 用量约170cm	衣长+袖长+35cm左右
2	里料	薄棉布，袖子里布可选用防静电处理的亚沙涤。滚边用里布可选用素色或条纹薄棉布，也可用配色仿真丝里布	幅宽：144cm 用量约95cm 2.5cm宽滚边布约需540cm	
3	有纺粘合衬	薄型有纺粘合衬	宽幅：150cm 用量约60cm	
4	大钮扣		5粒（备扣1粒）	
5	小钮扣		7粒（备扣1粒）	
6	粗线		1个	
7	配色线		1个	

二、制图参考规格（不含缩率，表3-2-2）

表 3-2-2 制图参考规格

（单位：cm）

号/型	胸围（B）	后衣长	腰围（W）	下摆围	肩宽（S）	袖长	袖口大	领后中宽	里袋大
175/92A	92+16(松量)=108	73	95	99	47	60	28	7.5	12.5

三、款式结构制图

1. 款式结构制图（图3-2-3）

图3-2-3中①为衣片的结构图，图3-2-3中②为袖片结构图。

2. 领子结构处理图（图3-2-4）

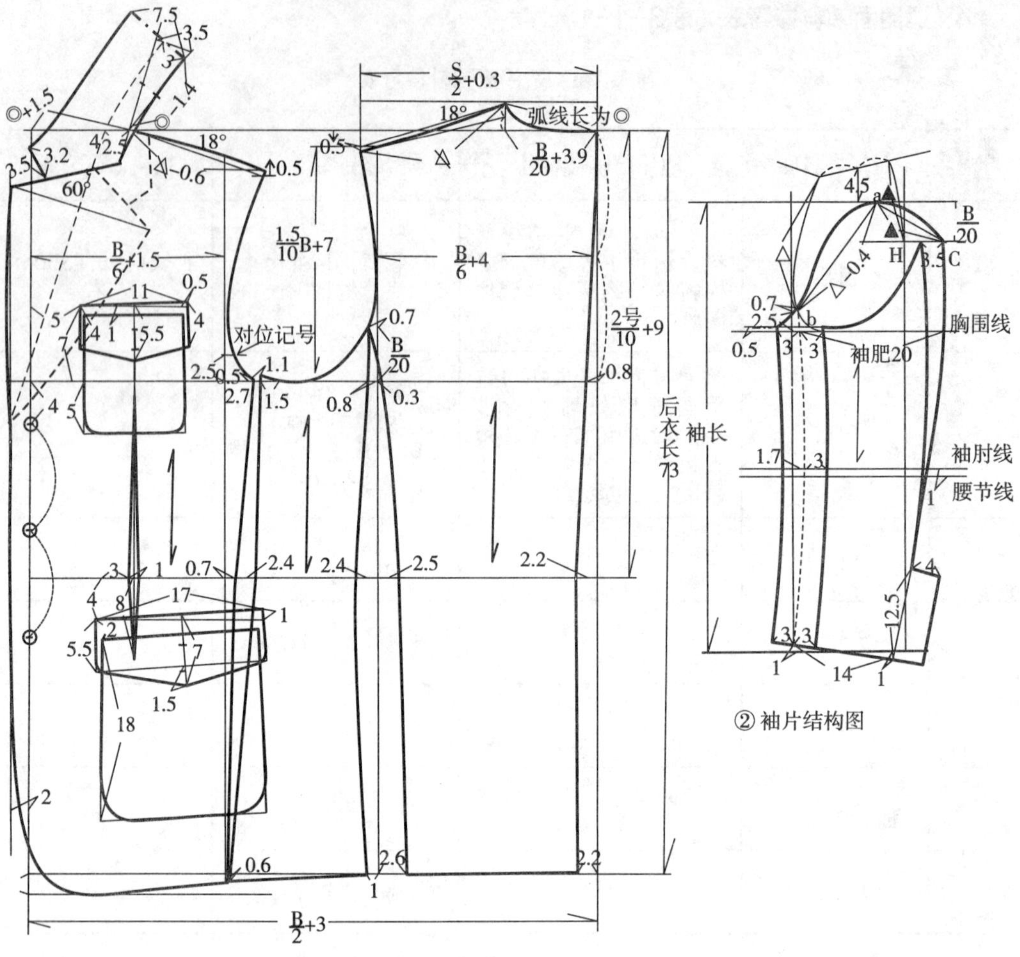

① 衣片结构图

② 袖片结构图

图 3-2-3　休闲男西服款式结构制图

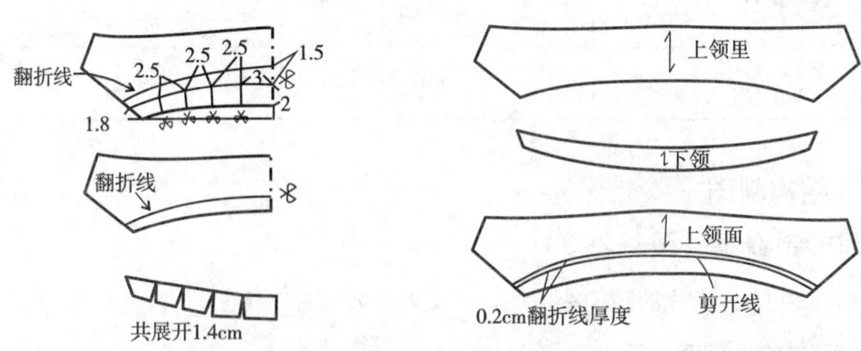

图 3-2-4　领子结构处理图

3. 口袋净样图（图3-2-5）

4. 挂面、前里布分割线、里袋位图（图3-2-6）

5. 挂面处理图（图3-2-7）

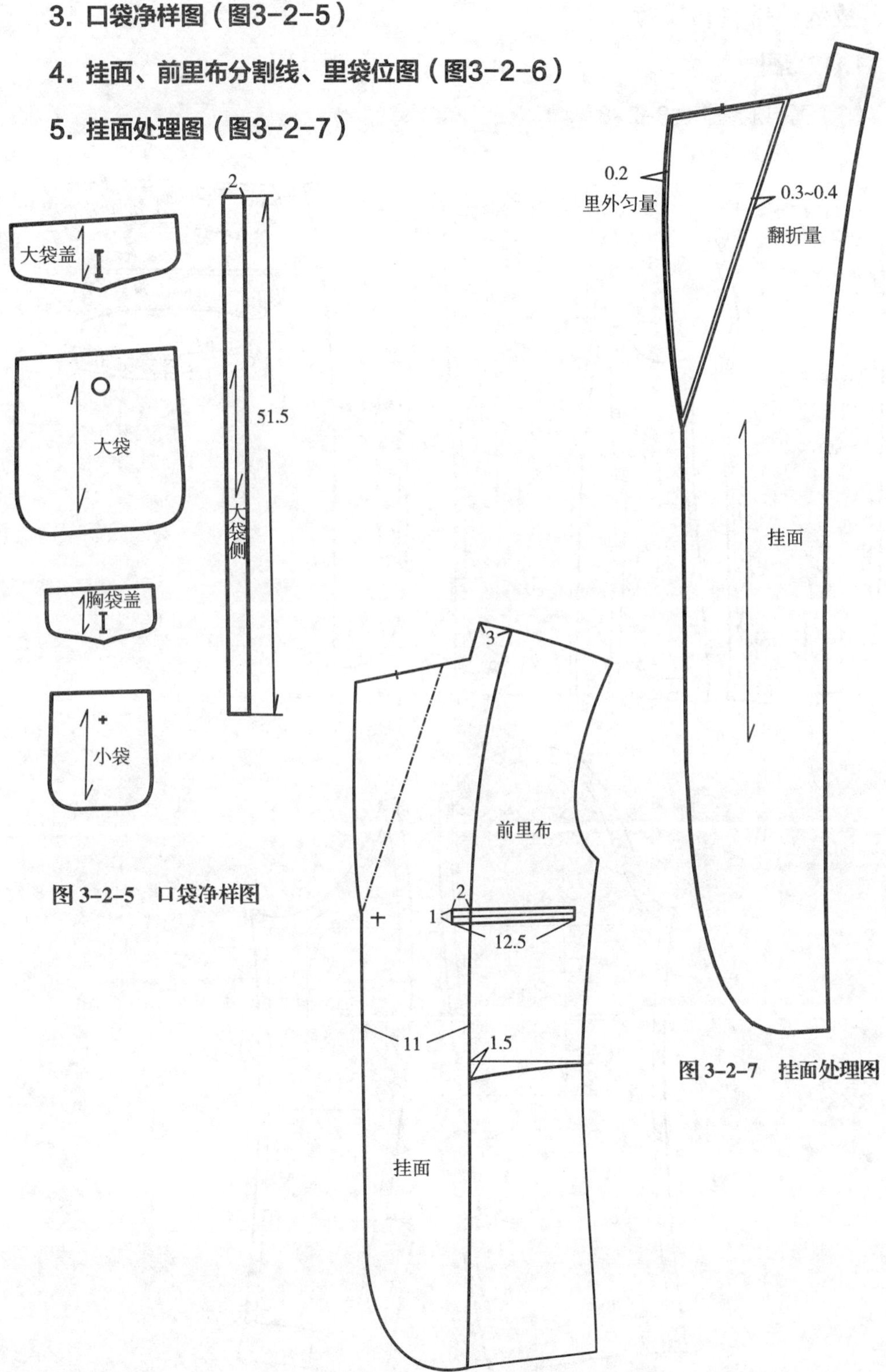

图3-2-5　口袋净样图

图3-2-6　挂面、前里布分割线、里袋位图

图3-2-7　挂面处理图

四、放缝、排料和裁剪

1. 放缝图

（1）面料放缝（图3-2-8）

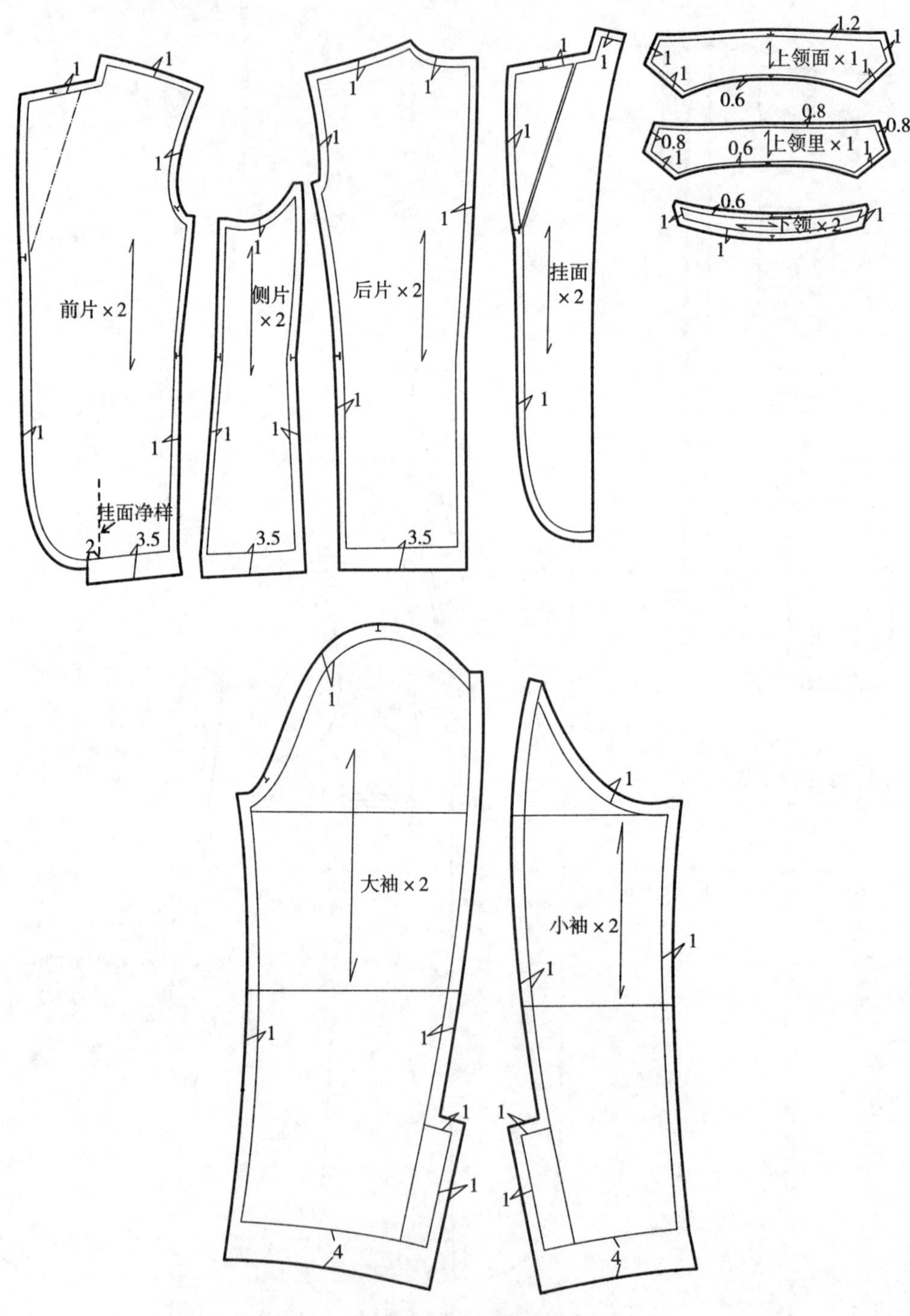

图 3-2-8　面料放缝图

（2）里料放缝（图3-2-9）

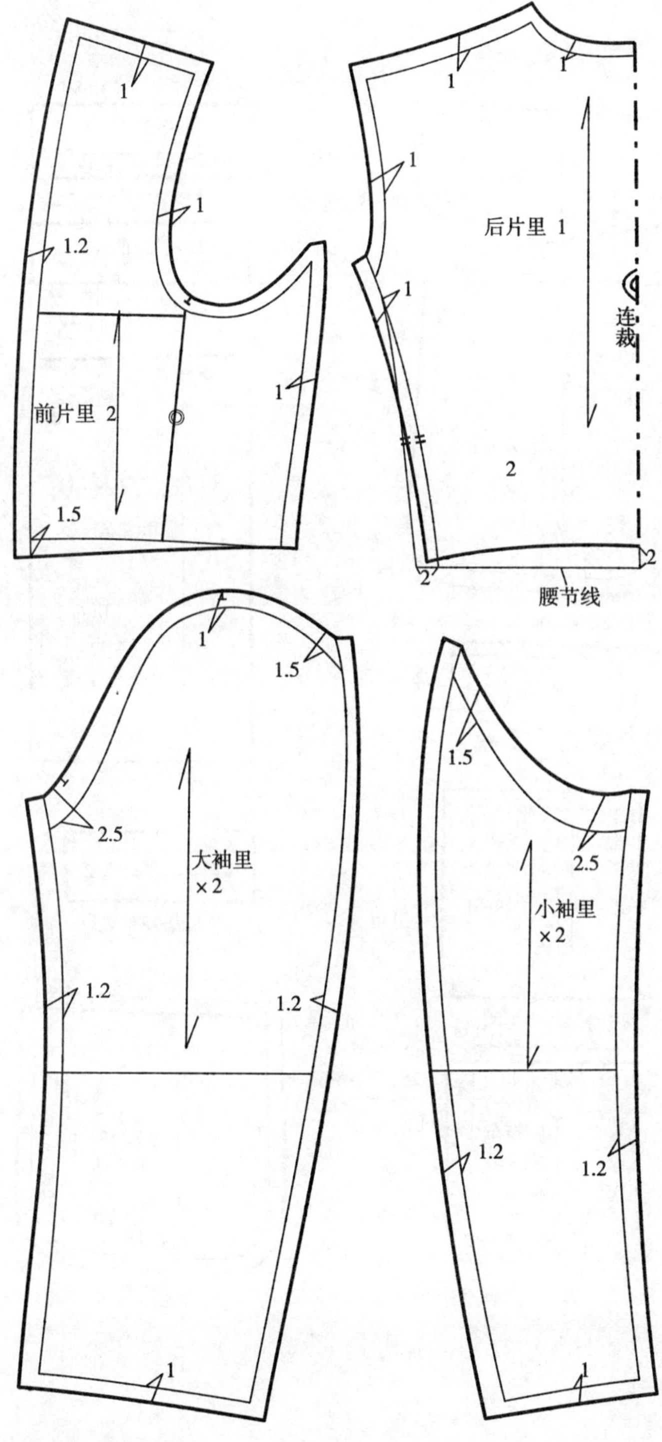

图3-2-9 里料放缝图

（3）零部件裁剪图（图3-2-10）

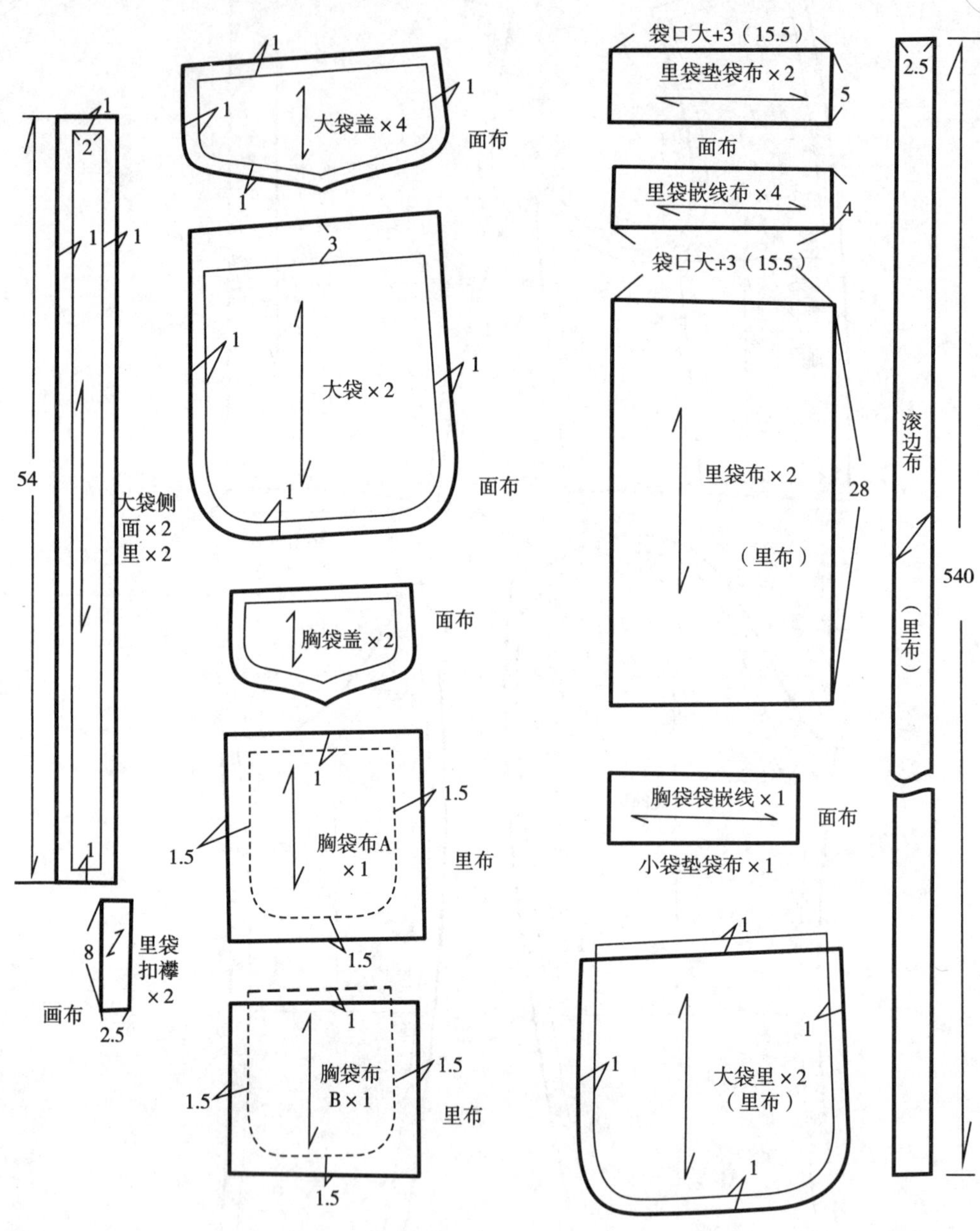

图3-2-10　零部件裁剪图

2. 排料图

（1）面料排料参考图（图3-2-11）

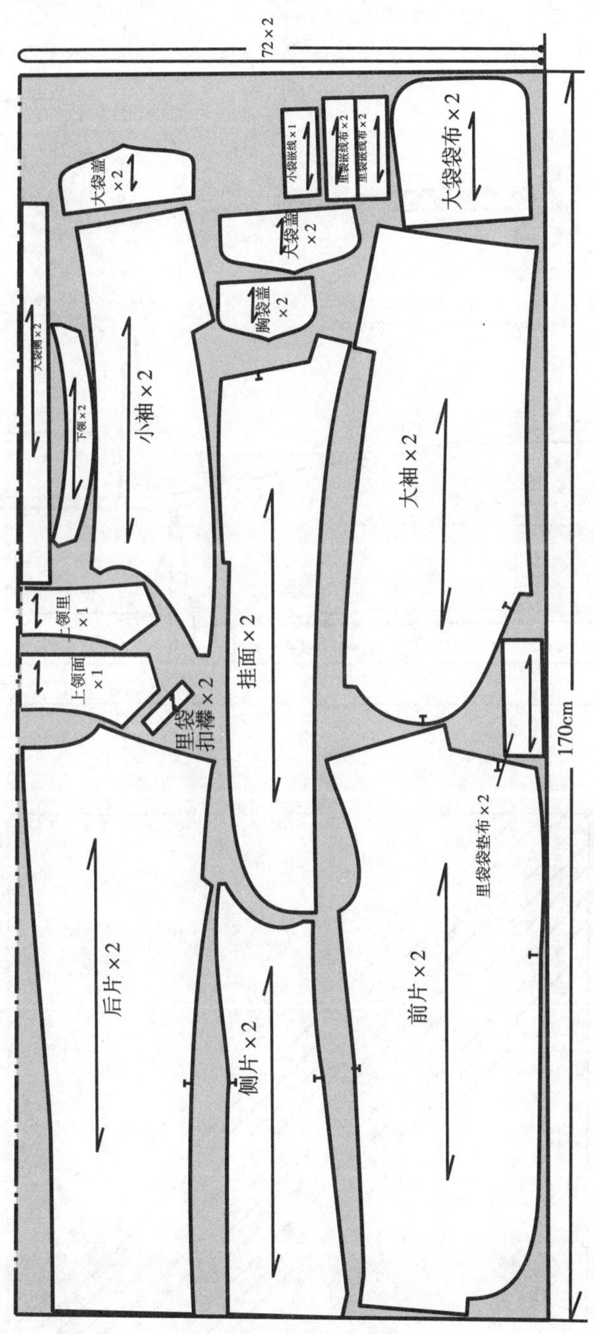

图 3-2-11　面料排料参考图

（2）里料排料参考图（图3-2-12）

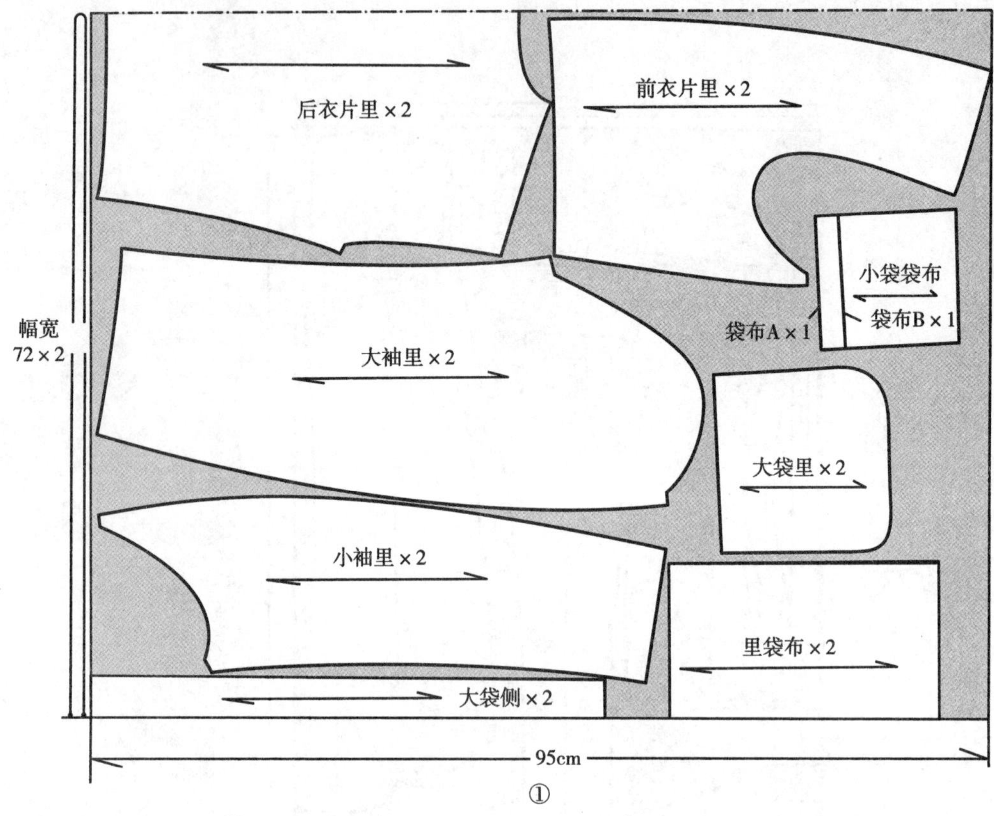

①

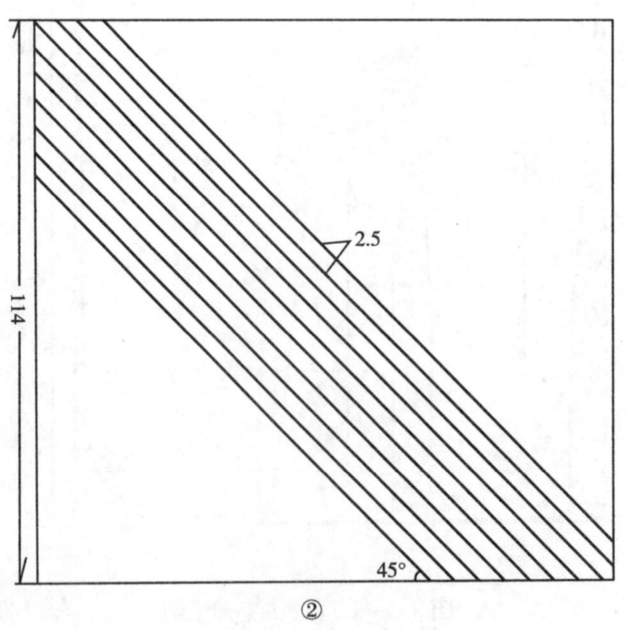

②

图3-2-12 里料排料参考图

3. 画样裁剪要求

因裁片在过粘衬机时会有一定的缩率，因此对于需通过粘合机进行粘合的裁片，在排料时应放出裁片的余量，画样时在裁片的四周放出1cm左右的预缩量，再按画样线进行裁剪。

五、样板名称与裁片数量

表3-2-3 休闲男西装样板名称及裁片数量

序号	种 类	名 称	数量（单位：片）	备 注
1	面料主部件	前衣片	2	左、右各一片
2		侧片	2	左、右各一片
3		后衣片	2	左、右各一片
4		大袖片	2	左、右各一片
5		小袖片	2	左、右各一片
6	面料零部件	上领	2	面、里各一片
7		下领	2	面、里各一片
8		挂面	2	左、右各一片
9		大袋布面	2	左、右各一片
10		大袋盖	4	左、右各二片
11		大袋侧	2	左、右各一片
12		胸袋盖	2	左侧二片
13		胸袋垫袋布	1	左侧一片
14		胸袋嵌线布	1	左侧一片
15		里袋嵌线布	4	左、右各二片
16		里袋垫袋布	2	左、右各一片
17		里袋扣襻	2	左、右各一片
18	里料主部件	前衣片	2	左、右各一片
19		后衣片	2	左、右各一片
20		大袖片	2	左、右各一片
21		小袖片	2	左、右各一片

（续表）

序号	种 类	名 称	数量（单位：片）	备 注
22	里料零部件	大袋里	2	左、右各一片
23		大袋侧	2	左、右各一片
24		胸袋袋布A	1	左侧一片
25		胸袋袋布B	1	左侧一片
26		里袋袋布	2	左、右各一片
27		斜条	总长约540cm	用于缝份滚边
28	粘衬	挂面	2	左、右各一片
29		上领面	1	面一片
30		下领	2	面、里各一片
31		大袋盖	2	左、右各一片
32		胸袋盖	1	左侧一片
33		胸袋袋口	1	左侧一片
34		大袖片贴边	2	左、右各一片
35		小袖片袖口	2	左、右各一片

六、缝制工艺流程和缝制前准备

1. 休闲男西服缝制工艺流程

前片收省—缝制面布胸袋—拼合面布侧片—缝制面布大袋—缝合面布背缝、侧缝—缝合面布肩缝—缝合里布侧缝—里布下摆滚边—缝合挂面与前片里—做里袋—缝合里布肩缝—做领—绱领—做挂面—固定绱领缝份—下摆折边、车缝领子、门襟止口明线—做袖—绱袖—固定面布与里布—锁钉、整烫

2. 缝制前准备

（1）针号和针距：针号为75/11号和90/14号。

针距：明线10~12针/3cm，暗线 14~16针/3cm。

（2）烫粘衬

粘衬部位（图3-2-13）：挂面、上领面、下领、袋口、大袖片贴边、小袖片袖口。过粘合机后，摊平放凉。

（3）修剪裁片：按裁剪样板修剪裁片（上领、下领、挂面）。

七、缝制工艺步骤及主要工艺

1. 前片收省（图3-2-14）

沿省道中线对折，前片按省位车缝收省，两端省尖不回针，留线头约10cm，打结后将线剪断。省道朝向前中烫倒。

2. 缝制面布胸袋（图3-2-15）

（1）画袋位：如图3-2-15中①在左前片正面划出袋盖位和单嵌线挖袋位。衣片反面在挖袋位如图3-2-14烫袋口粘衬。

（2）缝制袋盖：如图3-2-15中②：

a. 车装饰明线：如图袋盖面正面朝上车半圆形明线。

b. 袋盖里画样修片：袋盖里用净样画出净线，如图修剪三边缝份到0.7cm。

c. 缝合袋盖：袋盖面、里正面相对沿净线缝合，注意两圆角的里外匀。

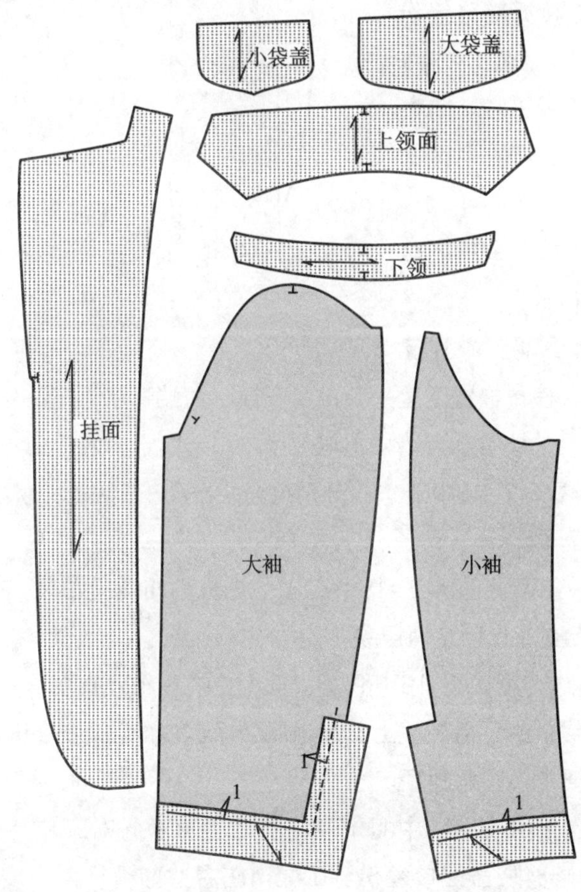

图 3-2-13 烫粘衬部位

d. 修、翻、烫袋盖：修剪缝份到0.3~0.4cm，用净样扣烫缝份，翻到正面烫成里外匀。

e. 车袋盖明线：袋盖面朝上三边车0.6cm明线。

（3）折烫嵌线（图3-2-15中③）：对折压烫两片袋嵌线。

（4）车缝袋嵌线、垫袋布（图3-2-15中④）：分别将垫袋布（单层）和袋嵌线（双层）沿挖袋位上下两条净线车缝固定在左前片上，线迹两端要回针固定，要确认嵌线的对折部分缝份为1cm宽。

（5）剪袋口（图3-2-15中⑤）：剪开左前片挖袋位中线，两端呈现Y型剪口。

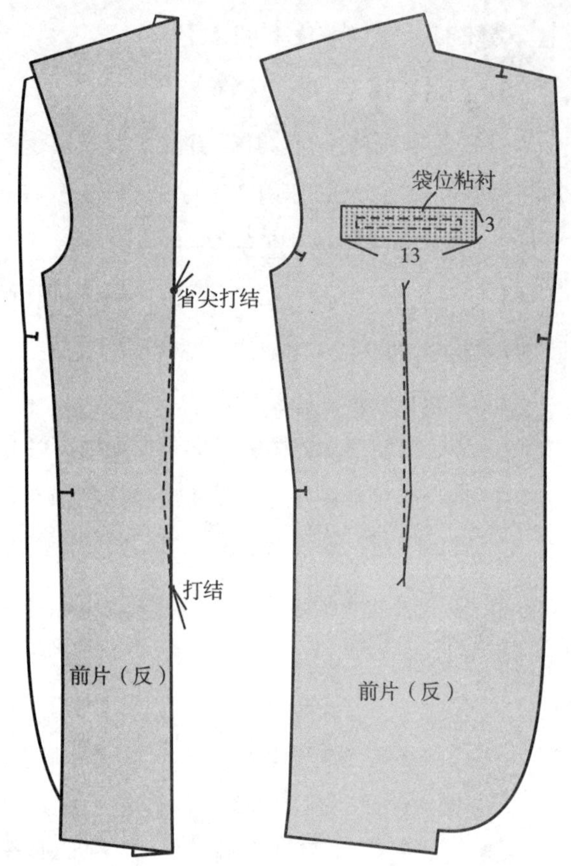

图 3-2-14　前片收省

（6）固定三角布、车袋下口明线（图3-2-15中⑥）：将袋嵌线、垫袋布穿过剪口翻到衣片反面，整理熨烫缝份，使单嵌线宽度（1cm）一致，两端形状方正。然后翻开垫袋布车缝挖袋下口明线0.1 cm，接着叠合垫袋布与嵌线布车缝固定两端三角布。

（7）装袋布（图3-2-15中⑦）：分别缝合袋布A与嵌线布、袋布B与垫袋布，缝份1cm，向袋布一侧倒烫。

（8）固定袋布A、B（图3-2-15中⑧）：先分别扣烫袋布A、B，缝份1cm；再将两层袋布对齐，车缝0.1cm固定两层袋布。

（9）车胸袋明线（图3-2-15中⑨）：放平挖袋袋布，在左前片正面按胸袋位置用画粉画出胸袋的净线；然后从嵌线上口起沿胸袋净线的的粉印车缝明线一周，同时将反面的袋布固定住，要求小圆角圆顺。

（10）装袋盖（图3-2-15中⑩）：将袋盖上口净线对齐衣片的袋盖位，袋盖里朝上车缝固定，再修剪袋盖上口缝份到0.4cm左右，翻烫袋盖，袋盖面朝上车0.6cm净线。

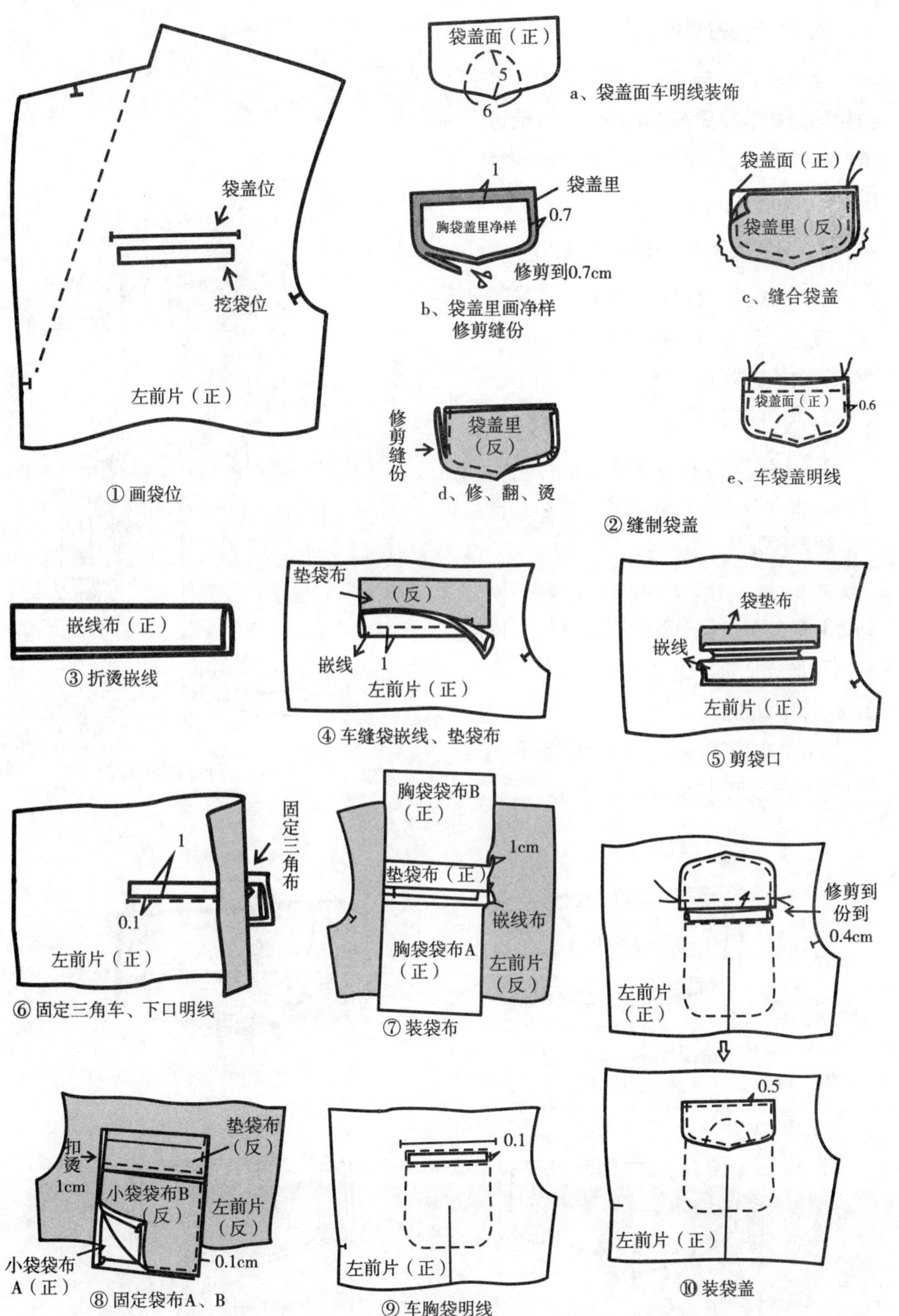

图 3-2-15　缝制面布胸袋

3. 拼合面布侧片（图3-2-16）

缝合前衣片与侧片，缝份1cm，缝边用滚边布装拉筒车0.6cm滚边，缝份烫倒向前衣片，然后正面朝上在前衣片上车0.6cm明线。

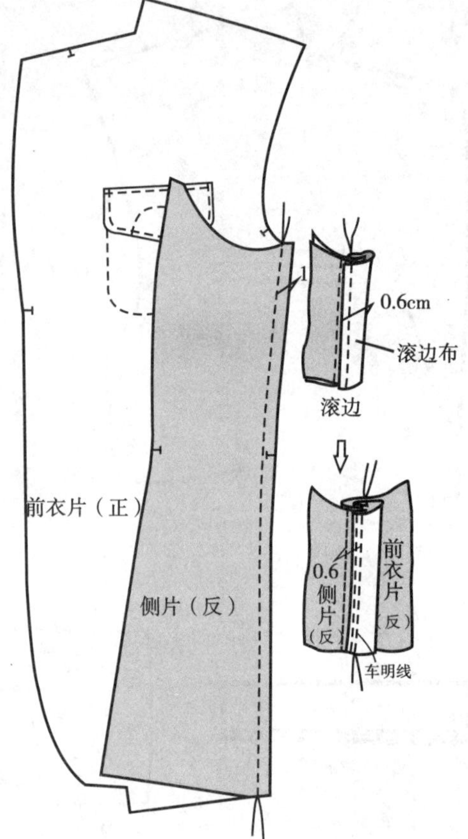

图 3-2-16　拼合面布侧片

4. 缝制大袋盖（图3-2-17）

（1）袋盖里画样、修片：在袋盖里的反面，用净样板画出净线，上口留1cm，其余三边缝份修剪到0.7cm（图3-2-17中①）。

（2）缝合袋盖：将袋盖面里正面相对，沿净线缝合，要求袋盖面松、里紧，两圆角圆顺（图3-2-17中②）。

（3）修、翻、烫袋盖：修剪缝份到0.3~0.4cm，用净样板扣烫缝份；再翻到正面烫平整，止口烫成里外匀（图3-2-17中③）。

（4）车袋盖明线：袋盖面朝上三边车0.6cm明线（图3-2-17中④）。

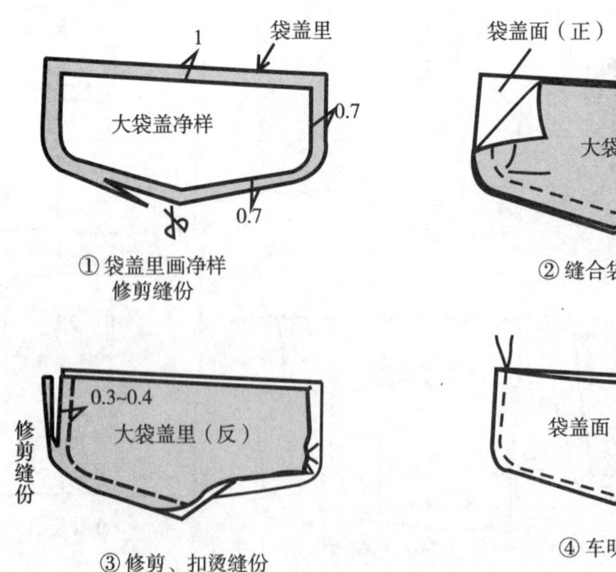

图 3-2-17　缝制大袋盖

5. 袋盖锁扣眼（图3-2-18）

在胸袋盖和大袋盖的扣位锁圆头扣眼，胸袋盖扣眼直径为2cm，大袋盖扣眼直径为2.5cm。

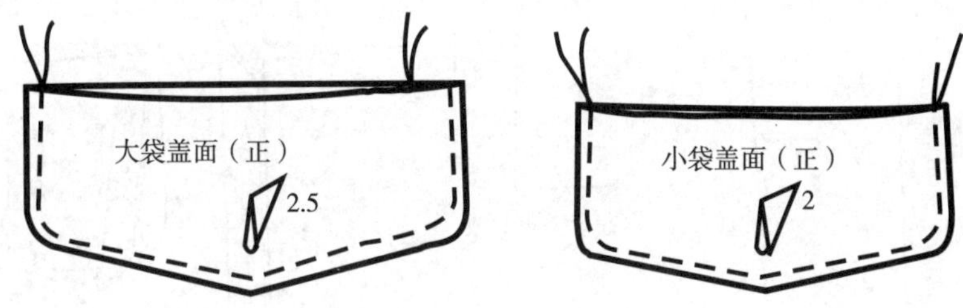

图 3-2-18　袋盖锁扣眼

6. 缝制面布大袋（图3-2-19）

（1）画袋位：在衣片正面画出袋盖位、袋布位，要求左右袋位对称（图3-2-19中①）。

（2）车袋布明线：袋布面上车一条装饰明线，要求左右袋布明线位置对称（图3-2-19中②）。

（3）缝合袋布里、大袋侧片（图3-2-19中③）：

① 先缝合大袋侧片面、里一侧，缝份1cm，再翻到正面烫平侧片；

② 从袋口净线起，将两层侧片的毛边对齐袋布的三边，车缝0.9cm固定侧片与袋布，注意在圆角拐弯处可在侧片上打剪口，便于转弯平服。缝合袋布面与袋布里的袋口线，缝份1cm。

（4）缝合袋布面、里：将袋布面、里沿袋口净线翻折反面朝上缝合1cm，在袋底部留出5cm左右不缝合（图3-2-19中④）。

（5）翻烫袋布：从袋底部留口处将袋布翻到正面，烫平袋布和袋侧片（图3-2-19中⑤）。

（6）车袋口明线：从袋侧片起车袋口明线2cm（图3-2-19中⑥）。

（7）车明线固定袋布：先在袋布与袋侧布拼缝处车0.1cm止口明线，再按衣片袋布位置车缝0.1cm固定另一侧袋布侧片；然后折叠整理好袋布侧片的袋口上端，车缝明线固定袋口（图3-2-19中⑦）。

（8）固定袋盖：将袋盖上口净线对齐衣片的袋盖位，袋盖里朝上车缝固定，要求里紧面松；再修剪袋盖上口缝份到0.4cm左右，翻折袋盖使袋盖面朝上，车0.6cm明线（图3-2-19中⑧）。

要求完成的有袋盖的立体贴袋左右对称，袋侧片宽度一致，圆角圆顺，袋盖平服。

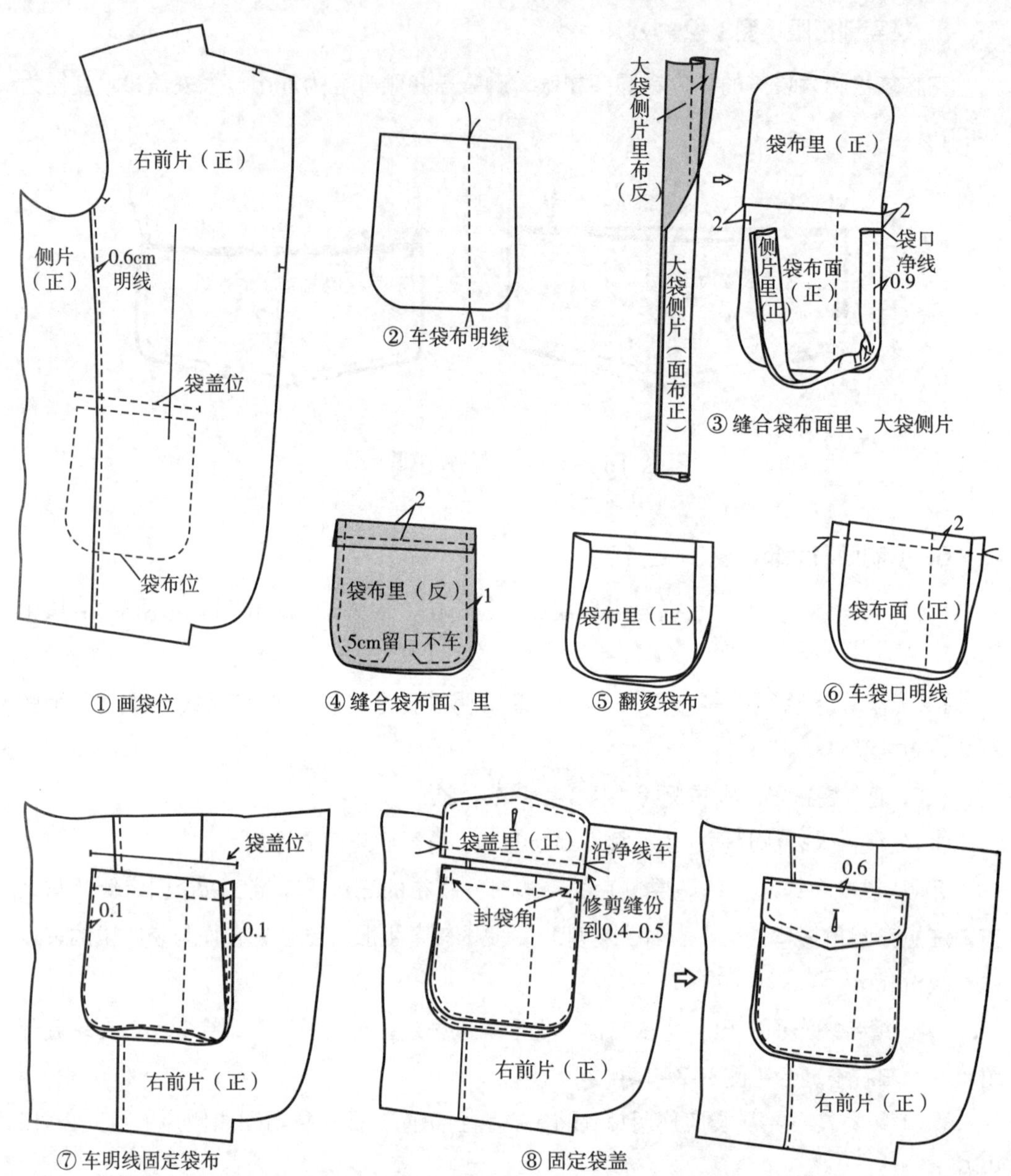

图 3-2-19　缝制面布大袋

7. 缝合面布背缝、侧缝（图3-2-20）

（1）缝合衣片背缝，缝份1cm，缝边用拉筒车0.6cm滚边，缝份烫倒向左侧车0.6cm明线；然后如图在后片腰部位置车缝4道装饰明线。

（2）缝合衣片侧缝，缝份1cm，缝边用拉筒车0.6cm滚边，缝份烫倒向后片车0.6cm明线。

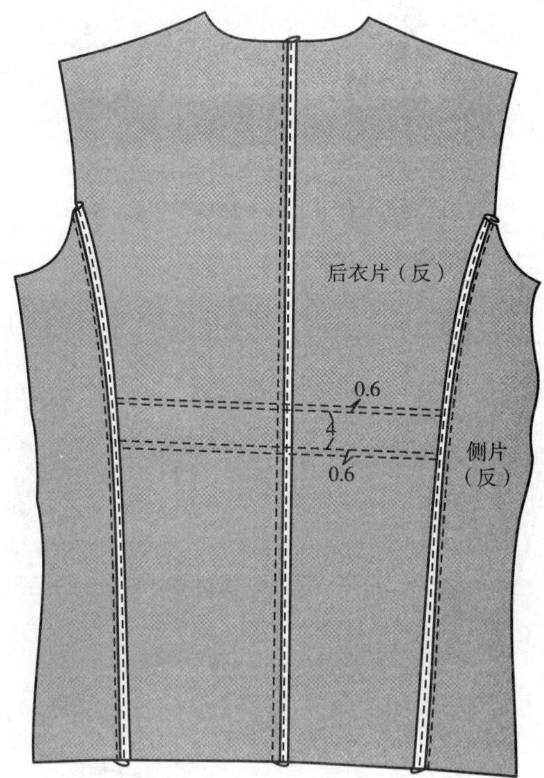

图 3-2-20 缝合面布背缝、侧缝

8. 缝合面布肩缝（图3-2-21）

前衣片与后衣片正面相对，后衣片的肩缝中部需缩缝，使前、后肩线的两端对齐，车缝1cm后缝份向后片烫倒，在后肩缝车0.6cm明线，如图在前、后片肩部车两条半圆形装饰明线，间距0.6cm。

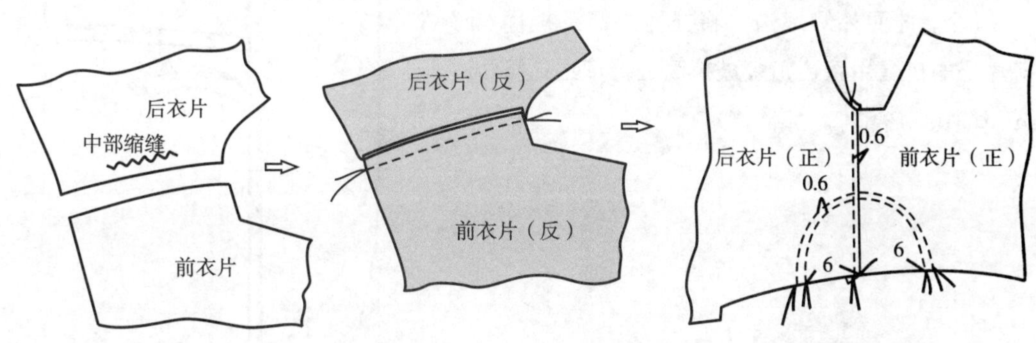

图 3-2-21 缝合面布肩缝

9. 缝合里布侧缝（图3-2-22）

将前、后衣片正面相对，对齐侧缝后车缝1cm，再把缝份三线包缝后向后片烫倒。

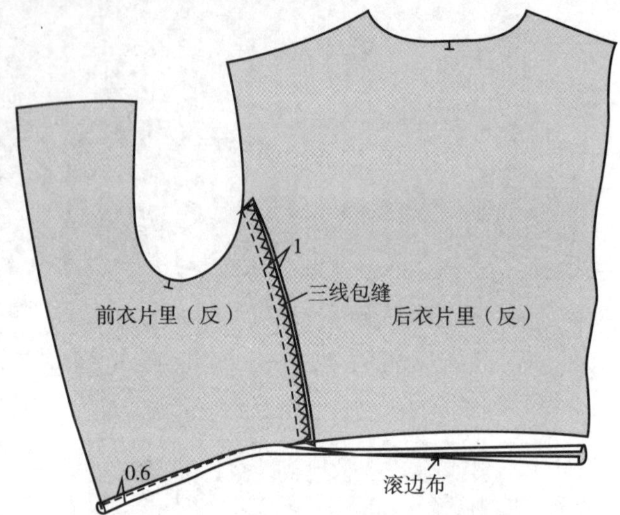

图 3-2-22 缝合里布侧缝、下摆滚边

10. 里布下摆滚边（图3-2-22）

里布下摆滚边用拉筒车0.6cm滚边。

11. 缝合挂面与前片里、挂面外侧滚边（图3-2-23）

（1）缝合挂面与前片里：挂面与前片里反面相对车缝0.5cm，毛边在正面。

（2）挂面外侧滚边：将挂面外侧及挂面与前片里的拼缝用滚边布装进拉筒进行滚边，滚边宽0.6cm。

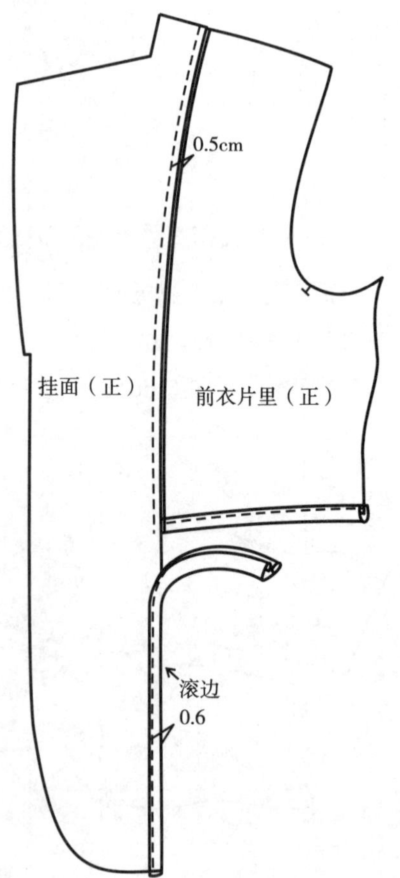

图 3-2-23 缝合挂面与前片里、挂面外侧滚边

12. 做里袋（图3-2-24）

（1）画袋位：在挂面、前片里的正面画出双嵌线挖袋位置，注意左右对称（图3-2-24中①）。

（2）缝制扣襻：扣襻布正面相对车缝，用镊子或针线翻到正面，烫成0.5cm宽的布襻（2个），再折烫成扣襻样式（图3-2-24中②）。

（3）扣烫嵌线：嵌线布对折烫平，共4片（左右里袋各两片，图3-2-24中③）。

（4）装里袋嵌线：分别将2片袋嵌线（双层）沿挖袋位上下两条净线车缝固定在衣片上，线迹两端要回针固定，要求嵌线的对折部分缝份为0.5cm宽（图3-2-24中④）。

（5）剪袋口：沿挖袋位的中线剪开，两端呈现Y型剪口（图3-2-24中⑤）。

（6）车缝三角布：将上、下2片袋嵌线穿过剪口翻到衣片反面，整理熨烫缝份，使两片嵌线宽度均为0.5cm，两端三角布也翻到反面与嵌线布车缝固定。要求嵌线两端形状方正（图3-2-24中⑥）。

（7）装扣襻、车袋口明线：将扣襻居中塞入袋口，与上嵌线在反面一同车缝固定；然后沿双嵌线袋口车一圈0.1cm明线，以加固口袋（图3-2-24中⑦）。

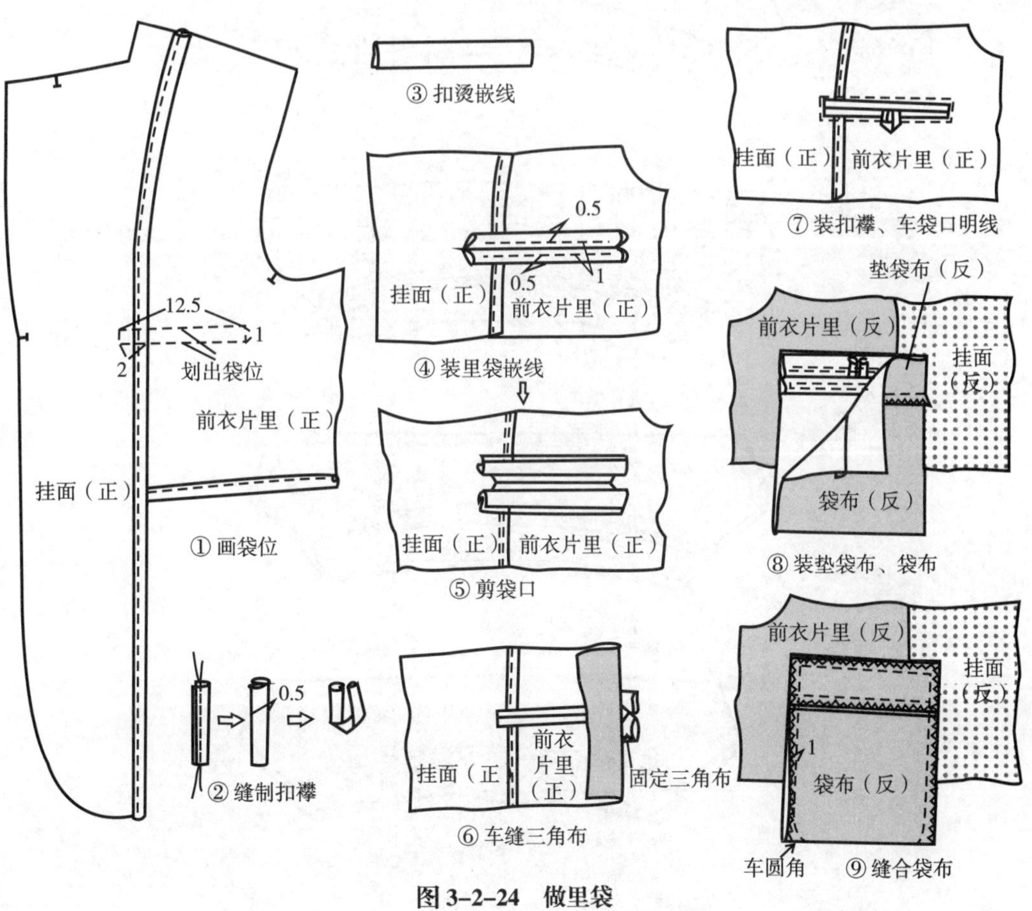

图3-2-24 做里袋

（8）装垫袋布、袋布：先缝合垫袋布与袋布，缝份1cm，三线包缝后向袋布侧烫倒，再缝合袋布与下嵌线，缝份1cm烫倒向袋布（图3-2-24中⑧）。

（9）缝合袋布将垫袋布对齐上嵌线缝边折烫袋布下口，缝合袋布，缝份1cm，注意口袋底部车成小圆角，防止积灰；最后将袋布三边三线包缝（图3-2-24中⑨）。

13. 缝合里布肩缝：前衣片里与后衣片里正面相对，对齐肩线车缝1cm，缝份向后衣片里烫倒。

14. 领子的缝制（图3-2-25）

（1）分别缝合领面、领里的上下领：分别将领面、领里的上、下领正面相对车缝0.6cm，分烫缝份后两边各车0.1cm止口线（图3-2-25中①）。

（2）缝合领里与领面：在领里反面按领子净样画线，然后将领子的面、里正面相对缝合。要求后中点对准，领尖部位的领面略松，领里略紧，使完成后的领角略有里窝，

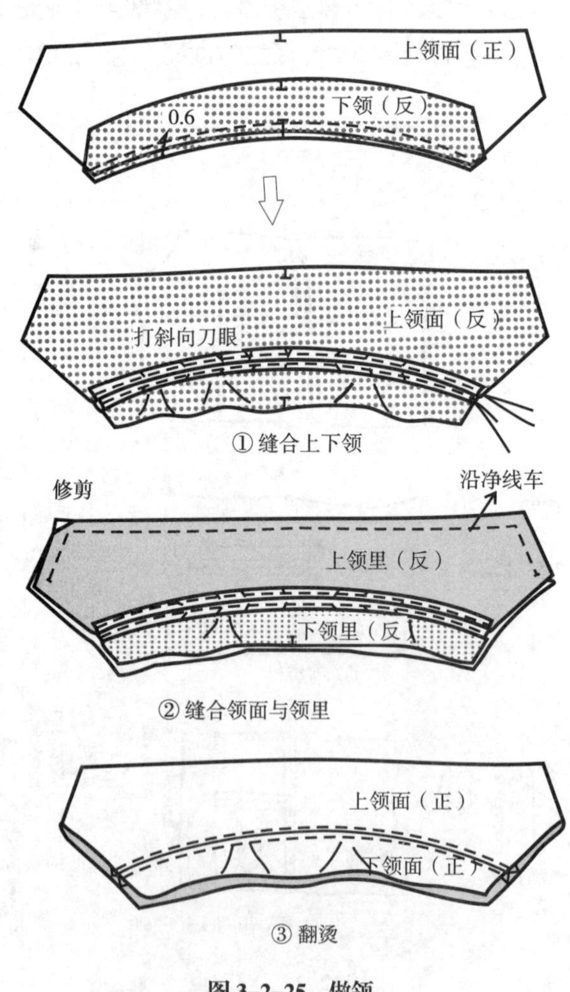

图3-2-25 做领

外观自然平服（图3–2–25中②）。

（3）修剪并翻烫领子：把领里的缝份修剪到0.3cm左右，领面缝份修剪到0.6cm左右，然后翻烫，止口线烫成里外匀（图3–2–25中③）。

15. 绱领（图3–2–26）

此款服装工艺采用先绱领，再缝合挂面止口的方法。

（1）领子与衣片的领圈缝合：将领子先对准衣片的装领点，分别缝合领面与挂面、领里与衣片面的串口线，缝份1cm，在转弯处打剪口，接着对准后中点、颈侧点缝合余下的领圈，缝份1cm（图3–2–26中①）。

（2）分烫绱领缝份：串口线缝份分缝烫开，领里与衣片的绱领缝份要分烫，领面与衣片里布的绱领缝份倒烫向衣片里布（图3–2–26中②）。

（3）整理熨烫领子：将领子和衣片翻到正面，加以整理和熨烫，要求领子左右对称，串口线平服（图3–2–26中③）。

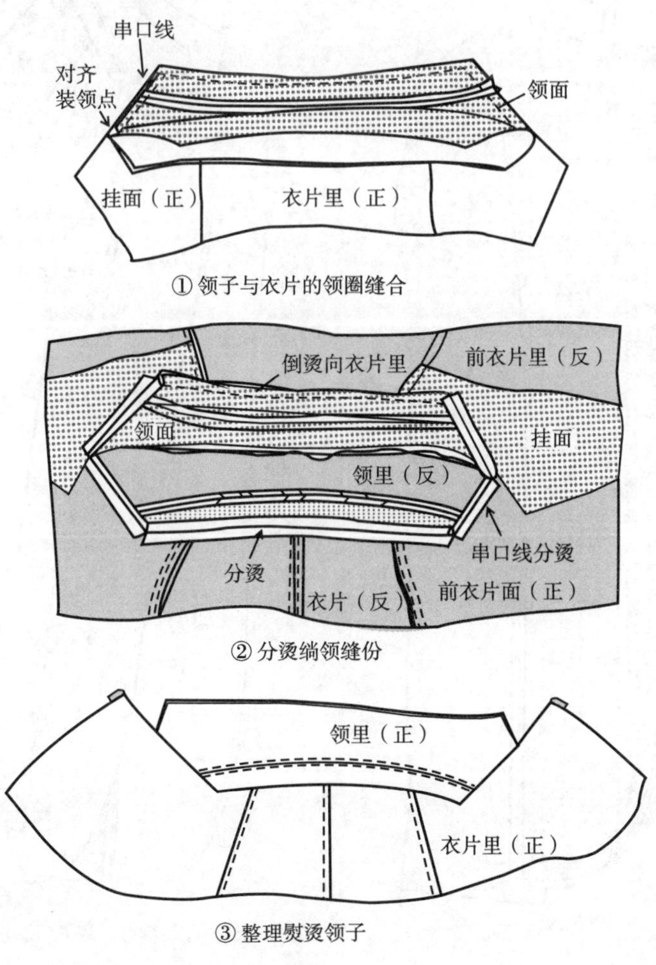

图3–2–26　绱领

16. 缝制挂面止口（图3–2–27）

（1）缝合挂面：将前衣片与挂面正面相对，对齐装领点、翻折止点的刀眼，从装领点起，到挂面下摆止，将前衣片与挂面车缝固定；缝份1cm，要求左右对称，里外匀适当（图3–2–27中①）。

注意：以翻折止点为分界点，翻折止点以上的驳头上端部位，要求挂面稍松，衣片稍紧；翻折止点以下的衣片下摆圆角处，要求挂面稍紧，衣片稍松。

（2）修剪、翻烫门襟止口：以翻折止点为分界点，翻折止点以上部分修剪衣片缝份到0.4cm左右，挂面缝份到0.6cm左右；翻折止点以下直至圆角处，修剪挂面缝份到0.3cm左右，衣片0.6cm左右。再翻到正面，门襟止口烫出里外匀，不能有虚边。翻折止点以上衣片推进0.1cm烫成里外匀，翻折止点以下挂面推进0.1cm烫成里外匀（图3–2–27中②）。

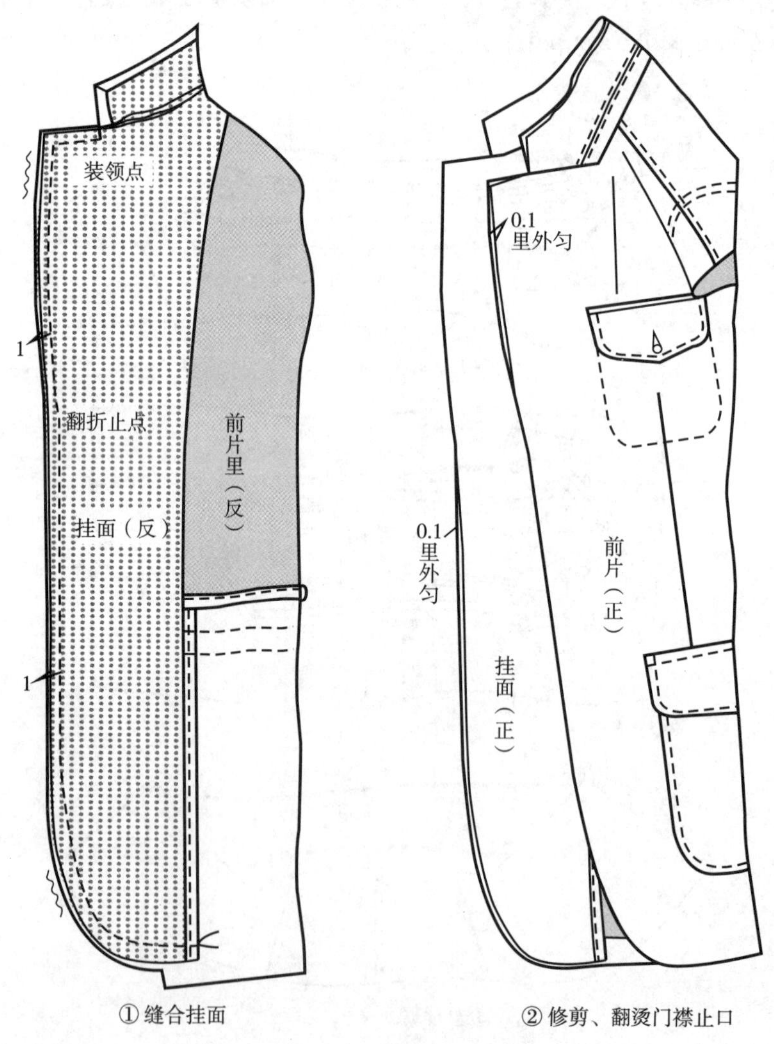

图3–2–27 缝制挂面止口

17. 固定绱领缝份（图3-2-28）：车缝或手缝固定绱领缝份。

（1）手缝法 用半回针针法在内侧缲缝固定串口线及余下领圈缝份，针距约0.5~0.8cm/针。

（2）车缝法 紧贴绱领线迹车缝固定串口线及余下领圈缝份。

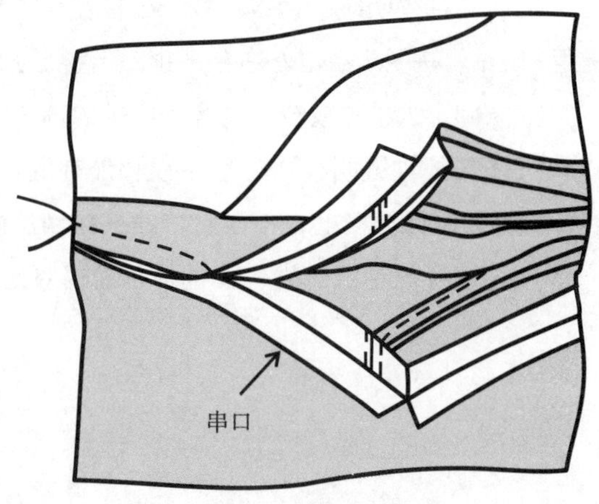

图 3-2-28 固定绱领缝份

18. 车缝下摆折边、领子、门襟止口明线（图3-2-29）

先折烫面布下摆缝份1cm，再折烫2.5cm，要求熨烫后的下摆线条流畅，折边均匀；再以衣片的翻折止点、挂面止点为分界线分上、中、下三部分车明线；注意每段开始和结束不要回针，留出线头拉到反面打结。

（1）从一侧翻折止点起，挂面、领面朝上沿驳头、领子外沿到另一侧翻折止点，车止口明线0.6cm，要按设计在左前片驳头扣眼部位车明线。

（2）从翻折止点起，右衣片正面朝上车门襟止口明线0.6cm，到挂面止点结束，如图3-2-29。而左片按设计要增加扣眼部位的装饰明线。

（3）下摆部分的衣片反面朝上，接着挂面下摆止点明线，沿扣烫的缝份折边车0.1cm明线，衣片正面可见2.4cm 明线。

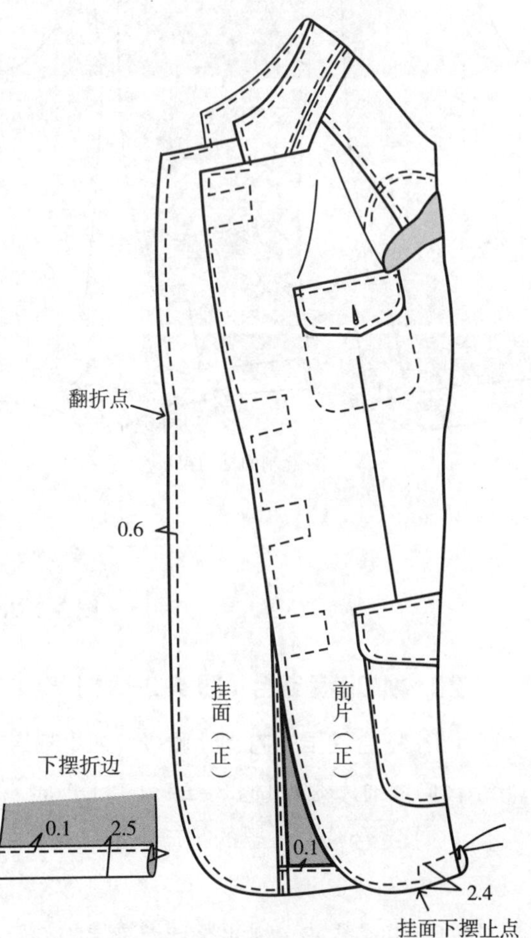

图 3-2-29 车缝下摆折边、领子、门襟止口明线

19. 缝制面袖（图3-2-30）

（1）缝制面袖袖衩：剪去大袖袖衩部位一个三角，缝合斜边缝份1cm，分烫缝份；小袖衩位沿袖口净线反折车1cm，然后翻到正面烫平（图3-2-30中①）。

（2）缝合面袖外袖缝：大小袖片

正面相对缝合外袖缝，缝份1cm（图3-2-30中②）。

（3）车袖衩明线、锁眼：翻开小袖，在大袖的袖衩位车明线，距外袖缝0.6cm，明线相距2.5cm。按图示点位左右袖各锁2个直径为2cm大的圆头扣眼（图3-2-30中③）。

（4）固定大小袖衩位：对齐大小袖的袖衩缝份，车缝1cm固定（图3-2-30中④）。

（5）车外袖缝明线：整理袖衩和外袖缝，向大袖片烫倒，在大袖片正面车0.6cm明线，与袖衩明线要接上，不回针，线头拉到反面打结固定（图3-2-30中⑤）。

（6）缝合内袖缝：大、小袖片正面相对缝合内袖缝，缝份1cm，然后分缝烫平。

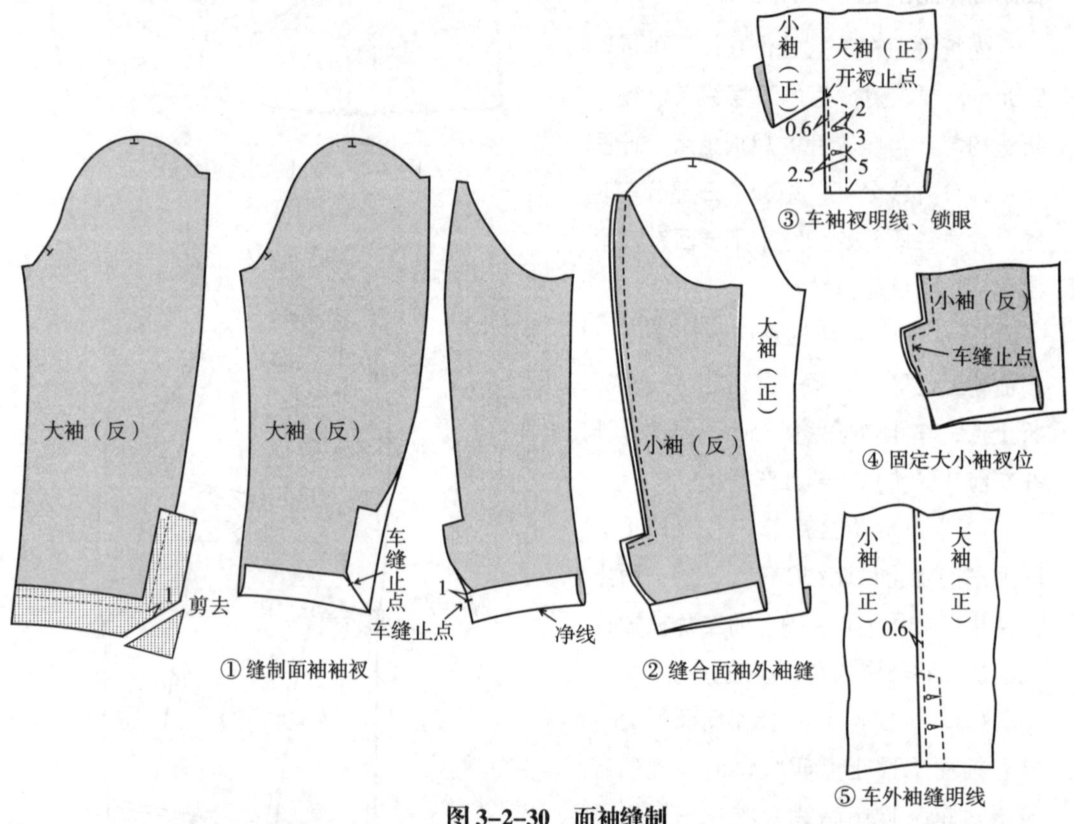

图 3-2-30　面袖缝制

20. 袖口面里缝合（图3-2-31）

（1）缝合袖里的内、外侧缝：大小袖里正面相对，分别缝合外袖缝和内袖缝，缝份1cm，向大袖片烫倒（图3-2-31中①）。

（2）缝合袖面、里的袖口：准确叠合面袖和里袖，对齐袖口缝份缝合，缝份1cm（图3-2-31中②）。

（3）扣烫里袖：摊平整理熨烫里袖袖口的坐势，使里袖口底边距面袖口约1.5cm，同时要使里袖在外袖缝和内袖缝各长出面袖1cm 和2cm 左右（图3-2-31中③）。

（4）车缝袖口明线：拉开里袖坐势，在袖子正面朝上车2.5cm 明线（图3-2-31中④）。

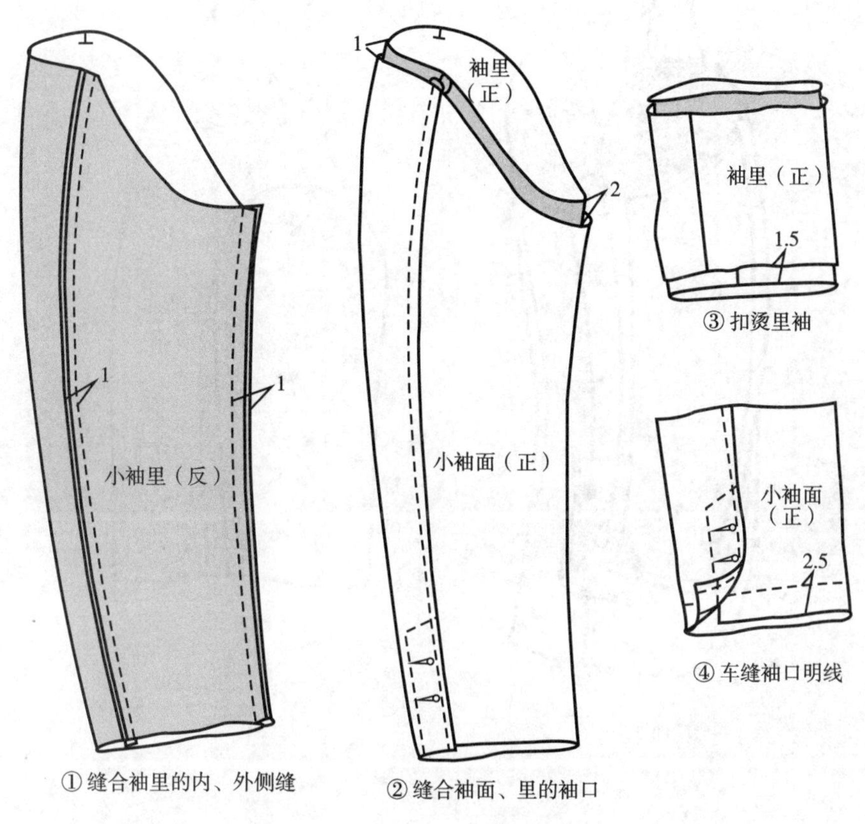

图 3-2-31　袖口面里缝合

21. 绱袖（图3-2-32）

（1）抽袖山吃势：0.5cm疏缝抽缩袖山，将袖子的吃势抽到合适的位置，此款西服要在肩部车明线，所以吃势量极少，共约1cm，然后手缝固定袖子与衣片袖窿上的几个对位点（图3-2-32中①）。

（2）绱面袖并试穿调整：车缝固定衣片面与面袖，缝份1cm，缝份向衣片烫倒。注意袖山处的吃势量不能多。将车缝好的衣服套在人台上试穿，观察袖子的定位与吃势，进行适当的调整，要求两个袖子定位左右对称、吃势匀称（图3-2-32中②）。

（3）车明线：在前后衣片面布的袖山线上车0.6cm明线，按设计要求车缝至明线止点（图3-2-32中③）。

（4）绱里袖：车缝固定衣片里与里袖，缝份1cm。

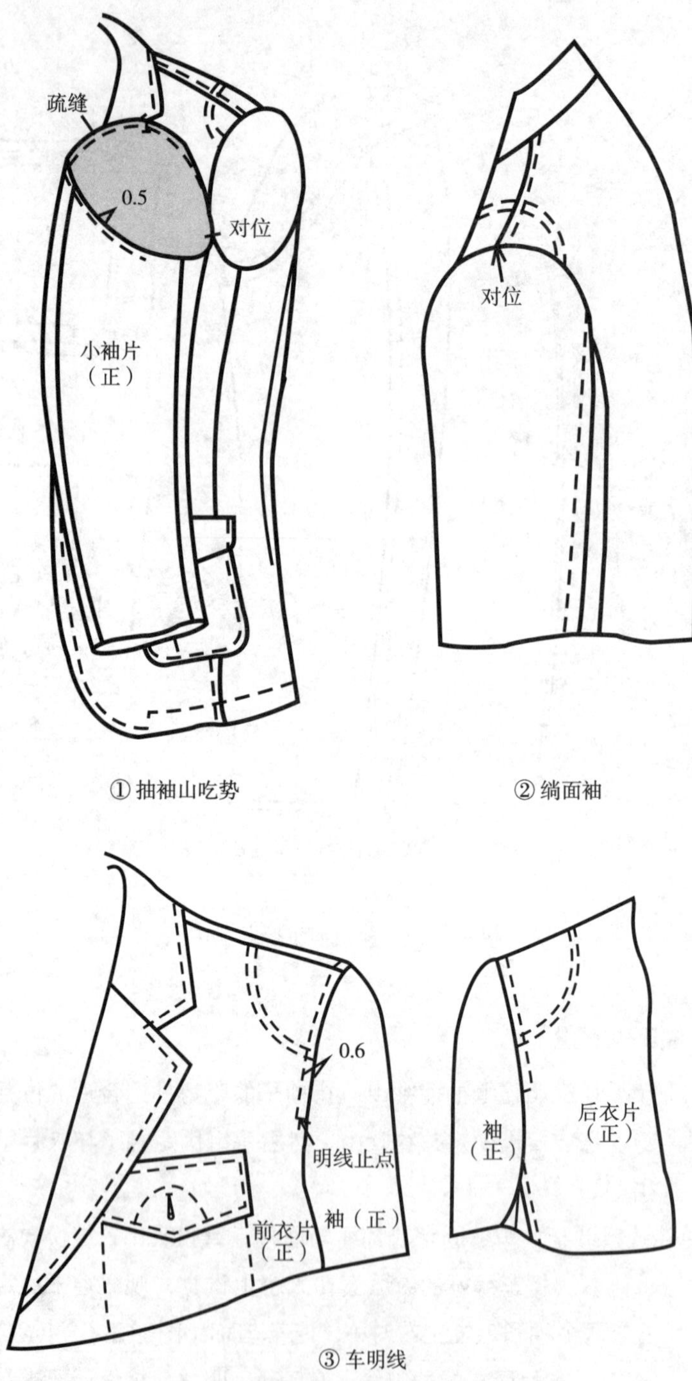

图 3-2-32　绱袖

22. 固定面布与里布（图3-2-33）

（1）固定肩点：裁剪长约4~5cm、宽约1cm的直丝布条或织带，在肩点处分别将面布和里布的绱袖缝份车缝连接。

（2）固定里布下摆与面布：摊平成衣，在衣片里布下摆与面布的侧缝、背缝的交点做记号，制作长约2~3cm的线襻固定里布下摆与面布缝份。

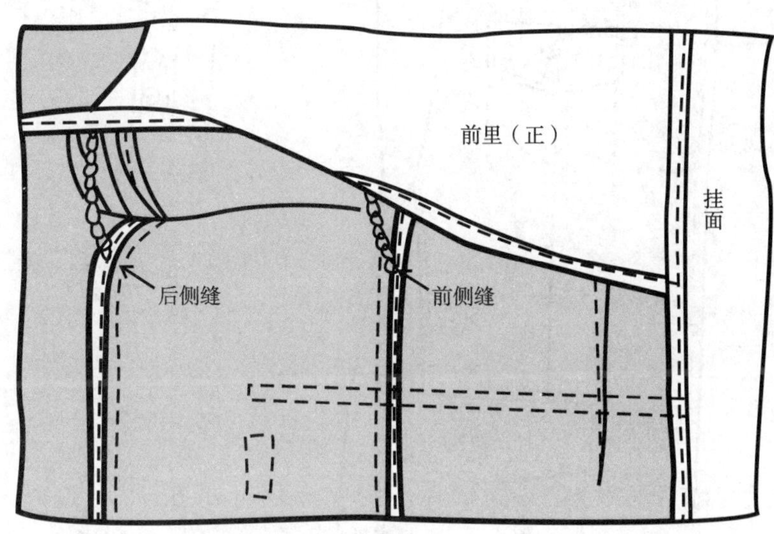

图3-2-33 固定面布与里布

23. 整烫、锁扣眼、钉扣子（图3-2-34）

（1）整烫：剪净衣服上的线头，按顺序烫平门里襟止口、侧缝、肩缝、背缝等拼缝。整烫时注意前门襟丝缕要直，绱领线、驳口折线要从里侧轻烫，领子翻折线下端不要烫死，翻驳领自然，烫肩布时，要垫入布馒头，此时熨斗可贴住袖山熨烫，但要注意不能破坏袖山的圆度。要求袖子圆顺，大身平服。

（2）锁扣眼

锁圆头扣眼。在左前片驳头和门襟处锁扣眼，按样板扣眼位置，距门襟止口线约1.7cm左右，共锁4个横向圆头扣眼，扣眼大小约2.5cm。

（3）按扣眼位置钉扣：钉扣绕脚的长度与门襟的厚度基本相同，在右衣片正面的扣位钉3颗大扣（直径约2.4cm），同时在衣片反面钉三颗垫扣（直径约1cm）。如图里袋扣位左右各钉一颗小扣（直径约1.5cm），袖衩按扣位左右各钉2颗小扣（直径约2cm），左胸袋按扣位钉一颗小扣（直径约2cm），大袋按扣位左右各钉一颗大扣（直径约2.4cm）。

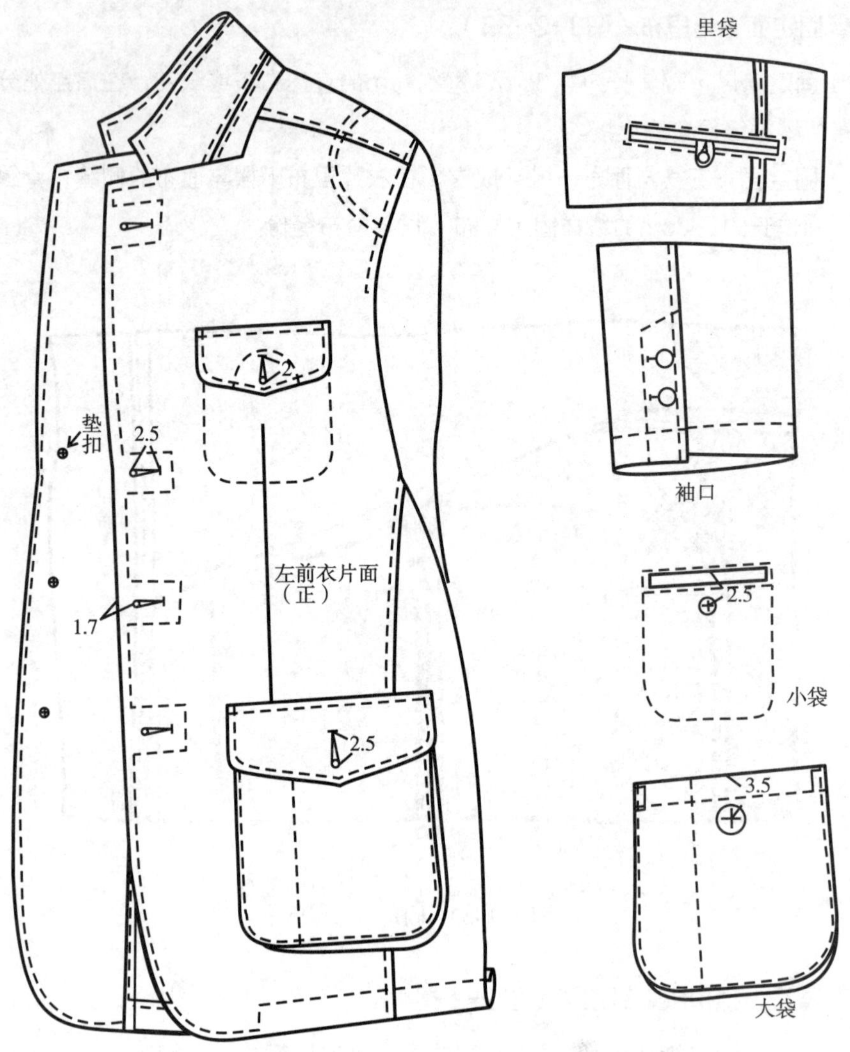

图 3-2-34　锁眼、钉扣

八、缝制工艺质量要求及评分参考标准（总分100）

1. 规格尺寸符合设计要求。（10分）

2. 领子：驳头平顺，驳口、串口顺直，两领子大小一致，里外匀恰当，窝势自然。（20分）

3. 袖子：两袖长短一致、左右对称，装袖圆顺，前后一致。（20分）

4. 门里襟左右对称、长短一致，钮位高低对齐。（10分）

5. 里袋袋位左右对称一致，嵌线端正、平服。大袋、胸袋的袋盖里外匀恰当。（15分）

6. 挂面及各部位松紧适宜平顺。（10分）

7. 各条拼合线平服，明线缉线顺直，线迹平整，无跳线、浮线。（10分）

8. 各部位熨烫平整，无亮光、水花、烫迹、折痕，无油污、水渍，表里无线钉、线头。（5分）

九、实训题

1. 实际训练有袋盖的立体贴袋的缝制，能掌握立体贴袋的缝制步骤。
2. 实际训练单嵌线和双嵌线挖袋的缝制，能熟练应用。
3. 实际训练平驳领的制作，注意准确对位，左右对称。
4. 实际训练滚边工艺，能熟练运用缝纫附件—拉筒对缝份滚边，注意滚边布的接法。
5. 实际训练绱袖，能了解袖子吃势的一般分布规律，掌握不同材质面料的绱袖技巧。

第三节　男西服工艺拓展实践

一、加拉链三粒扣男西服

1. 款式特点

该款休闲男西服为单排扣，三开身结构、收身、两片袖、全衬里。平驳领、领边绱针织罗口，显得温暖有亲和力，三粒扣、门襟加拉链的设计增加了运动感；两个加袋盖的双嵌线挖袋、经典的手巾胸袋，里袋为加扣襻的双嵌线挖袋；袖口等处车装饰明线。该款西装时尚又富有变化，较适合中青年男性穿着。款式见图3–3–1。

图 3–3–1　休闲男西服款式图

2. 适用面、辅料参考表

表 3–3–1　适用面、辅料参考表

序号	面辅料名称	适用面辅料参考	用量参考	用料估算公式
1	面料	全毛、毛涤混纺、棉、麻、化纤等面料，选用中等厚度的针织毛纺圈圈织物能增强舒适度和秋冬感	幅宽：144cm 用量约170 cm	衣长+袖长+35cm

（续表）

序号	面辅料名称	适用面辅料参考	用量参考	用料估算公式
2	里料	宜选用防静电处理的亚沙涤、尼丝纺等	幅宽：144cm 用量约150cm	衣长+袖长+15cm左右
3	袋布	里料、全棉、涤棉布均可	幅宽：144cm 用量约50cm	
4	有纺粘合衬	薄型有纺粘合衬	200cm	
5	针织罗口		约10cm	
6	大钮扣		4颗（备扣1颗）	
7	小钮扣（底扣）		4颗（备扣1颗）	
8	开尾双头拉链		（长约40.5cm）1条	
9	配色线		1个	

3. 结构制图

（1）制图参考规格（不含缩率，见表3-3-2）。

表 3-3-2 制图参考规格

（单位：cm）

号/型	胸围（B）	后中长	腰围（w）	肩宽（S）	袖长	袖口大	领后中宽
175/92	92+12（松量）=104	65	92	45	62.5	26	3.5

（2）款式结构制图

A. 衣身结构：领子制图（图3-3-2）。

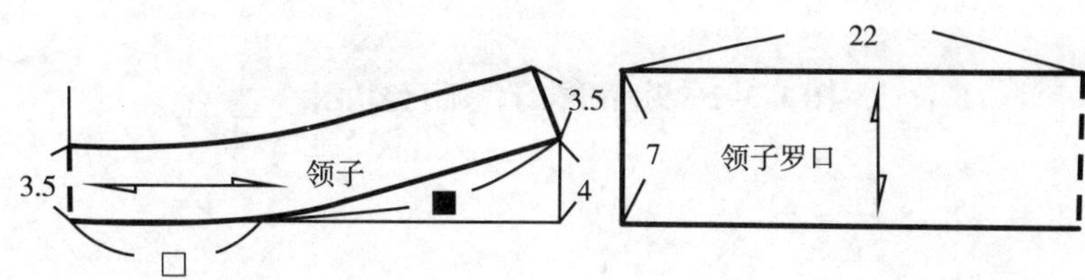

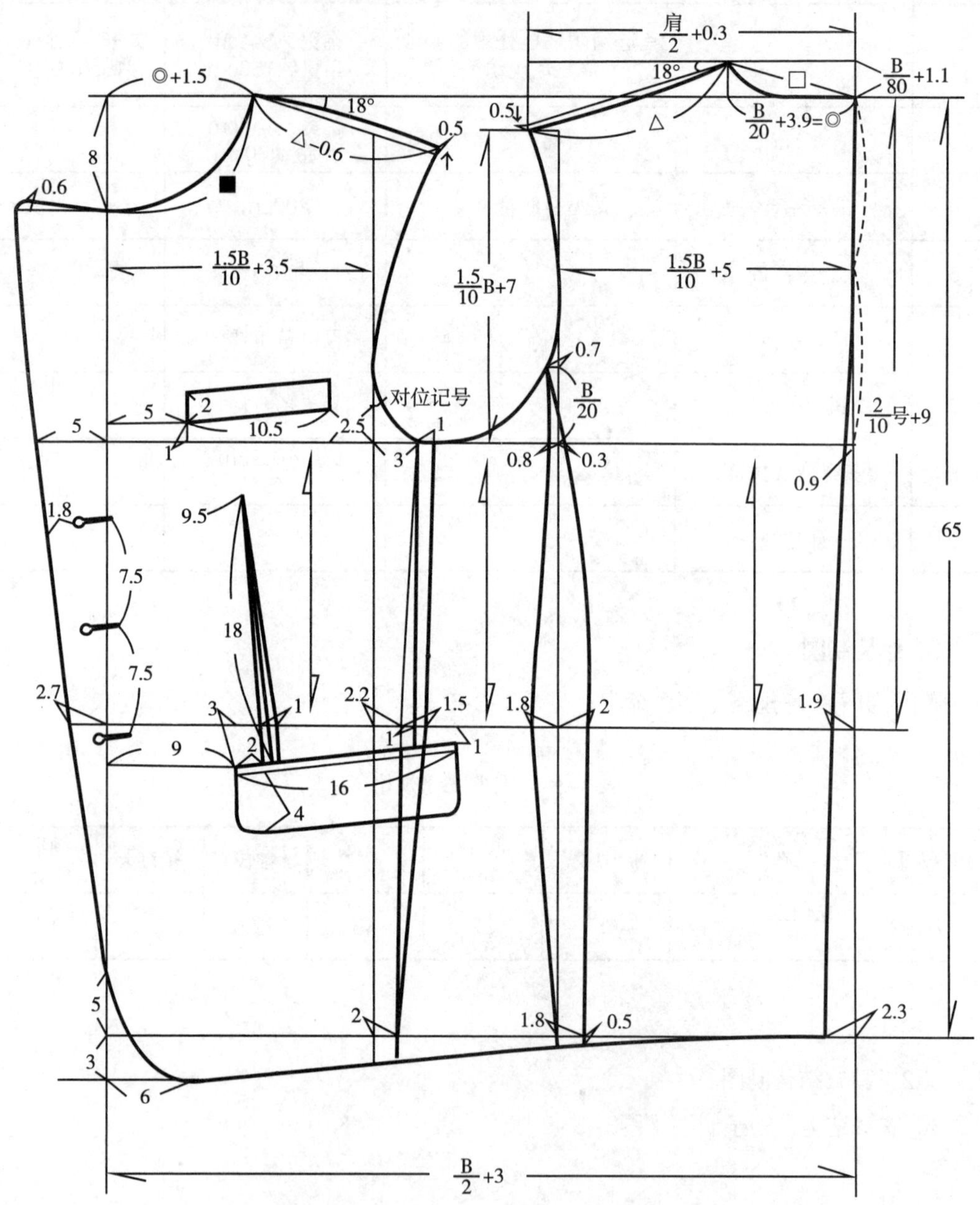

图 3–3–2　男西服衣身、领子结构图

B. 袖子结构图，具体制图方法见P117~119（图3-3-3）。

C. 左、右衣片拉链结构图（图3-3-4）。

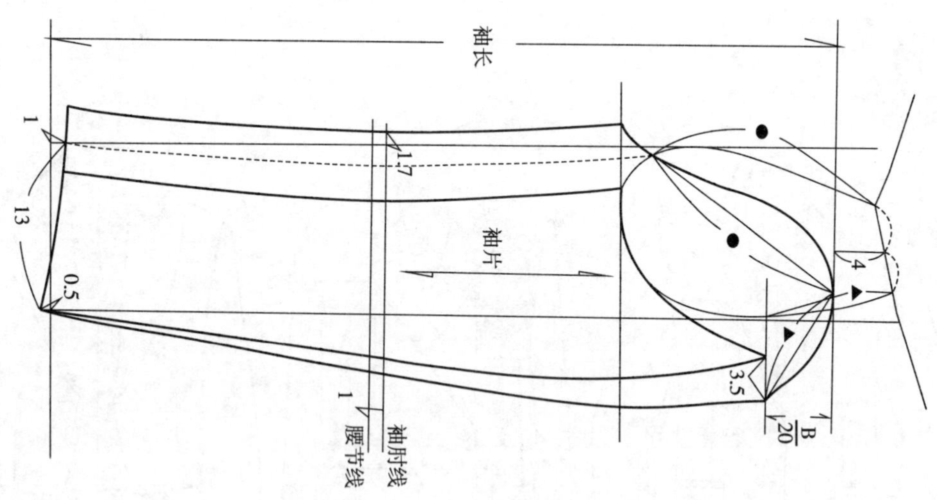

图 3-3-3　袖子结构图

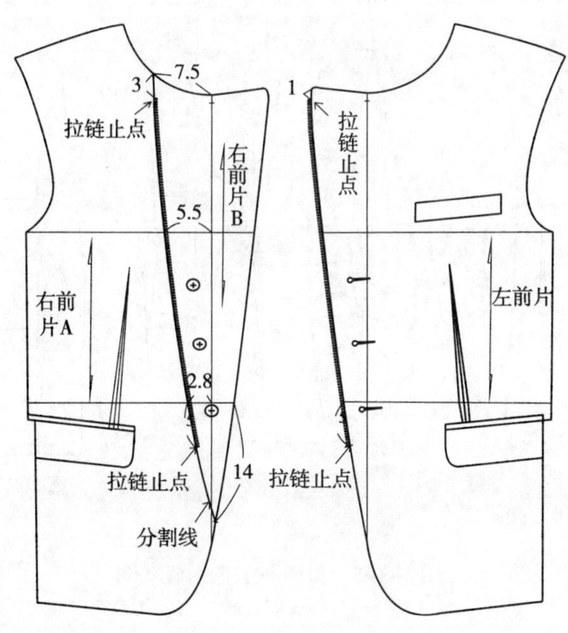

图 3-3-4　左、右衣片拉链结构图

二、男西装工艺拓展变化

男西装工艺主要体现在领子、衣身分割、口袋、门襟、袖子等部位。图3-3-5的6款男西服案例主要是激发读者对于男西服工艺的拓展运用和实践练习。

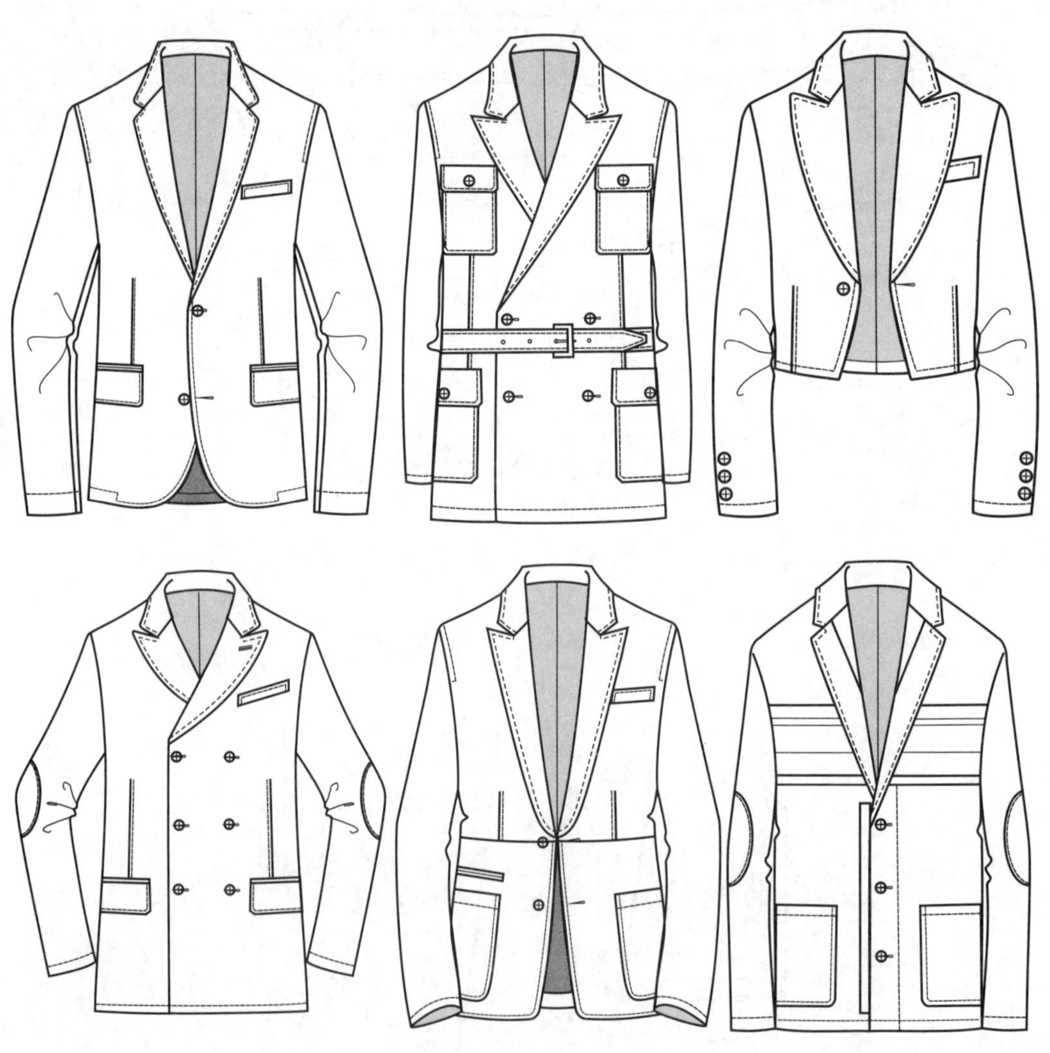

图 3-3-5　男西服工艺拓展案例

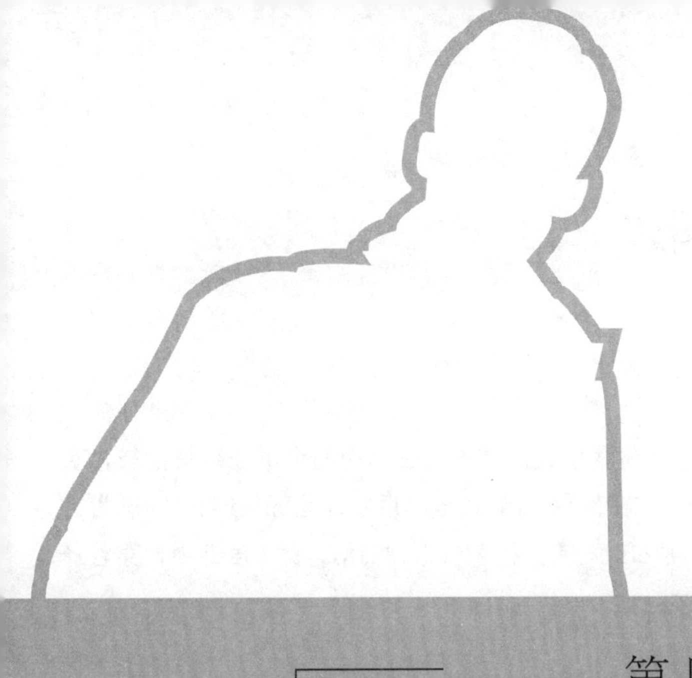

第四章

男夹克、马甲工艺

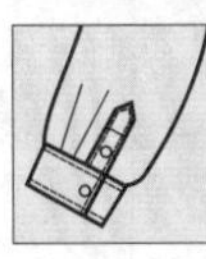
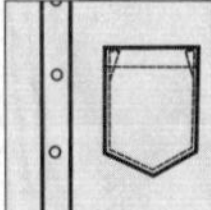

第一节　男夹克工艺

一、概述

1. 外形特征

该款为无里布男式夹克，反面缝份均做光。前衣片正面有两个单嵌线斜挖袋，衣片反面的挖袋布上装有两个里贴袋，前门襟开口装拉链，后衣片呈T形分割，领子为上下领结构，袖子为大、小两片袖，袖口装袖克夫。款式造型简洁，宽松度适中，穿着舒适、精神，便于活动。款式见图4-1-1。

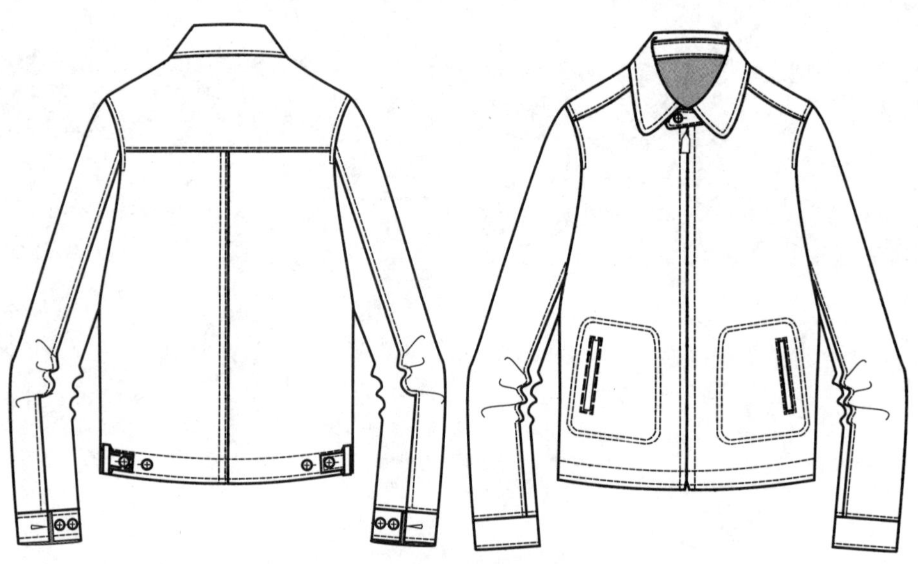

图 4-1-1　男夹克款式图

2. 适用面料

此款男式夹克衫用料较广泛，可选用各种机理组织的棉布、化纤混纺交织织物等面料。

3. 面辅料参考用量

（1）面料: 门幅144cm，用量约160cm。估算式：衣长+袖长+30cm

（2）辅料：无纺粘合衬适量，袋布30cm，滚条布200cm，嵌线布160cm，门襟开口拉链1根，直径1.7cm的钮扣8颗，直径1.5cm的钮扣4颗，配色线适量。

4. 正反面组合图（4-1-2）

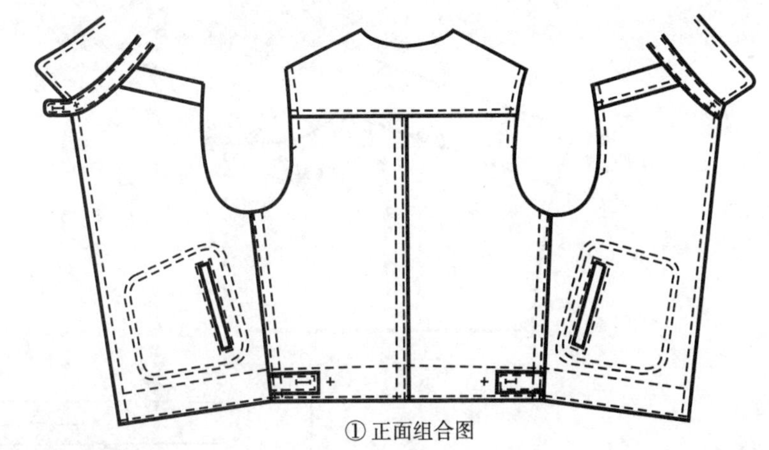

① 正面组合图

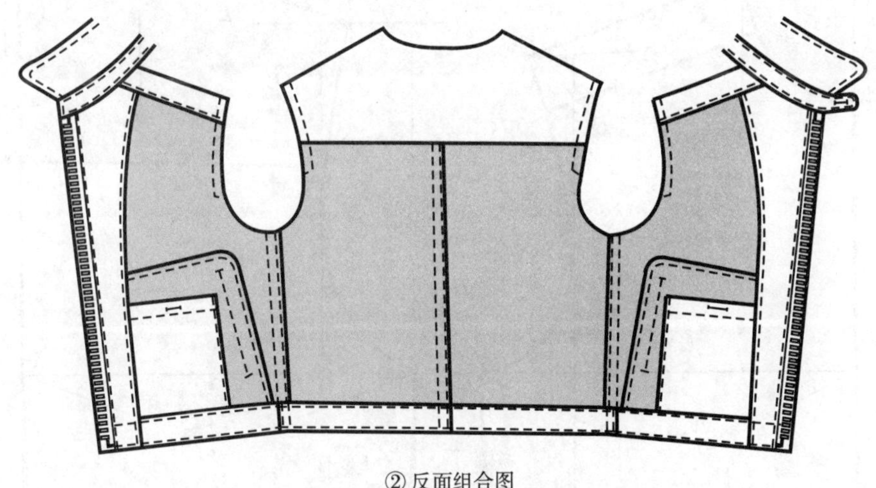

② 反面组合图

图 4-1-2　男夹克正反面组合图

二、制图参考规格（不含缩率）

表4-1-1　制图参考规格

（单位：cm）

号型	后中长	胸围(B)	肩宽(S)	领大(N)	袖长	下摆围/宽	袖克夫长/宽	上领宽	下领宽	里贴袋大/长	挖袋大	小襻长/宽
175/92A	68	92+26（放松量）=118	50	44	61.5	101/4.5	30/4	6	3.2	15/18	15	9/4

三、款式结构制图

1. 男夹克结构图（4-1-3）

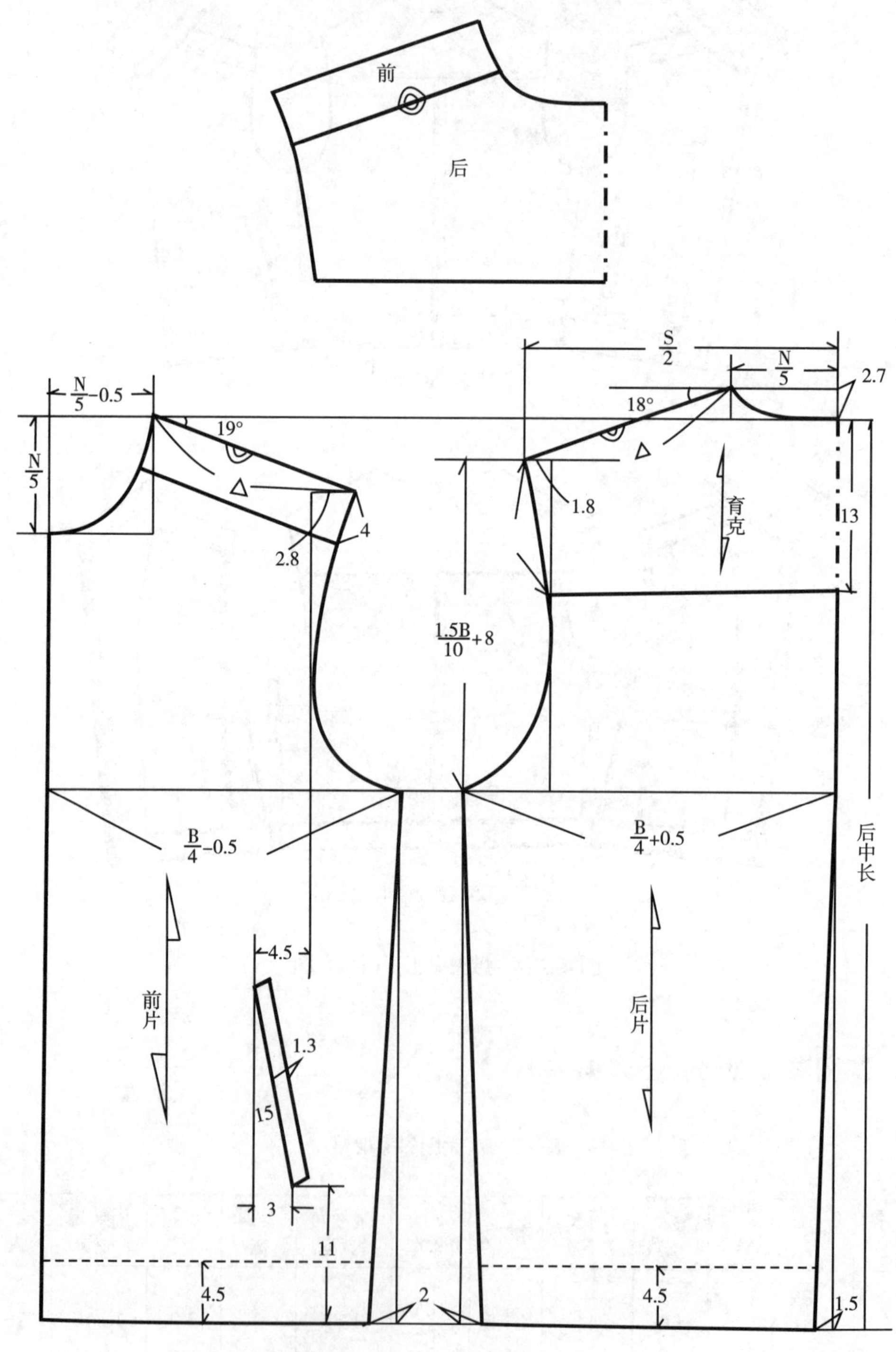

图 4-1-3　男夹克结构图（一）

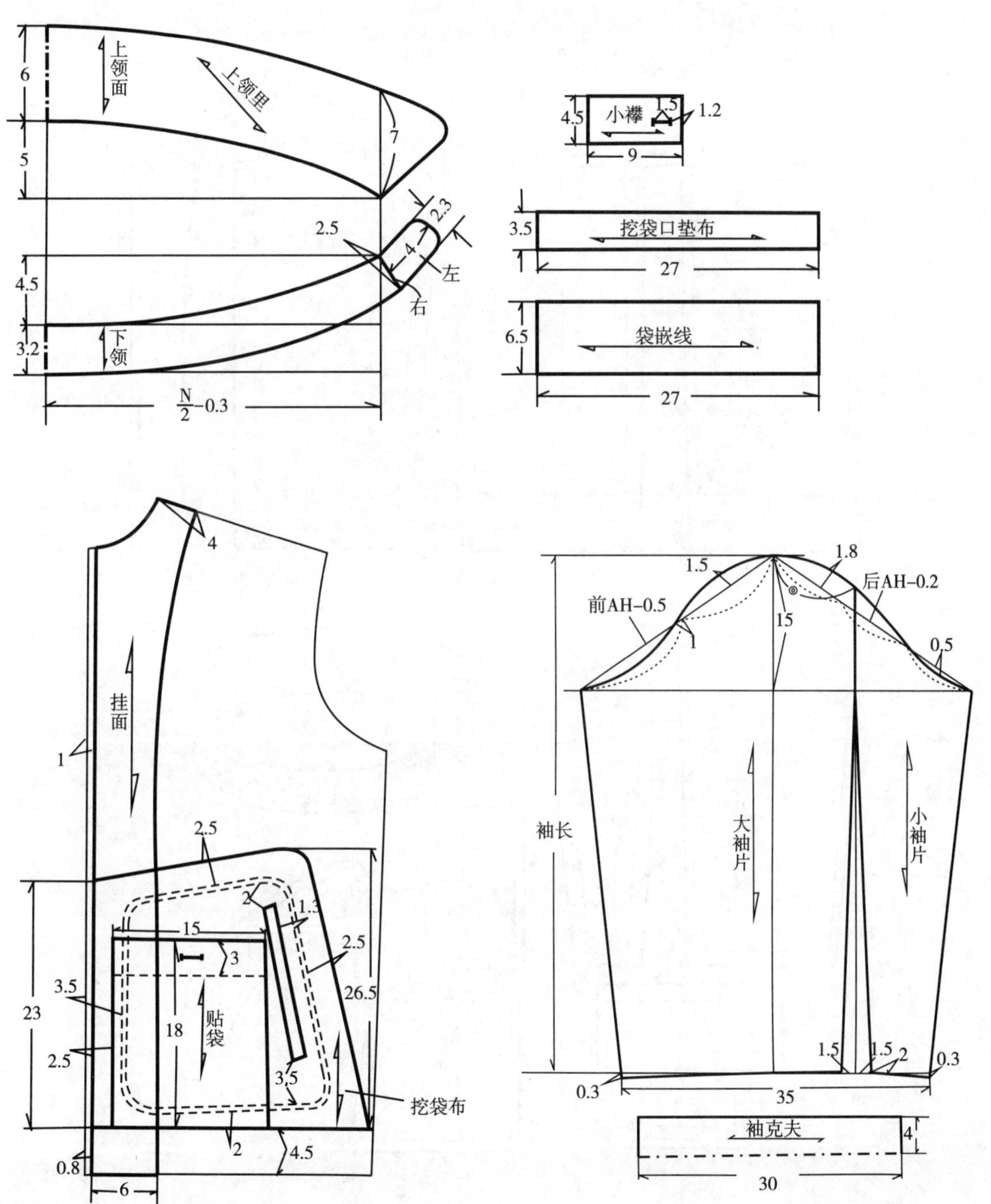

图 4-1-3　男夹克结构图（二）

四、放缝、排料图

1. 面料放缝图（4-1-4）

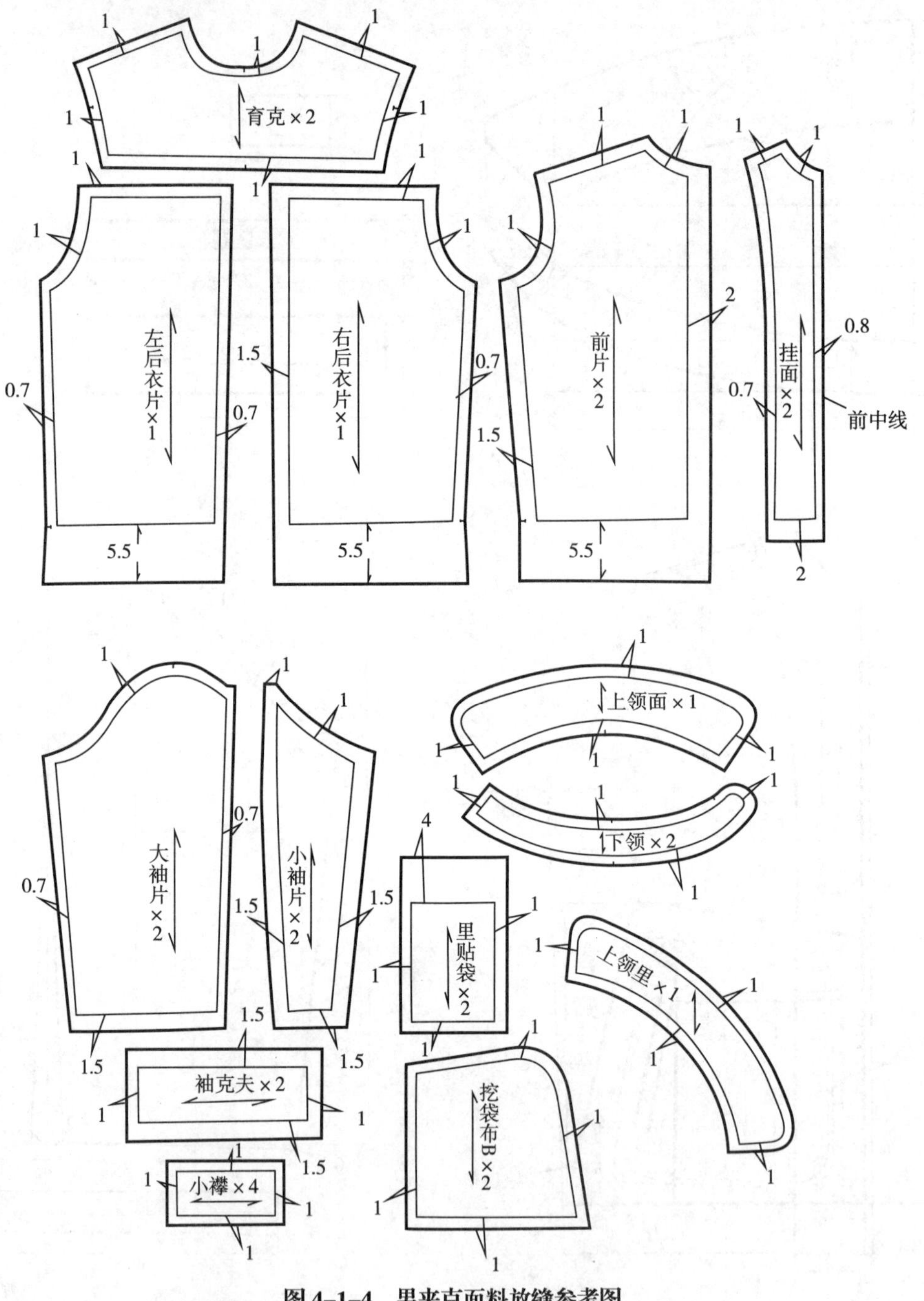

图4-1-4　男夹克面料放缝参考图

注：缝合线采用外包缝工艺的部位，一片的缝合线放缝0.7cm，另一片的缝合线放缝1.5cm。

2. 面料排料图（图4-1-5）

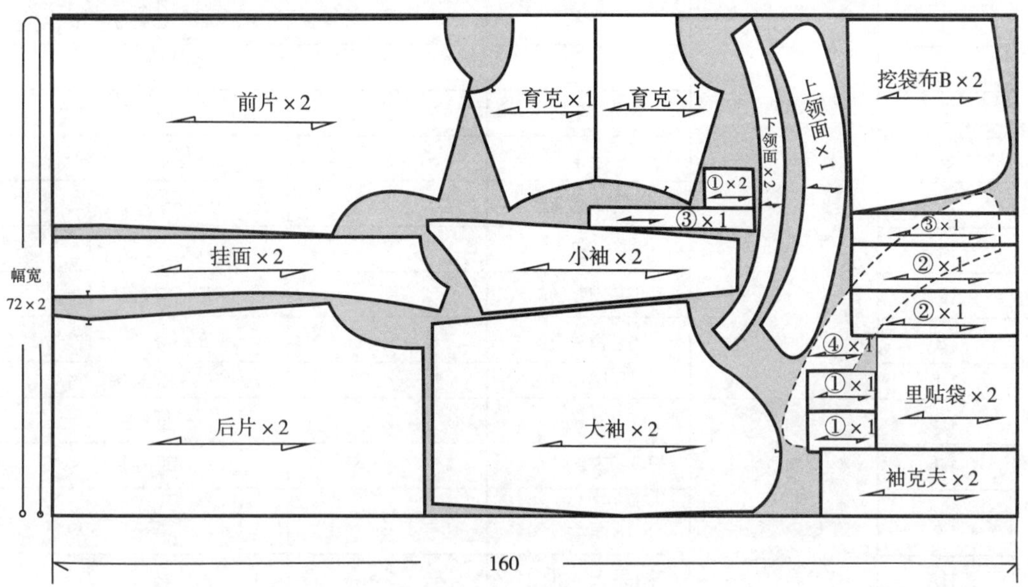

注：① 下摆小襻 ② 挖袋嵌线 ③ 挖袋口垫布 ④ 上领里

② 上领里采用斜丝裁剪一片，在排料及裁剪时要加以注意。

③ 挖袋布A采用袋布面料，故不在面料中进行排料。

图 4-1-5 男夹克面料排料图

五、样板名称与裁片数量

表 4-1-2 男夹克样板名称与裁片数量

序号	种 类	名 称	裁片数量（片）	备 注
1	面料主部件	前片	2	左、右各一片
2		后片	2	左、右各一片
3		育克	2	面、里各一片
4		大袖片	2	左、右各一片
5		小袖片	2	左、右各一片

（续表）

序号	种 类	名 称	裁片数量（片）	备 注
6	面料零部件	上领	2	领面用横丝一片 领里用斜丝一片
7		下领	2	面、里各一片
8		袖克夫	2	左、右各一片
9		挂面	2	左、右各一片
10		里贴袋布	2	左、右各一片，用口袋布
11		挖袋嵌线	2	左、右各一片
12		挖袋垫布	2	左、右各一片
13		挖袋袋布	2	左、右各一片
14		下摆小襻	4	左右面里各二片
15	粘衬部位	上领	2	面一片
16		下领	2	面一片
17		衣片门里襟（局部）	2	左、右各一片
18		袖克夫（面）	2	左、右各一片
19		下摆小襻（面）	2	左、右各一片
20		挖袋嵌线	2	左、右各一片
21		贴袋口	2	左、右各一片

六、缝制工艺流程和缝制前准备

1. 男夹克单件成品缝制流程

缝制挖袋→车缝装饰嵌线→缝制里贴袋→缝合袋布、车缝固定挖袋口→装拉链→缝合后片→装育克、缝合肩缝→做领子→绱领子→做袖子→绱袖子→缝合袖缝、侧缝→做下襻、装小襻→做袖克夫→绱袖克夫→做底摆→锁眼、钉扣→整烫

2. 缝制前准备

（1）针号和针距

针号：80/12号~90/14号。

针距：明线14~16针/3cm，底、面线均用配色涤纶线。暗线13~15针/3cm，底、面线均用配色涤纶线。

（2）做标记

按样板在袋位、装领位、袖克夫位、袖子和袖窿的装袖等处剪口作记号。要求：剪

口宽不超过0.3cm，深不超过0.5cm。

（3）粘衬部位

上领面、下领面、门里襟止口（局部）、袖克夫面、下摆小襻面、挖袋嵌线、贴袋口分别烫无纺粘合衬。

七、具体缝制工艺步骤及要求

1. 缝制挖袋（图4-1-6）

（1）放置袋布A：袋布A反面朝上，按袋位要求置于前衣片反面挖袋位置（图4-1-6中①）。

（2）做嵌线：嵌线布反面烫粘合衬，将一侧折烫2.3cm宽，并画出嵌线净宽1.3 cm（图4-1-6中②）

（3）装嵌线：在衣片正面的袋位上，对准下袋口净线车缝。车缝时两端必须倒回针车缝固定（图4-1-6中③）。

（4）装袋垫布：在前衣片上画出袋口位置，袋垫布按缝份对准上袋口线车缝。车缝时两端必须倒回针车缝固定（图4-1-6中④）。

（5）剪袋口：在上下袋口线之间，按“Y”形剪口，注意剪口要到位，但不能剪断车缝线。然后分别把袋布A、袋垫布翻转，烫平袋口。要求袋口不变形，规格准确（图4-1-6中⑤）。

（6）暗封三角：将袋口三角与袋嵌线暗缝固定（图4-1-6中⑥）。

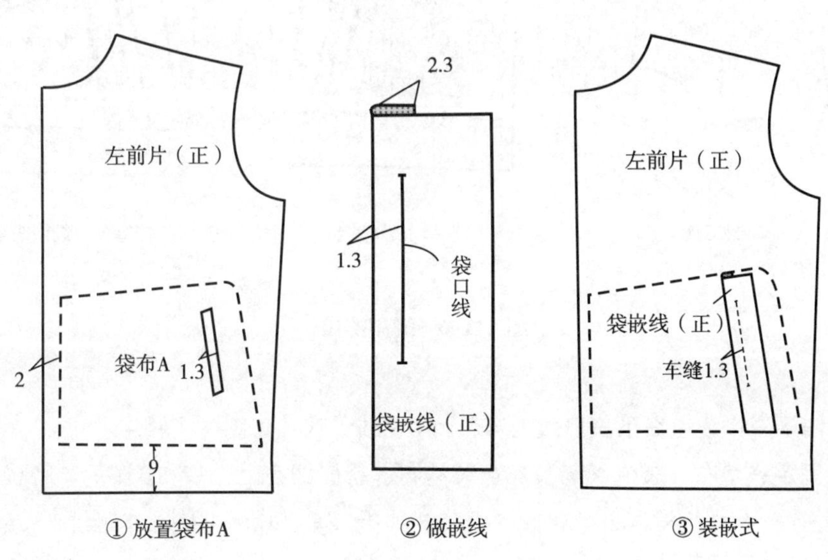

① 放置袋布A　② 做嵌线　③ 装嵌式

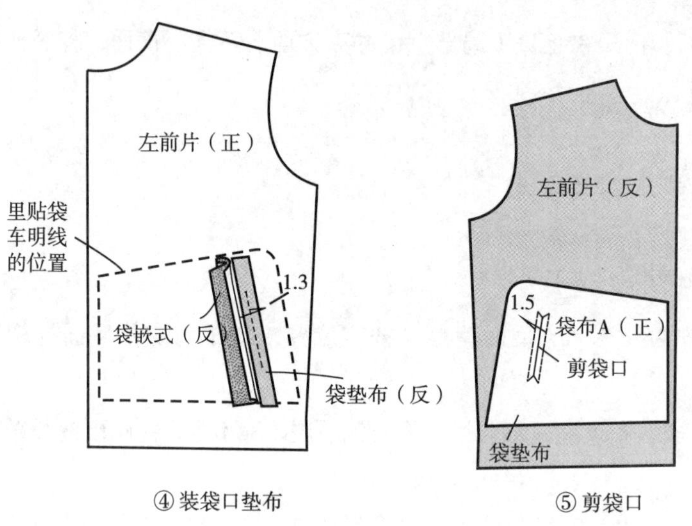

④ 装袋口垫布　　⑤ 剪袋口

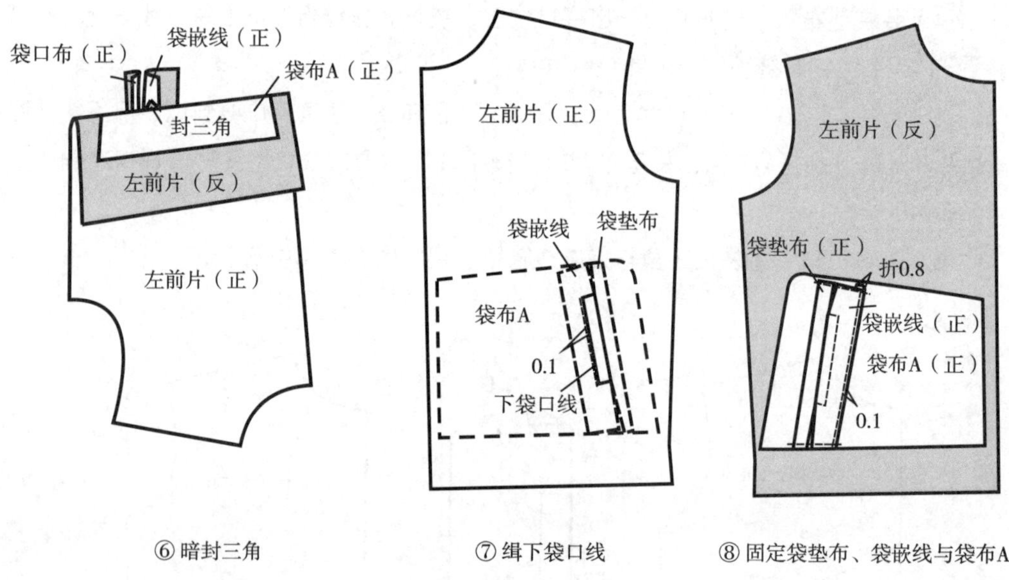

⑥ 暗封三角　　⑦ 缉下袋口线　　⑧ 固定袋垫布、袋嵌线与袋布A

图 4-1-6　缝制挖袋

（7）缉下袋口线：在下袋口线处车0.1cm明线于衣片（图4-1-6中⑦）。

（8）固定袋垫布、袋嵌线与袋布A:袋垫布、袋嵌线在上，袋布A在下，将袋嵌线宽度一侧折进0.8cm，从一端袋垫布起，沿袋嵌线折边车0.1cm 明线，车至另一端袋口垫布止（图4-1-6中⑧）。

2. 车缝装饰明线固定袋布A（图4-1-7）

在前衣片上，按样板画出袋布A装饰线的位置，然后将嵌线布置于前衣片与袋布A之间，沿画出的装饰线位置用0.6cm双线车缝固定袋布A。

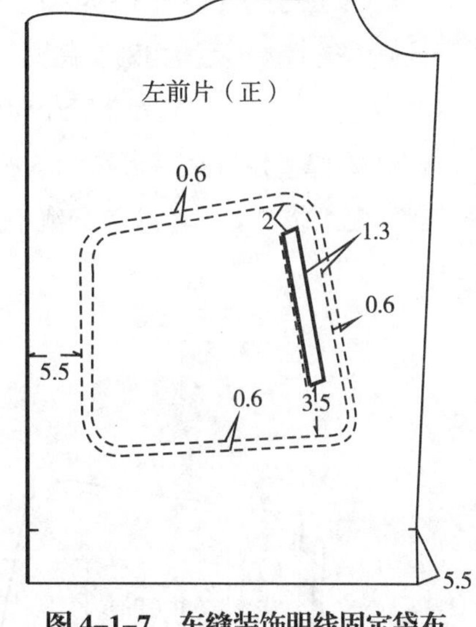

图4-1-7　车缝装饰明线固定袋布

3. 缝制里贴袋（图4-1-8）

（1）扣烫袋口贴边：先将袋口烫上粘合衬，再将4cm袋口贴边分两次扣烫，第一次1cm，第二次3cm（图4-1-8中①）。

（2）缉袋口明线：沿边车2.9cm明线（图4-1-8中②）。

（3）扣烫袋：按袋口规格，扣烫袋口两侧（图4-1-8中③）。

（4）装贴袋：先在挖袋布B反面按样板画出里贴袋位置。将贴袋布用0.1cm明线装于挖袋布B上。要求袋口牢固，缉线整齐。袋底部车0.5cm宽，长针距缉线固定（图4-1-8中④）。

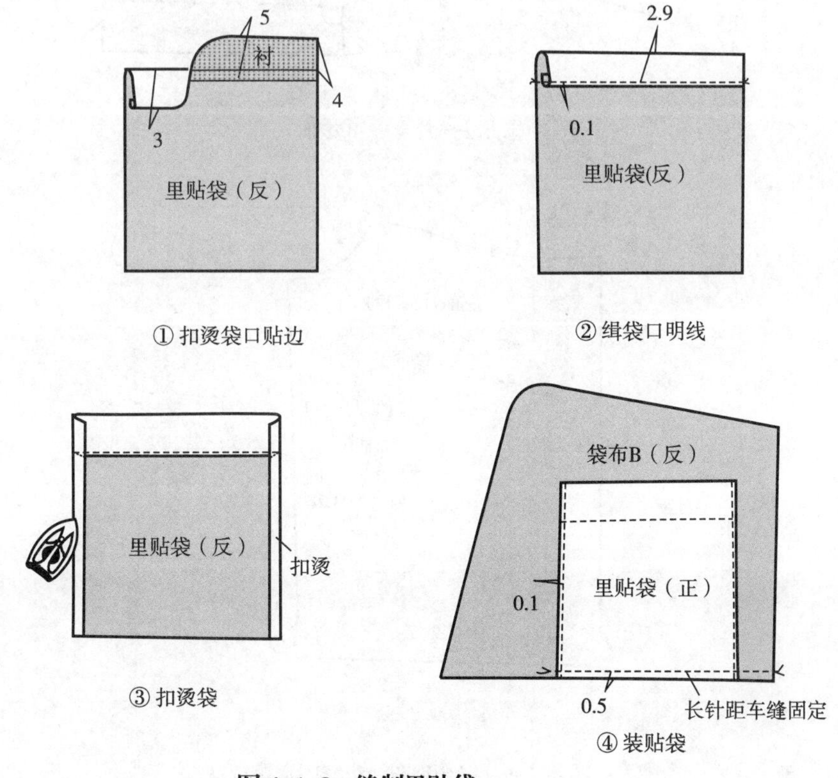

图4-1-8　缝制里贴袋

4. 缝合袋布、车缝固定挖袋口（图 4-1-9）

（1）来去缝缝合袋布（图4-1-9中①）：

① 挖袋布A、B反面相对，将两边按0.5cm车缝固定，并修剪缝份留0.3cm。

② 把袋布翻出，沿边缉0.8cm明线。A、B袋布的另两边车0.5cm缝合。

（2）车缝固定嵌线袋口布：从衣片正面车缝固定挖袋嵌线布的另外三边，按0.1cm缉明线。要求袋口上下两端车缝线不少于三次（图4-1-9中②）。

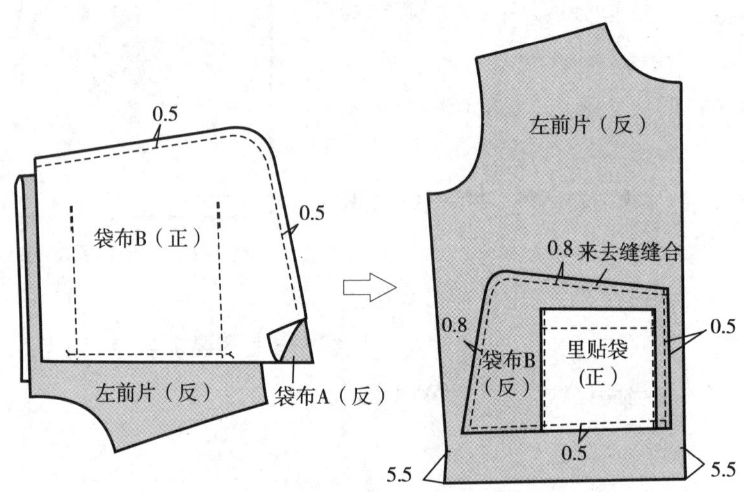

① 来去缝缝合A、B袋布

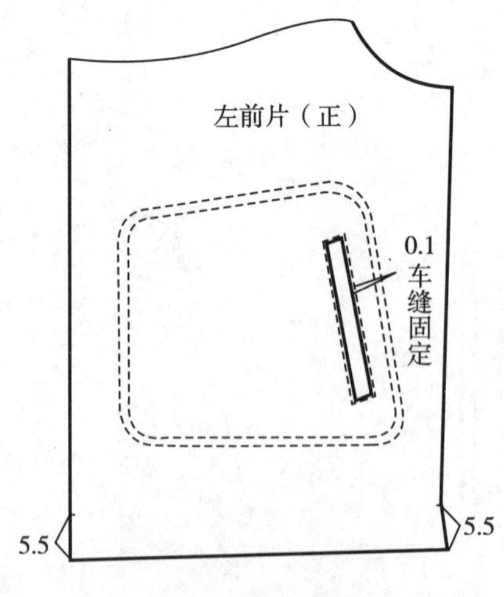

② 车缝固定嵌线袋口布

图 4-1-9 缝合袋布、车缝固定挖袋口

5. 装拉链（图4–1–10）

（1）扣烫并车缝挂面侧边：先将挂面的侧边三线包缝，再扣烫0.7cm，最后沿侧边车0.1cm的明线（图4–1–10中①）。

（2）固定拉链：将拉链正面朝上，放在挂面正面，其上端留1.5cm缝份起，下端衣长净线向上1.5cm止，沿止口边车0.8cm。车缝时将拉链布上端向反面折转，然后将缝合拉链的缝份烫平整。要求：拉链外露0.8cm（图4–1–10中②）。

（3）缝合门里襟底摆：先在门里襟止口处烫上3cm宽的粘合衬，再扣烫前片门、里襟止口缝份2cm；按底摆折边5.5cm，对准前片、挂面的底摆缝合（图4–1–10中③）。

（4）缉明线：衣片在下，挂面在上，反面相对，拉链齿与衣片止口净线并齐，在挂面上缉0.1cm明线，即衣片为0.8cm的明线（图4–1–10中④）。

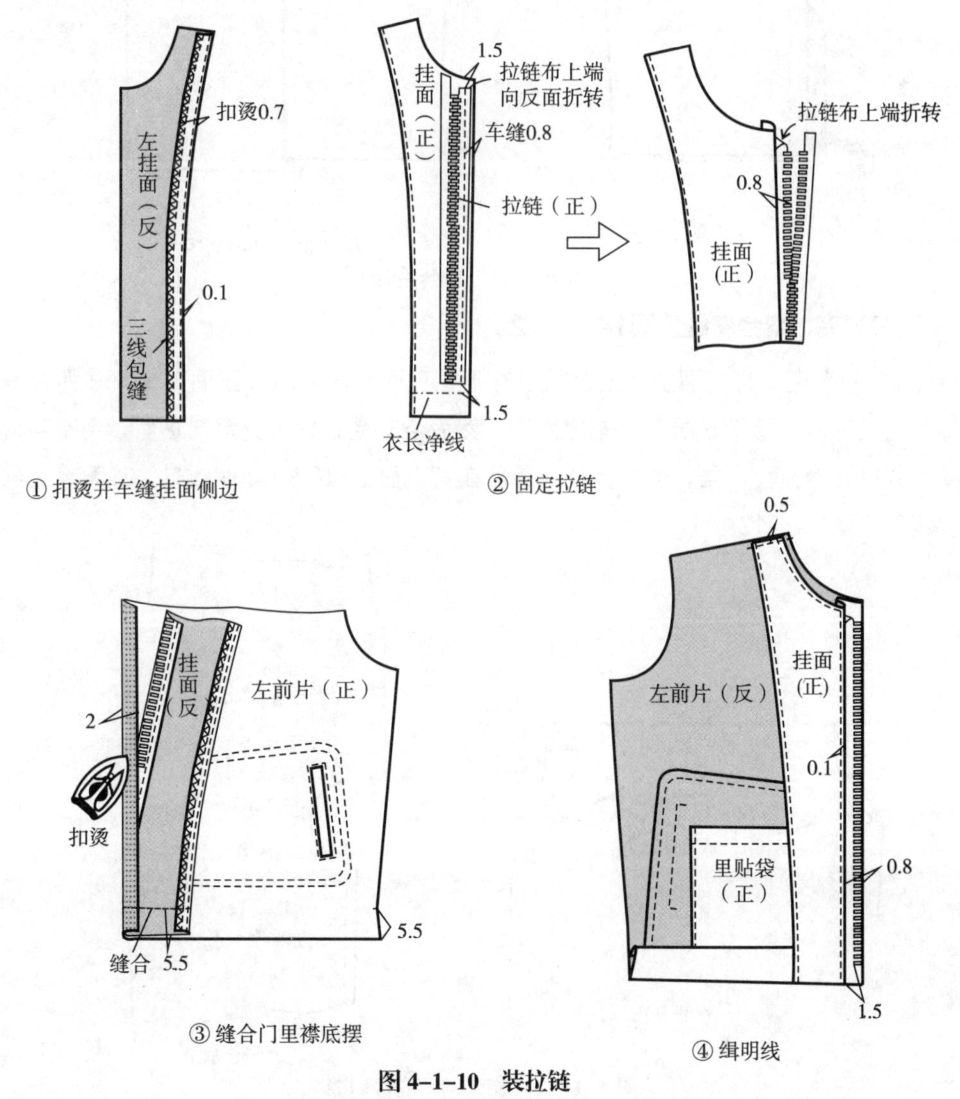

图4–1–10 装拉链

6. 缝合后片（图4-1-11）

（1）缝合后中缝：采用外包缝方法缝合，即左后片在下，右后片在上，反面相对，根据放缝要求缝合后中缝，即左后片缝份0.7cm，右后片缝份1.5cm 车缝。然后扣烫左后片0.7cm缝份（图4-1-11中①）。

（2）后中缝缉明线：打开后衣片，使衣片的正面在上，将扣烫后的左后片0.7cm缝份倒向右后片，在左后片上沿边车0.1cm的明线。要求两明线顺直，宽窄一致（图4-1-11中②）。

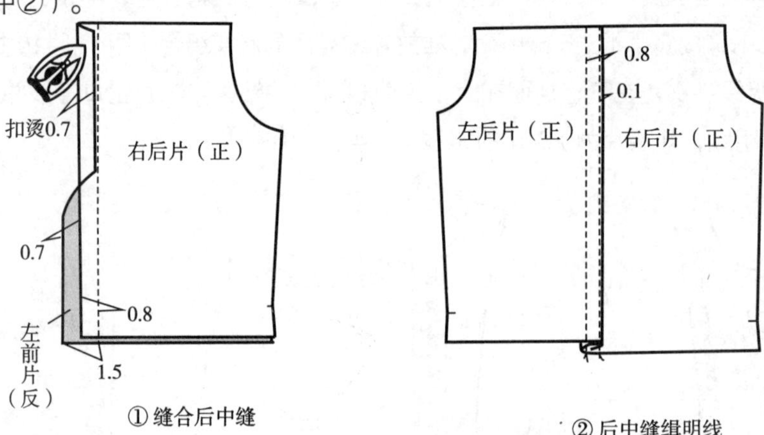

图 4-1-11　缝合后片

7. 装育克、缝合肩缝（图14-1-12）

（1）装育克：育克面子在上、里子在下，正面相对，后片正面朝上夹在两片育克中间，对准刀眼按缝份三层合一车缝固定，然后沿车缝线把育克翻向正面，用熨斗将其烫平，并修正育克面、里，使之齐边；最后在育克面上缉0.8 cm明止口，注意育克里布不要缉住（图4-1-12中①）。

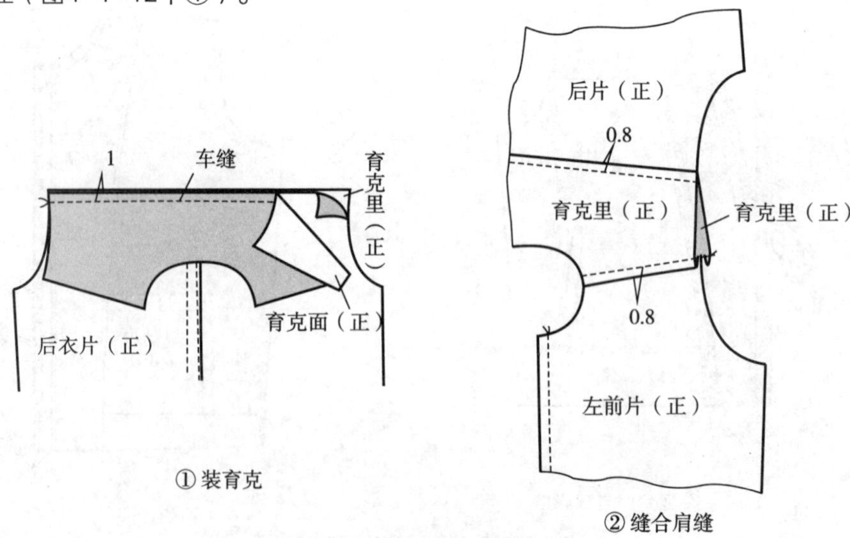

图 4-1-12　装育克、缝合肩缝

（2）合肩缝：育克面子在下、里子在上，正面相对，前衣片反面在上，夹在两片育克中间，按缝份三层合一分别缝合两肩缝，然后沿车缝线把育克翻向正面，用熨斗将其烫平，并在前育克面上缉0.8 cm明止口，要求同时缉住育克里子（图4-1-12中②）。

8. 做领子（图4-1-13）

（1）烫粘合衬：分别在上领面、下领面烫上粘合衬（图4-1-13中①）。

（2）缝合上领：按净样板在上领里反面画出净样，然后上领面、里正面相对，沿净线车缝上领。车缝时，领角两侧领里稍拉紧。拉紧程度视面料而定，目的是保证领角有一定的松量（图4-1-13中②）。

（3）修、烫、翻上领：沿上领外口修剪留缝0.5cm，两领角留缝0.3cm，并沿净线将缝份朝领面一侧扣烫，翻出上领，然后领里在上，熨烫领外口线。要求止口不反吐，两领角对称、有窝势不反翘（图4-1-13中③）。

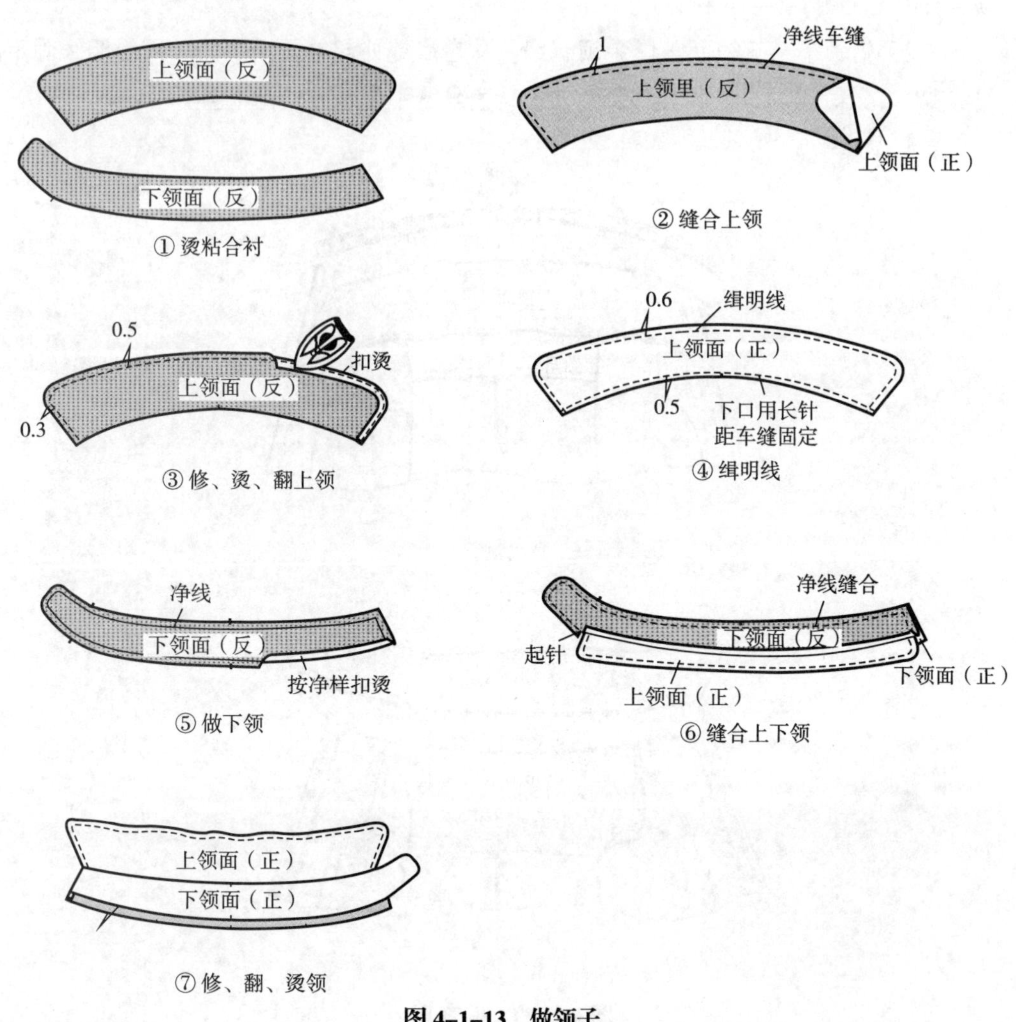

图 4-1-13　做领子

（4）缉明线：沿上领外口缉0.6cm明止口，在领角10cm范围内不允许接线。然后用长针车缝固定上领下口，并修剪下口缝份，定出居中对位记号。要求：线迹松紧适宜、无跳针、浮线现象（图4–1–13中④）。

（5）做下领：按净样板在下领面的反面画出净样，并扣烫领下口缝份，根据净样定出缝合上领时需要的对位记号（图4–1–13中⑤）。

（6）缝合上下领：下领面在上，下领里在下，正面相对，上领面在上夹在两层下领中间，沿净线并对准记号车缝三合一（图4–1–13中⑥）。

（7）修、翻、烫领：修剪缝份，圆头处留0.3cm，其余0.5cm，翻出下领并熨烫，然后修剪绱领缝份，定出对位记号，准备装领（图4–1–13中⑦）。

9. 绱领（图4–1–14）

（1）绱领：下领里与衣片正面相对，按缝份并对准记号车缝装领。要求起始点必须回针固定（图4–1–14中①）。

（2）闷领子：下领面盖住装领缝线，从右肩缝处起针，沿下领一周缉明线固定。缉线宽0.1 cm。要求起止点接线不双轨，背面坐缝不超过0.2 cm（图4–1–14中②）。

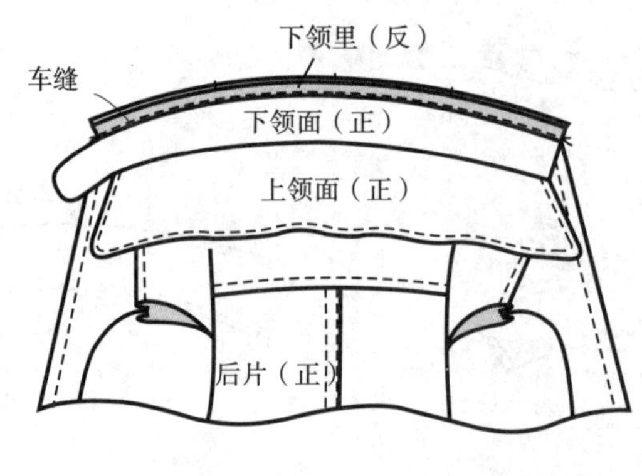

① 绱领子

上领面（正）
下领面（正）
起针
0.1缉线一周
育克里（正）

② 闷领子

图 4–1–14　绱领子

10. 做袖子（图4-1-15）

（1）缝合后袖缝：采用外包缝方法缝合，即大袖片在下，小袖片在上，反面相对，根据放缝要求缝合后袖缝，即大袖片缝份0.7cm，小袖片缝份1.5cm 车缝。然后扣烫大袖片0.7cm缝份。

（2）缉明线：打开袖片，正面在上，将扣烫后的大袖片0.7cm缝份倒向小袖片，在大袖片上沿边车0.1cm的明线。要求两明线顺直，宽窄一致（图4-1-15中②）。

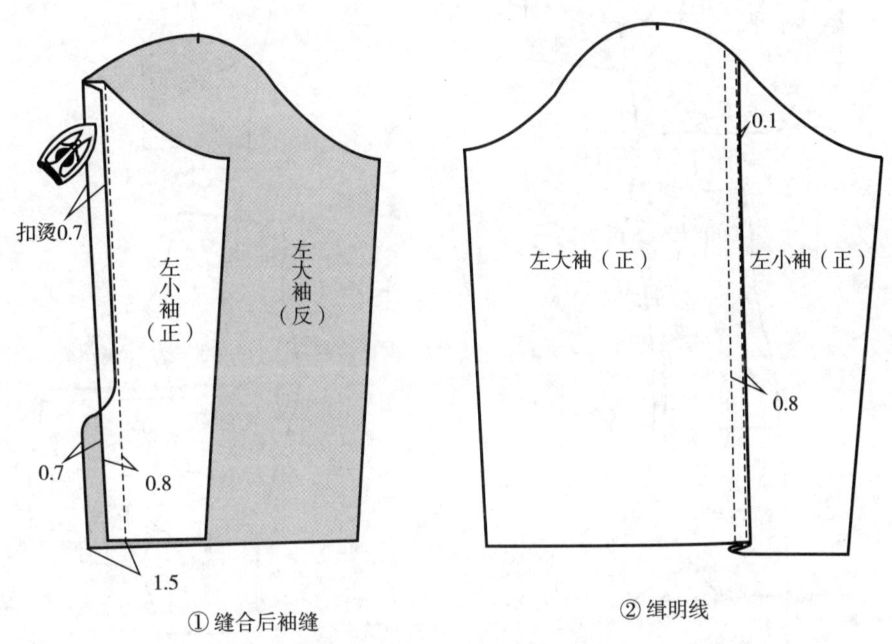

图 4-1-15　做袖子

11. 绱袖子（图4-1-16）

（1）袖片与衣片对位：衣片、袖片分别反面在上，袖窿、袖山弧线相对应，后袖缝对准后背育克拼缝，袖山绱袖点对准肩线（图4-1-16中①）。

（2）绱袖子：衣片在上，袖片在下，正面相对，按1cm缝份车缝。要求：袖山圆顺，左右对称（图4-1-16中②）。

（3）袖窿滚边：袖窿缝份采用滚袖窿条的方法包光袖窿，具体做法是：滚条布反面在上，置于衣片正面的袖窿缝份上，从腋下侧缝处起针，车0.7cm沿绱袖线车缝一周，然后翻折袖窿条，包住绱袖缝份0.8cm，在衣片正面沿袖窿条边车缝0.1cm。同时背面车住滚条布0.1cm。要求滚条的车线圆顺，宽窄一致，两袖对称（图4-1-16中③）。

（4）缉明线：绱袖缝份向衣身方向倒，沿衣身袖窿的缝合线缉0.8 cm明线。要求缉线从后片育克下3cm起沿袖窿至前片肩缝过12cm止（图4-1-16中④）。

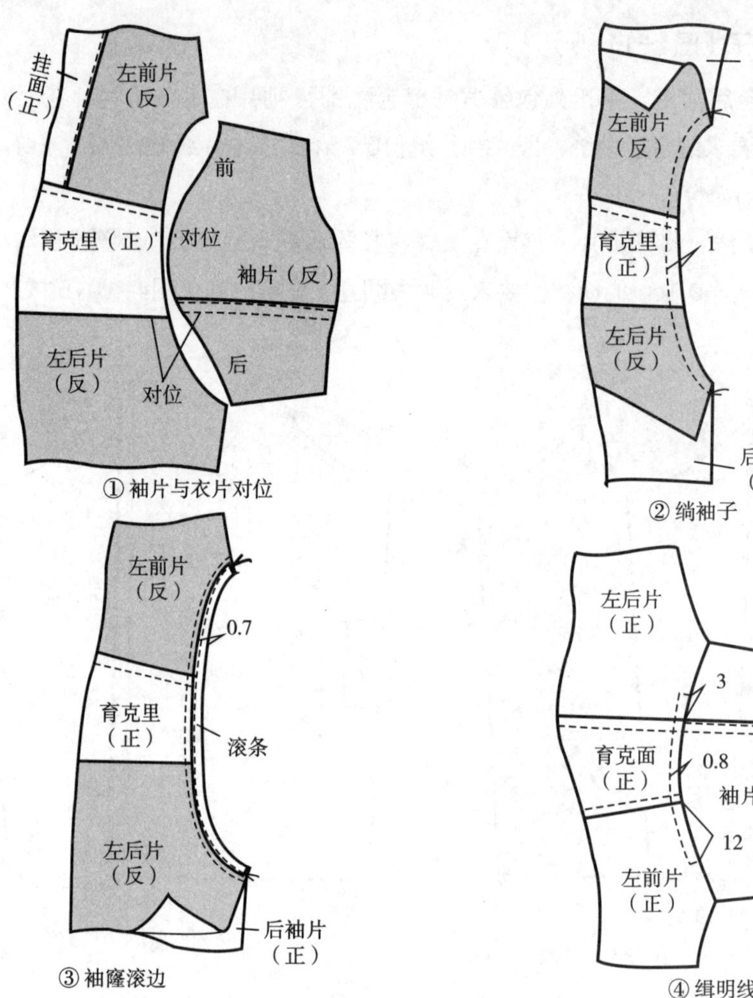

图 4–1–16　绱袖子

12. 缝合袖缝、侧缝（图4–1–17）

（1）缝合袖缝、侧缝：采用外包缝方法缝合，即后片在下，前片在上，反面相对，根据放缝要求缝合袖缝、侧缝。即后衣片、后袖片缝份0.7cm，前衣片、前袖片缝份1.5cm。然后扣烫后衣片、后袖片0.7cm缝份。

（2）车缉明线：打开衣片，正面在上，将扣烫后的后衣片、后袖片0.7cm缝份倒向前片，并沿边车0.1cm明线。要求袖底十字缝对准，两明线顺直，宽窄一致。

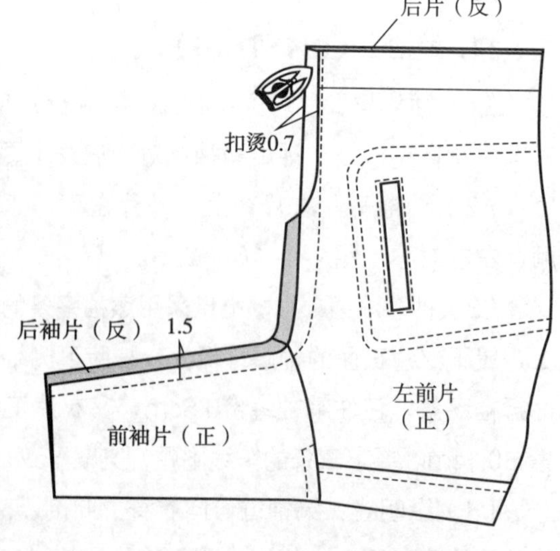

图4–1–17　缝合袖缝、侧缝

13. 做、装小襻（图4-1-18）

（1）烫粘合衬：在小襻的反面烫上无纺粘衬（图4-1-18中①）。

（2）缝合小襻：按净样板在小襻里反面画出净样，然后将小襻面、里正面相对，沿净线车缝（图4-1-18中②）。

（3）修、烫、翻、缉小襻：沿小襻净线修剪留缝0.5cm，两角留缝0.3cm，并将缝份朝面一侧扣烫，翻出小襻，烫平。然后沿小襻外口缉0.1cm明止口，定出小襻净长9cm，待装。要求：两角方正，两小襻对称，平止口，缉线线迹松紧适宜、无跳针、浮线现象（图4-1-18中③）。

（4）装小襻：小襻里在上，与后衣片正面相对。将小襻长度净线对准后衣片侧缝，沿净线车缝将小襻装于底摆宽度居中处。翻转小襻，在其正面缉双线，要求与侧缝明线重叠（图4-1-18中④）。

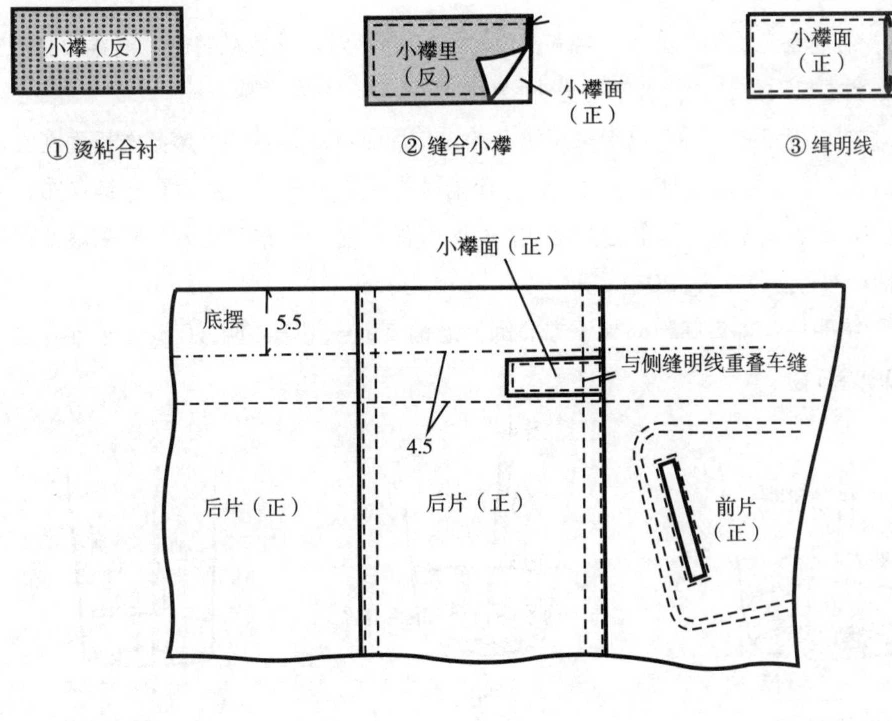

图4-1-18 做、装小襻

14. 做袖克夫（图4-1-19）

（1）烫粘合衬：在袖克夫面的反面烫上无纺粘衬（图4-1-19中①）。

（2）缝合袖克夫：先把袖克夫正面对折叠合，根据袖克夫规格把两端分别车缝，并修剪缝份（图4-1-19中②）。

（3）翻、烫、缉袖克夫：沿两端车缝线翻出袖克夫，烫平整，在正面沿三边车0.1cm明线。定出袖克夫4cm净宽，留1.5cm绱袖克夫缝份，并车缝固定。要求两角方正、两克夫一致，缉线线迹松紧适宜、无跳针、浮线现象（图4-1-19中③）。

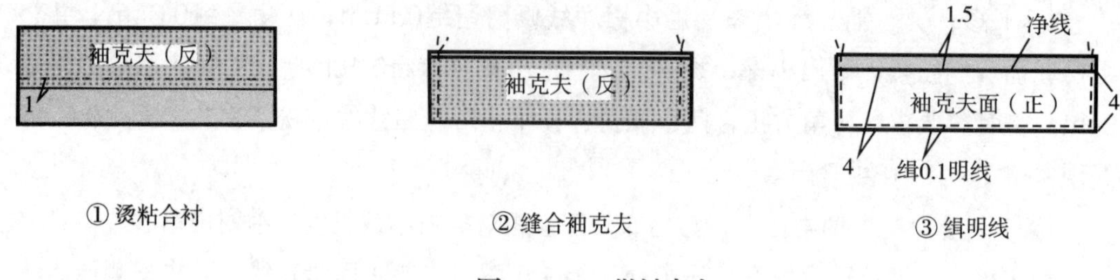

图 4-1-19　做袖克夫

15. 绱袖克夫（图4-1-20）

（1）绱袖克夫：袖片在下，袖克夫在上，正面相对，从后袖缝起，沿袖口按1.5cm缝份车缝至袖口对位处止。要求两克夫缝线宽窄一致，左右对称。

（2）袖口缝滚边：袖口缝份采用滚条的方法包缝袖口，首先，滚条布反面在上，置于袖片缝份上，从袖底缝处起针，车0.7cm沿袖口线车缝一周，然后翻折滚条布，包住袖口缝份0.8cm，沿滚条边车缝0.1cm。同时背面车住滚条布0.1cm。要求滚条宽窄一致，两袖口对称（图4-1-20中②）。

（3）缉明线：袖口缝份向袖子方向倒，沿袖口缝一周车缉明线0.8cm于袖片上（图4-1-20中③）。

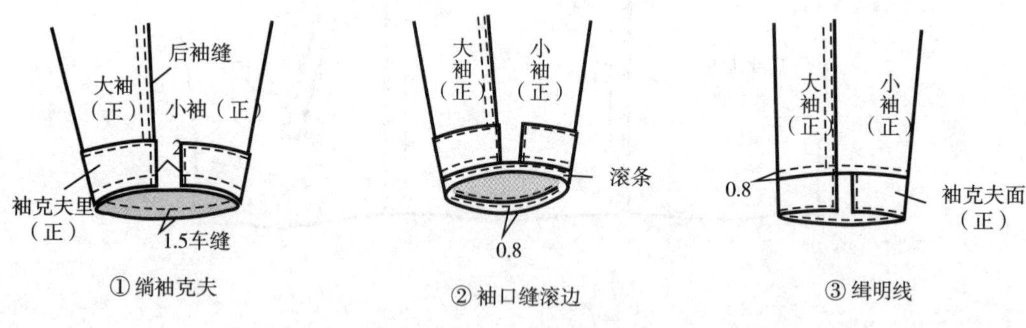

图 4-1-20　绱袖克夫

16. 做底摆（图 4-1-21）

（1）烫底摆：分两次扣烫底摆，分别为1cm和4.5cm。

（2）缉挂面、底摆：在挂面与底摆交界处，放平扣烫后的底摆，挂面平叠其上面，并在底摆宽4.5cm距离段，用0.1cm明线将挂面、底摆缉住。

（3）缉底摆：双线。第一条距底摆线4.4cm。第二条距底摆线0.1cm。要求两线平行，缉线线迹松紧适宜，无跳针、浮线现象。

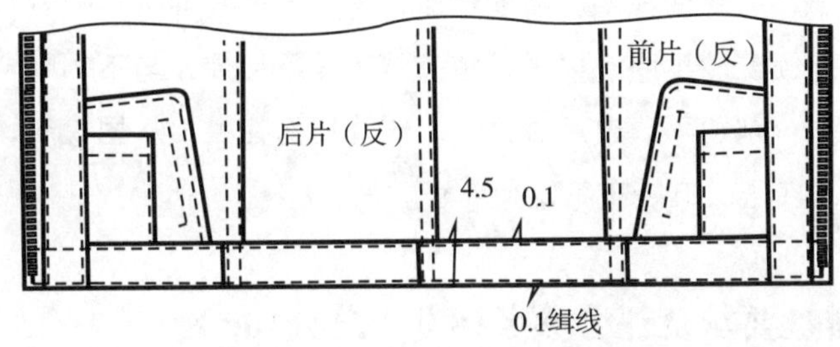

图 4-1-21　做底摆

17. 锁眼、钉扣（图4-1-22）

（1）圆头锁眼：共7只。根据样板定出各部位锁眼位置。

下摆两小襻处横眼各1只，扣眼大2cm（图4-1-22中①）。

两袖克夫门襟头各1只，扣眼大2cm（图4-1-22中②）。

两个里贴袋口横扣眼各1只，扣眼大1.8 cm（图4-1-22中③）。

下领门襟头横眼1只，扣眼大1.8cm（图4-1-22中④）。

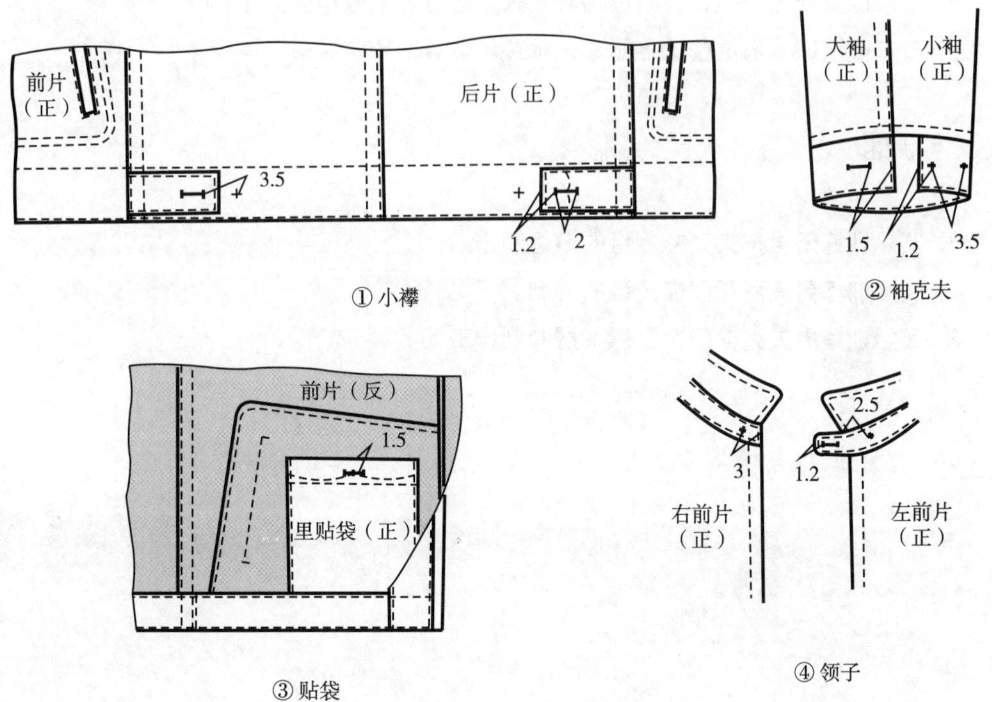

图 4-1-22　锁眼、钉扣

（2）钉扣子：共12颗。在锁眼位置相对应的下摆两小襻处各2颗，两袖克夫里襟头各2颗，扣大1.7cm。两个里贴袋口各1颗，下领里襟头、门襟头各1颗，扣大1.5cm。

18. 整烫

整件夹克衫缝制完毕，先修剪线头、清除污渍，再用蒸气熨斗进行熨烫。首先上领里在上，沿领止口起将上领熨烫平服。要求领角有窝势、不反翘，与下领贴合，翻转自如。其次将袖子、袖克夫分别烫平。最后烫大身，衣片反面在上，从里襟起，经后衣片至门襟格，分别将衣身、底摆、口袋布等熨烫平整。

八、男夹克衫缝制质量要求及评分参考标准（总分100）

1. 规格尺寸符合要求。（10）
2. 各部位缝线整齐、牢固、平服。底面线松紧适宜，无跳线、断线。（10）
3. 上下领贴合平服，上领两领角长短一致，领面松紧适宜，不反翘。（15）
4. 两袖左右对称、绱袖圆顺，袖克夫平整。袖窿、袖口缝滚条不起涟形。（15）
5. 挖袋、贴袋左右对称，袋布平服。（10）
6. 门襟拉链平服，止口缉线顺直，宽窄一致。（10）
7. 下摆顺直，宽窄一致、平服，不起皱，不起涟。（10）
8. 锁眼位置准确，钮扣与眼位相对，大小适宜，整齐牢固。（10）
9. 成衣整洁，各部位整烫平服，无水迹、烫黄、烫焦、极光等现象。（10）

九、实训题

1. 实际训练无里布夹克衫缝份的滚边制作。
2. 实际训练男夹克衫门襟拉链的缝制。
3. 实际训练男夹克衫门、里襟下摆的制作工艺。

第二节　男马甲工艺

一、概述

1. 外形特征

该款是男装中较为典型的款式，通常与西装、西裤组成男装三件套。V字领，单排5粒扣，前身下摆尖角，4个挖袋，前后身收腰省，侧缝开短衩。后身做背缝，束腰带。前身面料同西服面料，后身面、里均采用西服里料。款式见图4-2-1。

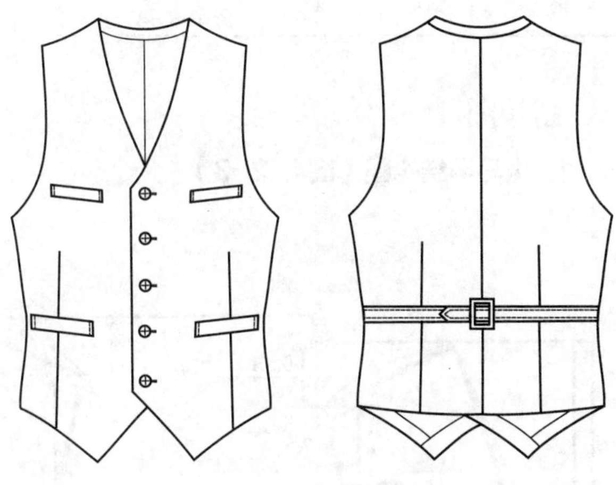

图4–2–1　马甲款式图

2. 适用面料

在用料选择时，面料可使用毛料、棉、麻、化纤等织物。里料可选用涤丝纺、尼丝纺等织物。

3. 面辅料参考用量

（1）面料：门幅144cm，用量约65cm。估算式：后衣长＋10～15cm

（2）里料：门幅144cm，用量约75cm。估算式：后衣长＋22～25cm

（3）辅料：袋布50cm，粘合衬65cm，腰带扣1副，扣子5粒。

4. 男马甲平面组合图（图4-2-2）

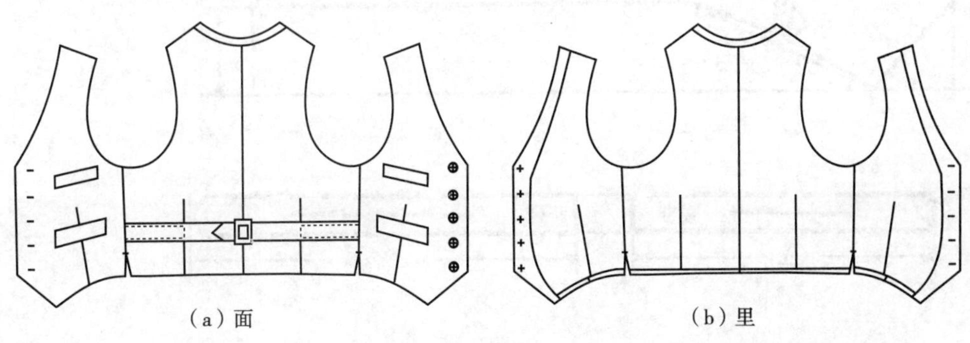

图4–2–2　男马甲平面组合图

二、制图参考规格（不含缩率）

表4－2－1　制图参考规格

（单位：cm）

名称	号/型	后衣长	胸围（B）	肩宽	背长	大袋大/宽	手巾袋大/宽	开衩长
规格	175/90A	52	90+4（放松量）=94	33	41.6	12/ 2.5	8/2	3

三、结构图

1. 男马甲结构图（图4-2-3）

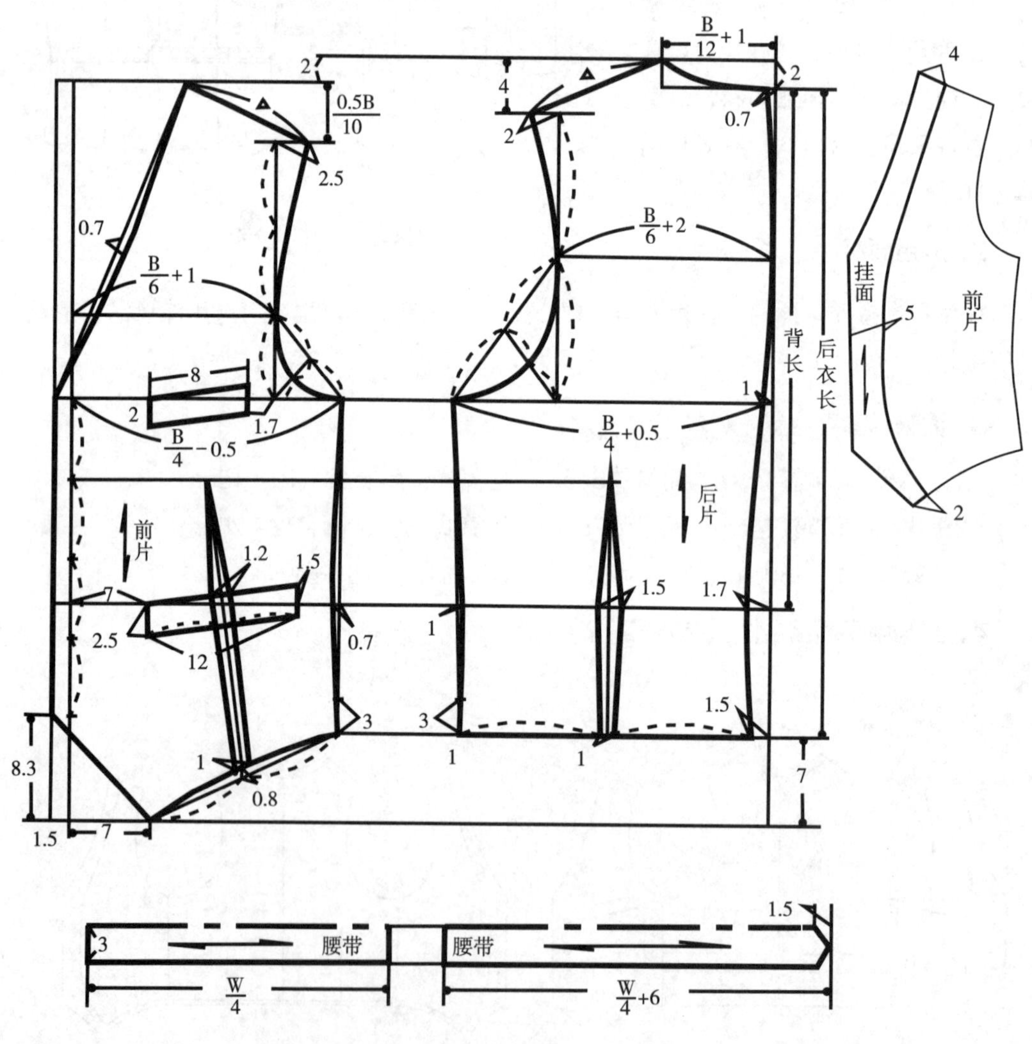

图 4-2-3　男马甲结构图

2. 零部件毛样图

（1）面料零部件毛样图（图4-2-4）

（2）袋布毛样图（图4-2-5）

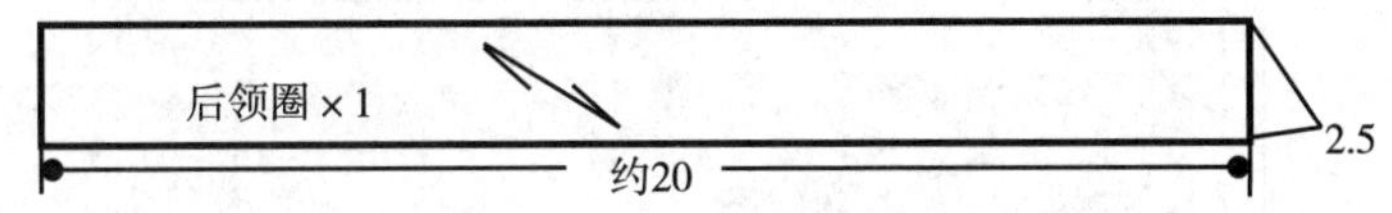

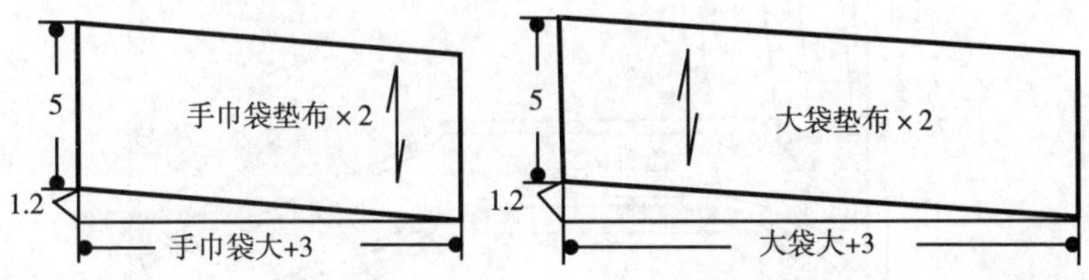

图 4-2-4 面料零部件毛样图

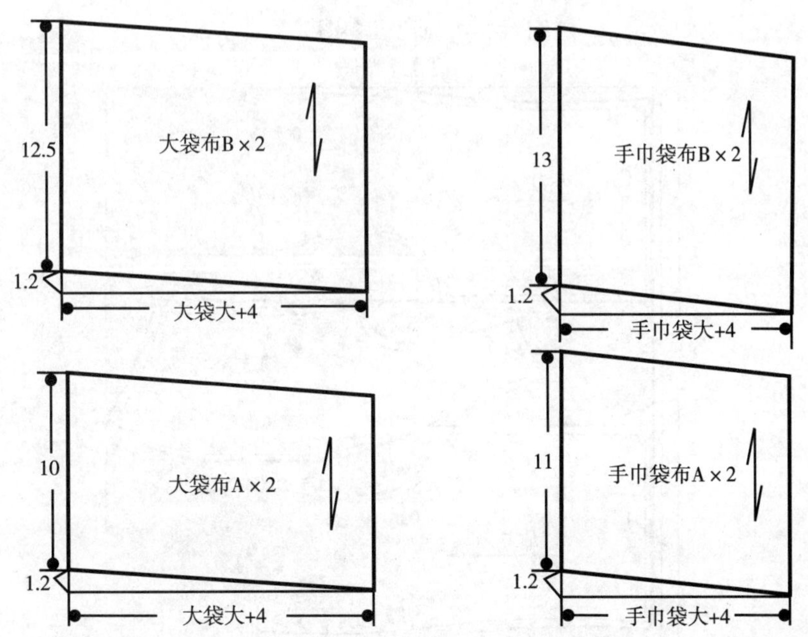

图 4-2-5 袋布毛样图

四、放缝、排料图

1. 面子排料图（图4-2-6）

2. 里子排料图（图4-2-7）

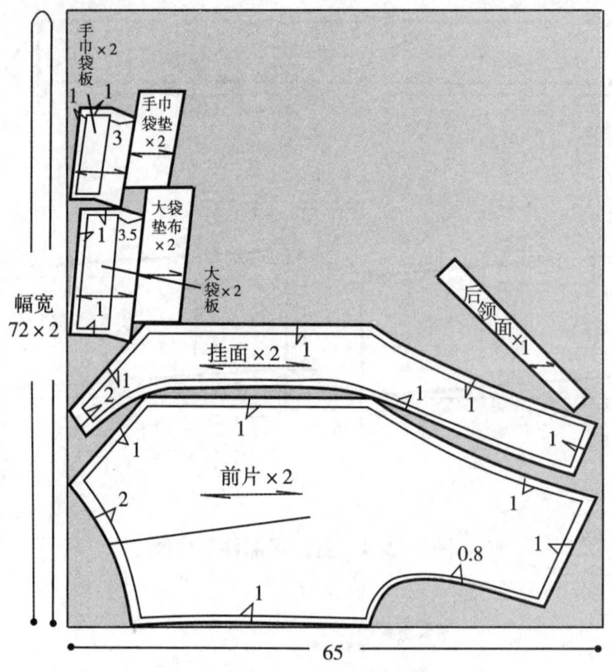

图 4-2-6　面子排料图

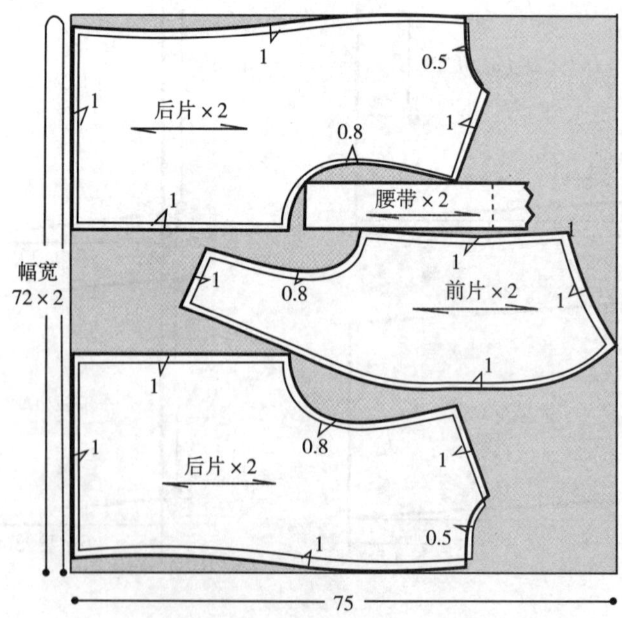

图 4-2-7　里子排料图

五、样板名称与裁片数量

表 4-2-2 马甲样板名称与裁片数量

序号	种 类	名 称	裁片数量（片）	备 注
1	面料主部件	前片	2	左、右各一片
2		挂面	2	左、右各一片
3	面料零部件	后领面	1	左、右共一片
4		大袋垫布	2	左、右各一片
5		手巾袋垫布	2	左、右各一片
6		大袋板条	2	左、右各一片
7		手巾袋板条	2	左、右各一片
8	里料主部件	前片	2	左、右各一片
9		后片	4	左、右各二片
10	里料零部件	腰带	2	左、右各一片
11	袋布	大袋布A	2	左、右各一片
12		大袋布B	2	左、右各一片
13		手巾袋布A	2	左、右各一片
14		手巾袋布B	2	左、右各一片
15	粘衬部位	前片	2	左、右各一片
16		挂面	2	左、右各一片
17		大袋板条	2	左、右各一片
18		小袋板条	2	左、右各一片

六、缝制工艺流程和缝制前准备

1. 缝制工艺流程

打线钉、收省、烫省、归拔 → 做挖袋 → 敷牵带、敷挂面、做止口 → 做里子 → 缝合前袖窿、底边、做侧衩 → 收后省、缉背缝 → 修剪后片、装后领圈 → 缝合后袖窿、底边、做侧衩 → 做、装腰带 → 缝合并翻烫侧缝、肩缝 → 缲里子、锁扣眼、钉扣、打套结 → 整烫

2. 缝制前准备

（1）针号和针距

针号：面料80/12号～90/14号，里料：70/10号～75/11号。

针距：明线14~16针/3cm，底、面线均用配色涤纶线。暗线13~15针/3cm，底、面线均用配色涤纶线。

（2）做标记

按样板在袋位、装领位和袖窿等处剪口作记号。要求：剪口宽不超过0.3cm，深不超过0.5cm。

（3）粘粘合衬

烫有纺粘合衬：前衣片，挂面，手巾袋板条，大袋板条分别用熨斗烫上粘衬后，再经粘合机粘合定型。注意调到适当的温度、时间、压力，以保证粘合均匀、牢固。

七、缝制工艺步骤及主要工艺

1. 打线钉、收省、烫省、归拔（图4-2-8）

（1）打线钉：线钉部位为领口弧线、止口线、底边线、眼位线、袋位线、腰节线、省位线（图4-2-8中①）。

（2）收省：先按照省位线钉，沿省中剪开省缝，剪至离省尖4cm处，然后按照省位线钉车省，要求上下层松紧一致，缉线要顺直，省尖留线头打结（图4-2-8中②）。

（3）烫省、归拔：分烫省缝时，缝份下垫长烫凳，为防止省尖烫倒，可将手缝针插入省尖，把省尖烫正、烫实。前胸丝缕归正，领口处适当归拢。将侧缝放平，肩头拔宽，袖窿处归进，横丝、直丝归正，省缝后侧腰节处适当拔开（图4-2-8中③）。

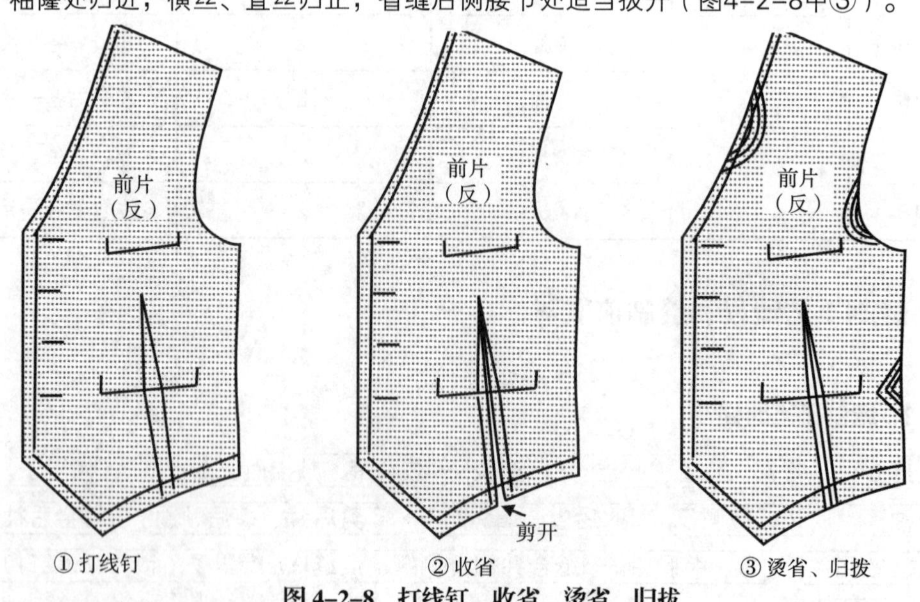

图4-2-8　打线钉、收省、烫省、归拔

2. 做挖袋（大袋、手巾袋制作方法相同）（图4-2-9）

（1）画袋位、扣烫袋板布：根据线钉在衣片正面画出袋位。然后将烫好粘衬的袋板布用袋板净样板扣烫（图4-2-9中①）。

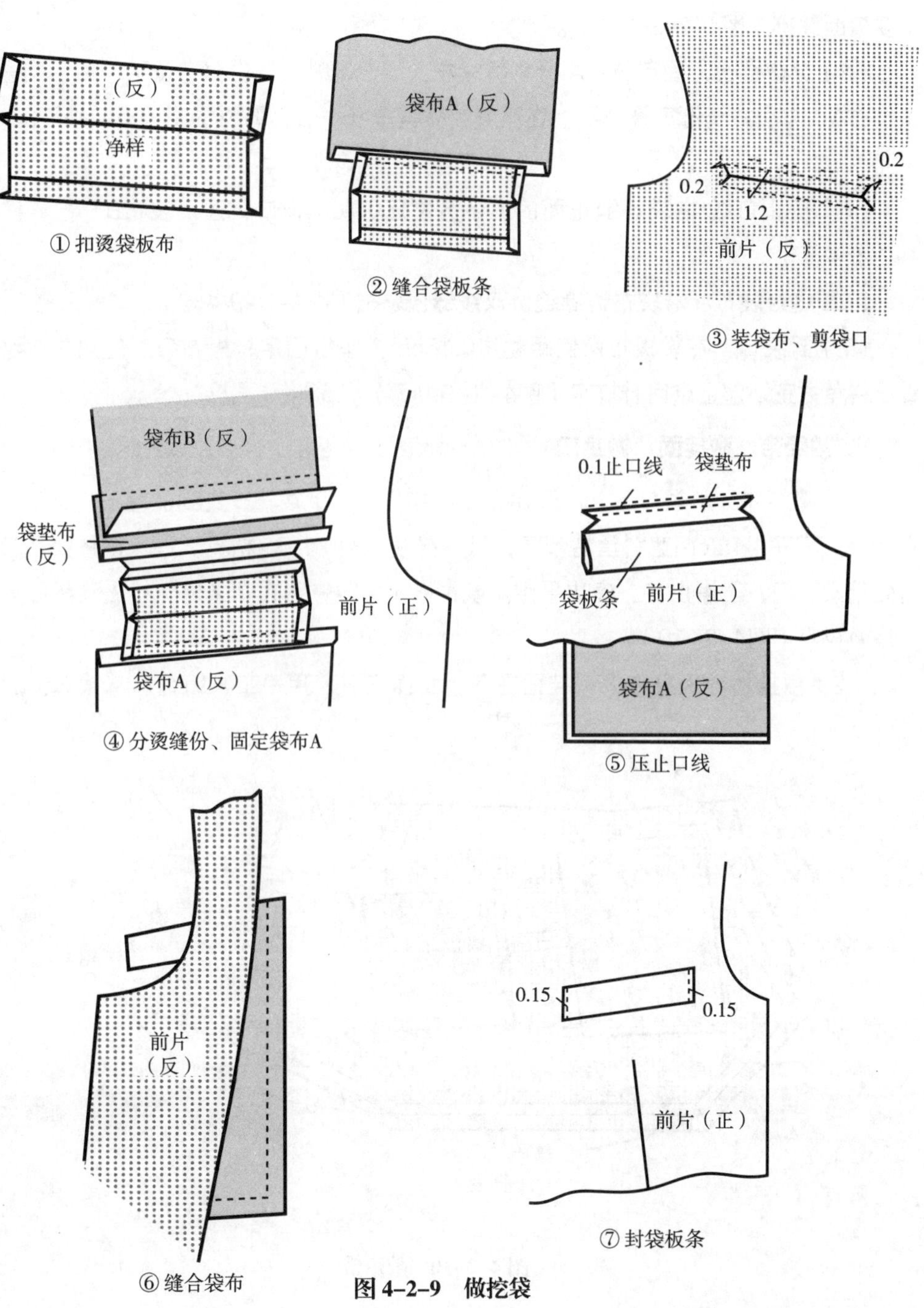

图4-2-9 做挖袋

（2）车缝袋板条：按缝份车缝袋板布与袋布A。将袋垫布放在袋布B的相应位置上，用扣压缝的方法车缝固定；袋板布与衣片正面相对，按线钉袋位线车缝，将袋板布装上，两端倒回针车缝固定（图4-2-9中②）。

（3）装袋布、剪袋口：离袋口线1.2cm处平行车缝将袋垫布装上。注意两端缝线比袋口线缩进0.2cm，并倒回针车缝固定。在两缝线中间剪开，两端剪成“Y”形，注意不要剪断线迹（图4-2-9中③）。

（4）分烫缝份、固定袋布A:分别将袋布条缝份、袋垫缝份分开烫平，然后翻进并摆正袋布A，与袋布缝份重叠烫平，在原缝线处再车缝一道，将袋布A一起缉住（图4-2-9中④）。

（5）压止口线:在袋垫缝正面的上下分别压0.1cm止口。注：袋布B一起压住（图4-2-9中⑤）。

（6）缝合袋布：沿袋布边缘缝份双线缝合袋布（图4-2-9中⑥）。

（7）封袋口：在袋板布两侧距边缘0.15cm处车缝固定袋板布条。注意袋口丝缕顺直、袋角方正，起止点回针打牢（图4-2-9中⑦）。

3. 敷牵带、敷挂面、做止口

（1）敷牵带：从领口下2cm开始，经门襟止口、下摆，一直到侧缝衩口上3cm处止敷牵带。可采用1.2cm宽斜丝粘牵条，沿净缝线内侧0.1 cm粘烫。注意领口处、门襟下角处稍紧，门、里襟止口、底边平敷。敷袖窿牵条时，可在牵条内侧打上几个眼刀，并且略微拉紧（图4-2-10）。

（2）敷挂面：大身在上，挂面在下，正面相对，用手工长绗缝，从领口处起针，

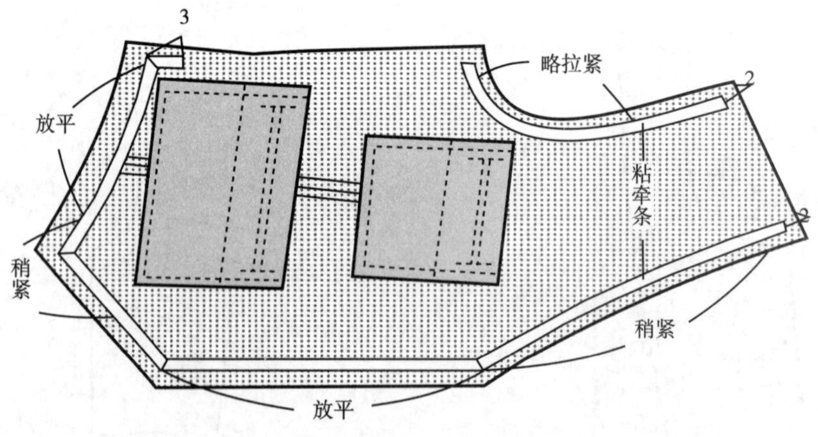

图 4-2-10　敷牵带

上段平敷，中段略松，转弯到下口挂面稍紧。

（3）缝合止口：将敷好的挂面吃势定位，沿牵条外侧0.1 cm即净线车缝止口。缝线要顺直，吃势不能移动。

（4）翻烫止口：大身留缝份0.8cm，挂面留缝份0.4cm，并将缝份朝大身一侧扣烫平服。然后将止口翻出，按里外匀将止口烫平、烫实，同时将底边也按线钉扣烫好。

4. 做里子（图4-2-11）

（1）车缝省道:前片里子按大小收省，要求上下层松紧一致，缉线要顺直,省缝向前中烫倒（图4-2-11①）。

（2）缝合里子与挂面、修片:前片里子与挂面缝合，缝份朝侧缝烫倒。前片面料在上，里子放平，修前片里子;里子肩宽至后袖窿比面子修窄0.3cm。侧缝处按照前身面子放0.3cm，因面子底边已扣烫好，所以底边处比面子放长1cm（图4-2-11②）。

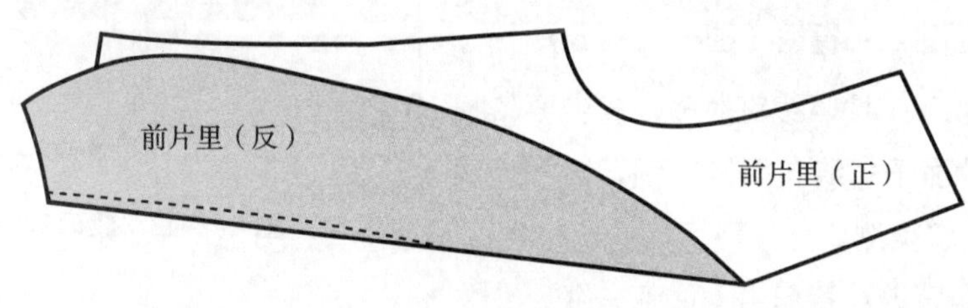

① 车缝省道缝

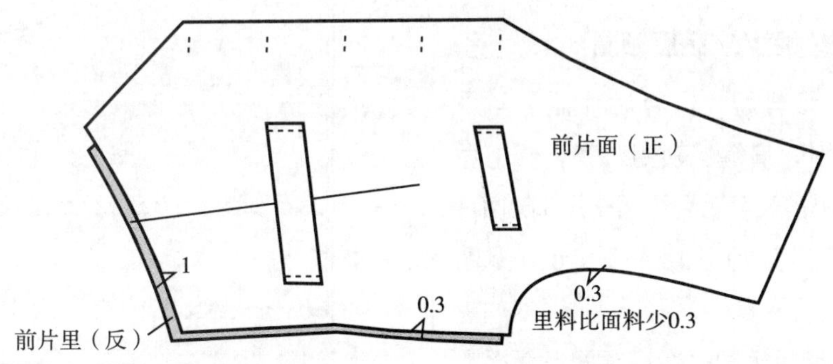

② 缝合里料与挂面、修片

图 4-2-11 做里子

5. 缝合前袖窿、底边，做侧开衩（图4-2-12）

（1）缝合前袖窿、底边：把前片的面子与里子正面相对，按0.7cm缝份缝合袖窿，1cm缝份缝合底边。然后在袖窿凹势处打几个刀眼，将缝头朝大身一边扣倒，翻出止口，让袖窿里子坐进0.2cm，底边里子坐进0.5cm烫好。

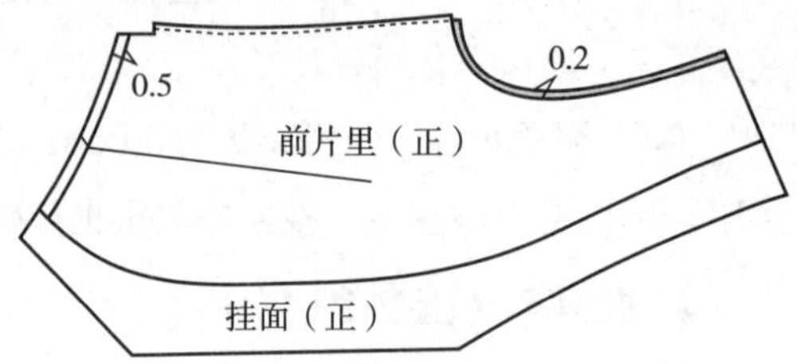

图 4-2-12　缝合前袖窿、底边，做侧衩

（2）做侧开衩：把前片面子与里子正面相对，在侧缝下端净缝向上3cm线钉处打眼刀，眼刀深0.8cm，并将开衩缝合翻转烫平，左右两个侧衩长短应一致。

6. 收后省、缉背缝（图4-2-13）

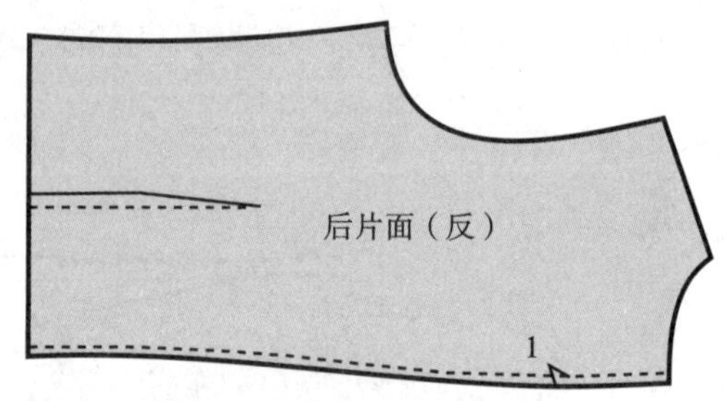

图 4-2-13　收后省、缉背缝

（1）收省：按照线钉收省，省尖要缉尖。后片面子省缝向两侧烫倒，里子省缝向背中缝烫倒。

（2）缉背缝：背缝由上往下车缝，上下层松紧一致，面子缝份为1cm，里子缝份为0.8cm，面、里背缝交错烫倒，避免内外缝重叠而产生厚感。

7. 修剪后片、装后领圈

（1）修剪后片：将后片面子与里子正面相对，肩缝、领圈对齐，修剪后片。后片里子长度比后片面子短0.6cm，后片里子肩宽面子修窄0.3cm（图4-2-14）。

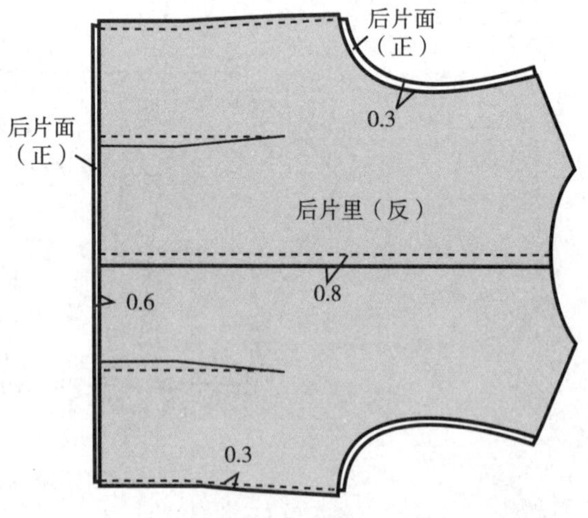

图 4-2-14　修剪后片

（2）装后领圈：在后领圈反面烫上无纺粘合衬，按照后领圈弧长两端各放0.8cm缝头，对折并烫成弯形，再分别与衣片后领口面、里拼接，缝头朝衣片方向烫倒。

8．缝合后袖窿、底边、做侧衩（图4-2-15）

（1）缝合袖窿、底边：后片面子与里子正面相对，以0.7cm缝头将后衣片面、里的袖窿、底边（中间留10cm左右开口）缝合；然后在袖窿凹势处打几个刀眼，将缝份向后背里扣烫，翻出止口，让袖窿里子坐进0.2cm、底边里子坐进0.5cm，将止口烫好。

（2）做侧开衩：后衣片面和里正面相对，在侧缝下端净缝向上3cm线钉处打刀眼，刀眼深0.8cm，并将开衩缝合翻转烫平。左右两个侧衩长短应一致。

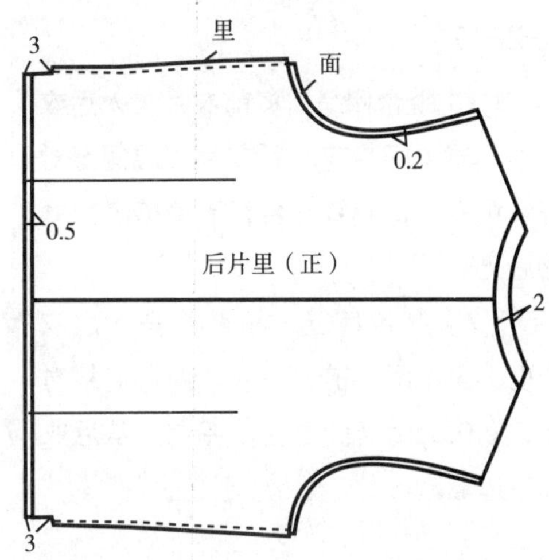

图4-2-15　缝合后袖窿、底边、做侧开衩

9．做、装腰带（图4-2-16）

（1）做腰带：腰带有长短2根。按净样画准腰带宽度和长度，车缝后，分缝翻出烫平。长腰带一端做成宝剑头，短腰带一端装上腰带扣（图4-2-16中①）。

（2）装腰带：将长腰带装在右后片正面腰节的居中侧缝处，短腰带装在左后片正面腰节的居中侧缝处，缝份0.8cm（图4-2-16中②）。将后片腰带放平，画准腰节线位置，用0.2 cm明线缉缝腰带，到后省位止。

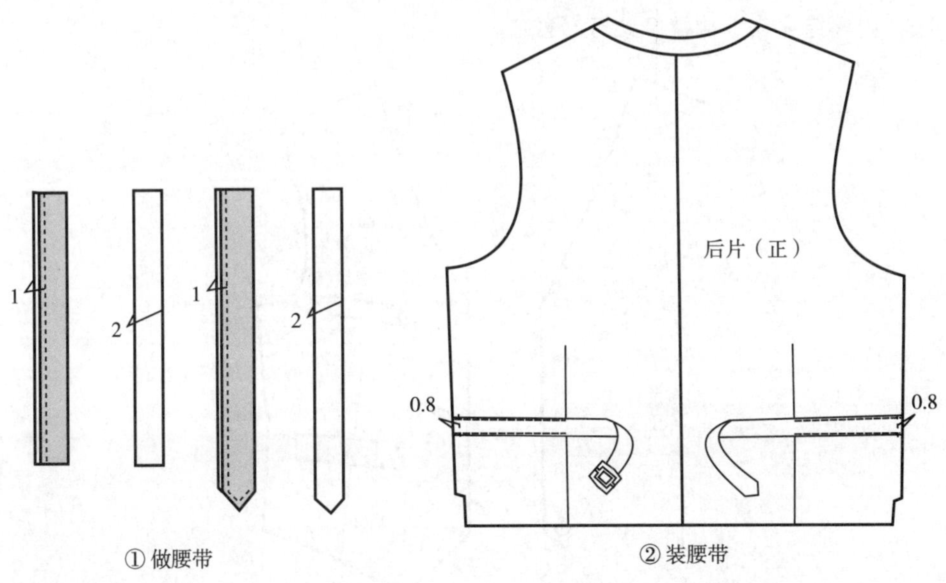

图4-2-16　做、装腰带

10. 缝合并翻烫侧缝、肩缝（图4-2-17）

（1）缝合侧缝：将前衣片夹入后衣片面、里中间，前、后衣片四层侧缝对齐，侧衩上口起针缝合，至侧缝上部袖窿底止。

（2）缝合肩缝：将前片夹入后衣片面、里中间，前、后衣片四层肩缝对齐，以0.8cm缝份缝合，将衣片从后衣片底边翻出。

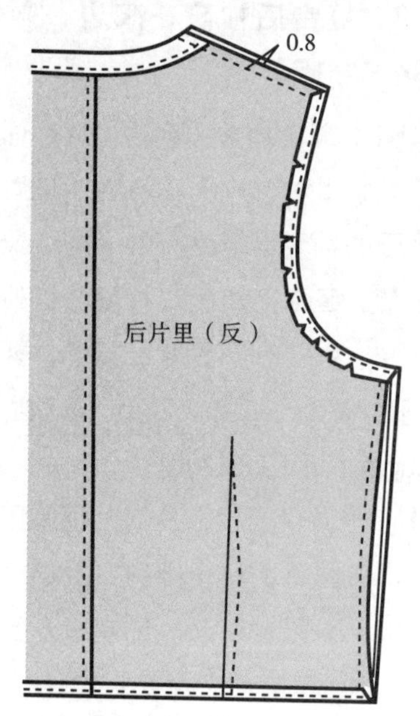

图 4-2-17　缝合并翻烫侧缝、肩缝

11. 缲里子、锁扣眼、钉扣、打套结

（1）缲里子：将后衣片底边中间留的开口，用手工暗针缲牢固定。

（2）锁眼、钉扣：门襟锁圆头眼5个，以线钉为准将眼位画好，注意横扣眼尾部向上稍翘一点，眼位离止口1.5cm，扣眼大1.7cm。在里襟正面相应位置钉钮扣5粒，视止口厚度绕脚，钮扣直径大1.5cm（图4-2-18）。

（3）打套结：在下摆衩口处打好套结。

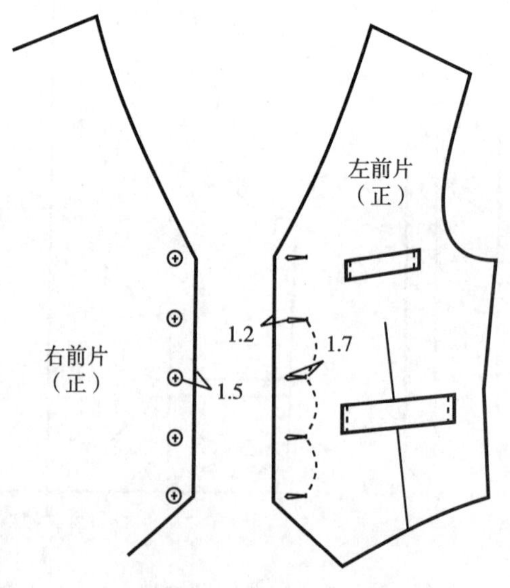

图 4-2-18　锁扣眼、钉扣

12. 整烫

（1）烫里子：整烫前，先将线钉、扎线、线头清除干净，然后将前片反面平放在烫台上，沿止口、下摆及挂面内侧烫平。

（2）烫前身：将马夹正面向上，胸部下面垫布馒头，用蒸气熨斗熨烫；将丝缕归正，烫挺。

（3）烫袖窿：袖窿下垫布馒头，将袖窿侧缝烫挺。

（4）烫过肩、后背：下垫铁凳，将肩缝烫顺、烫挺，再把后衣片烫平。

八、缝制工艺质量要求及评分参考标准（总分100分）

1. 规格尺寸符合标准与要求。（10分）
2. 领口圆顺、平服，不豁、不抽紧。（15分）
3. 左右袋口角度准确、平服，高低一致。（10分）
4. 胸省顺直，左右对称，高低一致。（10分）
5. 袖窿平服，不豁、不紧抽，左右袖窿基本一致。（15分）
6. 两肩平服，小肩长度基本一致。（10分）
7. 后背平服，背缝顺直，侧开衩高低一致。（10分）
8. 锁眼位置与钮扣一致，钉扣绕脚符合要求。（10分）
9. 成衣整洁，各部位整烫平服，无水迹、烫黄、烫焦、极光等现象。（10分）

九、实训题

1. 实际训练男马甲的手巾袋缝制。
2. 实际训练敷牵带、做止口。
3. 实际训练马甲侧衩的缝制。

第三节　男夹克、马夹工艺拓展实践

一、加拉链斜襟短款男夹克

1. 款式特点

该款男夹克为三开身结构，收身、两片袖、全衬里、大翻领、上下领结构，斜门襟加拉链，衣服下摆有可调节宽腰带，两个加粗齿拉链的斜插袋，大袖片设计了一条斜向分割线，并在前侧加拉链，袖口处的弧形分割处理给整体增添多层次的动感韵味，挂面的翻折线内侧有单嵌线挖袋作为里袋。衣身的各条分割线、袋口、袖山、袖口等处车装饰明线，该款夹克时尚、洒脱，适合年轻男性穿着。款式见图4-3-1。

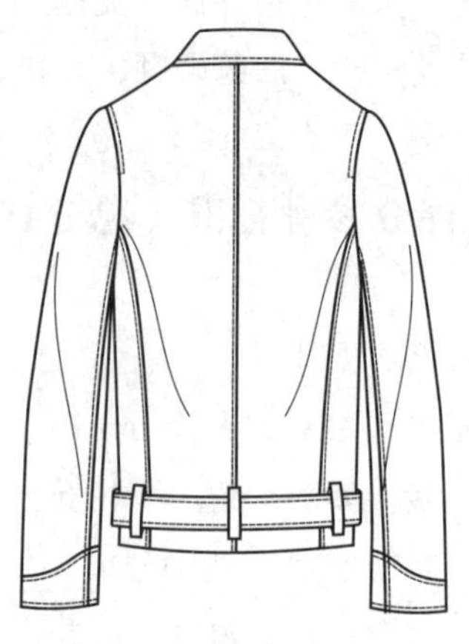

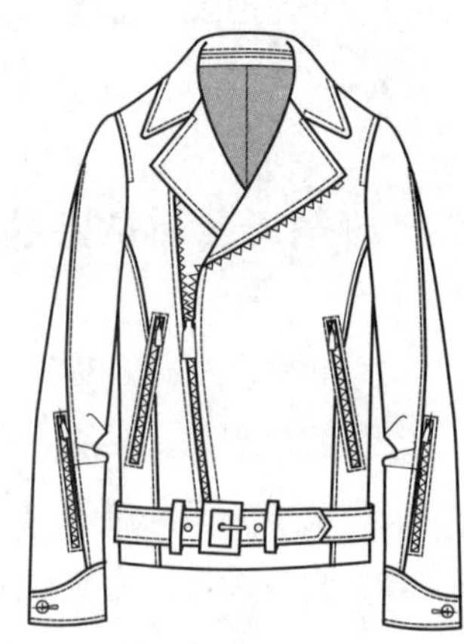

图 4-3-1　斜襟短款男夹克款式图

2. 适用面料

（1）面料：棉、毛等混纺面料，可选用中等厚度的水洗的牛仔斜纹面料配合做旧的铜拉链。

（2）里料：薄棉布、亚沙涤、尼丝纺等。

3. 面辅料参考用量

（1）面料：门幅144cm，用量约160cm。估算式：衣长+袖长+25cm。

（2）里料：门幅144cm，用量约140cm。估算式：衣长+袖长+10cm。

（3）辅料：有纺粘合衬门幅150cm，用量约70cm；

门襟开尾拉链（长约54cm）1条；

口袋拉链（长约28cm）2条；

袖缝拉链（长约15.5cm）2条；

扣子3颗；

4.5cm宽腰带日字扣1个；

金属气眼5副。

4. 结构制图

（1）制图参考规格（不含缩率，见表4-3-1）

表 4-3-1　制图参考规格

（单位：cm）

号/型	胸围（B）	后中长	腰围（W）	肩宽（S）	袖长	下摆	袖口大	领后中宽
175/92	92＋14（松量）=106	63.5	92	46	66	104	27	8.5

（2）款式结构制图

1. 衣身结构制图（图4-3-2）。

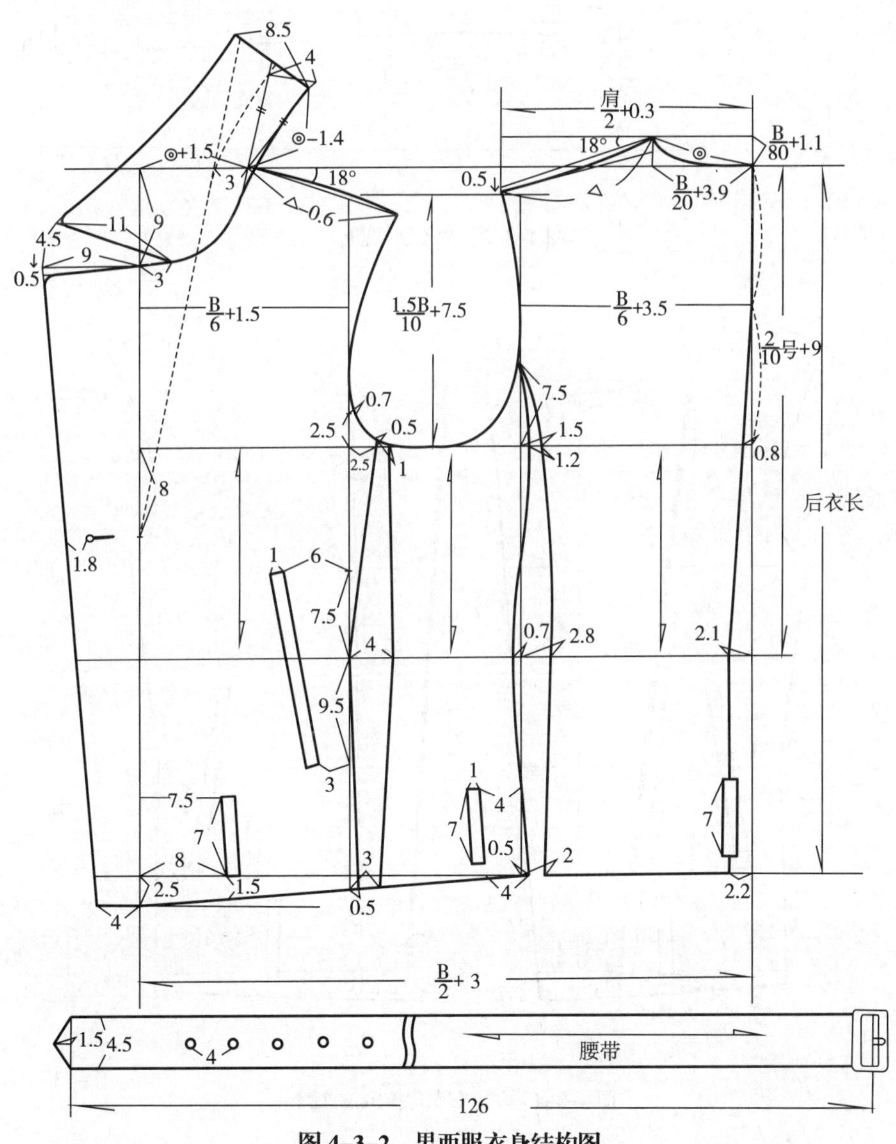

图 4-3-2　男西服衣身结构图

2. 袖子结构图（图4-3-3）。

3. 左、右前衣片拉链位置图（图4-3-4）

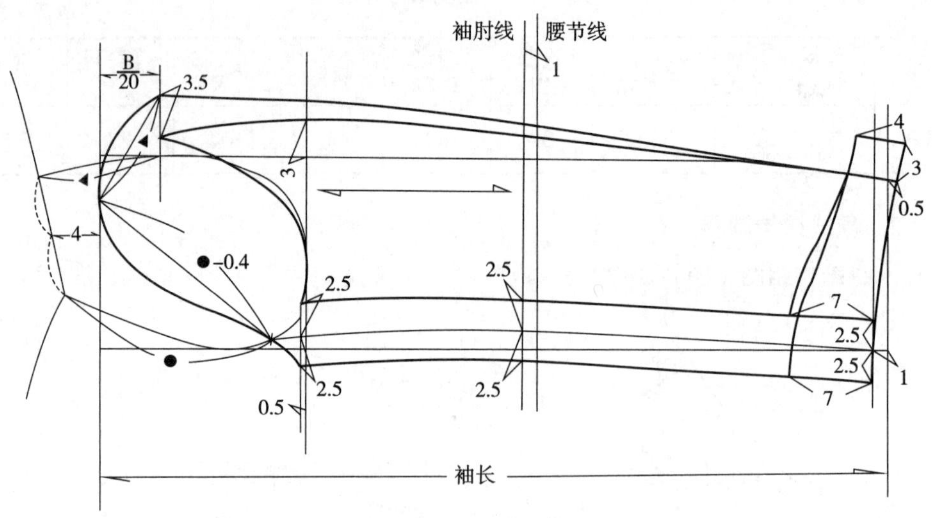

图4-3-3　袖子结构图

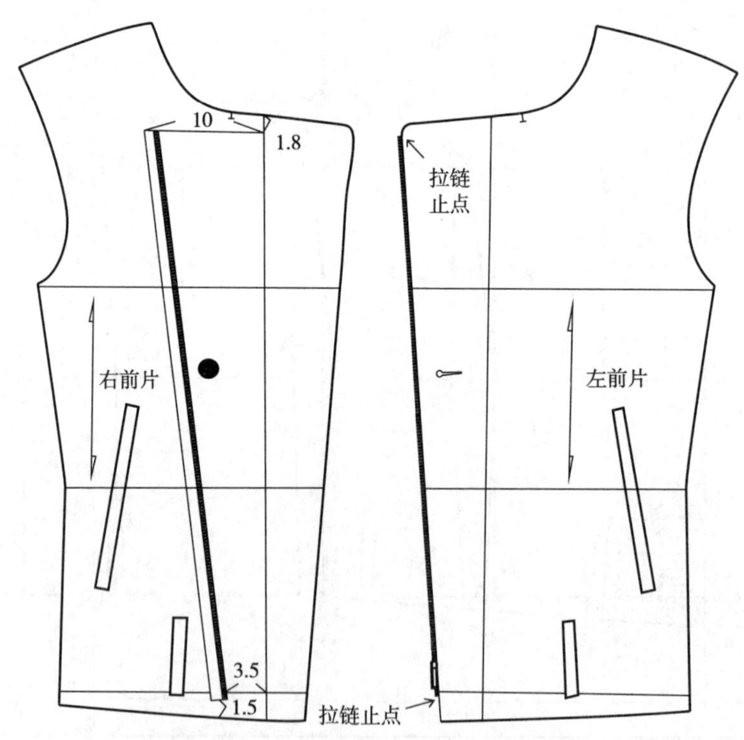

图4-3-4　左、右衣片拉链位置图

4. 领子结构图（图4-3-5）

5. 挂面处理图（图4-3-6）

6. 袖片结构分割、袖口布配合图（图4-3-7）

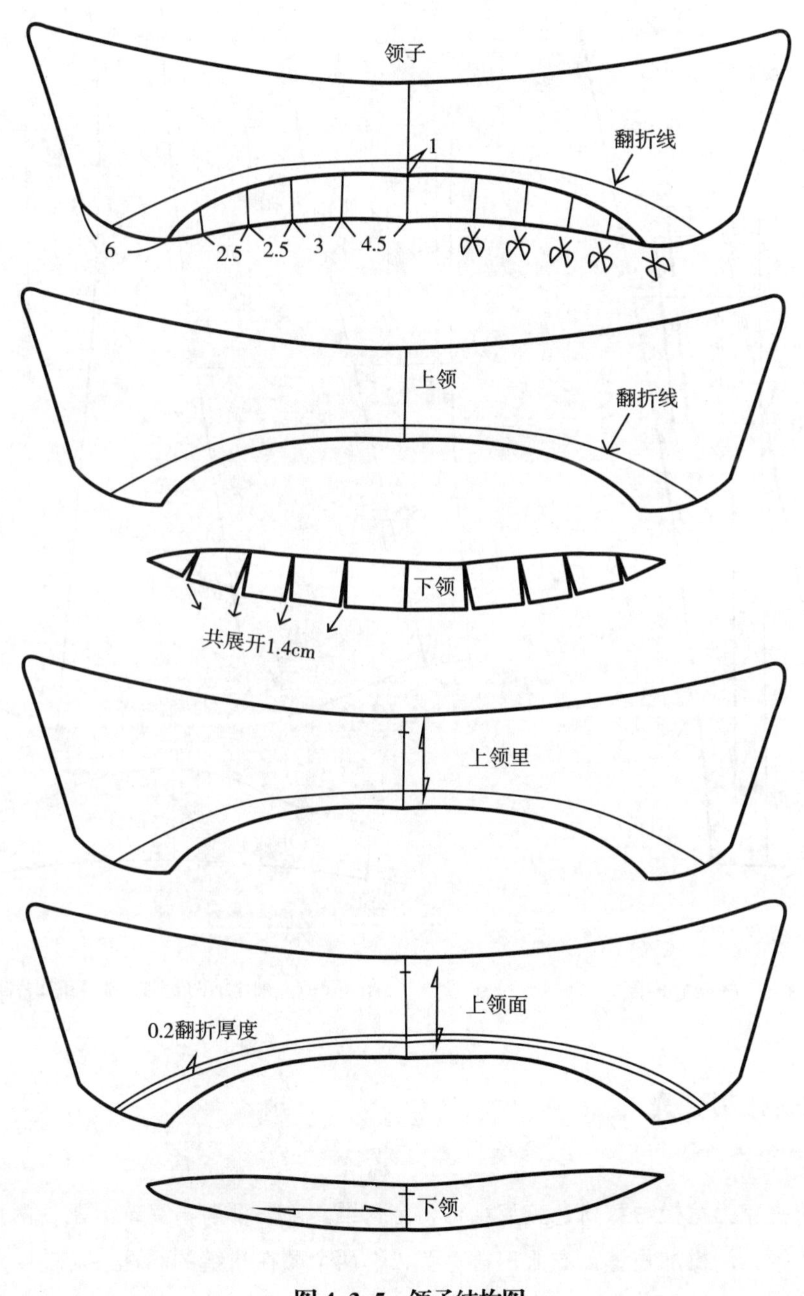

图 4-3-5 领子结构图

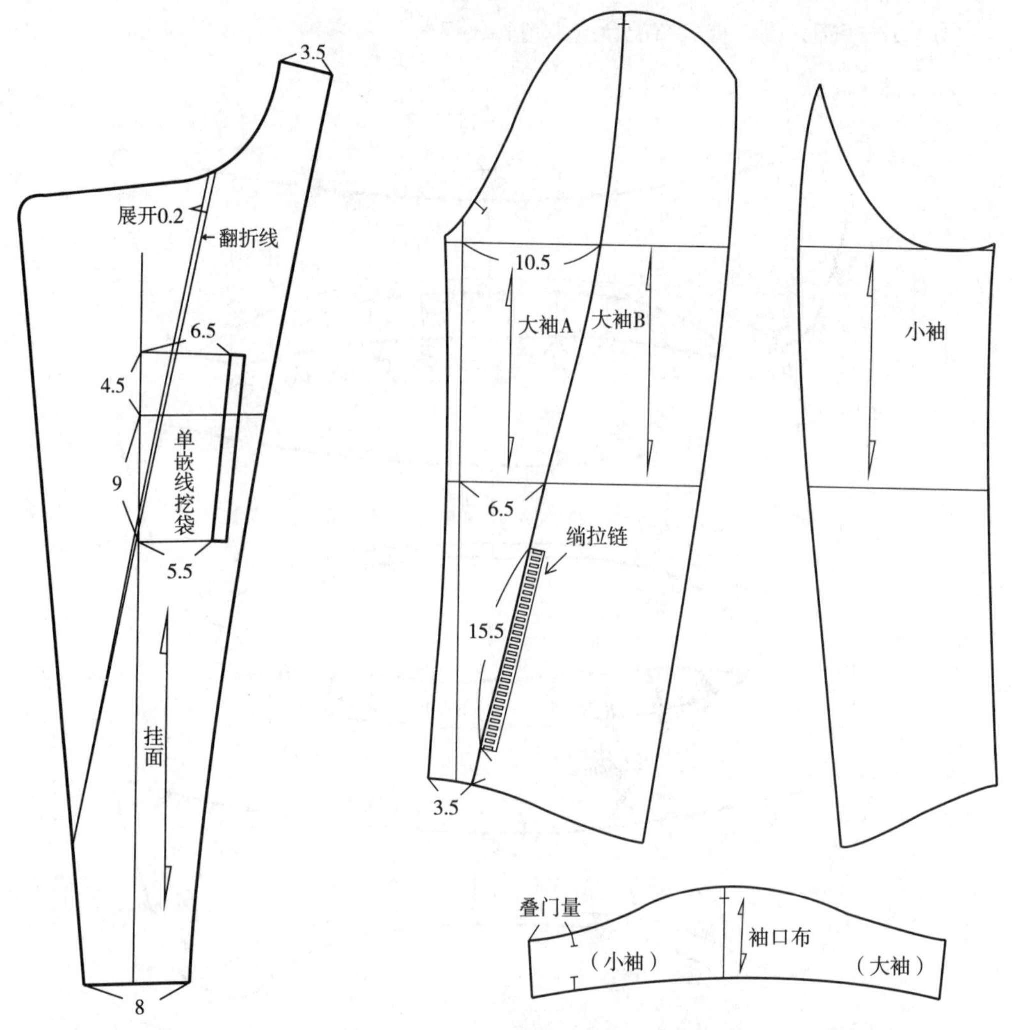

图 4-3-6 挂面处理图

图 4-3-7 袖片结构分割、袖口布配合图

二、绗棉拼接男夹克

1. 款式特点

该款男夹克为宽松短款拼色夹克结构，全衬里，前后都有育克式分割，两片袖，利落合体的立领，门襟加拉链，衣服下摆宽罗口，两个藏在拼缝的斜插袋。前中、后中和大袖片有绗棉设计，既保暖又不觉得臃肿，领子和门襟拉链处有明线，是一款既实用又百变的夹克棉外套，适合各年龄段男性穿着。款式见图4-3-8。

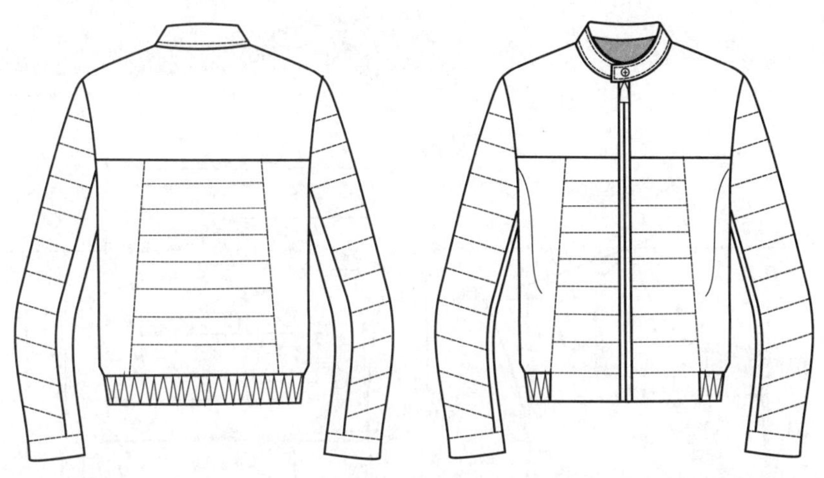

图 4-3-8　绗棉拼接男夹克款式图

2. 适用面料

（1）面料：棉、毛呢料，可选用中等厚度的毛呢面料配合防水尼龙面料加棉。

（2）里料：薄棉布、亚沙涤、尼丝纺等。

3. 面辅料参考用量

（1）面料A：门幅144cm，用量约130cm。

　　　B：门幅144cm，用量约80cm。

（2）里料：门幅144cm，用量约140cm，估算式：衣长+袖长+10cm。

（3）辅料：有纺粘合衬门幅150cm，用量约55cm；

门襟开尾拉链（长约54cm）1条；

四合扣子1副；

毛涤罗口约15cm。

4. 结构制图

（1）制图参考规格（不含缩率，见表4-3-2）

表 4-3-2　制图参考规格

（单位：cm）

号/型	胸围（B）	后中长	腰围（W）	肩宽（S）	袖长	下摆	袖口大	领后中宽
175/92A	92+16(松量)=108	60	105	46	67	104	26	4

（2）款式结构制图

1. 衣身结构制图（图4–3–9）。

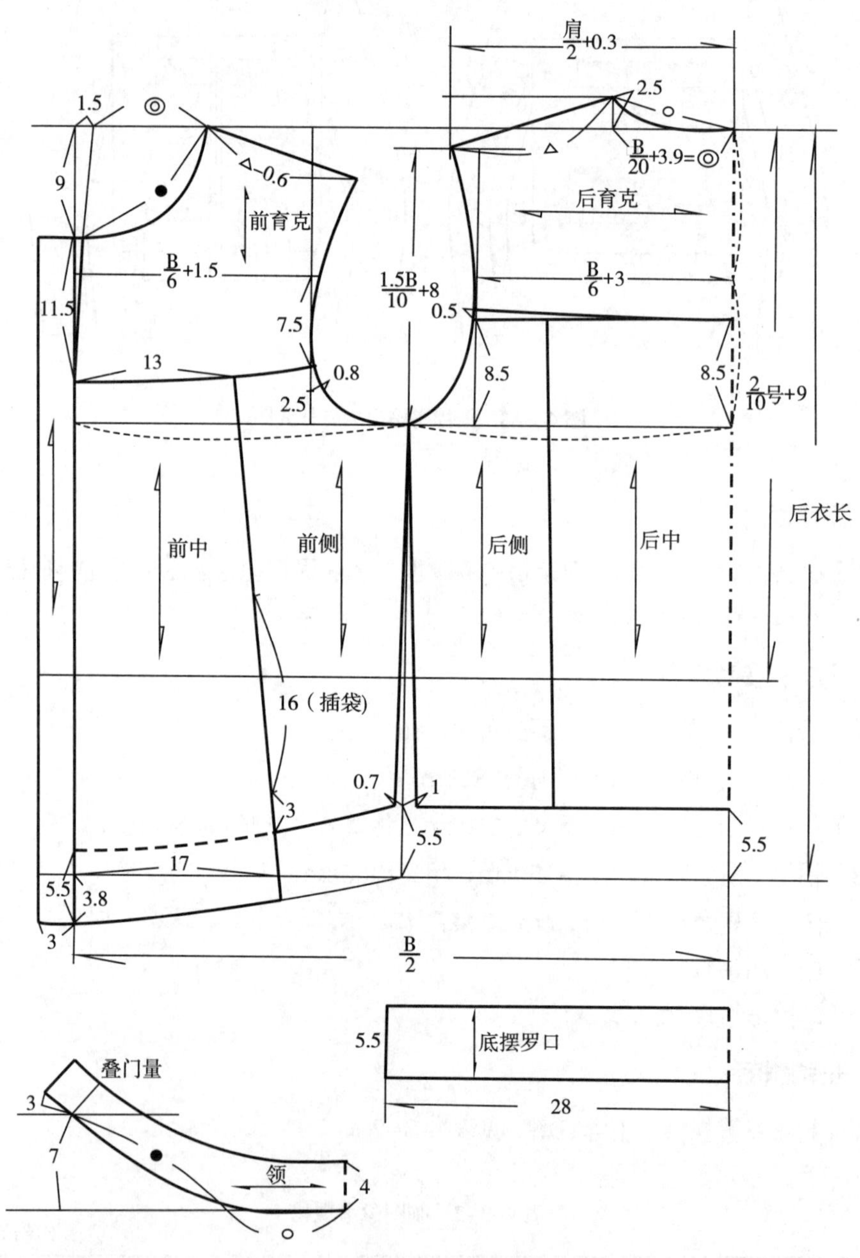

图 4–3–9　衣身结构图

2. 袖子结构图（图4-3-10）。

3. 绗棉纸样结构图（图4-3-11）。

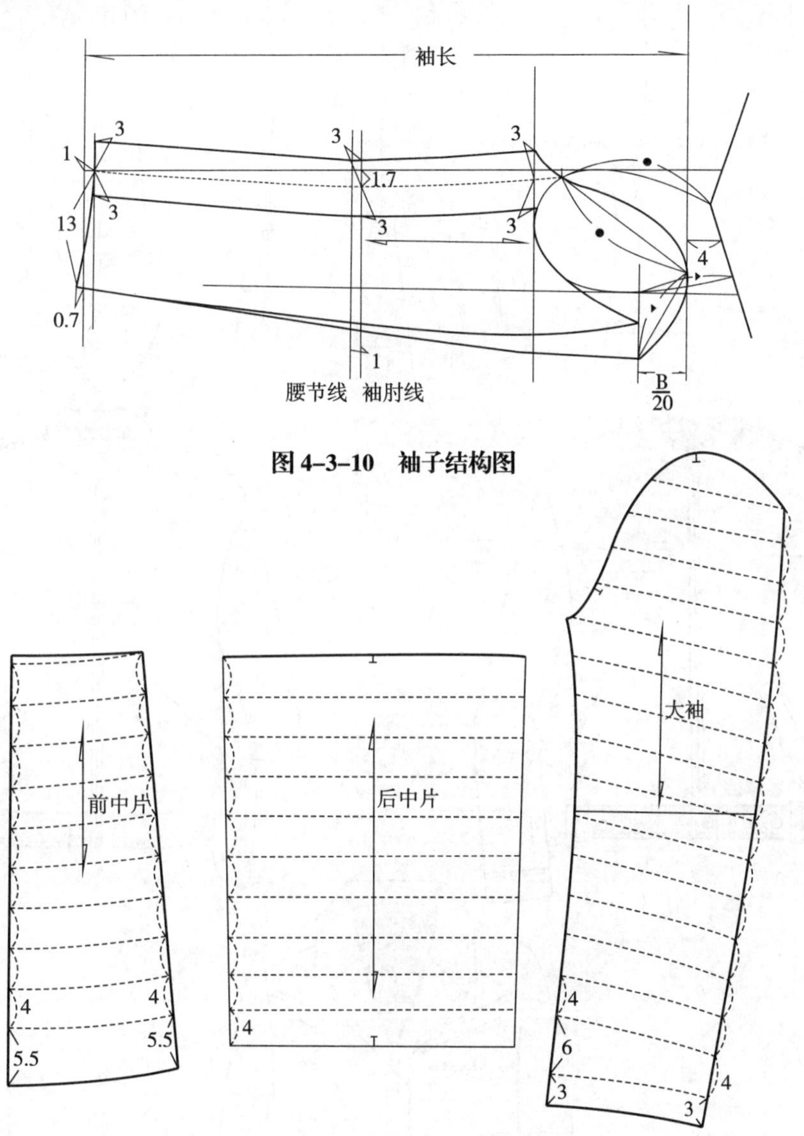

图 4-3-10　袖子结构图

图 4-3-11　绗棉纸样结构图

三、男夹克、马夹工艺拓展变化

男夹克、马夹工艺主要体现在领圈、衣摆、口袋、门襟等部位。图4-3-12的六款男夹克、马夹案例主要是激发读者对于男夹克、马夹工艺的拓展运用和实践练习。

图 4-3-12　男夹克、马夹工艺拓展案例

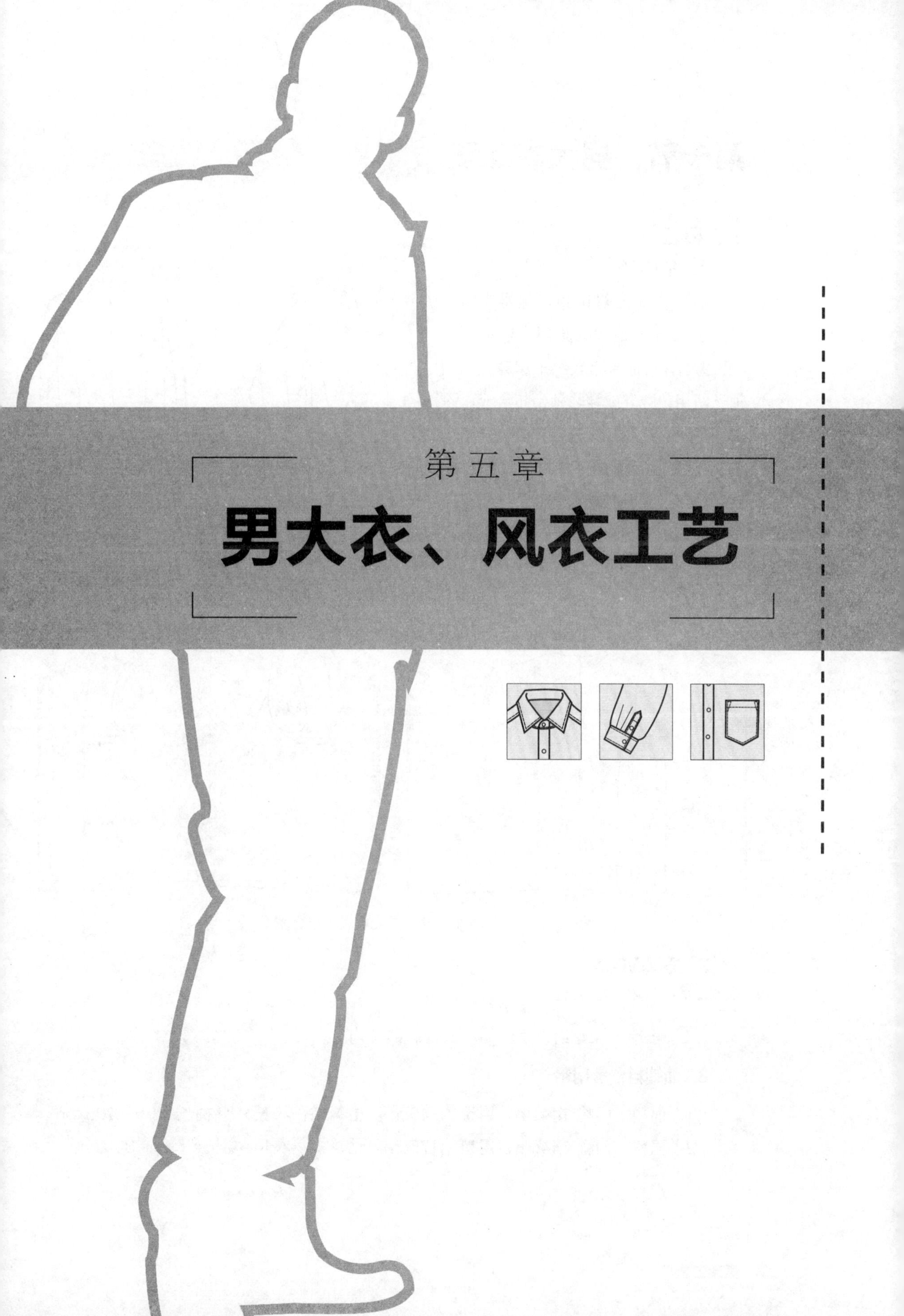

第五章

男大衣、风衣工艺

第一节　男大衣工艺

一、概述

1. 外形特征

该款大衣为双排扣，全里布工艺，三开身结构，腰部微收的H型造型，较适合年轻男子穿着。领子两用，翻开成翻驳领，扣合成关门领；衣片后身假开衩，西装袖结构，袖缝装袖襻；口袋为双嵌线装袋盖设计，款式见图5–1–1。男大衣表、里组合图见图5–1–2。

图 5–1–1　男大衣款式图

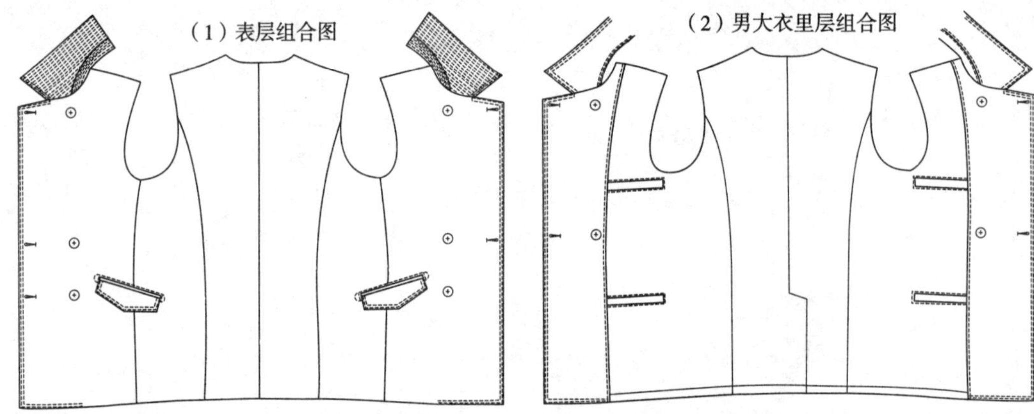

图 5–1–2　男大衣表里组合图

2. 适用面料

（1）面料：大衣呢、麦尔登等均可。

（2）里料：涤丝纺、尼丝纺、人丝软缎等均可。

3. 面辅料参考用量

（1）面料：门幅 144cm，用量约240cm。估算式：衣长×2+袖长+（5～10）cm

（2）里料：门幅 144cm，用量约175cm。估算式：衣长+袖长+（25～30）cm

（3）辅料：

薄型有纺粘合衬：门幅90cm，用量约130cm；

薄型无纺粘合衬：适量（用于里布袋位）；

大扣子8粒，中扣子（袖襻扣）2粒，底扣4粒。

二、制图参考规格（不含缩率，见表5-1-1）

表 5-1-1 制图参考规格

（单位：cm）

号/型	后衣长	背长	胸围（B）	肩宽（S）	袖长	腰围（W）	衣摆围	袖口大	袖襻长/宽
170/88A	85	45	88+24(放松量)=112	47	65	104	112	17	8/3.5

三、款式结构制图

1. 衣身结构图（图5-1-3）

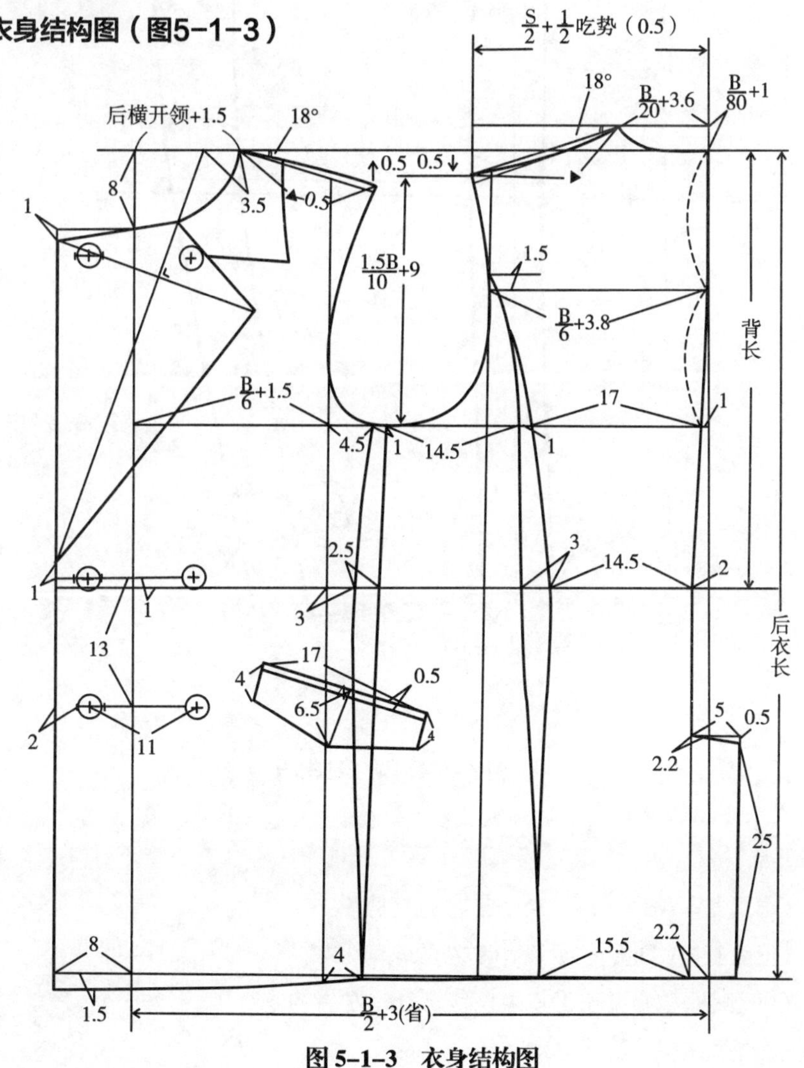

图 5-1-3 衣身结构图

2. 袖子结构图（图5-1-4）

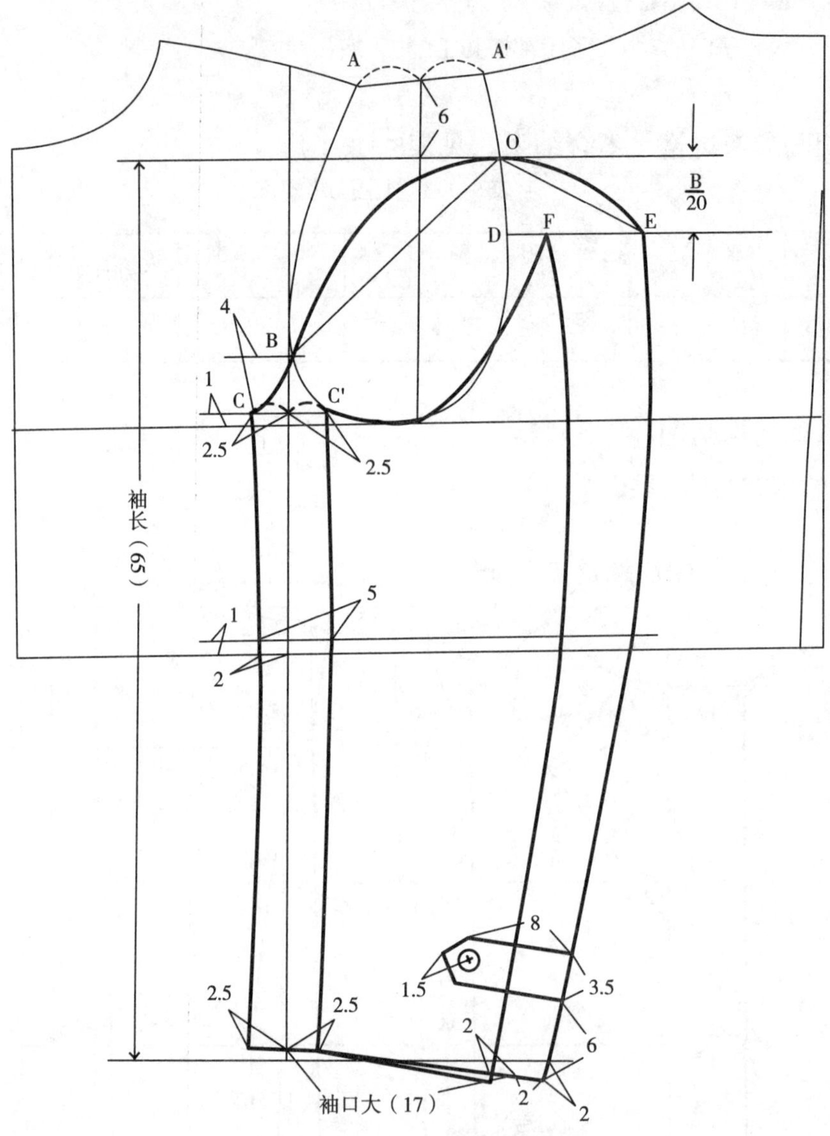

图 5-1-4　袖子结构图

制图要点：

（1）OB弧长= AB弧长+1.2cm左右的吃势。

（2）OE弧长=A′D弧长+0.7cm左右的吃势。

（3）C′F弧长=C′D弧长（其中已包含1cm左右的吃势）。

（4）BC弧长=BC′弧长

3. 领座结构图（图5-1-5）

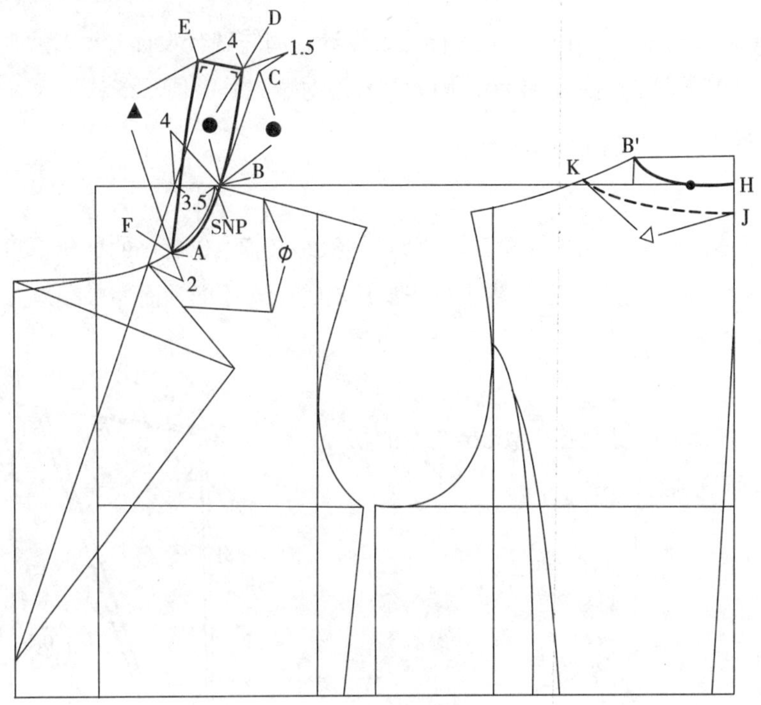

图 5-1-5　领座结构图

制图要点：

（1）在前衣片的领翻折线上画出领子翻折后的形状图，在后衣片上画出领子翻折后的领外围线的弧线JK。

（2）在前领圈上画出领子的领座，领座高设计为4cm，使BD=BC=后领弧长B′H。

4. 翻领结构图（图5-1-6）

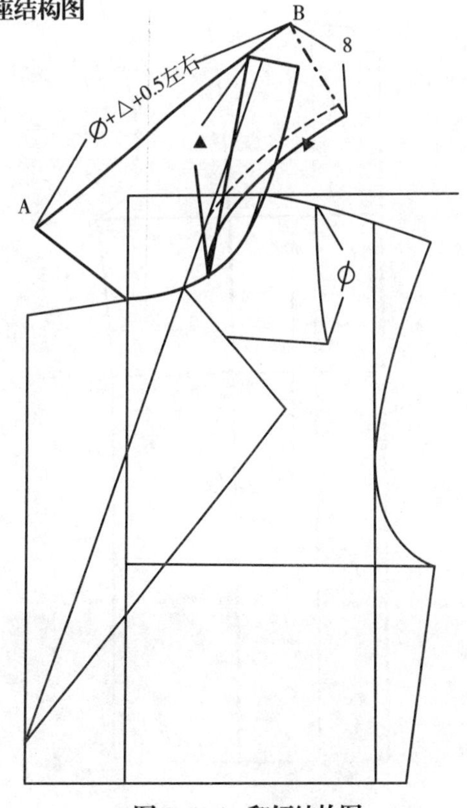

图 5-1-6　翻领结构图

制图要点：

（1）翻领与领座分割线的长度▲要相等。

（2）翻领外围线AB的长度=前翻领翻折后外围线的长度Ø+后翻领翻折后外围线的长度△+0.5cm左右的松量。

5. 挂面结构图（图5-1-7）

制图要点：挂面结构在前衣片的样板上设计，肩线部分设计3cm，底摆线距前中线部分9cm，画出挂面内侧的边缘线，同时需标注对位记号，便于缝制时的对位。

6. 挂面结构处理图（图5-1-8）

制图要点：

（1）将挂面驳领的翻折线剪开，平行展开放入0.3～0.4cm的翻折厚度（翻折厚度视面料的厚度进行增减），在驳头止口线上放出0.2cm（同领面外口线放量相同）。

（2）在驳领处放出0.2cm左右的领止口里外匀的量。

（3）在挂面底摆处放出0.15cm左右的松量，以防挂面缝制后起吊。

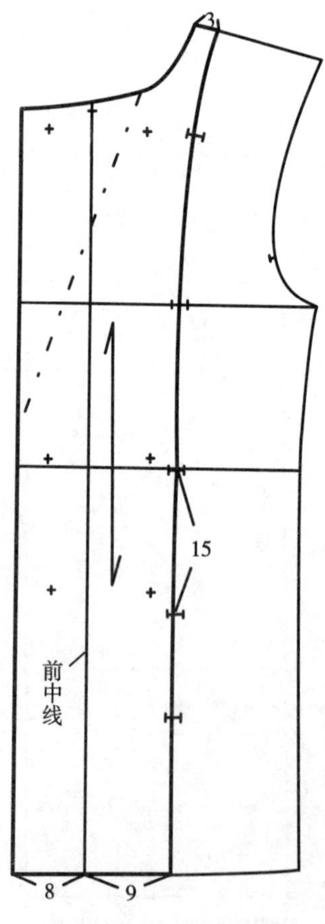

图 5-1-7　挂面结构图

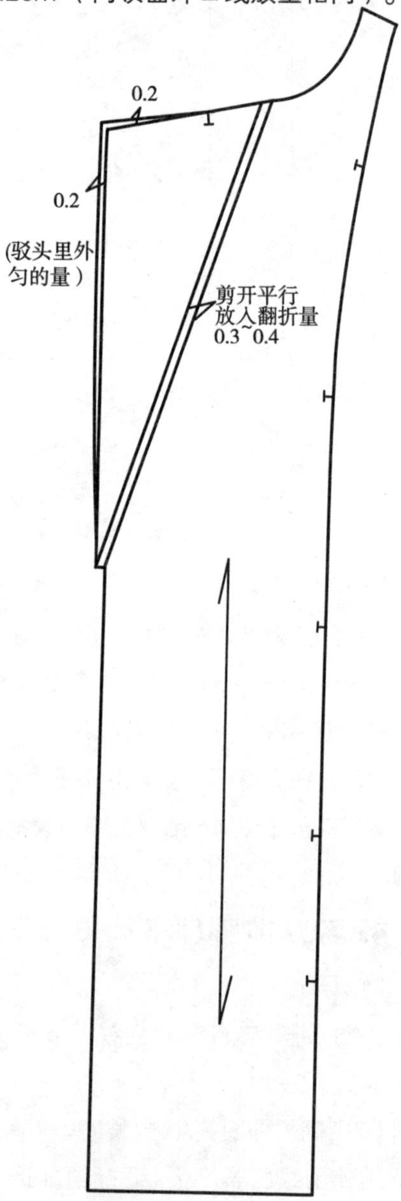

0.2
0.2
(驳头里外匀的量)
剪开平行放入翻折量0.3~0.4

图 5-1-8　挂面结构处理图

7. 翻领面结构处理图（图5-1-9）

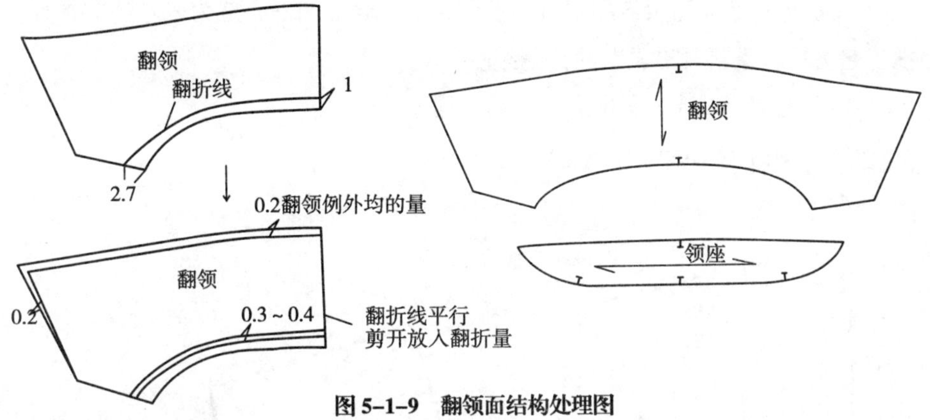

图 5-1-9 翻领面结构处理图

制图要点：

（1）将翻领的翻折线剪开，平行展开放入0.3～0.4cm的翻折厚度（此放量与挂面上驳领翻折线的翻折厚度相同，翻折厚度视面料的厚度进行增减）。

（2）在翻领外围线上放出0.2cm左右的翻领止口里外匀的量（此放量与挂面驳领外围线上放的量相同）。

8. 里布前衣片结构处理图（图5-1-10）

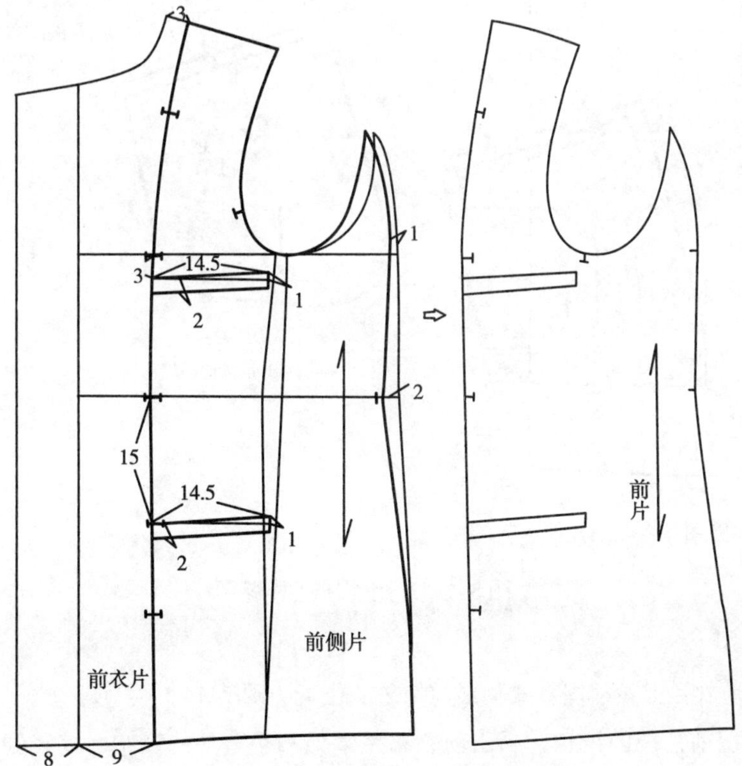

图 5-1-10 里布前衣片结构处理图

制图要点：

（1）前衣片去除挂面余下的部分与前侧片面布合二为一，成为里布的前衣片，在侧缝处把省量去掉，重新画出里布的侧缝线。

（2）根据里布的设计，画出上、下两个里挖袋位置。

9. 前袋布毛样板（图5-1-11）

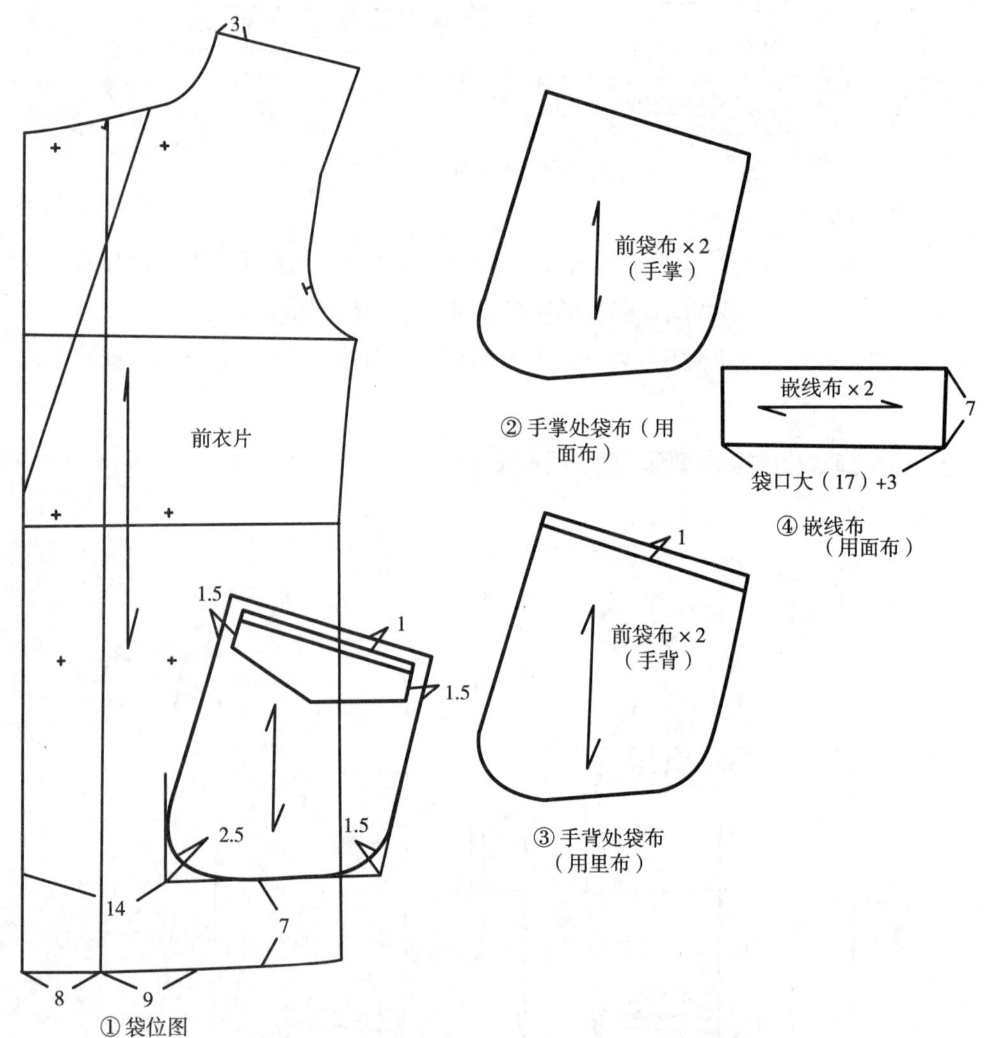

图 5-1-11　前袋布毛样板

制图要点：

（1）在前衣片上，根据款式画出前挖袋的位置（图5-1-11中①）。

（2）根据前挖袋的结构，画出前袋布手掌处和手背处的袋布、挖袋的嵌线布（图5-1-11中②、③、④）。

10. 里袋布毛样板（图5-1-12）

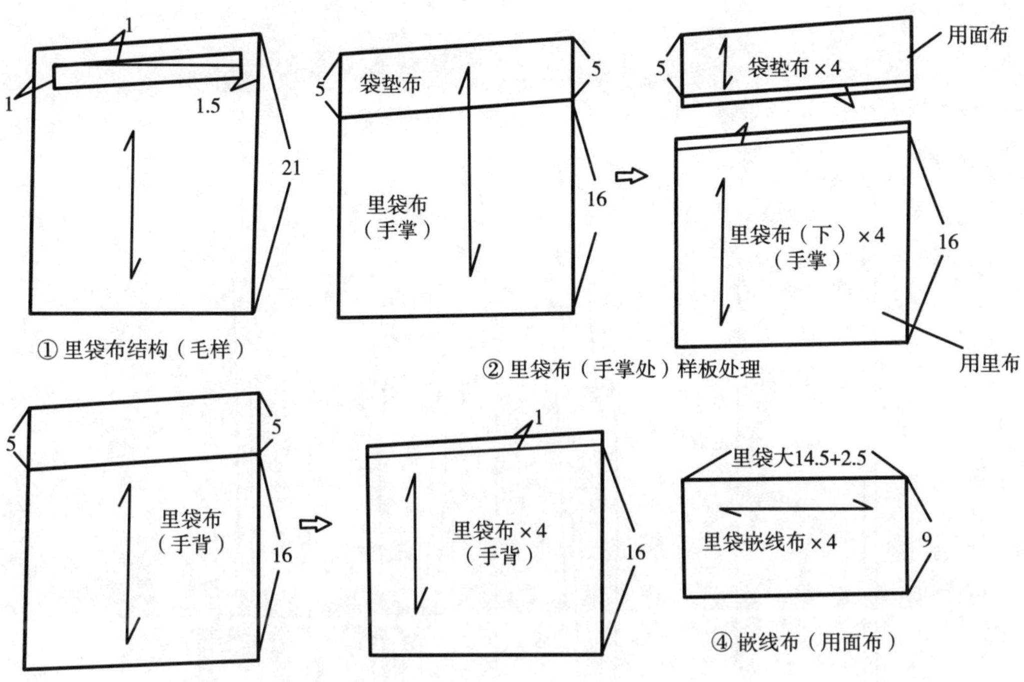

图5-1-12 里袋布毛样板

制图要点：

（1）根据前里布上的里挖袋形状，画出里袋布毛样结构图（图5-1-12中①）。

（2）根据里袋布毛样，分割出手掌处的里袋布和袋垫布，并在分割线上放缝1cm（图5-1-12中②）。

（3）根据里袋布毛样，分割出手背处的里袋布和嵌线布，并在手背处的里袋布分割线上放缝1cm（图5-1-12中③）。

（4）画出里袋嵌线布，其中5 cm为手背处的里袋布分割上部（图5-1-12中④）。

四、放缝、排料和裁剪

1. 放缝

（1）面料放缝（图5-1-13）

放缝要点：

① 衣片、挂面放缝：除领圈放缝1cm、衣片底摆放缝4.5cm、后中缝开衩上部放缝1.5cm外，其余放缝1.2cm。

② 袖片放缝：除袖口贴边放缝4.5 cm外，其余放缝1.2cm。

③ 领子放缝：翻领外围线放缝1.2cm、翻领与领座拼接线放缝0.8cm、领底线放缝

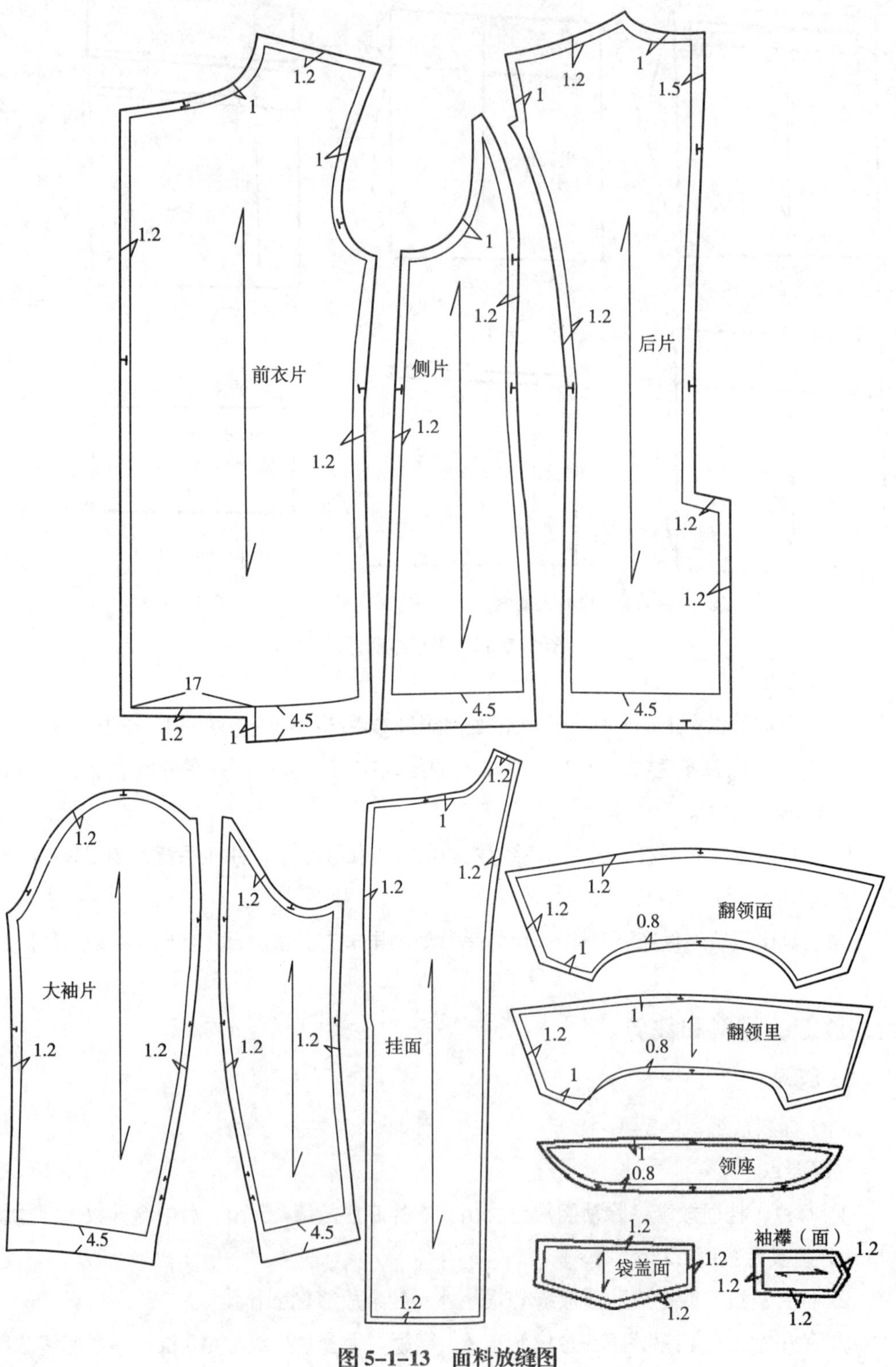

图 5-1-13　面料放缝图

1 cm（图5-1-13中②）。

④ 袋盖面、袖襻放缝均为1.2 cm。

（2）里料放缝（图5-1-14）

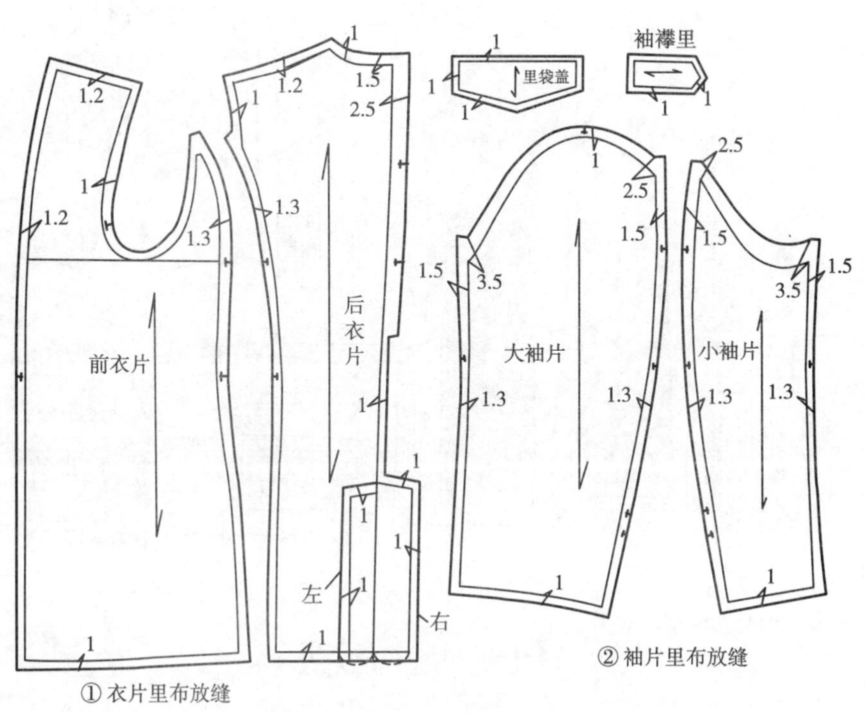

图 5-1-14 里料放缝图

放缝要点：

① 衣片里布放缝：后领圈、袖窿、衣片后中缝开衩下部及后开衩放缝1cm、后中缝开衩上部放缝2.5cm（包含后中缝的坐缝量1.5cm）外，注意里布后衣片开衩左、右衣片结构的不同。其余放缝1.3cm（图5-1-14中①）。

② 袖片里布放缝：袖口贴边放缝1 cm、袖片的内外侧缝均放缝1.3cm。袖山线的放缝要结合袖子穿着后面布与里布的内外层关系，确定袖山线的放缝量是不一致的，袖底部由于穿着后里布处于面布的外层且由袖子转向衣片，同时考虑面、里布的缝份的厚度，故从袖底部的放缝量3.5cm逐渐过渡到袖山中点的1cm，注意大小袖片拼接后袖山线的圆顺（图5-1-14中②）。

（3）粘合衬部位（图5-1-15）

烫粘合衬的部位有：前衣片、挂面、侧片上部、侧片下摆、后衣片上部、后衣片

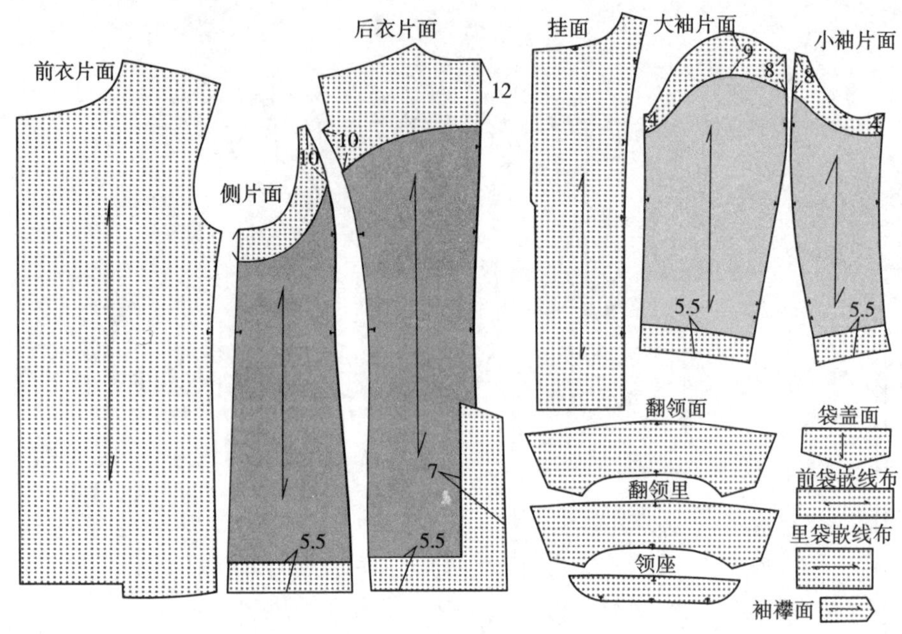

图 5-1-15　粘合衬部位图

下摆及开衩、大袖片上部、大袖口贴边、小袖片上部、小袖片袖口贴边、翻领面、翻领里、领座面、袋盖面、前袋嵌线布、里袋嵌线布、袖襻面等。

2. 排料

（1）排料工艺技术要求

① 面料的经纱方向与样板的经向要一致，误差控制在国标规定的范围内。

② 确认面料的正反面。若在面料上排料画样，应画在面料的反面。

③ 确认衣片的对称与否。通常衣片是左右对称的，衣片的对称性要求排料时保证面料正反一致，避免出现“一顺”现象。若是非对称的衣片，排料时要区分其位置及方向，对于单层排料的衣片，要区分其方向性，避免出现“顺撇”现象。

④ 对于有绒毛、方向性图案的面料，采用同一方向排料，避免出现“倒顺”现象。

⑤ 在保证衣片的经向符合要求的前提下，样板间的空隙要尽可能的少，以使面料的使用率达到最大化。

⑥ 画样时划粉沿样板边缘画样，画粉的边缘要求薄一些。

（2）排料技巧

在确保设计和制作工艺要求的前提下，尽量减少面料的用量是排料时应遵循的重要原则。服装的成本，很大程度上在于面料用量的多少。而决定面料用量多少的关键是排料方法，同一套样板，由于排放的形式不同，所占的面积大小就会不同，也就是用料多少不同。排料的目的之一，就是要找出一种用料最省的样板排放形式。如何通过排料达到这一目的，很大程度要靠经验和技巧。排料结束后，要清点样板的数量，以免漏排。根据经验，以下排料方法是行之有效的。

① 先大后小：排料时，先将主要部位较大的样板排好，然后再把零部件较小的样板在大片样板间隙中及剩余部分进行排列。

② 紧密排料：样板形状各不相同，其边线有直的、有斜的、有弯的、有凹凸的等等。排料时，应根据它们的形状，采取直对直、斜对斜、凹对凸，弯与弯相顺，这样可以尽量减少样板之间的空隙，充分利用面料。

③ 缺口相拼：有的样板具有凹状缺口，但有时缺口内又不能插入其它部件。此时应将两片样板的缺口拼在一起，使两片之间的空隙加大，这样就可以排放另外一些小片样板。

④ 大小搭配：不同规格的样板同时进行排料，要采用套排的方式，即大小规格的样板互相搭配进行排放，充分利用样板的形状取长补短，提高面料的利用率，达到节约用料的目的。

（1）面料排料参考图（图5–1–16）。

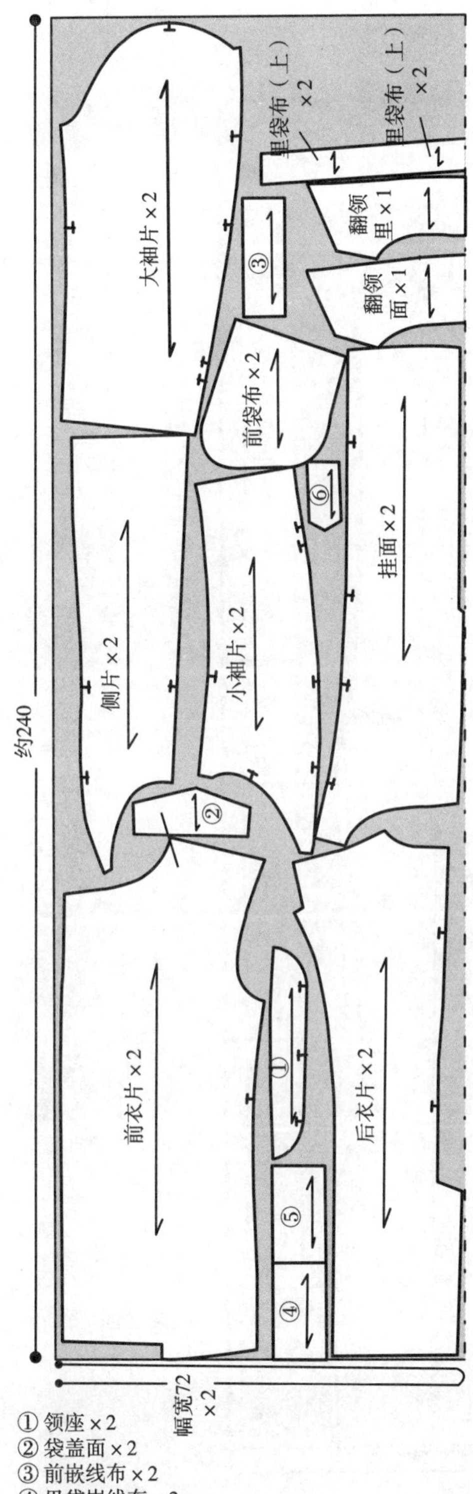

① 领座×2
② 袋盖面×2
③ 前嵌线布×2
④ 里袋嵌线布×2
⑤ 里袋嵌线布×2
⑥ 袖襻×2

图 5–1–16　面料排料参考图

（2）里料排料参考图（图5–1–17）。

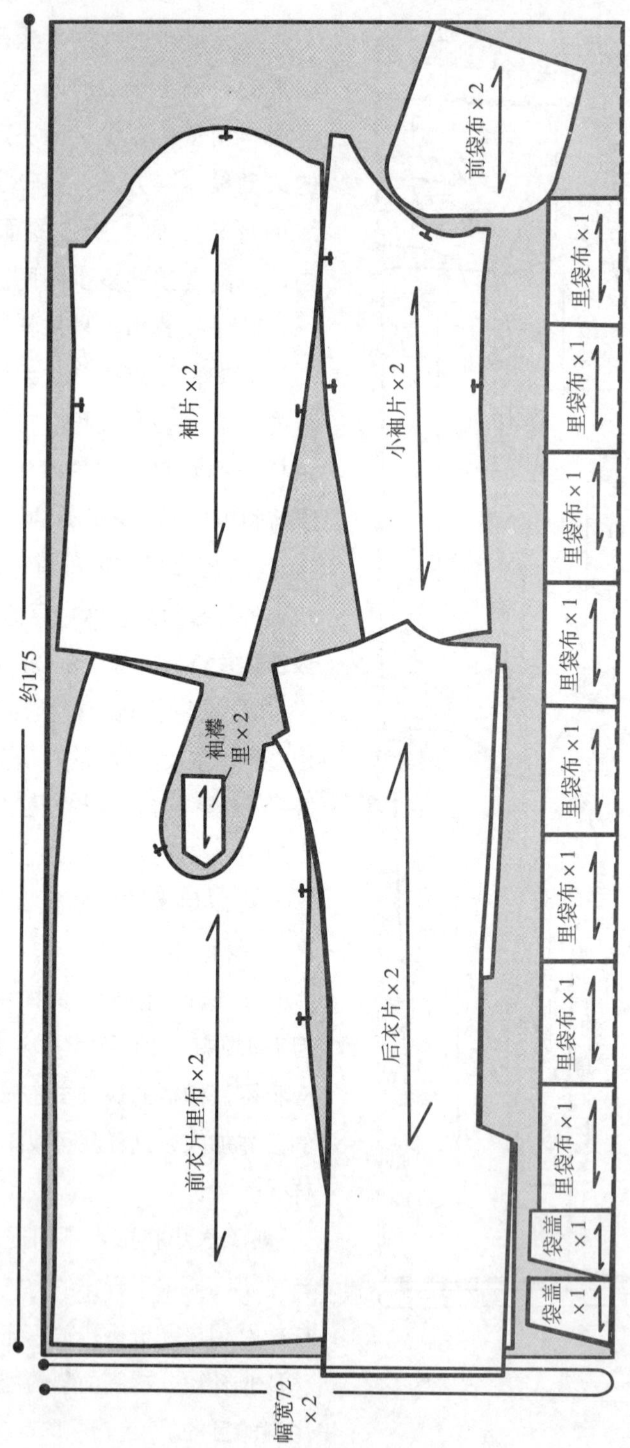

图 5–1–17　里料排料参考图

（3）粘合衬排料参考图（图5-1-18）。

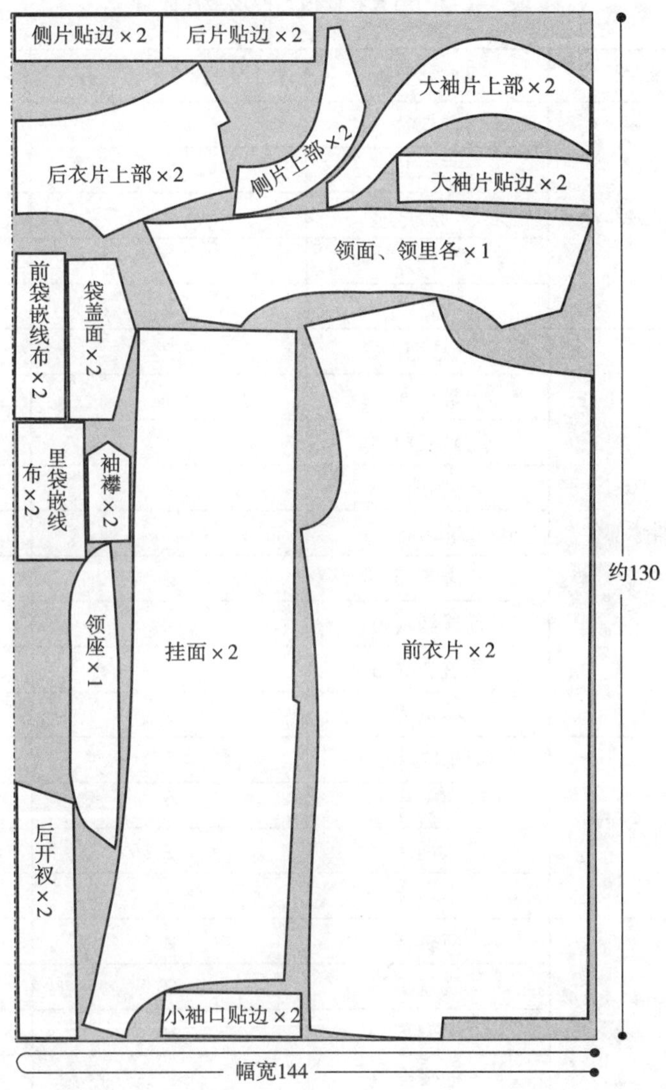

图 5-1-18　粘合衬排料参考图

3. 画样、裁剪要求

① 对于需通过粘合机进行粘合的裁片，在排料时应放出裁片的余量，画样时在裁片的四周放出1cm左右的预缩量，再按画样线进行裁剪，画样线要细。

② 在开剪前，必须注意检查样板是否有遗漏，核对无误后，再沿画印线剪下裁片。

五、样板名称与裁片数量

表 5–1–2　男大衣样板名称及裁片数量

序号	种　类	样板名称	裁片数量（单位：片）	备　注
1	面料主部件	前衣片	2	左右各一
2		后衣片	2	左右各一
3		侧片	2	左右各一
4		大袖片	2	左右各一
5		小袖片	2	左右各一
6	面料零部件	挂面	2	左右各一
7		翻领面	1	
8		翻领里	1	
9		领座	2	面、里各一
10		前袋布	2	左右各一片
11		袋盖面	2	左右各一
12		前袋嵌线布	2	左右各一
13		里袋嵌线布	4	左右各二片
14		袖襻面	2	左右各一
15	里料主部件	前衣片	2	左右各一
16		后衣片	2	左右各一
17		大袖片	2	左右各一
18		小袖片	2	左右各一
19	里料零部件	前袋布	2	左右各一片
20		袋盖里	2	左右各一片
21		里袋布	8	左右各4片
22		袖襻里	2	左右各一
23	粘衬	前衣片	2	左右各一
24		挂面	2	左右各一
25		后衣片上部	2	左右各一
26		后衣片下摆贴边	2	左右各一
27		后下摆开衩	2	左右各一
28		侧片上部	2	左右各一
29		侧片下摆贴边	2	左右各一
30		大袖片上部	2	左右各一
31		大袖片贴边	2	左右各一

（续表）

序号	种　类	样板名称	裁片数量（单位：片）	备　注
32	粘衬	小袖片上部	2	左右各一
33		小袖片贴边	2	左右各一
33		翻领面	1	
35		翻领里	1	
36		领座面	1	
37		袋盖面	2	左右各一
38		袖襻面	2	左右各一
39		前袋嵌线布	2	左右各一
40		里袋嵌线布	2	左右各一

六、缝制工艺流程、工序分析和缝制前准备

1. 男大衣缝制工艺流程

烫前衣片粘合牵条 → 缝合前衣片和侧片 → 车缝并熨烫袖窿粘合牵条 → 缝制袋盖 → 缝制前挖袋 → 归拔后衣片 → 缝制后衣片下摆开衩 → 缝合后中缝 → 缝制里袋布 → 挂面与前衣片里布缝合 → 缝制门里襟 → 缝合衣片面布后侧缝 → 缝合衣片面布肩缝 → 缝合里布后中缝、后侧缝和肩缝 → 领里缉线 → 缝制领子 → 绱领子 → 缝制袖襻 → 归拔大袖片 → 缝制面袖 → 缝制里袖 → 绱袖子 → 缝合衣片下摆 → 锁扣眼、钉扣子 → 整烫

2. 缝制前准备

（1）修片：对粘合后的裁片，按修片样板进行精确修片。

（2）在正式缝制前，要根据面料的性能及厚度选用合适的针号和针距。此件大衣的面料较厚，针号选用90/14号，针距选用14~15针/3cm。

七、缝制工艺步骤及主要工艺

1. 烫前衣片粘合牵条（图5-1-19）

（1）先在前衣片的反面画出领子翻折线、串口线、门襟止口线、下摆线的净线。

（2）沿串口线、门襟止口线、下摆线的净线烫上直丝粘合牵条。

（3）距领子翻折线1cm烫上直丝粘合牵条，要求在中部粘合牵条略拉紧0.3～0.5cm。

（4）距肩线毛边约0.2cm烫上直丝粘合牵条。

2. 缝合前衣片和侧片，烫袖窿牵条（图5-1-20）

（1）缝合前衣片和侧片：按1.2cm缝合前衣片和侧片（图5-1-20中①）。再将侧缝份分开烫平后，修剪下摆折边处缝份，留0.3～0.4cm，使下摆折上后缝份变薄；然后在侧片的袋位处烫上粘合牵条（图5-1-20中②）。

（2）烫袖窿牵条：将斜丝粘合牵条有粘性的一面放在衣片的袖窿上距边0.2 cm，然后车缝固定，要求在袖窿的最凹处略拉紧；最后用熨斗将粘合牵条熨烫粘合（图5-1-20中③）。

3. 缝制袋盖（图5-1-21）

（1）在袋盖里布上画出净线，将袋盖面、里布正面相对，对齐上口后按净线缝合，要求两袋角面布略松、里布略紧。

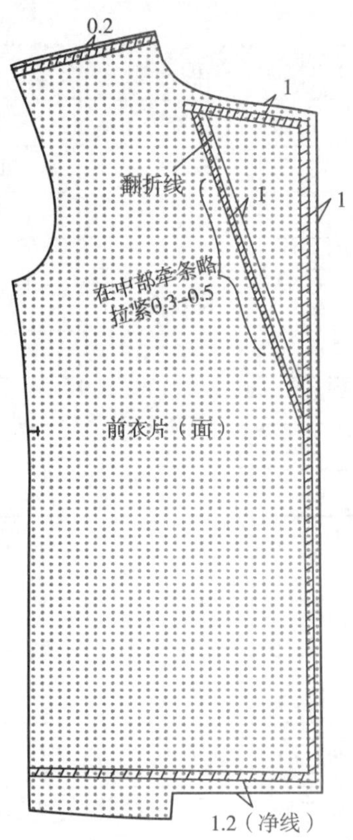

图 5-1-19 前衣片烫牵条

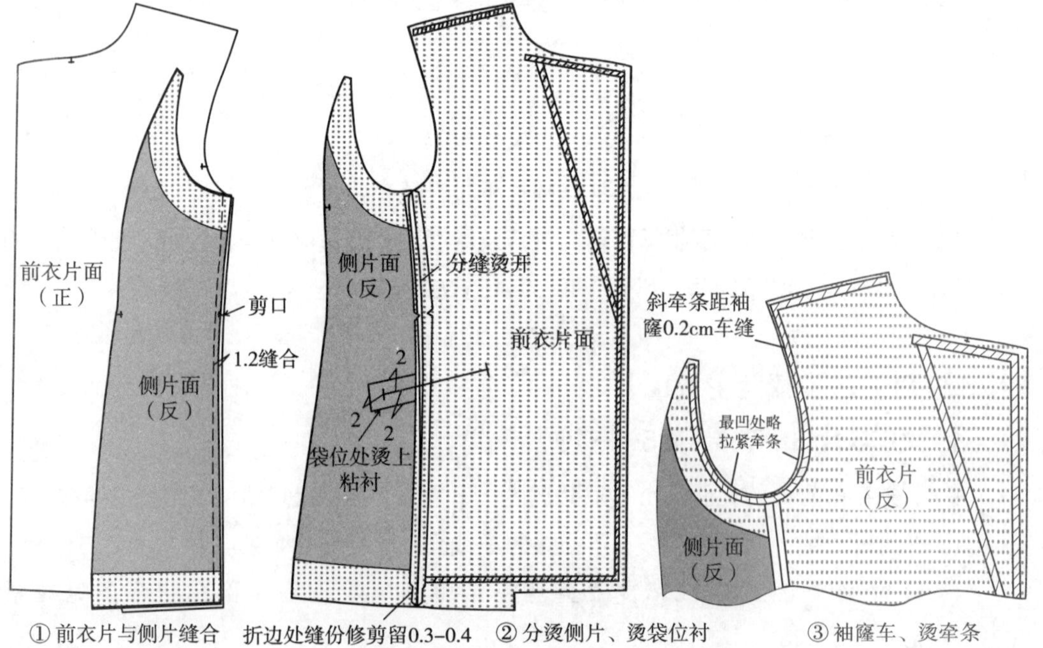

图 5-1-20 缝合前衣片和侧片，烫袖窿牵条

（2）修剪缝份留0.3cm，剪去两袋角，并在袋盖中间尖角处剪口，然后扣烫缝份。

（3）翻烫袋盖，注意尖角处要翻到位，止口烫成里外匀；然后在袋盖的外沿车0.1＋0.6cm装饰明线。

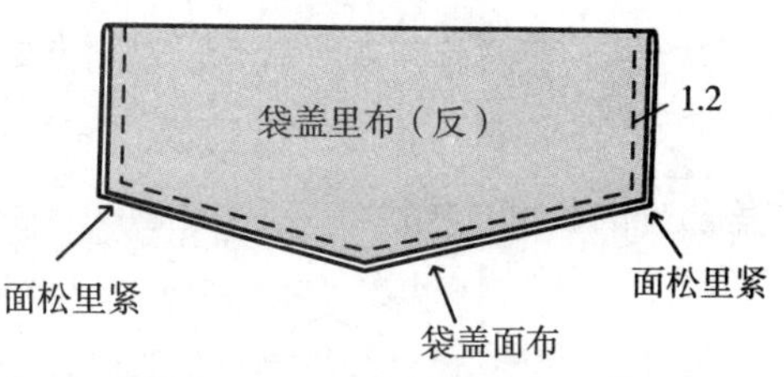

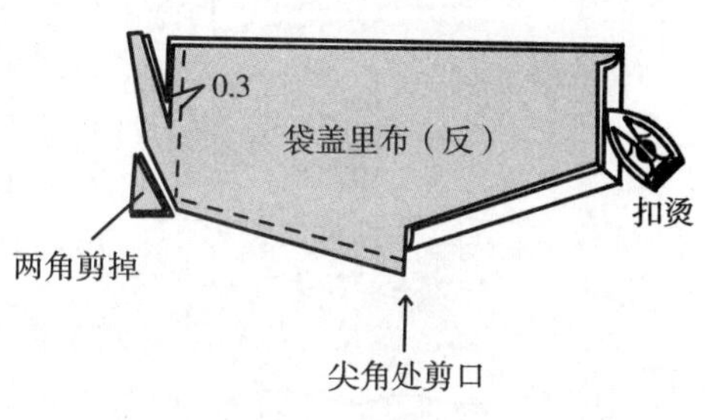

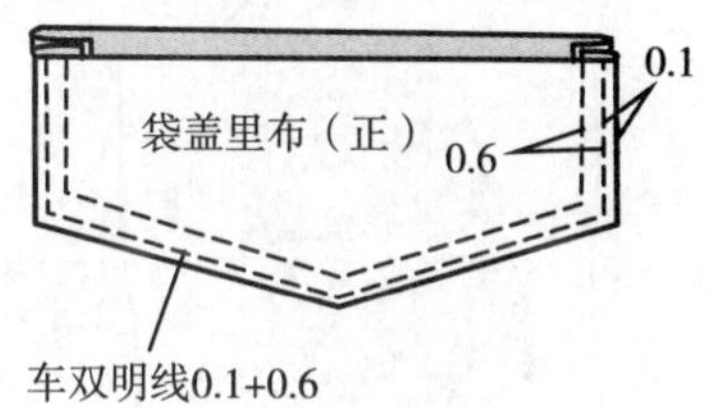

图 5-1-21　缝制袋盖

4. 缝制前挖袋（图5-1-22）

（1）画袋位：按样板在衣片正面画出袋位（图5-1-22中①）。

（2）烫嵌线布：将嵌线布居中剪开，分成上下两片嵌线条，再分别把嵌线条对折烫平（图5-1-22中②）。

（3）袋布与嵌线布、袋盖分别假缝固定（图5-1-22中③）：

① 将对折熨烫后的嵌线布放在前袋布（手背处）的正面，上口放平对齐后距边1cm假缝固定（图5-1-22中③a）；

② 把袋盖里与前袋布（手掌处）的正面相对，袋盖上口与袋布上口居中放平对齐，距边车0.6cm假缝固定（图5-1-22中③b）。

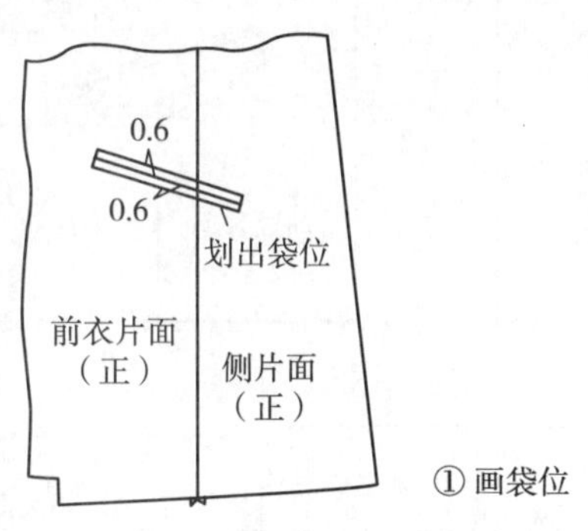

① 画袋位

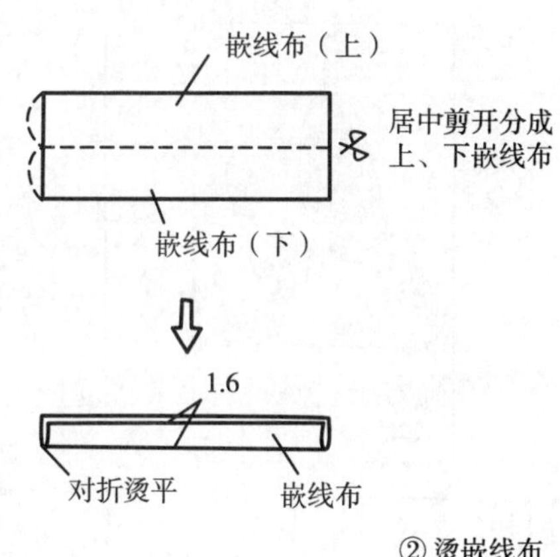

② 烫嵌线布

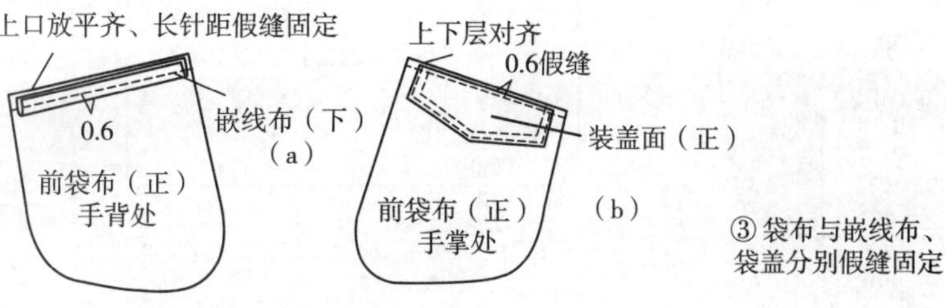

③ 袋布与嵌线布、袋盖分别假缝固定

图 5-1-22　缝制前挖袋（一）

（4）前袋布与衣片缝合并剪开袋位（图5-1-22中④）：

① 在前衣片正面袋位处放上前袋布（手背处），按嵌线布的假缝线车缝固定住袋盖部分的长度（图5-1-22中④a）；

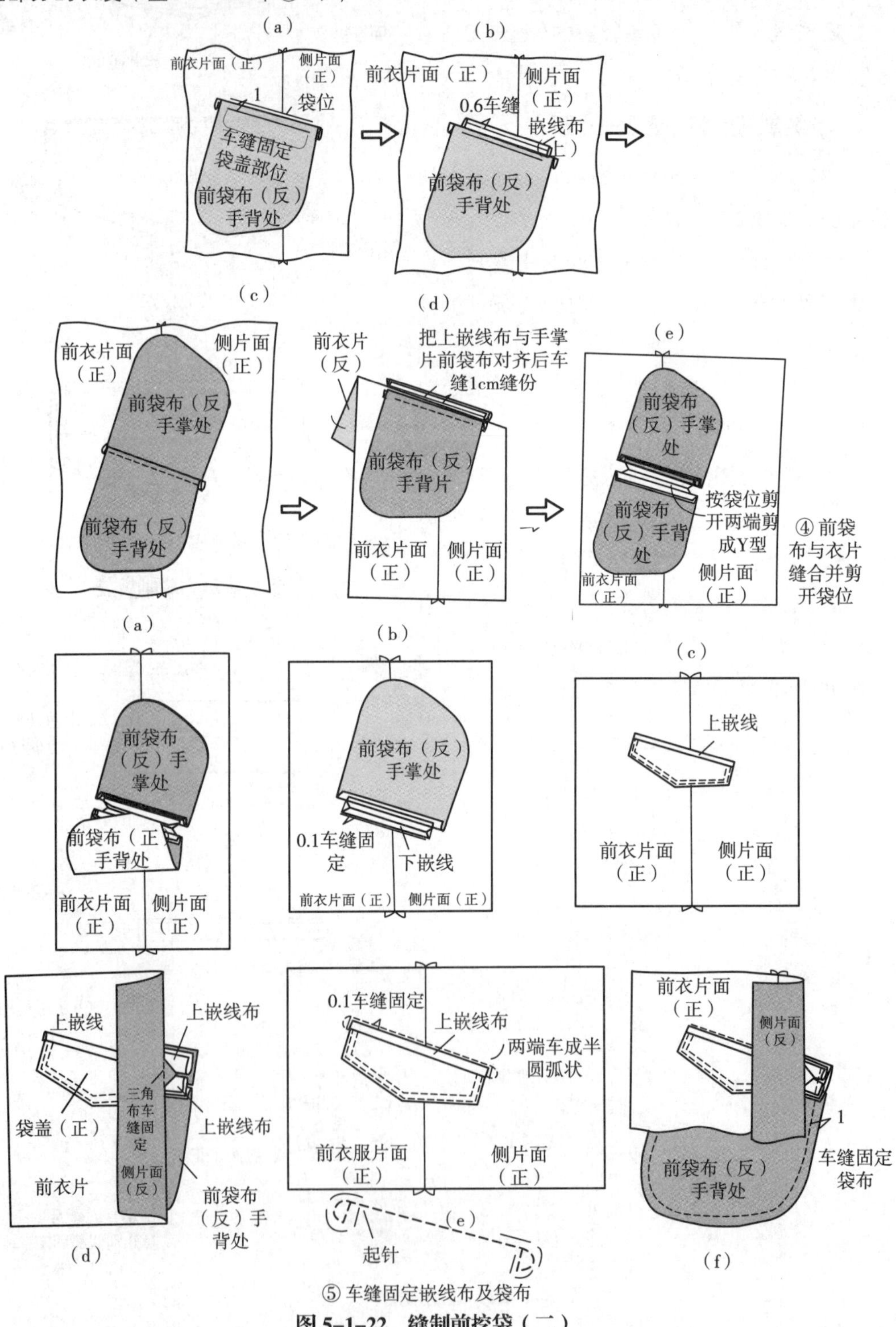

图 5-1-22　缝制前挖袋（二）

② 把上嵌线布放在袋位处，距第一条袋布缝合线1.2cm车缝固定（图5–1–22中④b）；

③ 再把前袋布（手掌处）放在上嵌线布上，袋布上口与上嵌线布对齐（图5–1–22中④c）；

④ 掀下前衣片上部和前袋布（手掌处），拉出上嵌线布，对齐前袋布（手掌处）上口，将两者车缝固定（图5–1–22中④d）；

⑤ 在前衣片的袋位处，掰开上下嵌线布和袋布，按袋位中间剪开，袋位两端剪成Y型（图5–1–22中④e）；

（5）车缝固定嵌线布及袋布（图5–1–22中⑤）：

① 把手背处的前袋布通过袋位剪口翻到反面（图5–1–22中⑤a）；

② 整理下嵌线布后，按0.1cm车缝固定下嵌线布（图5–1–22中⑤b）；

③ 把手掌处的前袋布、袋盖也通过袋位剪口翻到反面，并熨烫整理平整（图5–1–22中⑤c）；

④ 掀开衣片，放平袋位剪口处的三角布，将其与上、下嵌线布车缝固定（图5–1–22中⑤d）；

⑤ 车缝上嵌线两端成半圆弧状，嵌线布上侧车0.1cm固定，要求连续车缝，顺序见放大图的箭头方向（图5–1–22中⑤e）；

⑥ 整理上、下两层袋布，距边1cm车缝固定（图5–1–22中⑤f）。

5. 归拔后衣片（图5–1–23）

将左右后衣片正面相对放平齐后，按图示进行归拔。肩部中间归拢约0.7cm、背部归拢成直线，把归拢量推到肩胛骨部位，使肩胛骨部位隆起成立体状。腰部拔开，使后中缝成直线，侧腰也拔开，使之符合人体腰部的需要。

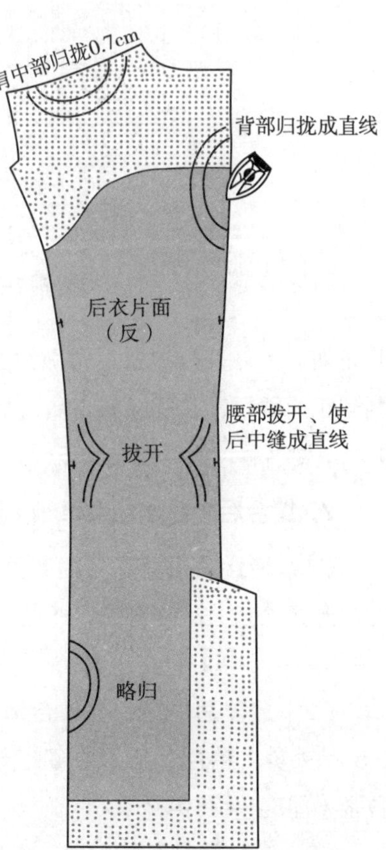

图5–1–23 归拔后衣片

6. 缝合后衣片下摆假开衩（图5–1–24）

（1）车缝右后衣片下摆折边：将右后衣片正面朝上，下摆折上4.5cm后，沿开衩一侧距边1.2cm车缝3.5cm；然后将下摆折边翻到正面烫平（图5–1–24中①）。

（2）车缝左后衣片下摆折边：左后衣片反面朝上，按下摆净线画线后，在开衩处距下摆净线1.2cm，沿下摆贴边剪掉10cm；然后将左后衣

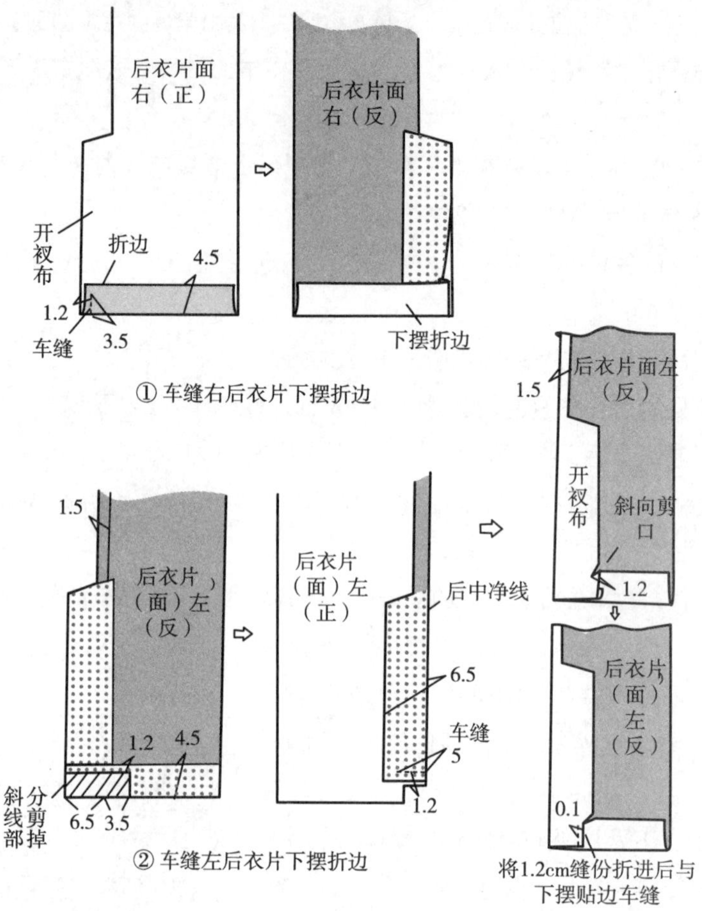

图 5-1-24　缝合后衣片下摆假开衩

片正面朝上，开衩布按后中净线折进6.5cm，沿下摆净线车缝5cm；再把开衩布与下摆翻到正面烫平，在开衩布上斜向剪口，要求剪到净线为止；最后在下摆处把开衩布折进1.2cm烫平后，把开衩布与下摆贴边车缝固定（图5-1-24中②）。

7. 缝合后中缝烫粘合牵条（图5-1-25）

（1）缝合后中缝：将后衣片正面相对，对齐后中缝、开衩布，后中缝按1.5cm车缝、开衩处按1.2cm车缝。然后在右衣片上将开衩转角处、下摆交接处的缝份斜向剪口（图5-1-25中①）。

（2）分烫后中缝、烫粘合牵条：将后中缝分开烫平，在后衣片领圈和袖窿的边缘0.5cm处烫上粘合牵条，袖窿处烫直牵条，领圈处烫斜牵条；要求后领圈熨烫牵条时略拉紧（图5-1-25中②）。

（3）车缝固定开衩上端：在后衣片的开衩上端，车缝5cm固定开衩（图5-1-25中③）。

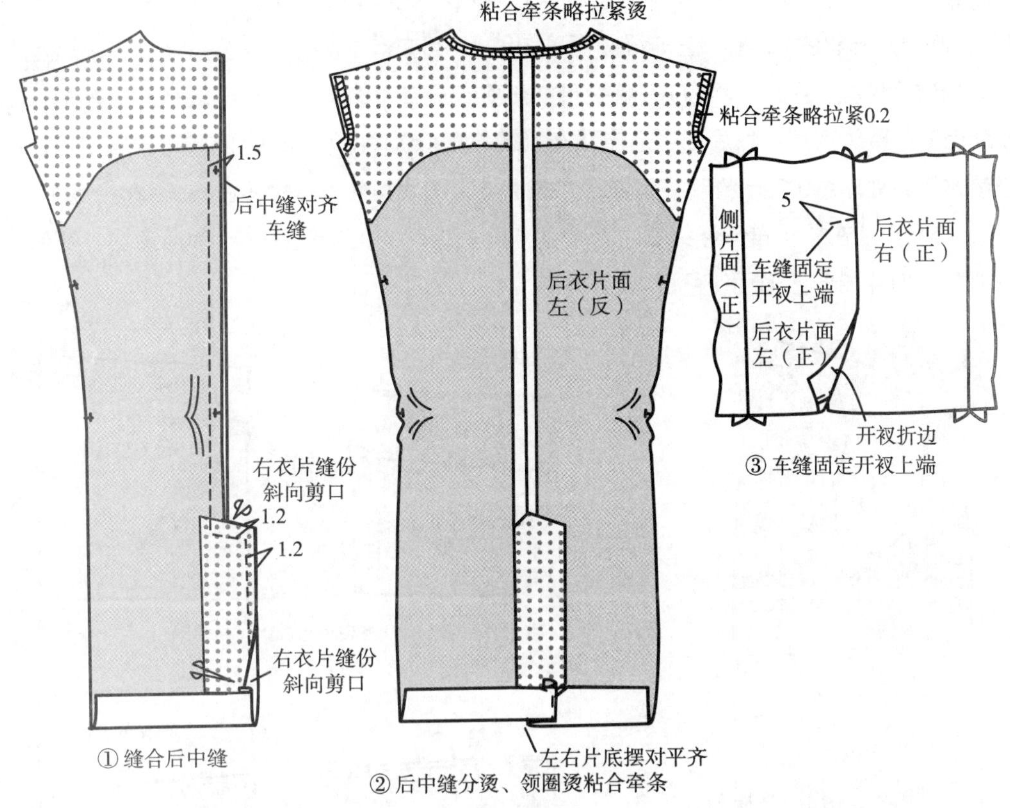

图 5-1-25　缝合后中缝、烫粘合牵条

8. 缝制里袋布（图5-1-26）

（1）袋位反面烫粘衬：在前衣片里布反面，按袋位画出里袋位，然后在袋位处烫上粘合衬（图5-1-26中①）。

（2）里袋布与袋垫布缝合：里袋布（手掌处）与袋垫布正面相对，按1cm缝合后，翻到正面缝份倒向袋布一侧，沿接缝处车缝0.1cm固定（图5-1-26中②）。

（3）里袋布与里嵌线布缝合：里袋布（手背处）与里嵌线布正面相对，按1cm缝合后，翻到正面缝份倒向袋布一侧，沿接缝处车缝0.1cm固定（图5-1-26中③）。

（4）袋位处车缝固定里袋布上的袋垫布与嵌线布：在前衣片里布的正面，画出袋位中线并延长；在袋位中线上分别放置袋垫布组合、嵌线布组合，并与衣片侧的毛边对齐，然后分别车缝固定袋垫布、嵌线布，要求缝合至袋位端点为止（图5-1-26中④）。

（5）袋位剪开、固定三角布：分别掰开袋垫布、嵌线布的缝份，把袋位中线剪开到距袋位端点1cm为止，形成Y型；然后将袋布翻到衣片里布的反面，在衣片的正面整理嵌线布形成2cm宽的嵌线布袋唇，最后掀开衣片，三角布拉到反面整理平整后，将三角布、袋垫布、嵌线布三者一道车缝固定（图5–1–26中⑤）。

（6）明线车缝固定袋垫布、嵌线布：在前衣片里布的正面，将嵌线布袋唇再次整理成2cm宽并熨烫定型；然后依次沿嵌线布接缝处车缝0.1cm的明线至嵌线布袋唇端点、沿袋垫布接缝处车缝0.1cm的明线至嵌线布袋唇端点再直角转弯车缝（图5–1–26中⑥）。

（7）分别在袋垫布与嵌线布上装四件扣：在袋垫布上安装四件扣的凸形面，在嵌线布上装上四件扣的凹形面（图5–1–26中⑦）。

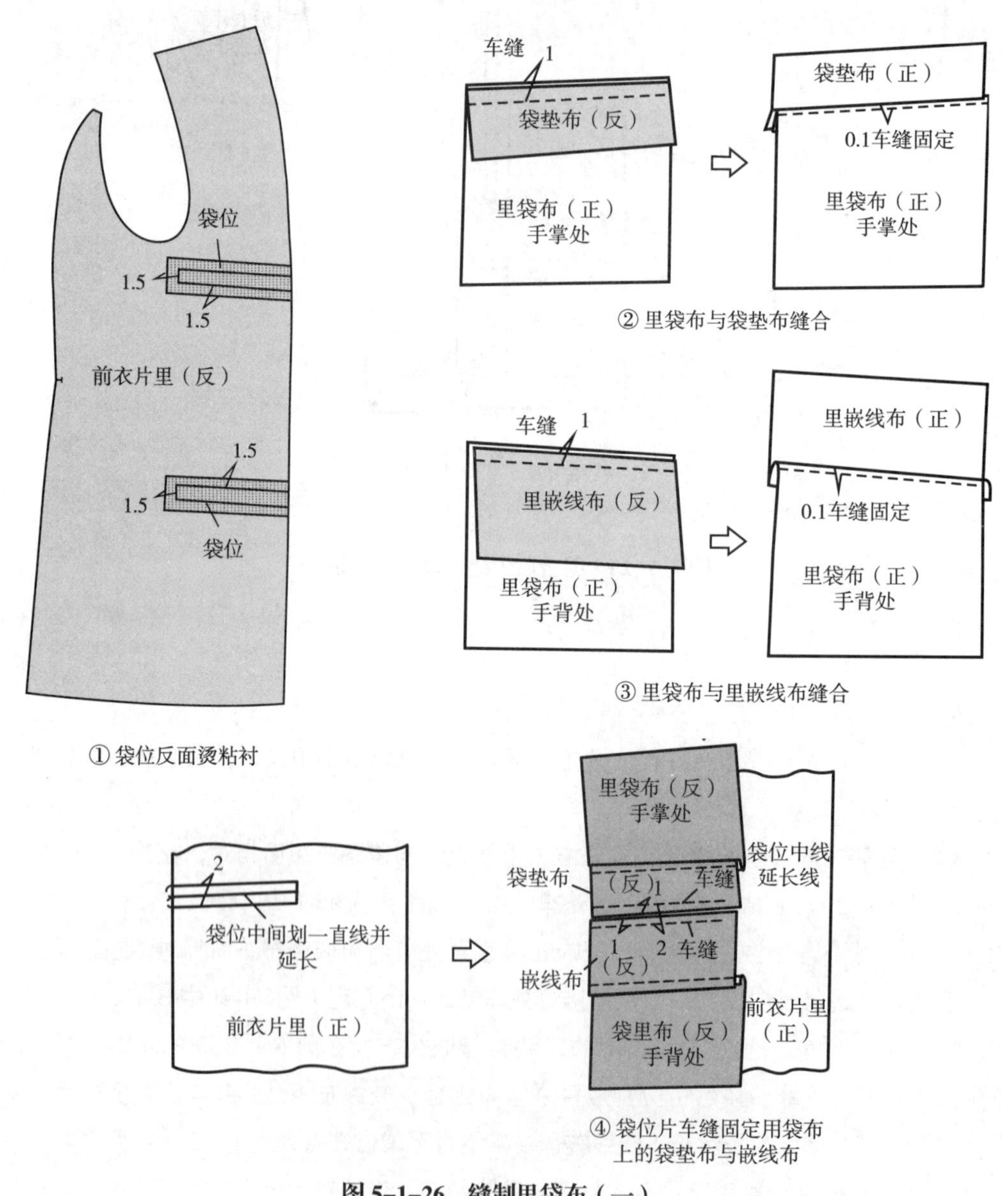

图 5–1–26　缝制里袋布（一）

（8）车缝固定上、下层袋布：把嵌线布袋唇放平整后，在侧边将衣片毛边与上、下层袋布的毛边对齐，放长针距离毛边0.5cm，车缝临时固定，下方留5cm左右不要缝住；然后掀开衣片把上、下两层袋布车缝，袋布转角处缝成圆角，以防灰尘堆积（图5-1-26中⑧）。

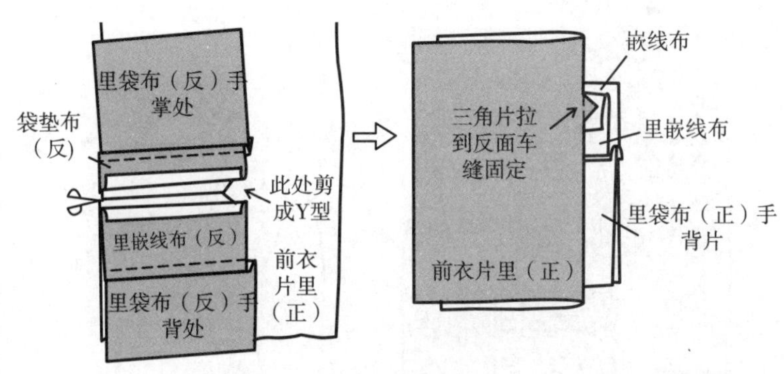

⑤ 袋位剪开、固定三角布

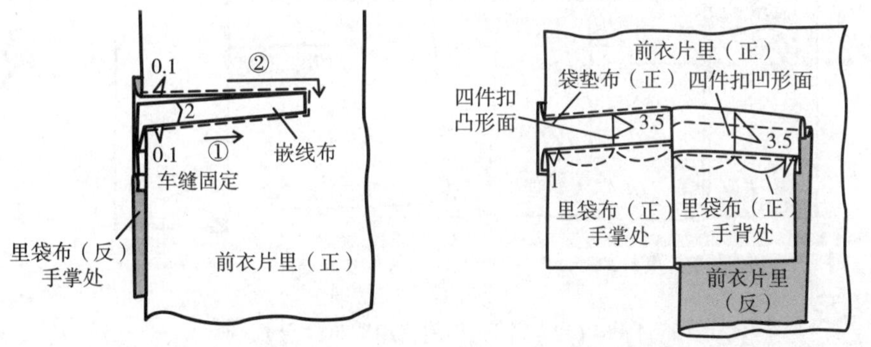

⑥ 明线车缝固定袋垫布、嵌线布

⑦ 分别在袋垫布与嵌线布上装四件扣

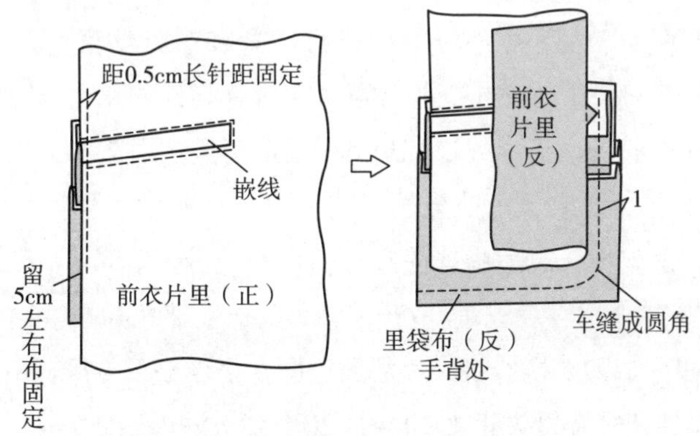

⑧ 车缝固定上、下层袋布

图 5-1-26　缝制里袋布（二）

9. 挂面与前衣片里布缝合（图5-1-27）

（1）挂面与前衣片里布缝合：挂面与前衣片里布正面相对，按1.2cm缝合至距下摆3.5cm为止，然后把缝份往挂面处烫倒（图5-1-27中①）。

（2）接缝线处压明线固定：把衣片朝上，沿衣片与挂面的接缝处，按0.1cm明线车缝固定缝份（图5-1-27中②）。

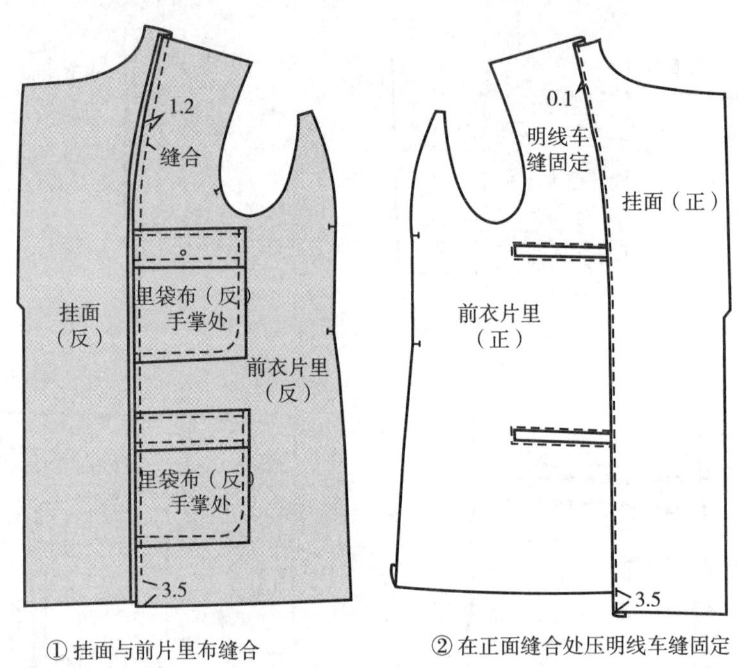

图5-1-27 挂面与前衣片里布缝合

10. 缝制门里襟（图5-1-28）

（1）缝合门里襟及部分下摆：先用里布剪一条袋布直丝牵带，宽1.5cm，长约15 cm，将其与袋布下侧圆角处一起缝住。再将前衣片与挂面正面相对，对齐门襟止口线及下摆后，从装领点起针，沿净线按1.2cm车缝至下摆挂面与衣片里布的接缝处，同时把袋布牵带一同缝住。要求领角处挂面一侧稍松，袋布牵带稍松，袋布要平整。然后将门襟上、下两方角剪掉，最后修剪前衣片门襟的缝份留0.6cm，在装领点剪口（图5-1-28中①）。

（2）扣烫前门襟止口和下摆：将衣片翻到正面，整理上下方角，熨烫止口线成平止口。要求领角与下摆转角处翻烫方正（图5-1-28中②）。

（3）挂面下摆与衣片下摆折边车缝固定：避开前衣片，只缝住挂面下摆与衣片下摆折边（图5-1-28中③）。

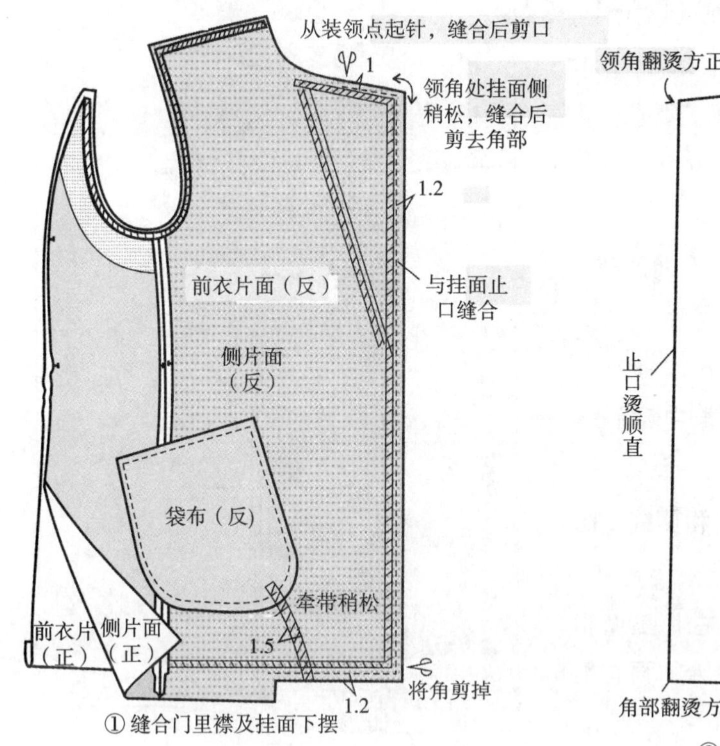

① 缝合门里襟及挂面下摆

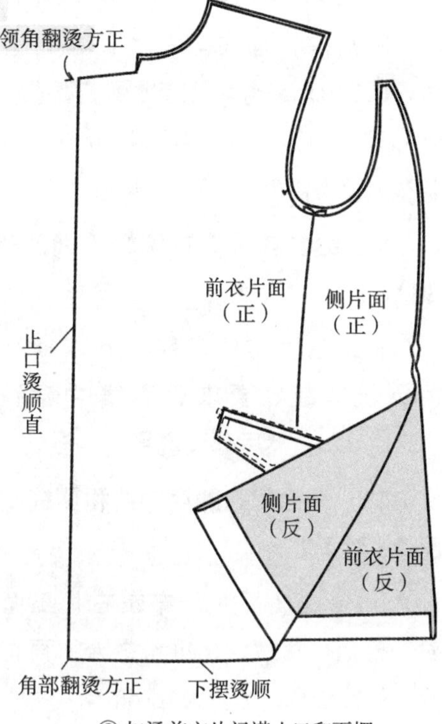

② 扣烫前衣片门襟止口和下摆

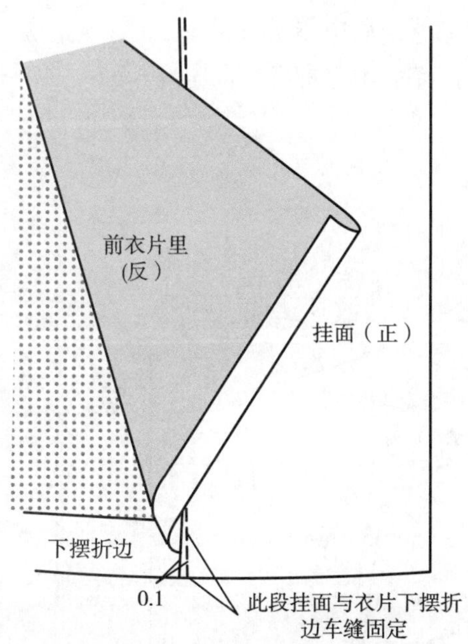

③ 挂面下摆与衣片下摆折边车缝固定

图 5-1-28　缝制门里襟

11. 缝合衣片面布后侧缝（图5-1-29）

将后衣片面布与侧片面布正面相对，以1.2cm缝合后分缝烫平。要求：靠近袖窿处的弧形缝份剪口后分烫，下摆折边处缝份修剪留0.3～0.4cm。

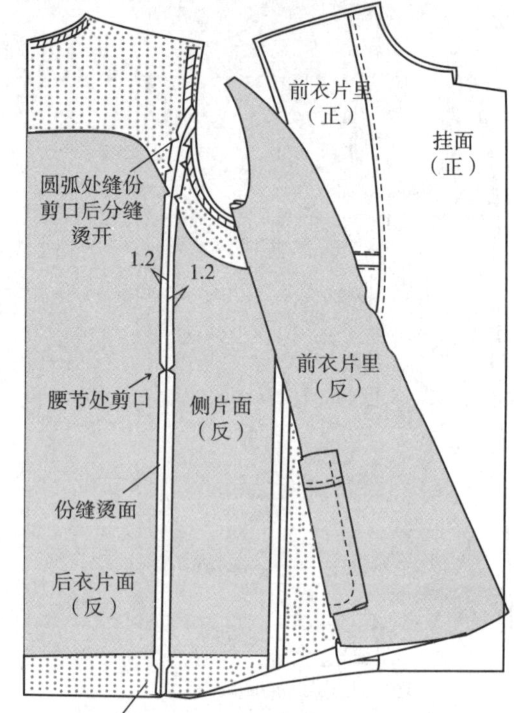

图5-1-29　缝合衣片面布后侧缝

12.缝合衣片面布肩缝（图5-1-30）

将前后面布的肩缝对齐以1.2cm的缝份车缝，要求后肩线中部缩缝0.3~0.4cm，然后分缝烫平。

13. 缝合里布的后中线和侧缝（图5-1-31）

（1）先将后片里布左右片正面相对，沿后中线按1cm缝份缝合；再将侧片与后片缝合，缝份为1cm。

（2）熨烫缝份。先把左后衣片里布开衩转角处的缝份剪口，再把后中缝份倒向左侧按净线烫倒，正面的中上部烫

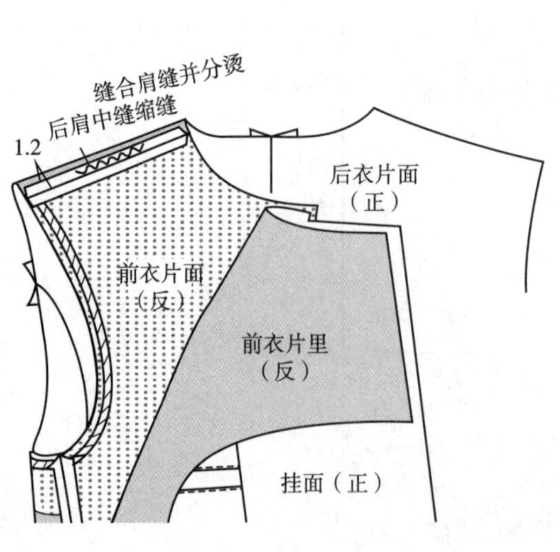

图5-1-30　缝合衣片面布肩缝

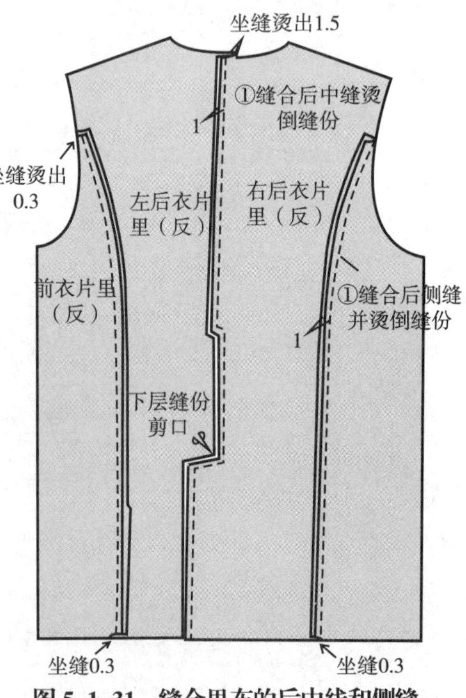

图5-1-31　缝合里布的后中线和侧缝

出1.5cm的坐缝；侧缝的缝份往后片烫倒1.3cm，正面有0.3cm的坐缝。

14. 缝合里布前后肩线

对齐里布的前后肩线，车缝1 cm，要求后肩线中部缩缝0.3cm左右，然后将肩缝往后片烫倒。

15. 领里缉线（图5-1-32）

分别将翻领里、领座里按0.6cm的宽度缉线，翻领外侧留1.8cm，领座里上侧留1.6cm；要求缉线间距一致。

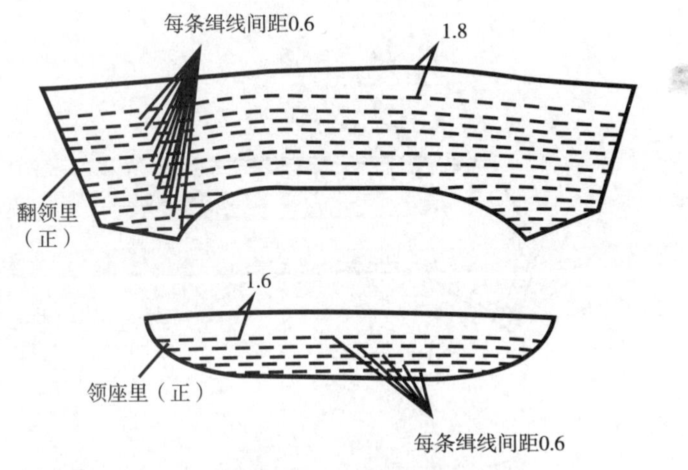

图5-1-32　领里缉线

16. 缝制领子（图5-1-33）

（1）缝合翻领：先分别按翻领面、翻领里的样板核对，再将翻领面、里正面相对，边沿对齐，按1.2cm的缝份车缝；要求两领角处面松里紧。然后修剪三边的缝份留0.3cm（图5-1-33中①）。

（2）翻烫翻领：将领子翻到正面，把领止口烫成里外匀。要求两领角翻尖，左右对称（图5-1-33中②）。

（3）翻领面与领座面缝合并分烫：将翻领面与领座面正面相对，对位点对齐后按0.8cm的缝份车缝；然后分烫缝份，在缝合线两侧各车缝0.1cm的明线固定（图5-1-33中③）。

（4）翻领里与领座里缝合：将翻领面与领座面正面相对，对位点对齐后按0.8cm的缝份车缝；然后将缝份往领座侧烫倒，距缝合线车缝0.1cm的明线固定（图5-1-33中④）。

（5）缝制完成后的领子（图5-1-33中⑤）。

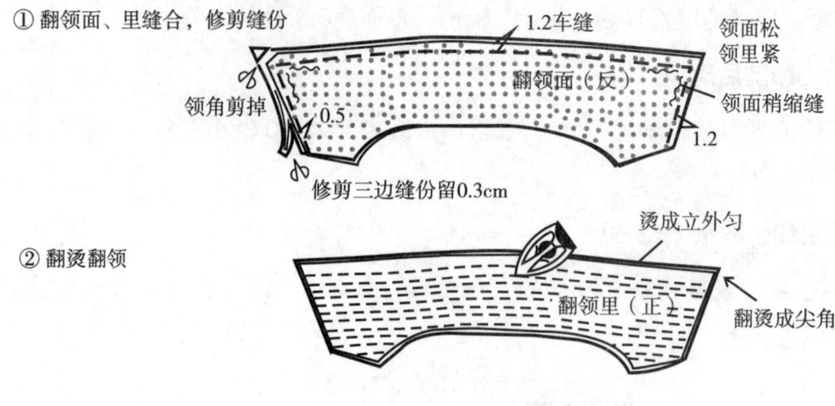

③ 翻领面与领座面缝合并分烫

0.8缝合

领座面（反）

翻领面（正）

翻领里（正）

翻领面（反）

领座面（反）

分缝烫开后，在缝合线两侧各车缝0.1cm的线

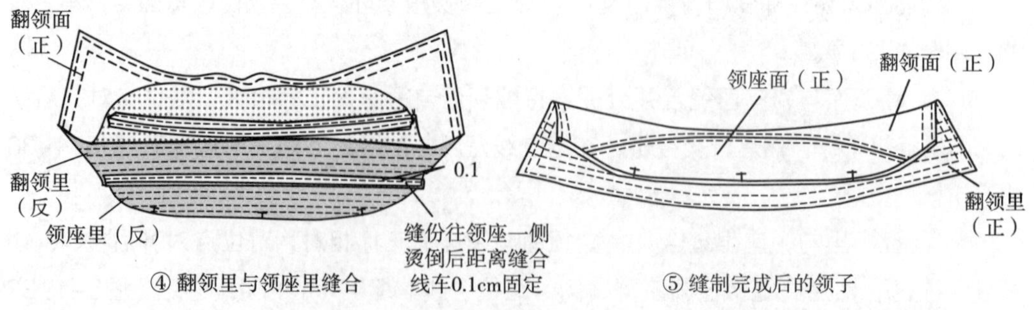

图 5-1-33　缝制领子

17. 绱领子（图5-1-34）

（1）绱领子：将衣片翻到反面，在领圈处分别与领子面、里的下口缝合，缝份为1cm。要求：从衣片一侧的装领点起针车缝到另一侧的装领点为止，领座面的下口与衣片里布的领圈各对位点对准，领座里的下口与衣片面布的领圈各对位点对准。缝合后，在前、后衣片领圈的圆弧处剪口（图5-1-34中①）。

（2）分烫缝份：将面布领圈的缝份烫开；把衣片里布领圈处的肩缝剪口，前领圈处的缝份分缝烫开，后领圈的缝份往里布处烫倒。最后将面布与里布的领圈缝份用手缝或车缝固定（图5-1-34中②）。

（3）绱领完成后，将衣片翻到正面（图5-1-34中③）。

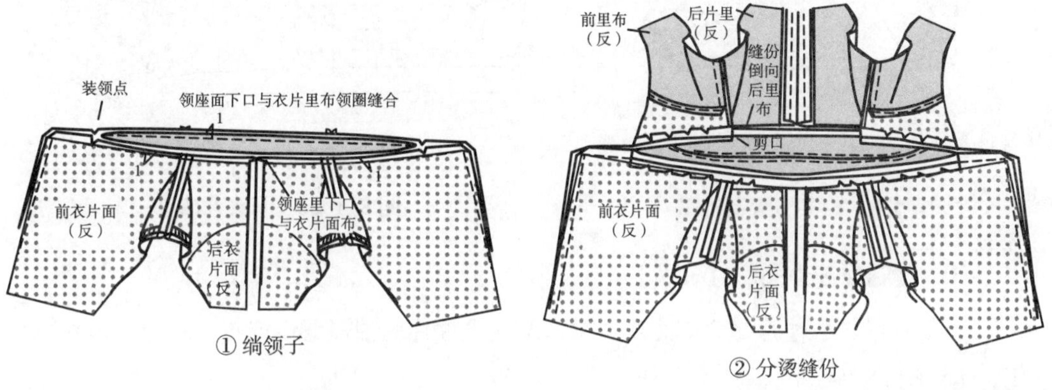

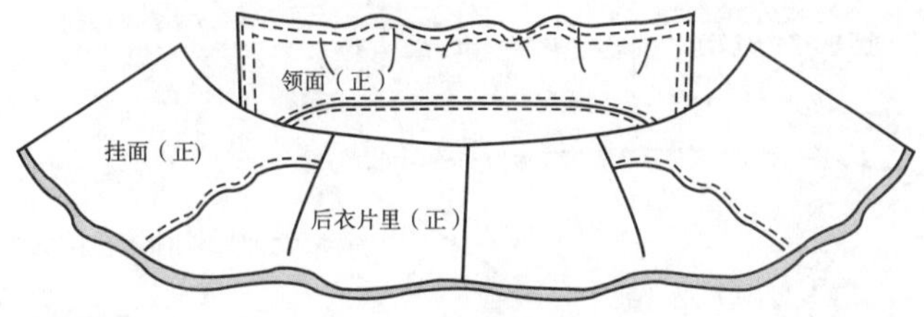

③ 绱领完成后翻到正面

图5-1-34 绱领子

18. 缝制袖襻、面袖（图5-1-35）

缝制袖襻：先在袖襻面的反面烫粘衬，再将袖襻的面里布正面相对，按净线车缝。然后修剪缝份留0.5cm，尖角处剪口，再将袖襻翻到正面，熨烫后，正面朝上缉0.1+0.6cm明线。最后在尖头处锁圆头扣眼。

19. 归拔大袖片（图5-1-36）

将左右两片大袖片正面相对，各边对齐后，在前袖缝的肘部用熨斗将其拔开；在后袖缝的肘部用熨斗将其归拢。

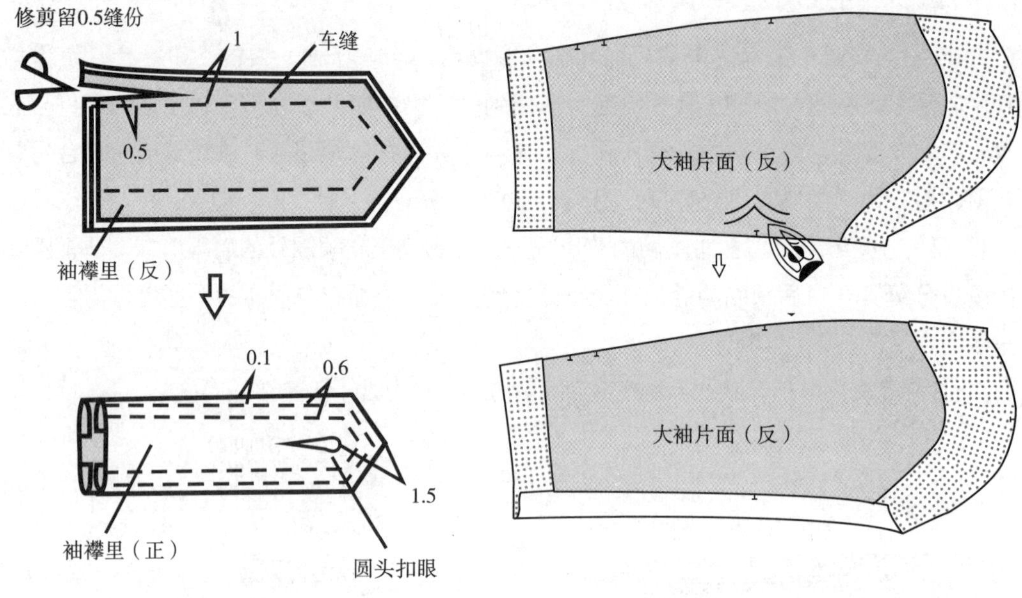

图5-1-35　缝制袖襻

图 5-1-36　归拔大袖片

20. 缝制面袖（图5-1-37）

（1）袖襻与小袖片缝合固定：将袖襻放在小袖片的袖襻剪口位置，距边0.5cm车缝固定（图51-37中①）。

（2）缝合外袖缝：将大小袖片正面相对，按1.2cm缝份缝合，在距袖襻夹装处把大袖片缝份剪口，然后分烫缝份（图5-1-37中②）。

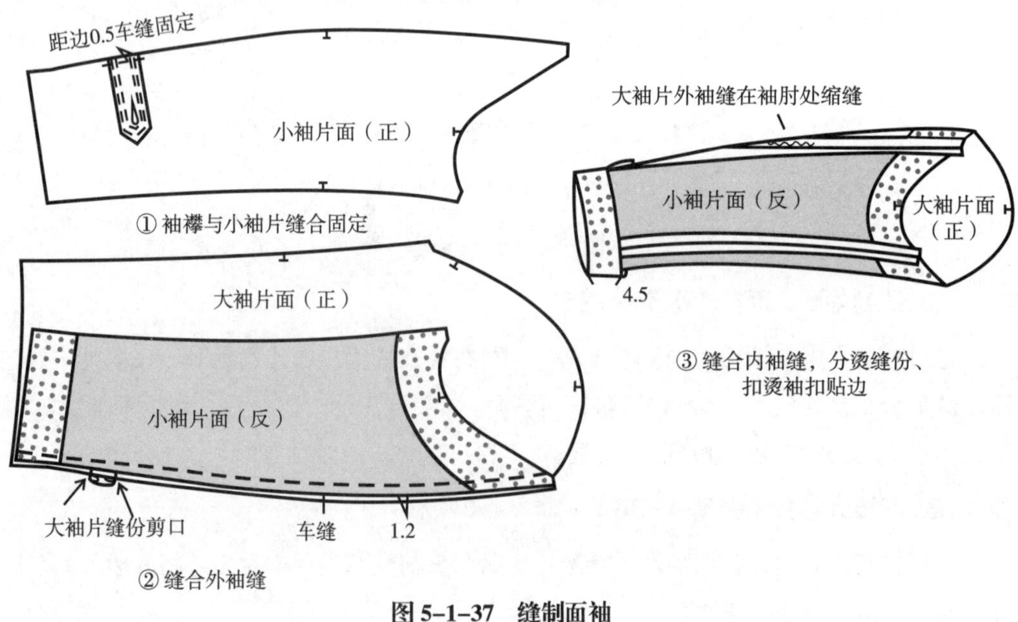

图 5-1-37　缝制面袖

（3）缝合内袖缝、扣烫袖口贴边：内袖缝缝合后，分烫缝份，再扣烫袖口贴边4.5cm（图5-1-37中③）。

21. 缩缝袖山吃势

（1）缩缝袖山吃势（参照男西装图3-1-42）

方法一：斜裁2条本料布，长25cm左右，宽3cm，缩缝时距袖山净线0.2cm，调长针距车缝，开始时斜布条放平，然后逐渐拉紧斜条，袖山顶点拉力最大，然后逐渐减少拉力直至放松平缝。此方法适合较熟练的操作者。

方法二：用手缝针在距袖山净线0.2cm外侧绗缝2道线，然后抽紧缝线并整理袖山的缩缝量。此方法适合初学者。

（2）熨烫缩缝量：把缩缝好的袖山头放在铁凳上，将缩缝熨烫均匀，要求平滑无褶皱，袖山饱满。

22. 绱面布袖子、检查装袖后的外形（参照男西装图3-1-43）

（1）手缝固定袖子与袖窿：对准袖中点、袖底点或对位记号，假缝袖子与袖窿，缝份0.8~0.9cm，缝迹密度0.3cm/针。

（2）试穿调整：将假缝好的衣服套在人台上试穿，观察袖子的走势与吃势，要求两个袖子定位左右对称、吃势匀称，然后进行车缝。

（3）车缝绱袖：沿袖窿车缝一周，缝份为1cm ，缝份自然倒向袖片。注意，袖山处的装袖缝份不能烫倒，以保持自然的袖子吃势。

23. 缝制里袖、绱里袖（图5-1-38）

（1）缝合袖片的内、外袖缝并熨烫：大小袖片的内、外袖按1cm缝份缝合。要求左

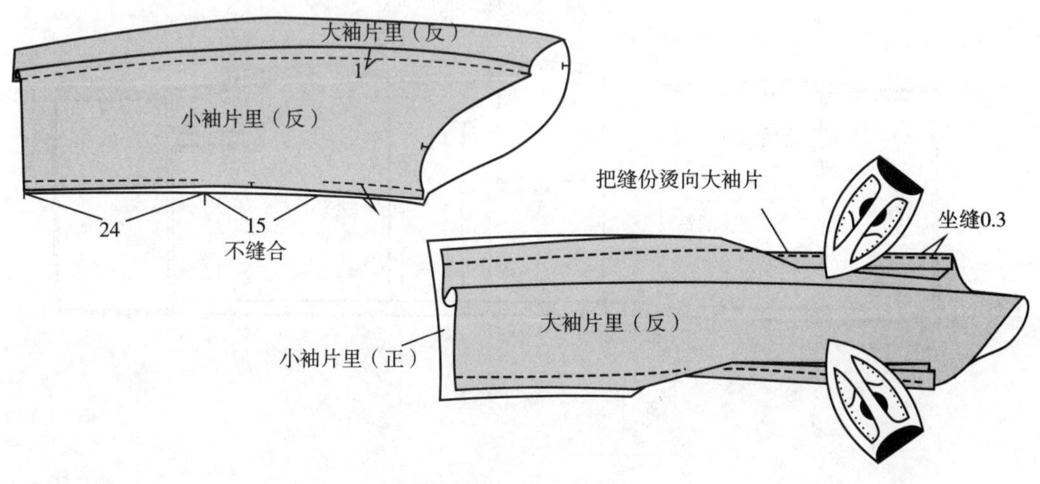

图 5-1-38　缝制里袖

内袖缝中间留15cm不缝合；里袖的袖缝均往大袖片烫倒，要求烫出坐缝0.3cm。

（2）绱里袖：将袖里子的袖山顶点与衣片的肩线对齐进行车缝。

24. 缝合并固定袖口面、里

（1）将袖口面、里的内、外袖缝对齐，车缝一周，然后按袖口贴边的烫痕折上贴边，在内、外袖口沿缝份车缝几针固定袖口贴边。

（2）将袖子翻到正面，按面布袖口贴边的烫痕整理袖口。

25. 缝制下摆（图5-1-39）

（1）缝合面、里布下摆：将衣片面、里下摆上对应的拼接线对齐后以1cm的缝份缝合，然后按下摆贴边的烫痕折上贴边，捏住面、里布上沿各拼接缝的缝份车缝几针固定下摆贴边（图5-1-39中①）。

（2）翻烫衣片、扣烫里布下摆：从左里袖翻膛口，翻出衣片到正面，按衣片面子下摆贴边烫痕扣烫整理下摆（图5-1-39中②）。

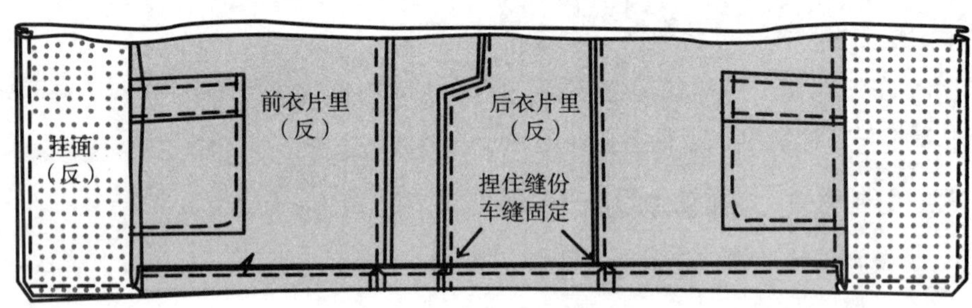

① 面、里布底摆缝合

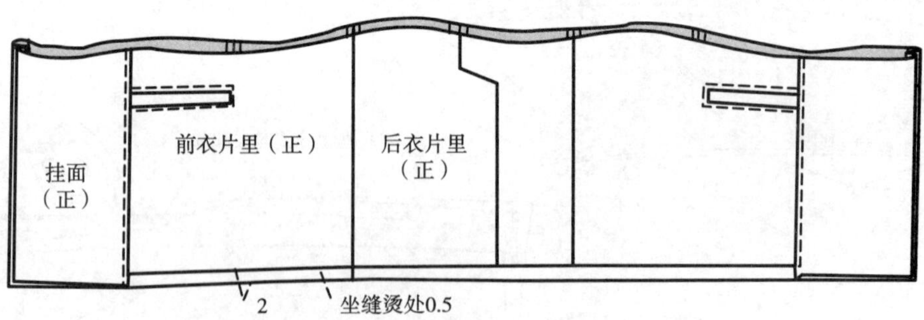

② 翻出熨烫

图 5-1-39 缝制下摆

26. 缝合左里袖翻膛口

将左袖翻到反面，整理并折进翻膛口两边里布的缝份，按0.1cm缝合固定。

27. 缉门里襟止口线、锁扣眼、钉扣子（图5-1-40）

（1）缉门里襟止口线：从衣片的装领点开始沿门襟到下摆挂面处为止，缉0.1+0.6cm的明线，门里襟缉线相同。

（2）锁扣眼：在左衣片的门襟上锁三个扣眼、右衣片的里襟锁两个扣眼，在左右袖襻的尖角处各锁一个扣眼。

（3）钉扣子：右衣片里襟在正面钉三粒大扣连同挂面处的三粒小扣（底扣）一起钉住，以增加大扣使用时的牢度；左衣片门襟在正面钉三颗大扣，同时挂面处钉两粒大扣、一粒小扣（底扣），大扣配合右衣片的扣眼，小扣增加正面对应处大扣使用时的牢度。

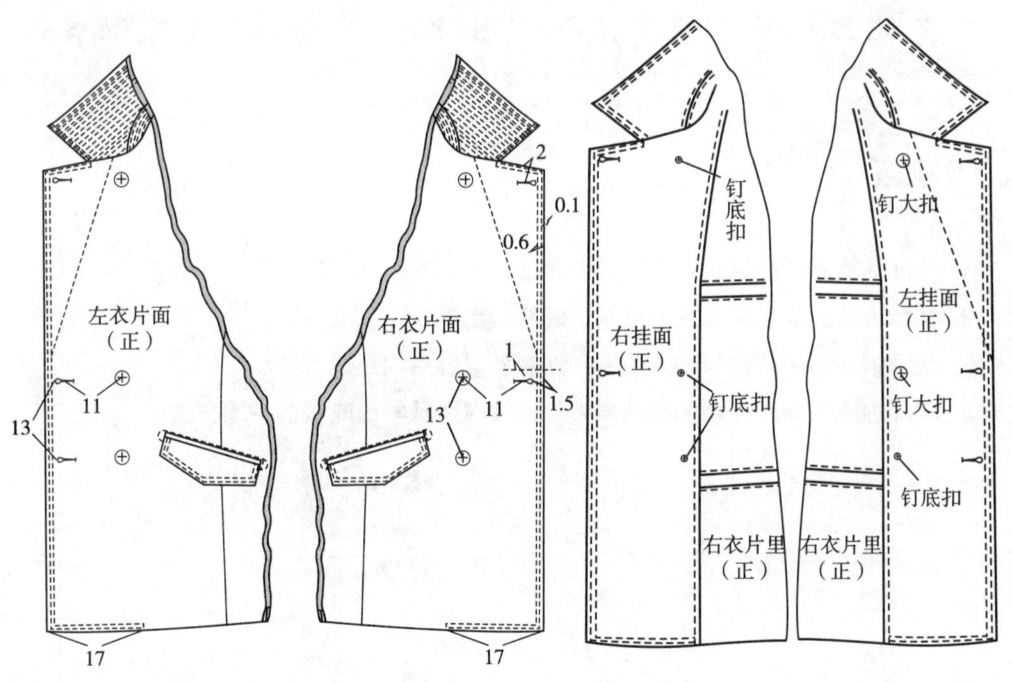

①门襟止口缉线、衣片锁眼、钉扣　　②衣片背面钉扣情况

图5-1-40　缉门里襟止口线、锁扣眼、钉扣子

28. 整烫

整烫的顺序和要点参照男西装。

八、缝制工艺质量要求及评分参考标准（总分100）

1. 规格尺寸符合设计要求。（10分）

2. 翻领、驳头要求对称，并且平服、顺直，领翘适宜，领口不倒吐。（20分）

3. 两袖山圆顺，吃势均匀，前后适宜。两袖长短一致，袖口大小一致；袖襻左右对称一致。（20分）

4. 表、里挖袋平整，嵌线端正、平服，袋盖里外匀恰当，左右袋对称一致。（15分）

5. 左右门里襟长短一致，下摆方角左右对称，扣位高低对齐。（10分）

6. 各条拼合线平服，缉线顺直，无跳线、断线现象。（10分）

7. 里子、挂面及各部位松紧适宜平顺。（10分）

8. 各部位熨烫平服，无亮光、水花、烫迹、折痕，无油污、水渍，表里无线头。（5分）

九、实训题

1. 实际训练单嵌线挖袋，并能加以熟练运用。

2. 实际训练后衣片暗开衩的缝制，注意缝制的步骤和要点。

3. 实际训练领子的缝制和装领子，注意各对位点的正确对位。

4. 实际训练合体两片袖的缝制和绱袖，掌握两种袖山吃势的抽缩方法。

第二节　男风衣工艺

一、概述

1. 外形特征

该款休闲宽松男风衣为暗门襟单排扣、后中开衩、两片袖、全衬里，带领座的翻领、两个双嵌线加袋盖的斜插袋、左衣片有两个里袋：双嵌线挖袋和大贴袋。挂面外侧滚边处理，在领子、门襟止口、口袋、后中缝、下摆、袖口、腰带、袖襻等处车装饰明线，面布、里布下摆脱开处理等。属男风衣经典款型，适合不同年龄男性穿着。款式见图5-2-1。

图 5-2-1　男风衣款式图

2. 男风衣表、里款式组合图（图5-2-2、图5-2-3）

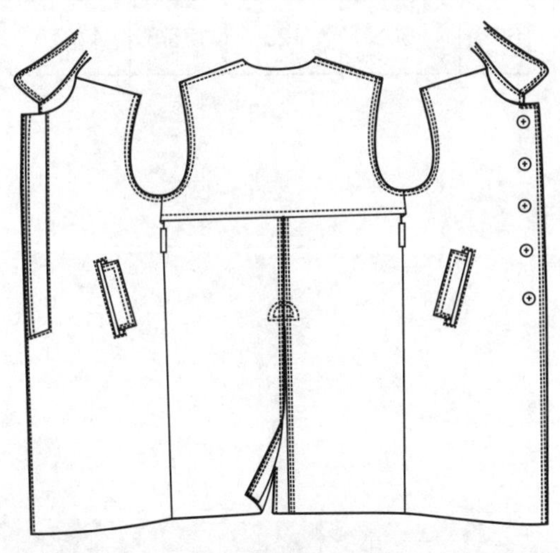

图 5-2-2　男风衣款式组合图（面）

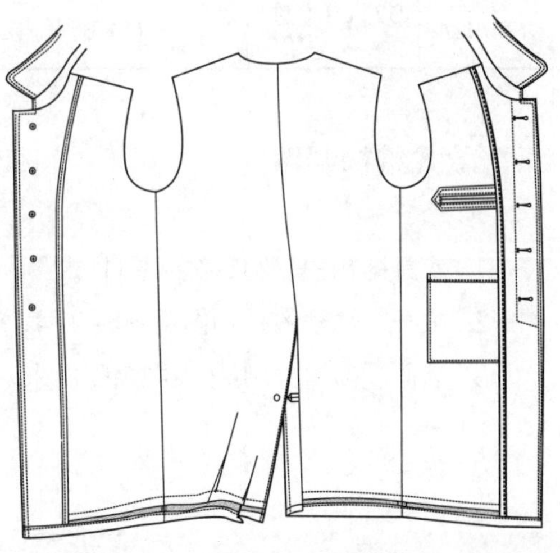

图 5-2-3　男风衣款式组合图（里）

3. 适用面料

（1）面料：棉、毛、涤纶、锦纶等混纺面料均可。如锦棉、棉涤、毛涤等精纺面料。

（2）里料：可选用仿真丝里布、亚沙涤等。

4. 面辅料参考用量

（1）面料：门幅144cm，用量约290cm（估算式：衣长×2+袖长+（5~10）cm）。

（2）里料：门幅130cm，用量约210cm（估算式：衣长+袖长+（25~30）cm）。

（3）辅料：

有纺粘合衬：门幅150cm，用量约150cm。

直径约2cm扣子5粒，直径1.5cm扣子2粒，直径0.9cm垫扣5粒。

5cm宽腰带日字扣1个，2.5cm宽袖口日字扣2个。

金属气眼10副。

粗线1个，配色线4个。

二、制图参考规格（不含缩率，见表5-2-1）

表5-2-1　制图参考规格　（单位：cm）

号/型	胸围（B）	后衣长	肩宽（S）	袖长	袖口大	下摆围	腰带长/宽	袖带长/宽
175/92A	92+33（放松量）=125	111.5	52	60	36	123	136/5	47/2.5

三、款式结构制图

1. 衣身结构图（图5-2-4中①）。
2. 袖子、领子的结构图（图5-2-4中②）。
3. 挂面、前里分割线、里袋位（图5-2-5）。

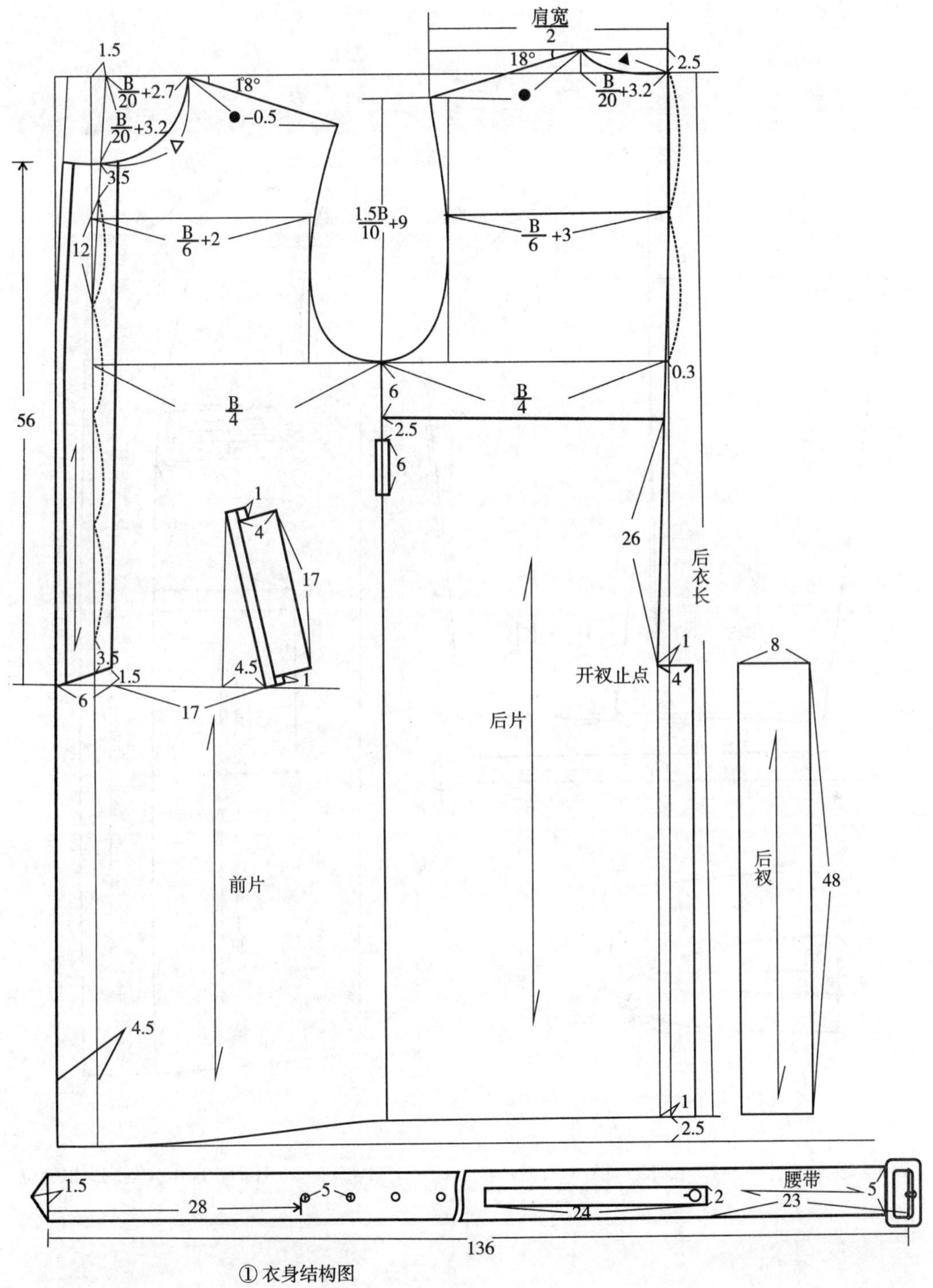

① 衣身结构图

图 5-2-4①　衣身结构图（一）

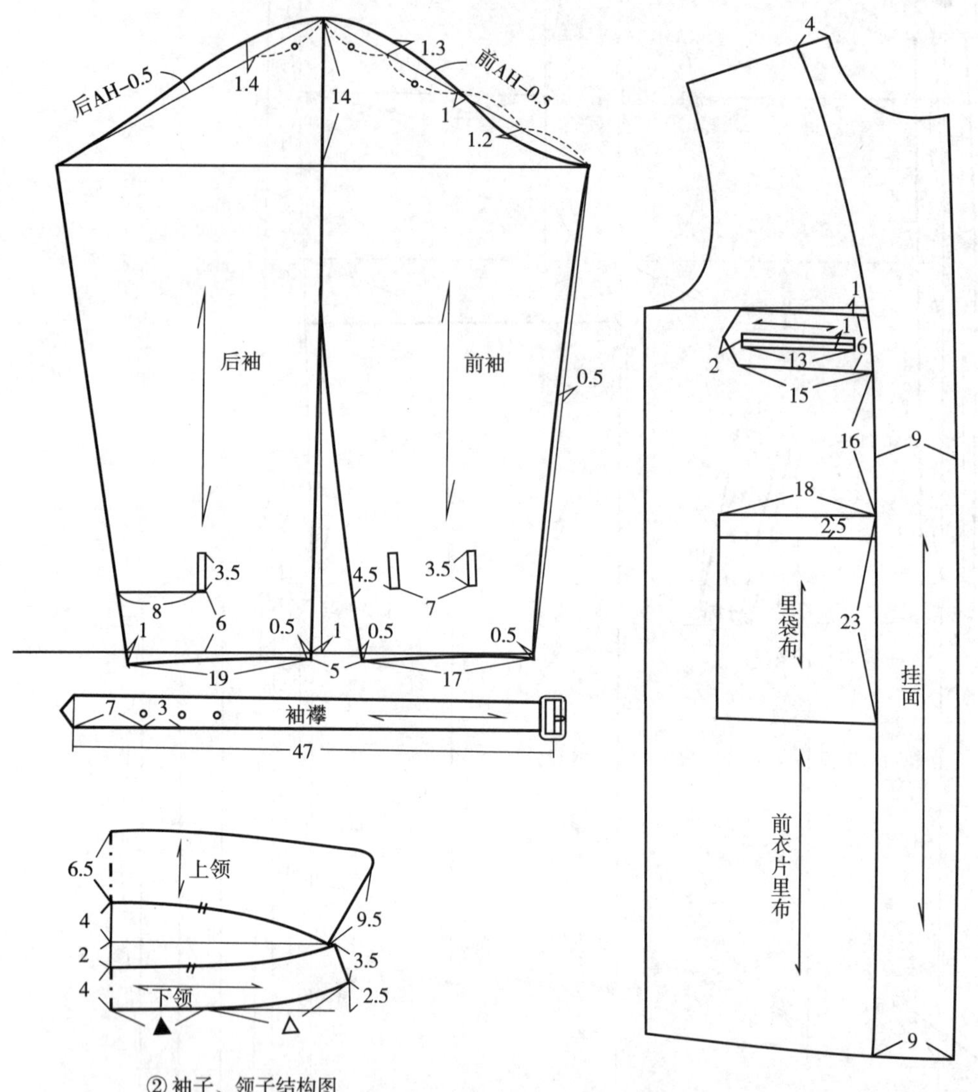

② 袖子、领子结构图

图 5-2-4　衣身结构图（二）

图 5-2-5　挂面、前里分割线、里袋位

四、放缝、排料和裁剪

1. 放缝图

（1）面料放缝（图5-2-6）

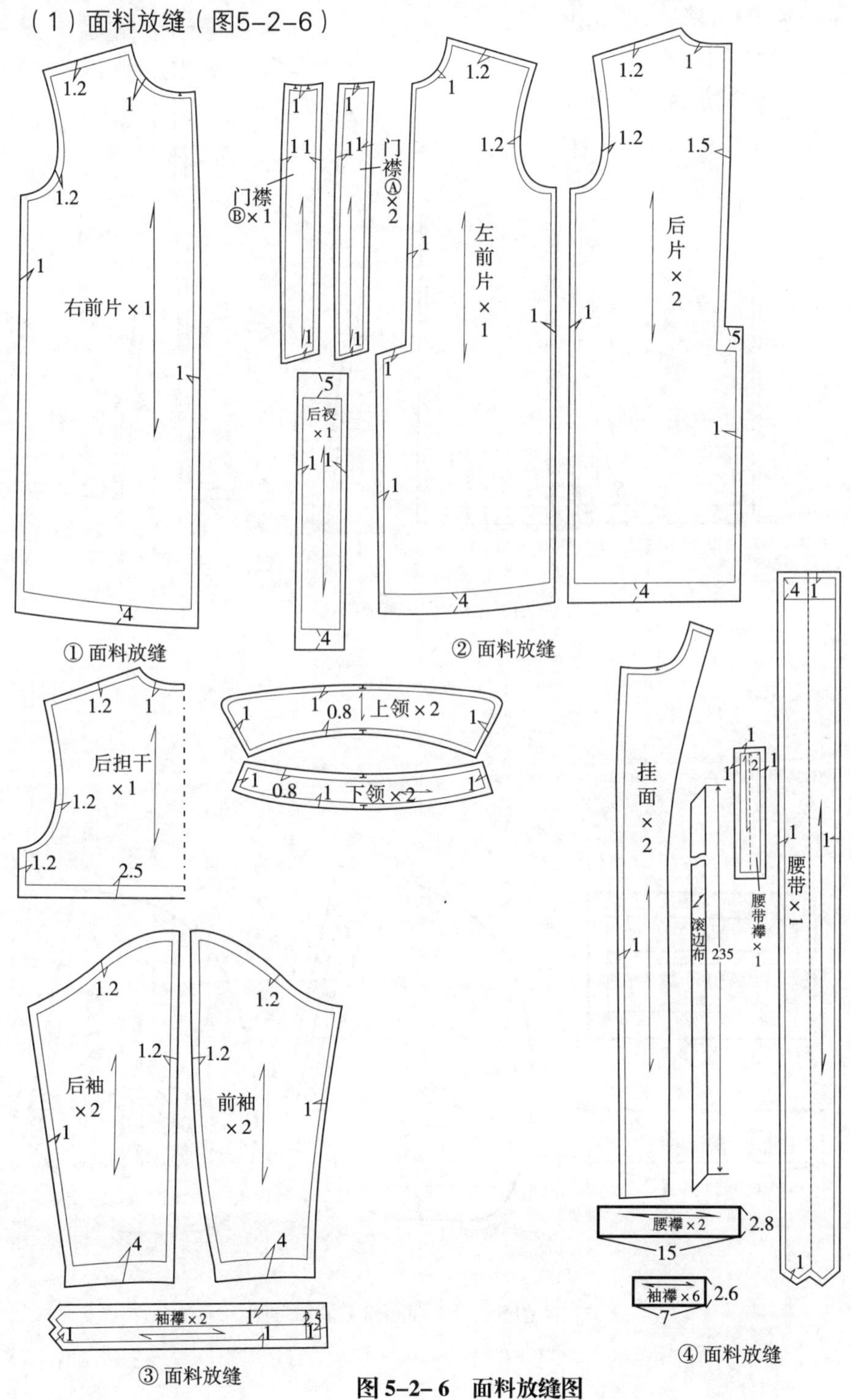

图 5-2-6　面料放缝图

（2）里料放缝（图5-2-7）

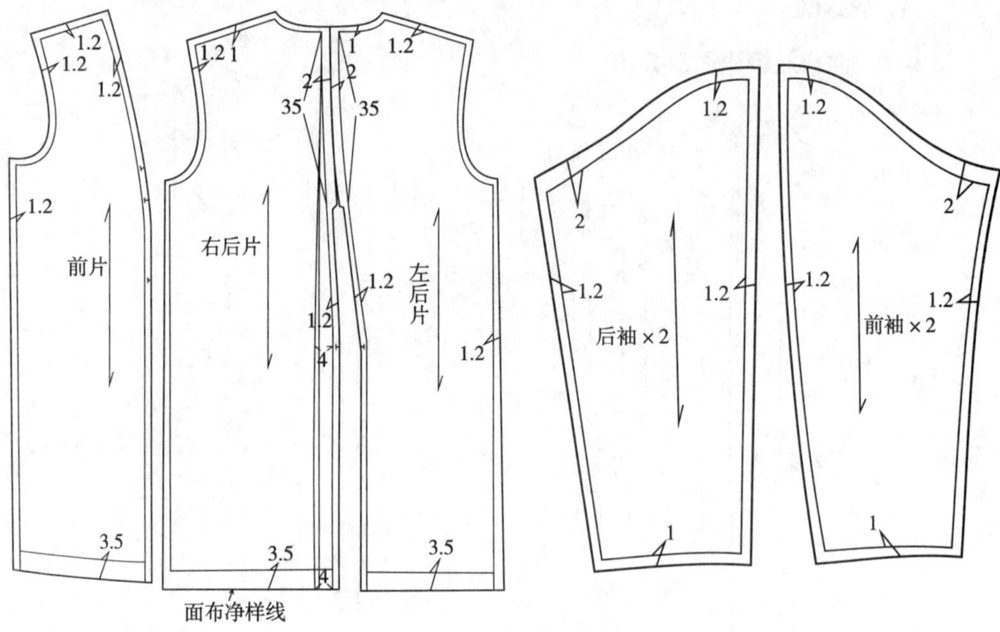

图 5-2-7 里料放缝图

（3）面布斜插袋放缝（图5-2-8）

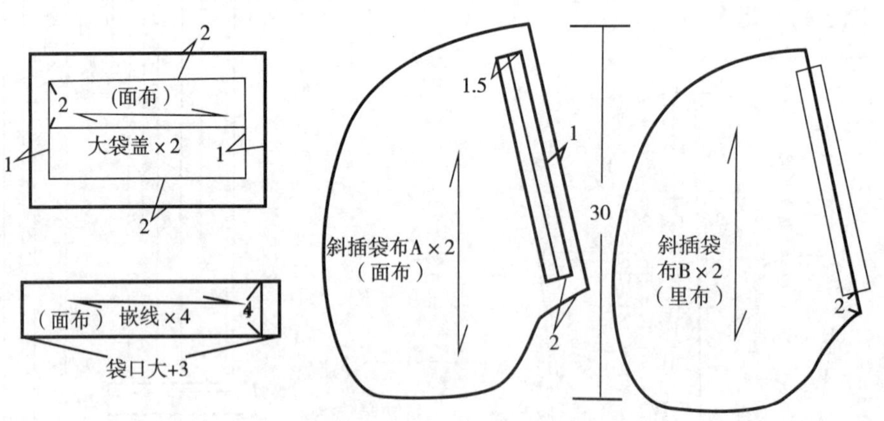

图 5-2-8 面布斜插袋放缝图

(4)里袋放缝图(双嵌线挖袋和贴袋)(图5-2-9)

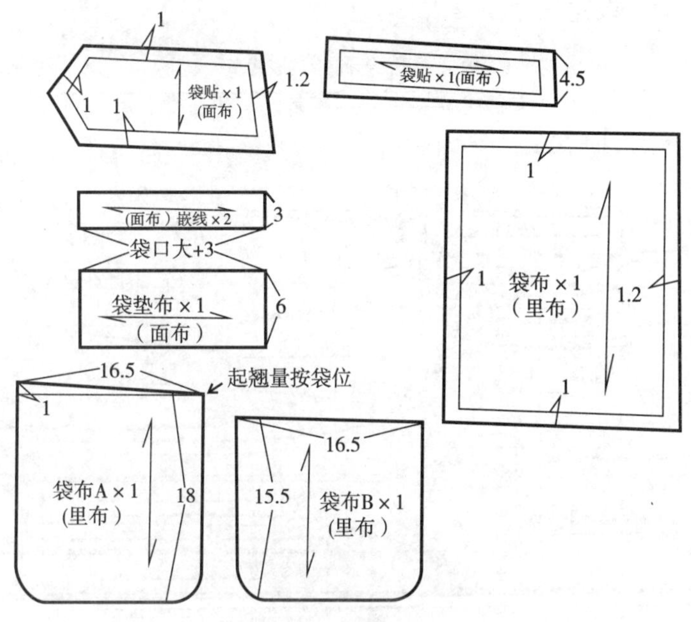

图 5-2-9 里袋放缝图

(5)粘衬部位(图5-2-10)

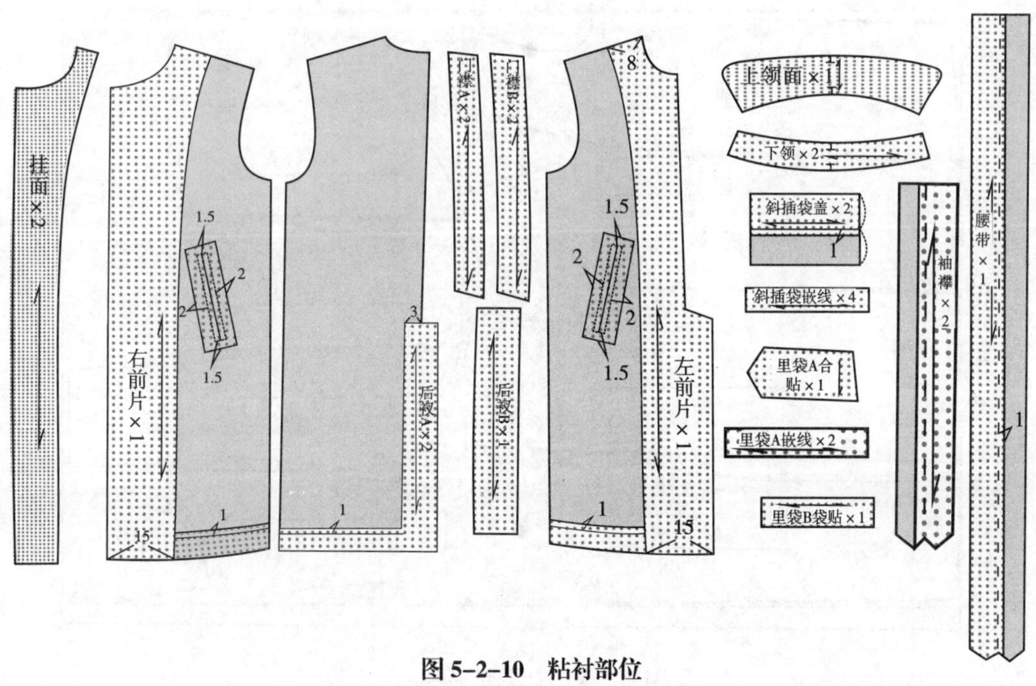

图 5-2-10 粘衬部位

2. 排料图

（1）面料排料参考图（图5-2-11）

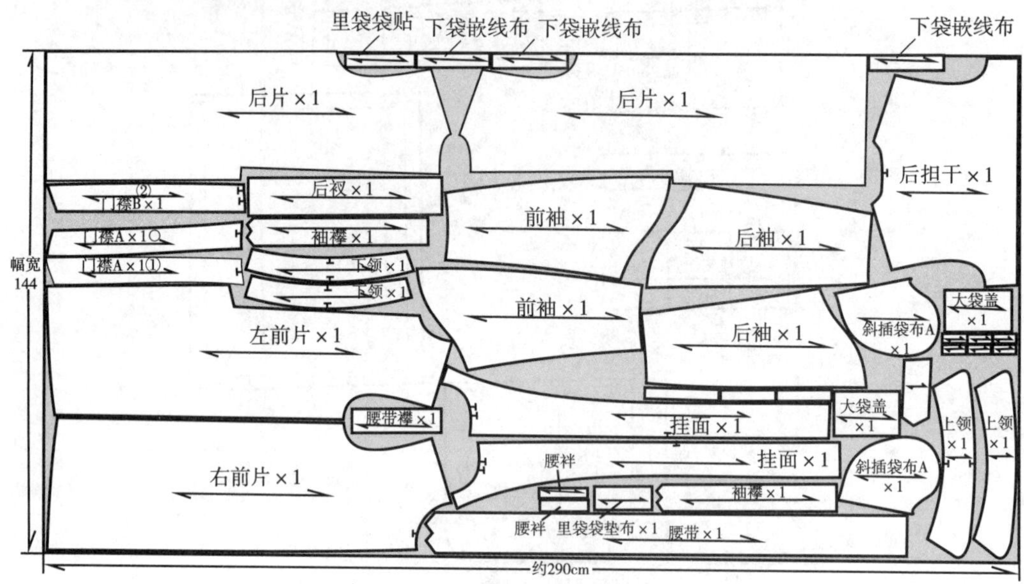

图5-2-11　面料排料参考图

（2）里料排料参考图（图5-2-12）

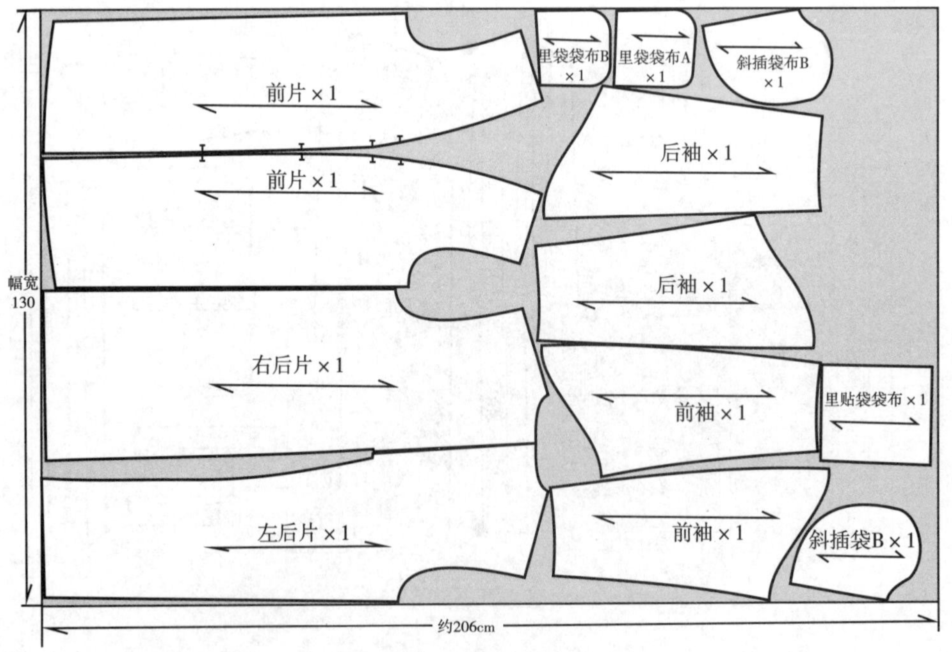

图5-2-12　里料排料参考图

（3）粘衬排料参考图（图5-2-13）

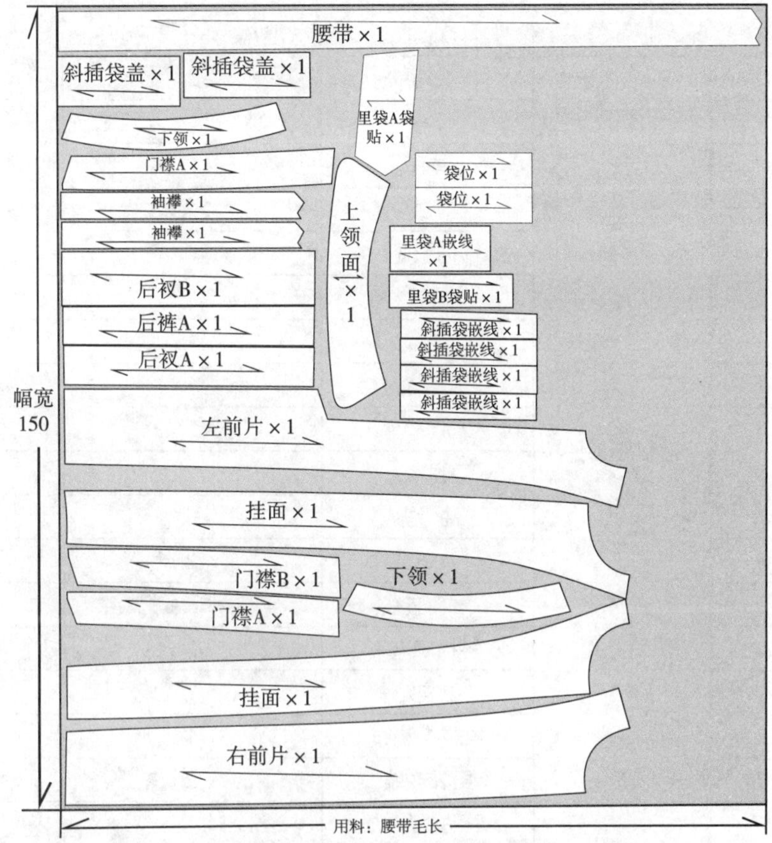

图5-2-13　粘衬排料参考图

3. 画样裁剪要求

对于需通过粘合机进行粘合的裁片，在排料时应放出裁片的余量，画样时在裁片的四周放出1cm左右的预缩量，再按画样线进行裁剪。

五、样板名称与裁片数量

表5-2-2　男风衣样板名称及裁片数量

序号	种　类	名　称	数量（单位：片）	备　注
1	面料主部件	左前片	1	左一片
2		右前片	1	右一片
3		后复司	1	一片
4		后片	2	左右各一片
5		前袖片	2	左右各一片
6		后袖片	2	左右各一片

（续表）

序号	种 类	名 称	数量（单位：片）	备 注
7	面料零部件	上领	2	面里各一片
8		下领	2	面里各一片
9		挂面	2	左右各一片
10		门襟A	2	左二片
11		门襟B	1	左一片
12		后衩	1	右一片
13		腰带	1	一片
14		腰带襻	1	一片
15		腰襻	2	左右各一片
16		袖襻	2	左右各一片
17		袖带襻	6	左右各三片
18		大袋盖	2	左右各一片
19		大袋嵌线	4	左右各二片
20		斜插袋布A	2	左右各一片
21		里袋贴	1	左一片
22		里袋袋垫布	1	左一片
23		里袋嵌线	2	左二片
24		里贴袋袋贴	1	左一片
25	里料主部件	前衣片	2	左右各一片
26		左后片	1	左一片
27		右后片	1	右一片
28		前袖片	2	左右各一片
29		后袖片	2	左右各一片
30	里料零部件	斜插袋布B	2	左右各一片
31		里贴袋袋布	1	左一片
32		里袋袋布A	1	左一片
33		里袋袋布B	1	左一片
34	粘衬	左前片	1	左一片
35		右前片	1	右一片
36		挂面	2	左右各一片
37		门襟A	2	左二片
38		门襟B	1	左一片
39		上领面	1	面一片
40		下领	2	面里各一片

（续表）

序号	种　类	名　称	数量（单位：片）	备　注
41		腰带	1	一片
42		袖襻	2	左右各一片
43		后衩A	2	左右各一片
44		后衩B	1	右一片
45		斜插袋盖	2	左右各一片
46		斜插袋嵌线	4	左右各二片
47		袋位	2	左右各一片
48		里袋A袋贴	1	左一片
49		里袋A嵌线	1	左一片
50		里袋B袋贴	1	左一片

六、缝制工艺流程和缝制前准备

1. 休闲男西服缝制工艺流程

分别缝制左右门襟—缝制斜插袋—缝制里袋（双嵌线挖袋）—缝制里袋（贴袋）—缝合里布后中缝、侧缝、里布底摆折边—缝合挂面与前片里—绱后复司—缝合侧缝、绱腰襻—缝合面布后中缝（做后衩）—分别绱左、右后里—缝合肩缝—做领—绱领—缝制袖带襻、绱袖带襻—缝合袖中缝—绱袖—缝合袖缝—缝制袖襻—缝制腰带—缝合面、里袖，车袖口明线—车门襟止口明线—固定面布与里布—钉扣、整烫

2. 缝制前准备

（1）针号和针距：针号为90/14号。

针距：明线10~12针/3cm，暗线 14~16针/3cm。

（2）粘衬部位（图5-2-10）：挂面、门襟AB、后衩A、后衩B、左前衣片、右衣前片、袋位、上领面、下领、斜插袋盖、斜插袋嵌线、里袋A袋贴、里袋A嵌线、腰带、袖襻、下摆等。过粘合机后，摊平放凉。

（3）修片：重新按裁剪样板修剪裁片（上领、下领、挂面、门襟AB、后衩B等）。

七、缝制工艺步骤及主要工艺

1. 分别缝制左、右门襟（图5-2-14）

（1）挂面外侧滚边：挂面外侧缝边用拉筒车0.8cm滚边（图5-2-14中①）。

（2）缝合门襟B与左挂面、锁扣眼：左挂面与门襟B正面相对，从绱领点起沿净线

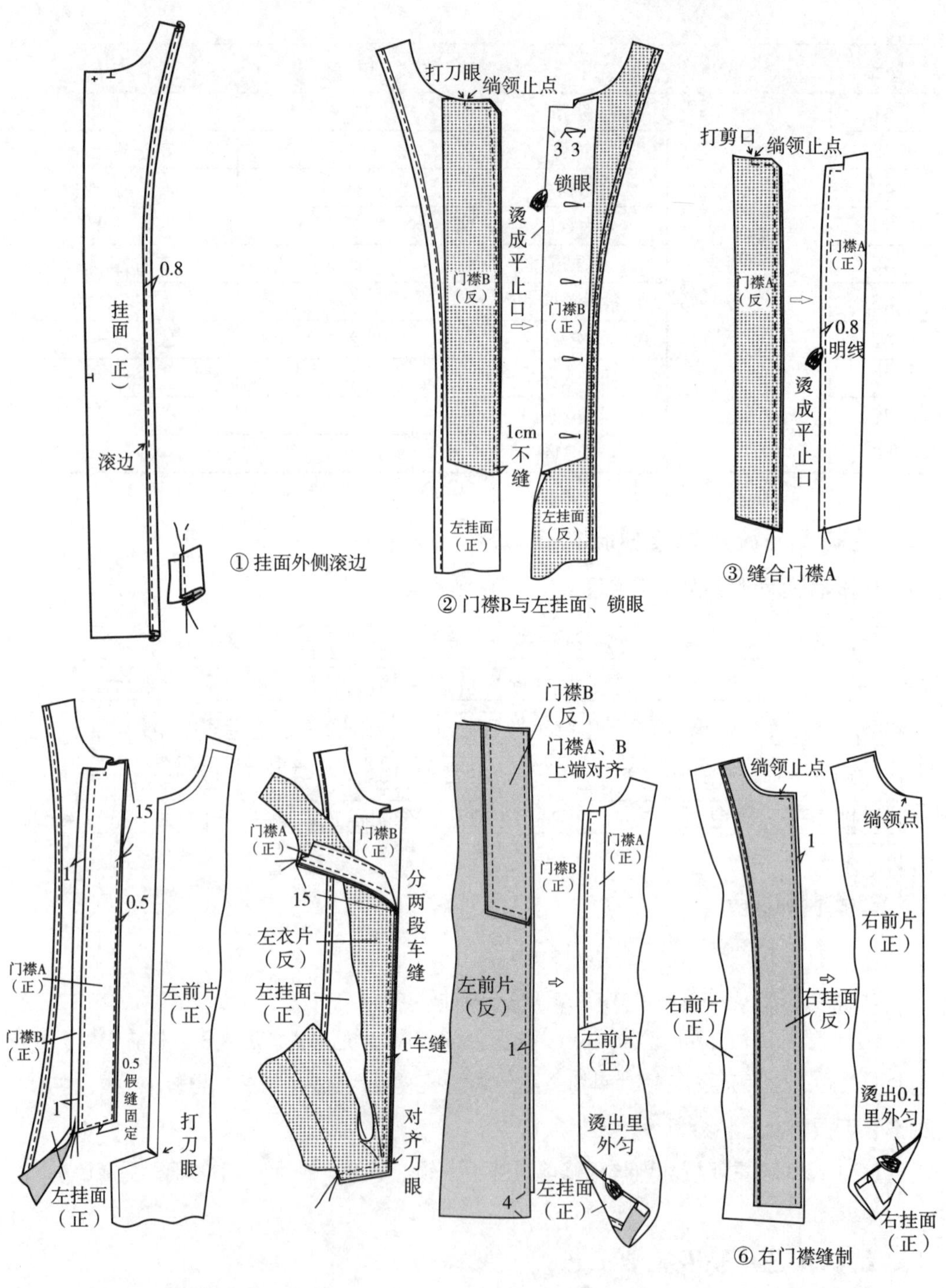

图5-2-14　分别缝制左、右门襟

车缝至暗门襟止点；修剪缝份后，在绱领点打剪口，然后翻烫，门襟烫成平止口，不能有虚边。扣眼位置锁5个扣眼（图5–2–14中②）。

（3）缝合门襟A：将两片门襟A正面相对，从绱领点起沿净线车缝，修剪缝份后，在绱领点打剪口，然后翻烫，门襟烫成平止口，然后正面朝上从绱领点起车0.8cm明线（图5–2–14中③）。

（4）门襟AB组合并缝合左前片：翻开左挂面，将门襟AB叠合，离上端约15cm起假缝0.5cm固定门襟AB，在左前片的转折处打斜向刀眼，然后分两段缝合左前片与门襟AB，缝份1cm，注意转折处要对齐刀眼（图5–2–14中④）。

（5）左衣片与左挂面缝合：从绱领止点起到离下摆4cm止缝合左衣片与左挂面，缝份1cm，再翻烫门襟止口，要注意门襟AB的上端要对齐，门襟A和门襟B的间距要均匀（图5–2–14中⑤）。

（6）缝制右门襟：从绱领止点起缝合右前片与右挂面，缝份1cm，再翻烫门襟止口，要烫出0.1cm的里外匀（图5–2–14中⑥）。

2. 缝制斜插袋（图5–2–15）

（1）缝制袋盖：袋盖里用净样板画出净线，袋盖面、里正面相对沿净线缝合，修剪缝份到0.3~0.4cm后，翻到正面熨烫平整；袋盖面朝上三边车0.1cm、0.7cm明线（图5–2–15中①）。

（2）画袋位、扣烫嵌线：在左、右前衣片正面画出袋位。在衣片反面挖袋位置烫袋口粘衬。对折扣烫两片袋嵌线（图5–2–15中②）。

（3）装袋嵌线、袋盖、袋布B：依次叠放袋布B、袋盖和袋嵌线（双层），分别沿袋位两条净线车缝固定在前衣片上，线迹两端要回针固定，注意要确认嵌线的对折部分缝份1cm宽度一致，袋盖里朝上。再剪开前衣片斜插袋位中线，两端呈现Y型剪口，将有袋布的一侧缝份三线包缝（图5–2–15中③）。

（4）扣烫嵌线、固定三角布、车袋口明线：将袋嵌线、袋布B、袋盖等部分穿过剪口翻到衣片反面，整理熨烫缝份，使双嵌线宽度（1cm）一致，两端形状方正。然后车缝固定两端三角布；再翻开袋盖正面朝上沿袋口车缝明线0.1 cm（图5–2–15中④）。

（5）装袋布A：先正面相对缝合袋布A与另一侧嵌线布，再缝合袋布A与袋布B，缝份1cm，四周三线包缝（图5–2–15中⑤）。

（6）固定袋盖：摊平袋盖，正面朝上在两端车0.1cm、0.6cm明线（图5–2–15中⑥）。

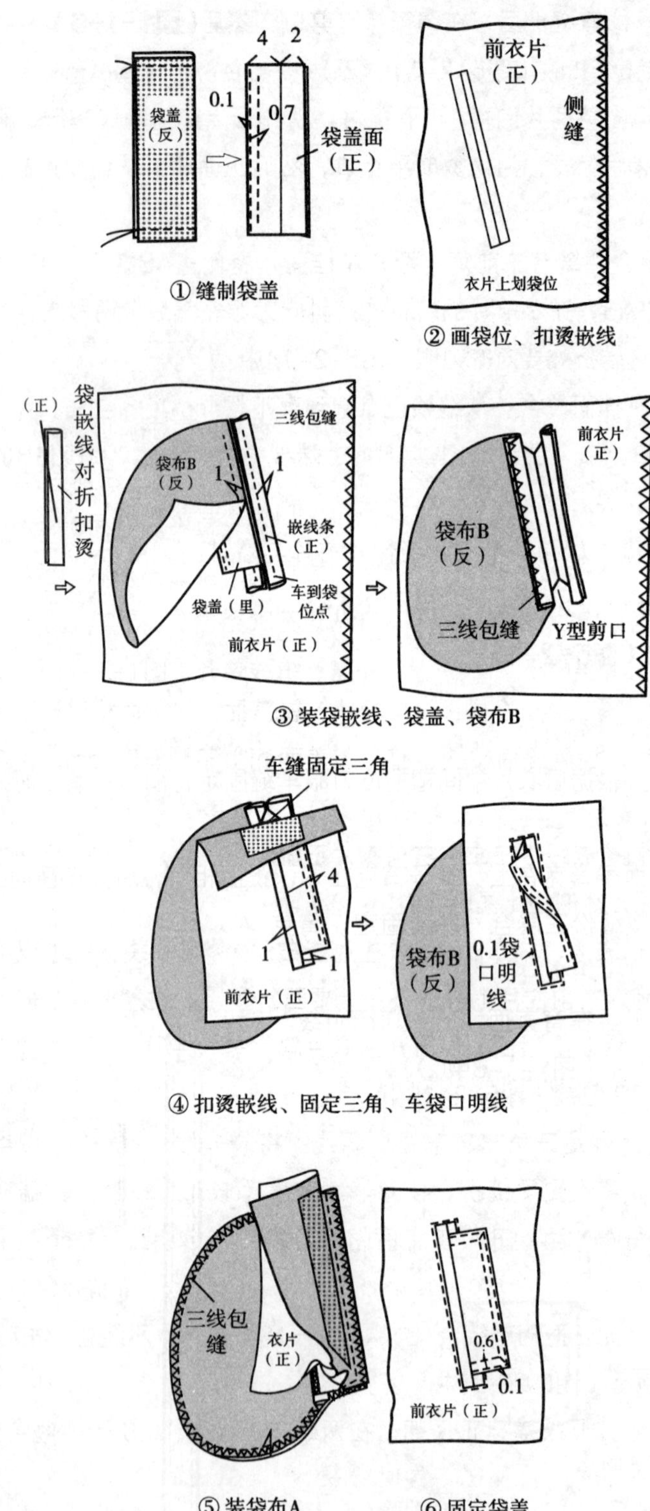

袋盖
（反）
4
2
0.1
0.7
袋盖面
（正）
① 缝制袋盖
前衣片
（正）
侧
缝
衣片上划袋位
② 画袋位、扣烫嵌线
（正）
袋
嵌
线
对
折
扣
烫
三线包缝
袋布B
（反）
1
1
嵌线条
（正）
袋盖（里）
车到袋
位点
前衣片（正）
前衣片
（正）
袋布B
（反）
三线包缝
Y型剪口
③ 装袋嵌线、袋盖、袋布B
车缝固定三角
4
1
1
前衣片（正）
袋布B
（反）
0.1袋
口明
线
④ 扣烫嵌线、固定三角、车袋口明线
三线包
缝
衣片
（正）
0.6
0.1
前衣片（正）
⑤ 装袋布A
⑥ 固定袋盖

图 5–2–15　缝制斜插袋

3. 缝制里袋（双嵌线挖袋）（图5-2-16）

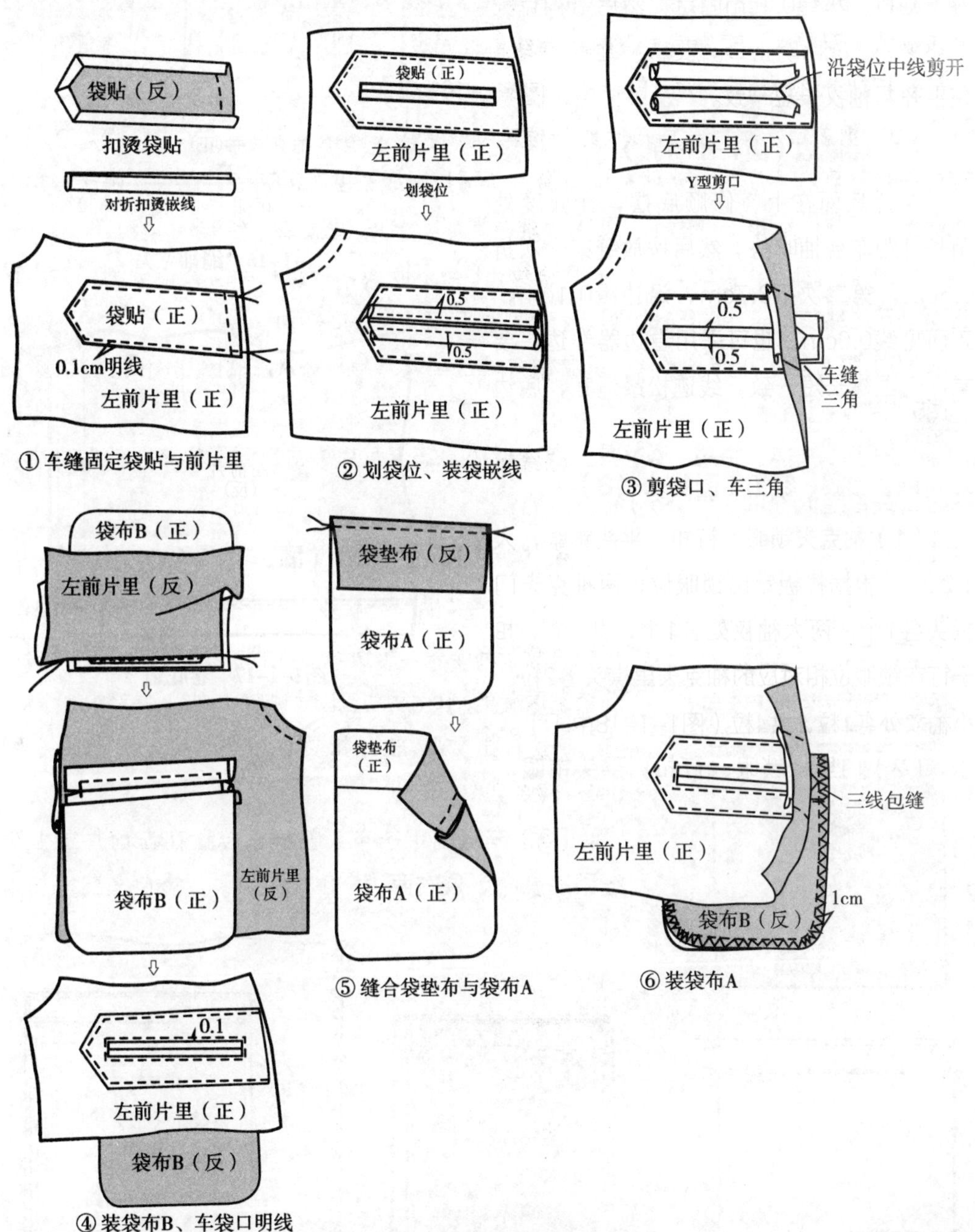

图 5-2-16　缝制里袋（双嵌线挖袋）

（1）车缝固定袋贴与前片里：先扣烫贴袋、对折扣烫嵌线（2片），再将袋贴按样板位置在左前片上扣压固定，车0.1cm明线（图5-2-16中①）。

（2）画袋位、装袋嵌线：在左前片里正面袋贴布上画出双嵌线挖袋位置。分别将2片袋嵌线（双层）沿挖袋位上下两条净线车缝固定，线迹两端要回针固定，注意确认嵌线的对折部分缝份为均匀的0.5cm宽（图5-2-16中②）。

（3）剪袋口、车缝三角布：剪开挖袋位的中线，两端呈现Y型剪口。将2片袋嵌线穿过剪口翻到衣片反面，整理熨烫缝份，使两片嵌线宽度（0.5cm）一致，两端三角布也翻到反面与嵌线布车缝固定。要求嵌线两端形状方正（图5-2-16中③）。

（4）装袋布B、车袋口明线：缝合袋布B与下嵌线，缝份1cm向袋布烫倒，然后在正面沿双嵌线袋口车一圈0.1cm明线，以加固口袋（图5-2-16中④）。

（5）缝合垫袋布与袋布A：正面相对缝合垫袋布与袋布A，缝份1cm向袋布A烫倒（图5-2-16中⑤）。

（6）装袋布A：将袋布A对齐上嵌线缝边，缝合两片袋布，缝份1cm，然后将袋布三边三线包缝（图5-2-16中⑥）。

4. 缝制里袋（贴袋）（图5-2-17）

（1）扣烫袋贴、装贴袋：先扣烫贴袋一侧缝份1cm，再缝合袋布与贴袋，缝份1cm，然后翻到袋布正面分别在贴袋上下端车0.1cm明线以固定贴袋（图5-2-17中①）。

（2）扣烫袋布：扣烫袋布两侧缝份1cm（图5-2-17中②）。

（3）车缝固定袋布：按样板位置在左前片里上车缝固定袋布，袋布两边车0.1cm明线。袋口车三角加固

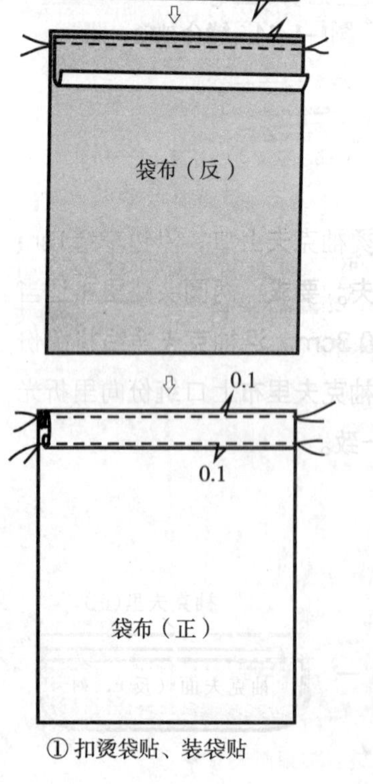

① 扣烫袋贴、装袋贴

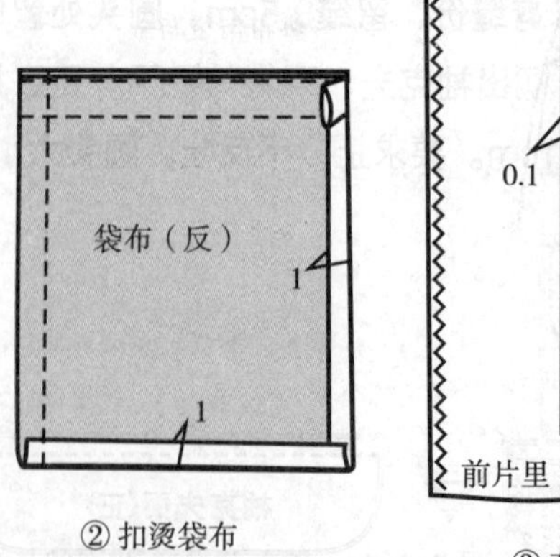

② 扣烫袋布

③ 车缝固定袋布

图 5-2-17 缝制里袋（贴袋）

（图5–2–17中③）。

5. 缝合里布后中缝、侧缝、里布下摆折边（图5–2–18）

（1）缝合里布后中缝到开衩止点，缝份1cm，上、下两端回针固定。以开衩止点向上10cm处为分界点，三线包缝时分界点以上合缝，以下分缝，熨烫时分界点以上倒烫，以下分烫。

（2）缝合里布侧缝：缝份1cm，缝边三线包缝，缝份烫倒向后片。

（3）里布下摆折边：先折烫1cm，再折烫3 cm，在反面车0.1cm明线。

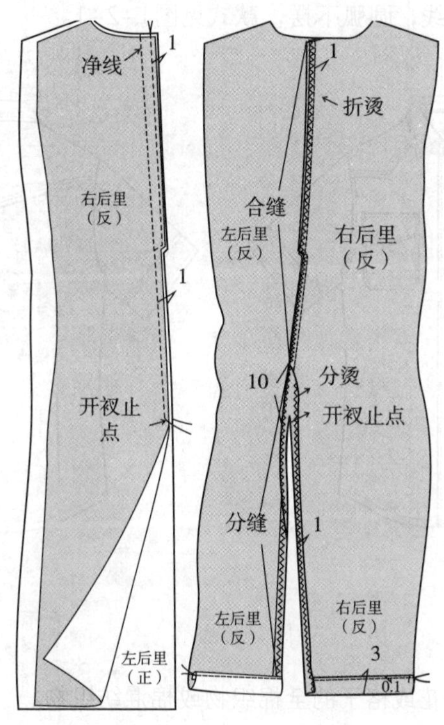

图 5–2–18　缝合里布后中缝、侧缝、里布下摆、折边

6. 缝合面布后中缝（做后衩）（图5–2–19）

（1）缝合面布后中缝：分别将后片的开衩三线包缝，从后领中起到开衩止点缝合后中缝，缝份1.5cm，分烫后中缝（图5–2–19中①）。

（2）分别缝合后衩布、扣襻：缝合右后片与后衩布，缝份1cm，缝份分烫；按图示位置在左后片绱扣襻，确定扣眼大为2.2cm（图5–2–19中②）。

（3）车缝面布下摆明线：下摆先折烫1cm，再折烫3 cm，在反面车0.1cm明线（图5–2–19中③）。

（4）车缝后中明线：正面朝上分别在后中两侧车0.1cm、0.7cm明线，**要翻开后衩布**（图5-2-19中④）。

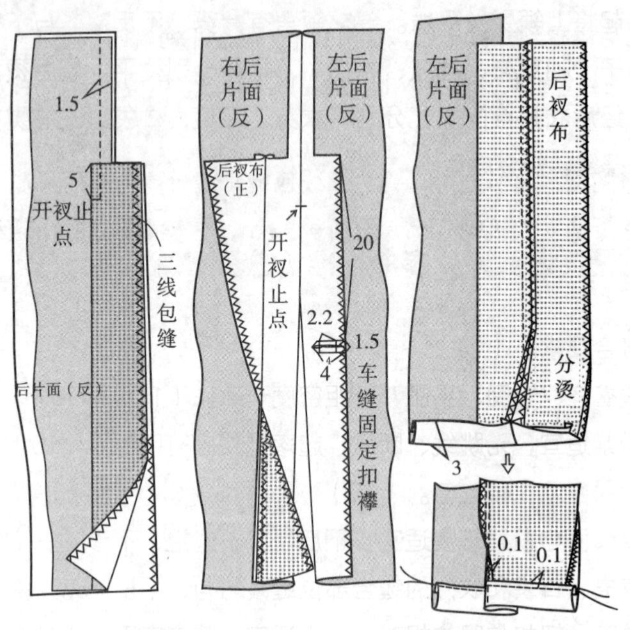

① 缝合面布后中缝　② 分别缝合后衩布、扣襻

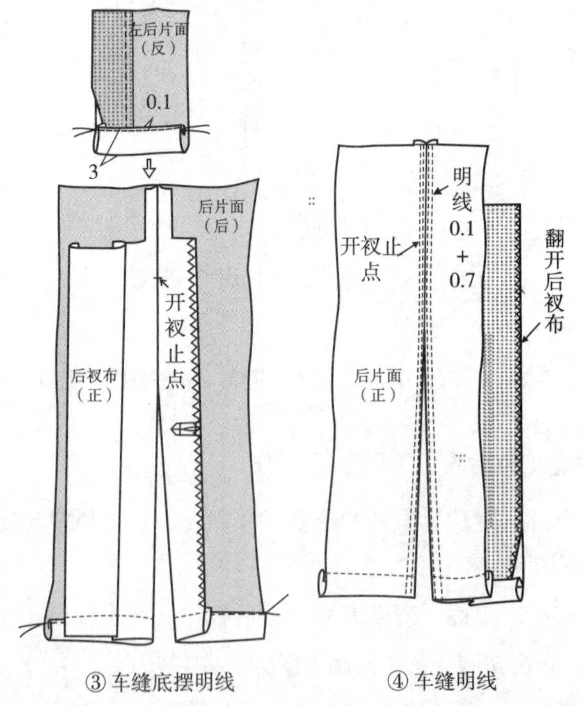

③ 车缝底摆明线　④ 车缝明线

图5-2-19　缝合面布后中缝（做后衩）

7. 分别装左、右后里布（图5-2-20）

（1）车后衩止点装饰明线：在后衩上端车装饰明线，具体尺寸见图示，呈两个半圆形，要叠合后衩车缝（图5-2-20中的①）。

（2）装右后里：从后衩止点起缝合右后里与后衩布，缝份1cm，因里布下摆已车

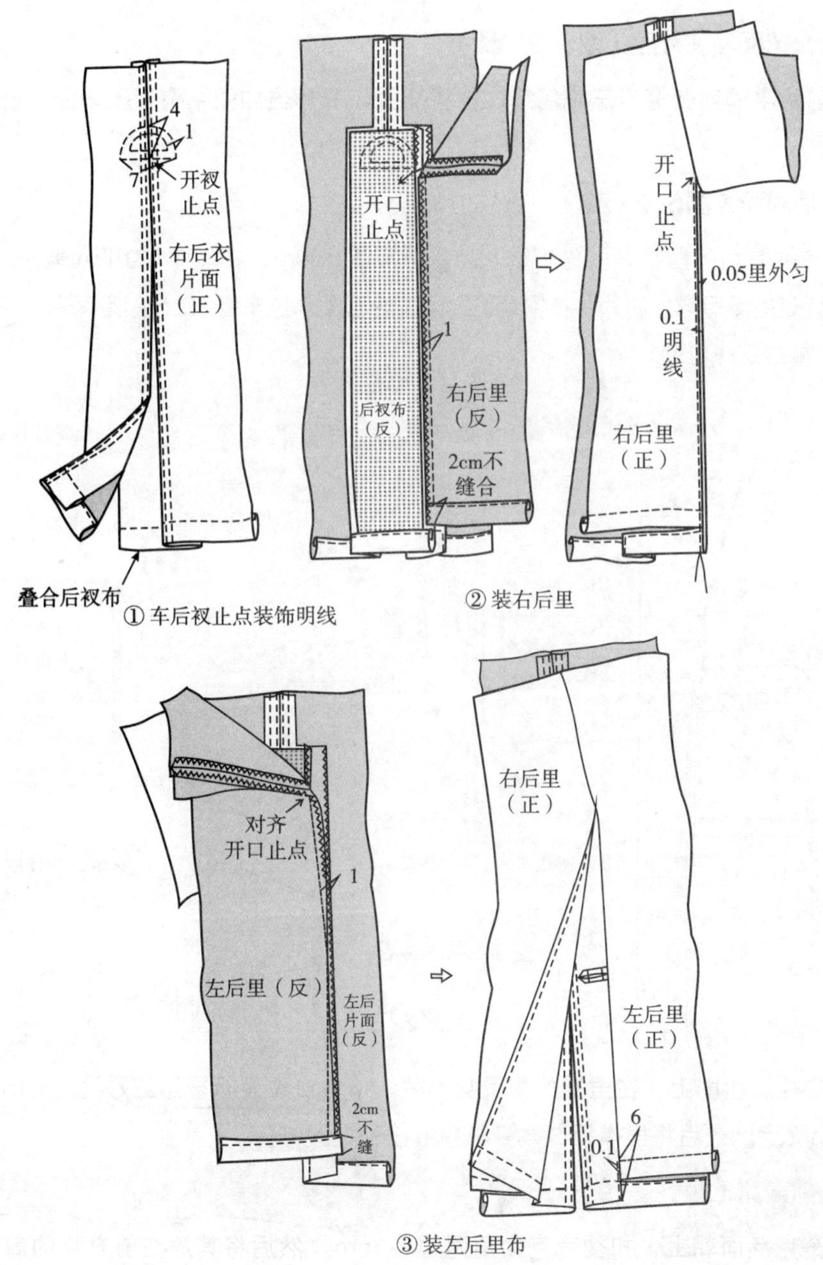

图 5-2-20　分别装左、右后里布

明线，故缝合到离里布下端2cm处止，再翻烫出0.05cm里外匀，然后从后衩止点起到面布下摆车0.1cm明线（图5-2-20中的②）。

（3）装左后里：从后衩止点起缝合左后里布与左后片面布，缝份1cm，与右侧同理，车缝至离里布下摆2cm 处止，再向后中方向倒烫缝份，然后在下部约6cm车0.1cm固定线（图5-2-20中的③）。

8. 缝合挂面与前片里（图5-2-21）

先将前片里的前侧缝份三线包缝，再将挂面与前片里如图平叠扣压车缝，沿滚边车0.1cm明线。

9. 装后复司（图5-2-22）

（1）车缝复司下摆折边：先折烫1cm，再折烫1.5cm，在反面车0.1cm明线。

（2）固定后复司与后衣片：在侧缝、袖窿、后领圈部位车缝0.5cm固定两者，注意后担干要稍松。侧缝三线包缝。

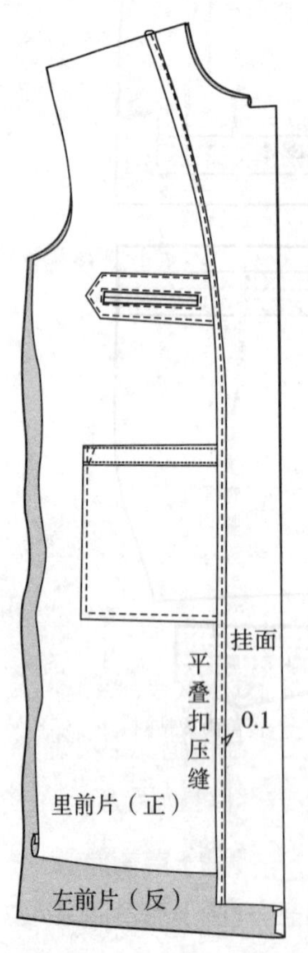

图 5-2-21　缝合挂面与前片里

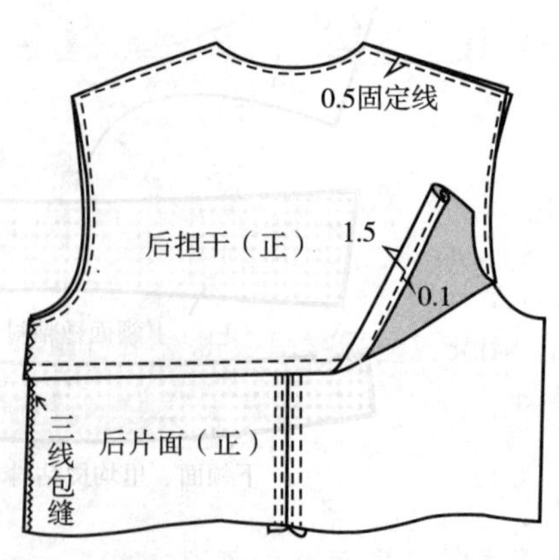

图 5-2-22　装后担干

10. 缝合侧缝、装腰襻（图5-2-23）

（1）缝合面布侧缝，缝份1cm，分烫缝份。

（2）缝合里布侧缝，缝份1cm，向后片倒烫缝份。

（3）绱腰襻：制作宽为0.6cm的腰襻2个，然后在侧缝按图示位置车缝固定双层腰襻，注意襻要留出腰带的穿脱松量。

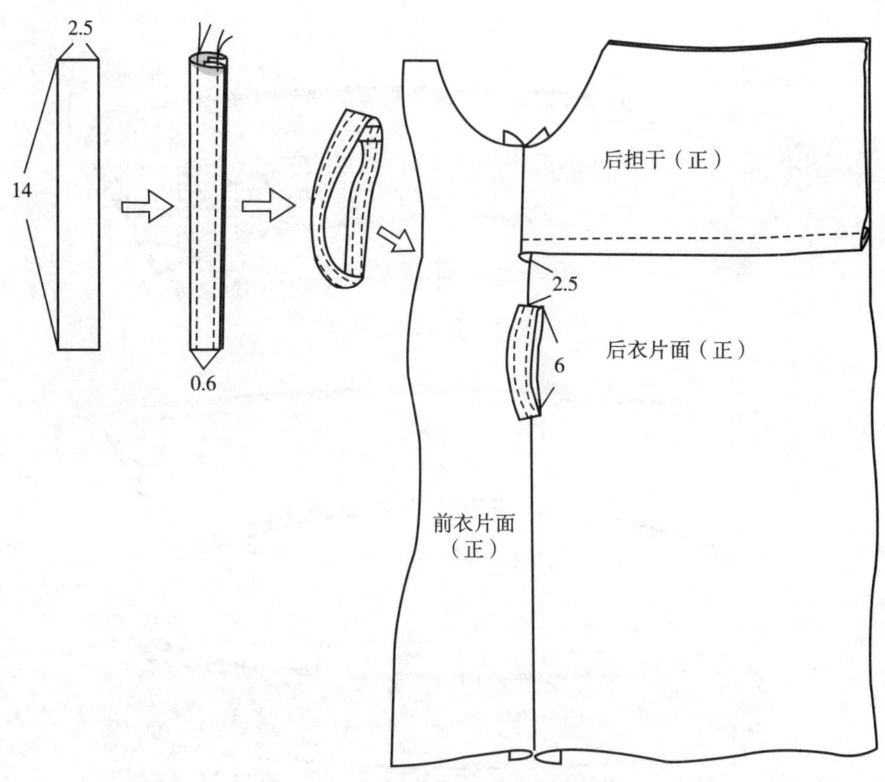

图 5-2-23　缝合侧缝、绱腰襻

11. 缝合肩缝

（1）缝合面布肩缝：面布前后片正面相对车缝肩缝1.2cm，缝份烫倒向后片，在后片车0.1cm和0.9cm的明线。

（2）缝合里布肩缝：里布前片与后片正面相对车缝肩缝1.2cm，缝份烫倒向后片。

12. 做领（图5-2-24）

（1）缝合上领面、里：按领子净样板在领里反面画出净样，对准后中点，将领面、领里正面相对，沿领里净线车缝，注意领子的角部领里略紧，左右对称，修剪缝份到0.5cm左右，领子圆头处留0.2~0.3cm缝份，然后翻烫领子，要烫出里外匀（图5-2-24中①）。

（2）上领车缝明线：如图在上领面车缝0.1cm和0.9cm明线（图5-2-24中②）。

（3）上、下领缝合：如图将下领与上领对齐后中点叠合，沿下领净线车缝固定，下领角部缝份剪去一个三角，在弧线处打斜向剪口，然后翻烫，烫平领子止口，然后下领面朝上车0.1cm明线（图5-2-24中③）。

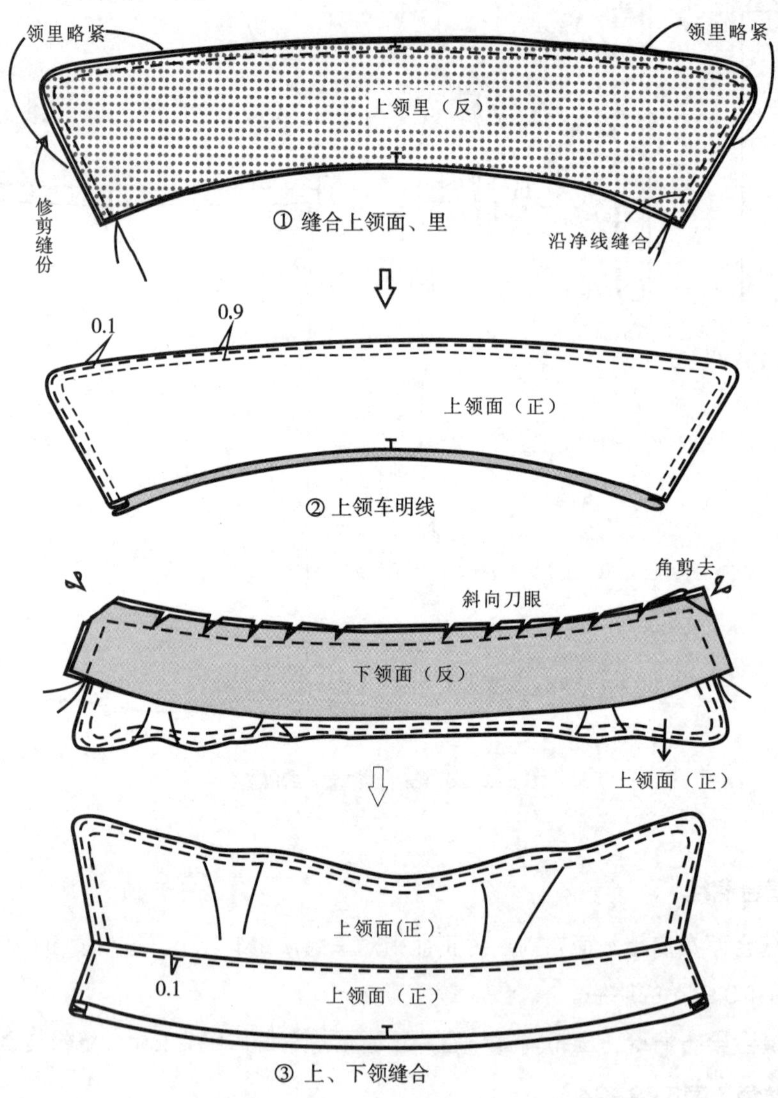

图 5-2-24 做领

13. 绱领（图5-2-25）

（1）衣片面与领子缝合：对准装领点、后中点缝合衣片面与下领，缝份0.9cm（图5-2-25中①）。

（2）衣片里与领子缝合：分别对齐左右装领点、肩缝和后中点，缝合衣片里与下领，缝份1cm（图5-2-25中②）。

（3）翻烫完成绱领：将衣片翻到正面，绱领缝份倒烫向衣身，检查绱领效果，要求领子左右对称（图5-2-25中③）。

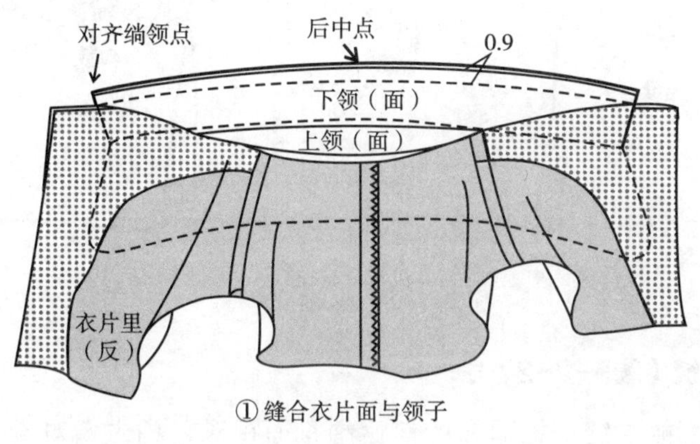

① 缝合衣片面与领子

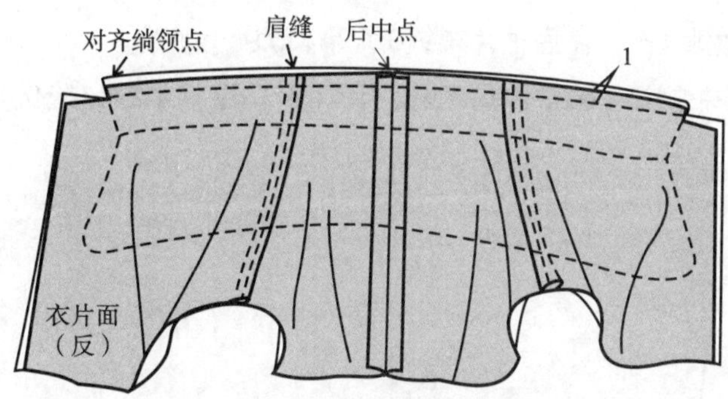

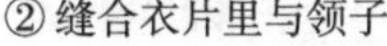
② 缝合衣片里与领子

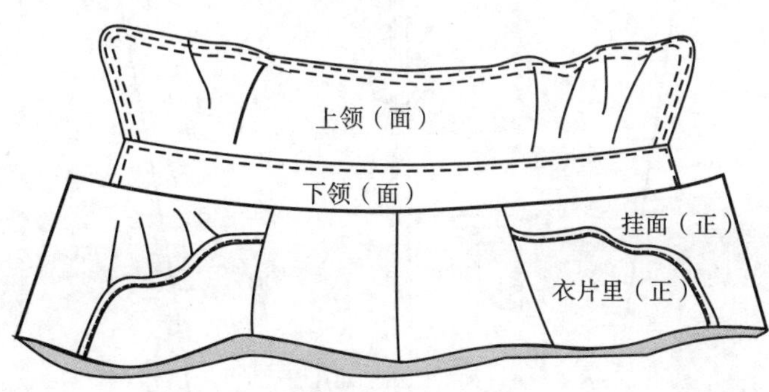

③ 翻烫完成绱领子

图 5-2-25 绱领

14. 缝制袖带襻、绱袖带襻（图5-2-26）

（1）缝制袖带襻：将袖襻折烫成长6.5cm、宽0.6cm，在两侧车缝0.1cm明线，长度两端各折进1cm，袖襻共6个。

（2）绱袖带襻：按袖襻位置分别在后袖面和前袖面装1个和2个袖带襻，两端车0.1cm明线固定。

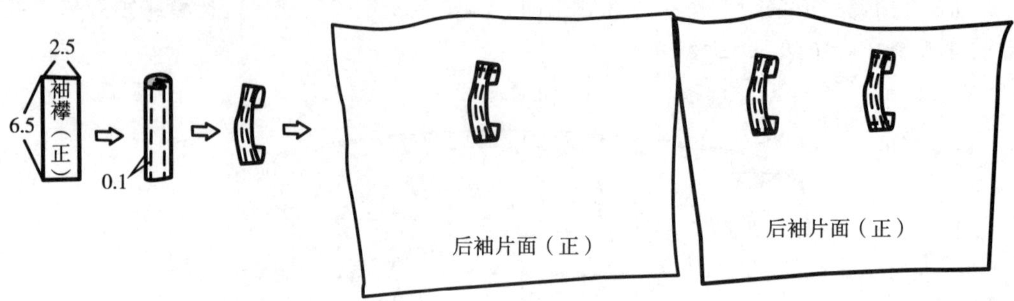

图 5-2-26 装袖带襻

15. 缝合袖中缝（图5-2-27）

（1）缝合面布袖中缝：把面布的前后袖正面相对，袖中缝对准后车缝，缝份1.2cm，向后袖片烫倒缝份，在后袖片车缝0.1cm和0.9cm明线。

（2）缝合里布袖中缝：里布的前后袖正面相对车缝袖中缝，缝份1cm，缝份折烫1.2cm倒向后袖。

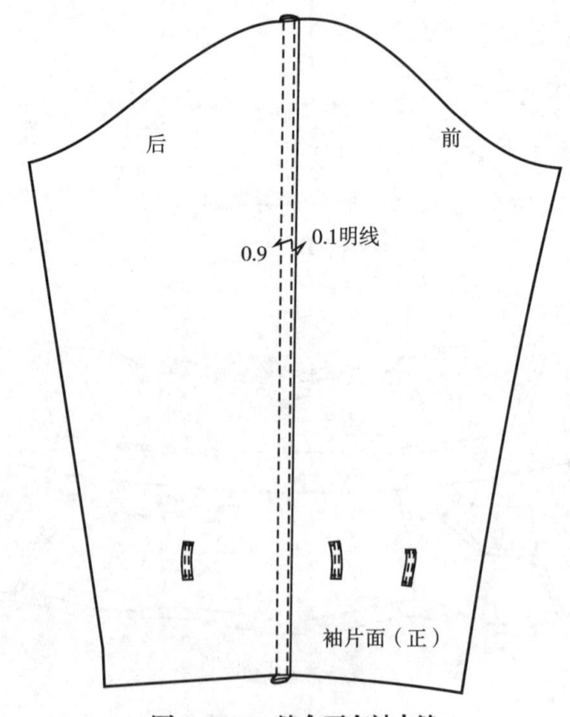

图 5-2-27 缝合面布袖中缝

16. 绱面袖（图5-2-28）

（1）绱面袖：把袖片中点对准衣片肩点，对齐腋下缝后，装袖缝合，缝份1.2cm，向衣片烫倒。注意袖山处的吃势量不能多。要求两个袖子定位左右对称、吃势匀称。

（2）车明线：如图在前后衣片面上车0.1cm和0.9cm明线。

（3）绱里袖：方法同绱面袖，缝份1.2cm，缝份烫倒向衣片。

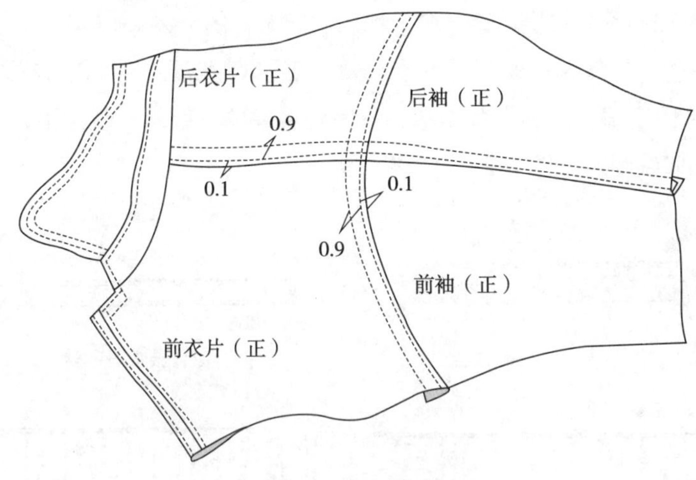

图 5-2-28　绱面袖

17. 缝制袖襻（图5-2-29）

将袖襻正面相对折，沿净线车缝，修剪角部缝份后翻烫，再车缝0.1cm和0.9cm两条明线，按扣眼位锁1cm大的横眼，然后装上气眼和金属襻，日字金属襻的扣针从扣眼穿出，袖襻的毛边要折光车0.1cm明线固定。

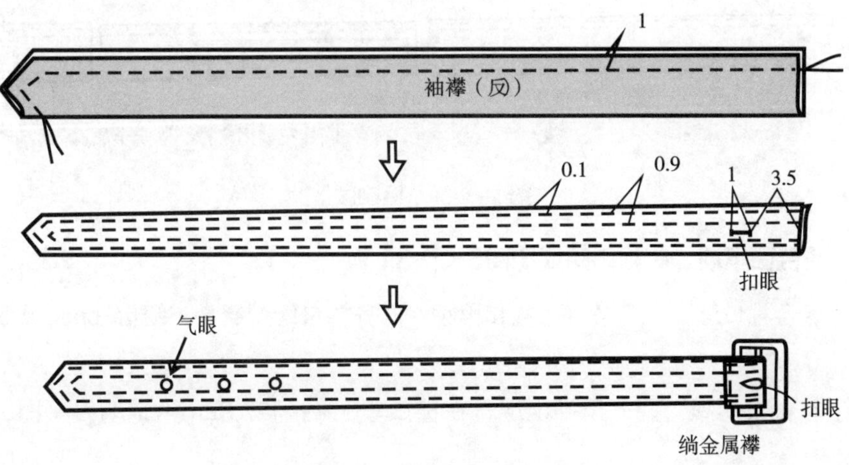

图 5-2-29　缝制袖襻

18. 缝制腰带（5–2–30）

（1）制作腰带固定襻：把腰带固定襻正面相对对折，沿净线车缝，修剪角部缝份后翻烫，三边车缝0.1cm明线，一端锁一个1.7cm大的平头扣眼（图5–2–30中①）。

（2）车缝腰带：对折腰带，沿净线车缝，修剪角部缝份后翻烫（图5–2–30中②）。

（3）腰带车明线、锁眼、钉扣：在腰带上车缝0.1cm和0.9cm两条明线，按样板位置钉一个直径为1.5cm 的扣子，锁一个1cm大的扣眼（图5–2–30中③）。

（4）打气眼、车缝固定襻、固定金属襻：在腰带宽度中部，按样板位置打4个气眼，按位置车缝固定襻，然后绱金属襻，日字金属襻的扣针从扣眼穿出，腰带的毛边要折光，车0.1cm明线固定（图5–2–30中④）。

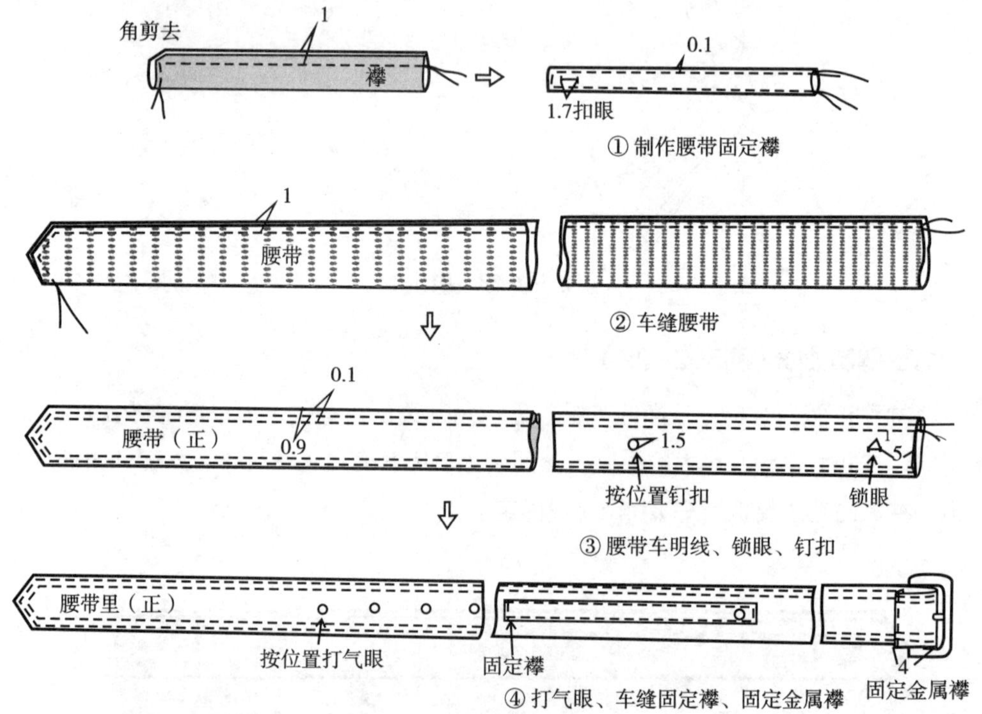

图 5–2–30　缝制腰带

19. 缝合面里袖、车袖口明线（图5–2–31）

（1）缝合袖口缝：准确叠合面袖和里袖，对齐袖口缝份缝合，缝份1cm（图5–2–31中①）。

（2）车袖口明线：翻开里袖坐缝，在袖口车0.1cm和2.5cm两道明线（图5–2–31中②）。

（3）穿袖襻：将袖襻依次穿入三个袖带襻中，按需要调节好袖口松紧，扣好袖襻（图5–2–31中③）。

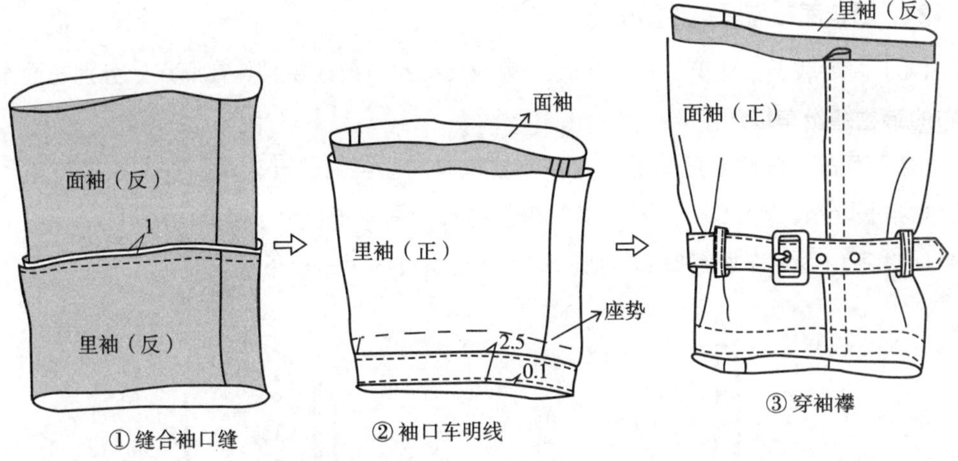

图 5-2-31 缝合面、里袖并车袖口明线

20. 车门襟止口明线（图5-2-32）

前衣片的左右门襟分别车0.1cm和0.9cm两条明线,从绱领点起，到下摆为止。

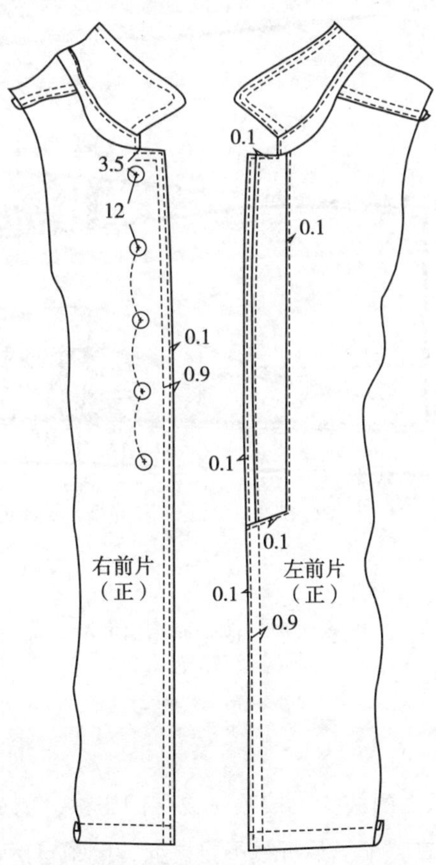

图 5-2-32 车门襟止口明线、钉扣

21. 固定面布与里布（图5-2-33）

（1）固定肩点：裁剪长约4~5cm，宽约1cm的布条或织带，在肩点处分别将面布和里布的绱袖缝份车缝连接。

（2）面布下摆此前已车缝明线，此款风衣的面里为脱开处理，在侧缝位置布条固定，布条长4cm，宽0.6cm，要求有松量，两端分别面布与里布车缝固定。

（3）手缝固定左后衩底部，如图示尺寸暗缲针固定后衩角部。

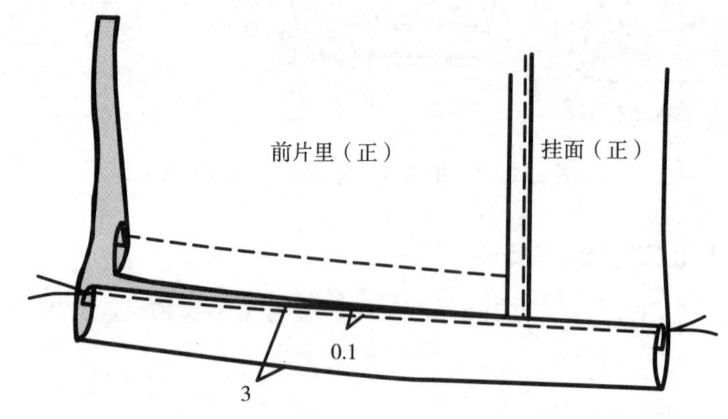

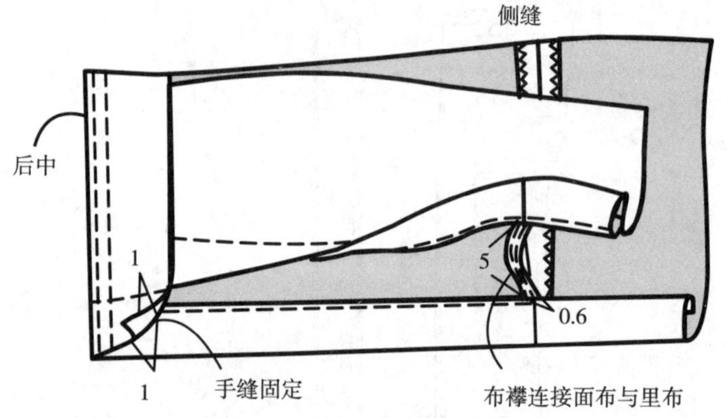

图 5-2-33　固定面布与里布

22. 钉扣、整烫

（1）整烫：剪净衣服上的线头，按顺序烫平门里襟、侧缝、肩缝、背缝等拼缝。整烫时注意前门襟丝缕要直，领子翻折线不要烫死，翻领自然，烫肩部时，要垫入布馒头，此时熨斗可贴住袖山熨烫，袖子圆顺，大身平服。

（2）钉扣

按扣眼位置钉扣：钉扣绕脚的长度与门襟的厚度基本相同，在右衣片正面的扣位钉5颗大扣（直径约2cm），同时在衣片反面钉三颗垫扣（直径约0.9~1cm）。后衩扣位钉一颗小扣（直径约1.5cm）。

八、缝制工艺质量要求及评分参考标准（总分100）

1. 规格尺寸符合设计要求。（10分）

2. 领子要求左右对称，并且平服、顺直，领翘适宜，领止口不倒吐。（20分）

3. 两袖山圆顺，前后适宜，缉线均匀。两袖长短一致，袖口大小一致；袖襻左右对称一致。（20分）

4. 双嵌线挖袋平整、嵌线端正、平服，袋盖里外匀恰当，左右袋对称一致。（15分）

5. 衣片左、右门襟长短一致，左侧暗门襟平服，下摆方角左右对称、扣位高低对齐。（10分）

6. 各条拼合线平服，缉线顺直，无跳线、断线现象。（10分）

7. 里子、挂面及各部位松紧适宜平顺。（10分）

8. 各部位熨烫平服，无亮光、水花、烫迹、折痕，无油污、水渍，表里无线头。（5分）

九、实训题

1. 实际训练加袋盖双嵌线斜插袋，能熟练应用。

2. 实际训练左衣片暗门襟的缝制，注意缝制的步骤和要点。

3. 实际训练后衣片开衩的缝制，注意面、里布的配合，左右片的不同处理方法。

4. 实际训练领子的缝制和装领子，注意各对位点的正确对位。

第三节　男大衣、风衣工艺拓展实践

一、加拉链斜襟中长款风衣

1. 款式特点

该款风衣为三开身结构、较宽松、两片袖、全衬里，领子用罗口、肩部也有罗口拼接，增加穿着的舒适度，加肩章的设计强调军装的影响，斜门襟加拉链、衣服腰部有腰带、三个加拉链的斜插袋、袖口前侧加拉链，兼具功能性与装饰性。衣身的各条分割线、门襟、口袋、袖口等处车装饰明线，是一款帅气时尚的中长款风衣，适合年轻男性穿着，款式见图5-3-1。

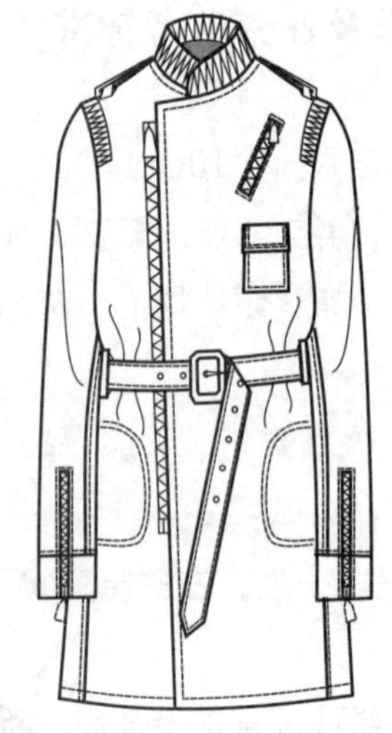
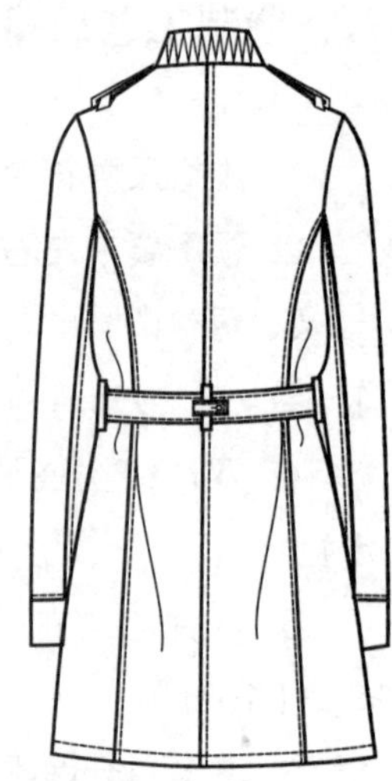

图 5-3-1　加拉链斜襟中长款风衣

2. 适用面料

（1）面料：棉、毛等混纺面料，可选用中等厚度的水洗的牛仔斜纹面料配合做旧的铜拉链。

（2）里料：薄棉布、亚沙涤、尼丝纺等。

3. 面辅料参考用量

（1）面料：门幅144cm，用量约200cm（估算式：衣长+袖长+50cm）。

（2）里料：门幅144cm，用量约180cm（估算式：衣长+袖长+30cm）。

（3）辅料：有纺粘合衬门幅150cm，用量约100cm；

门襟开尾拉链（长约53cm）1条；

口袋拉链（长约17.5cm）2条；

胸袋拉链（长约12cm）1条；

袖口拉链（长约18cm）2条；

扣子3粒；

5cm宽腰带日字扣1个；

金属气眼5副；

棉质罗口约15cm。

4. 结构制图

（1）制图参考规格（不含缩率，见表5-3-1）

表 5-3-1　制图参考规格

（单位：cm）

号/型	胸围（B）	后衣长	腰围（W）	肩宽（S）	袖长	下摆	袖口大	领后中宽
175/92	92+20(松量)=112	85	105	47	68	122	28	5.5

（2）款式结构制图

A. 衣身结构制图（图5-3-2）

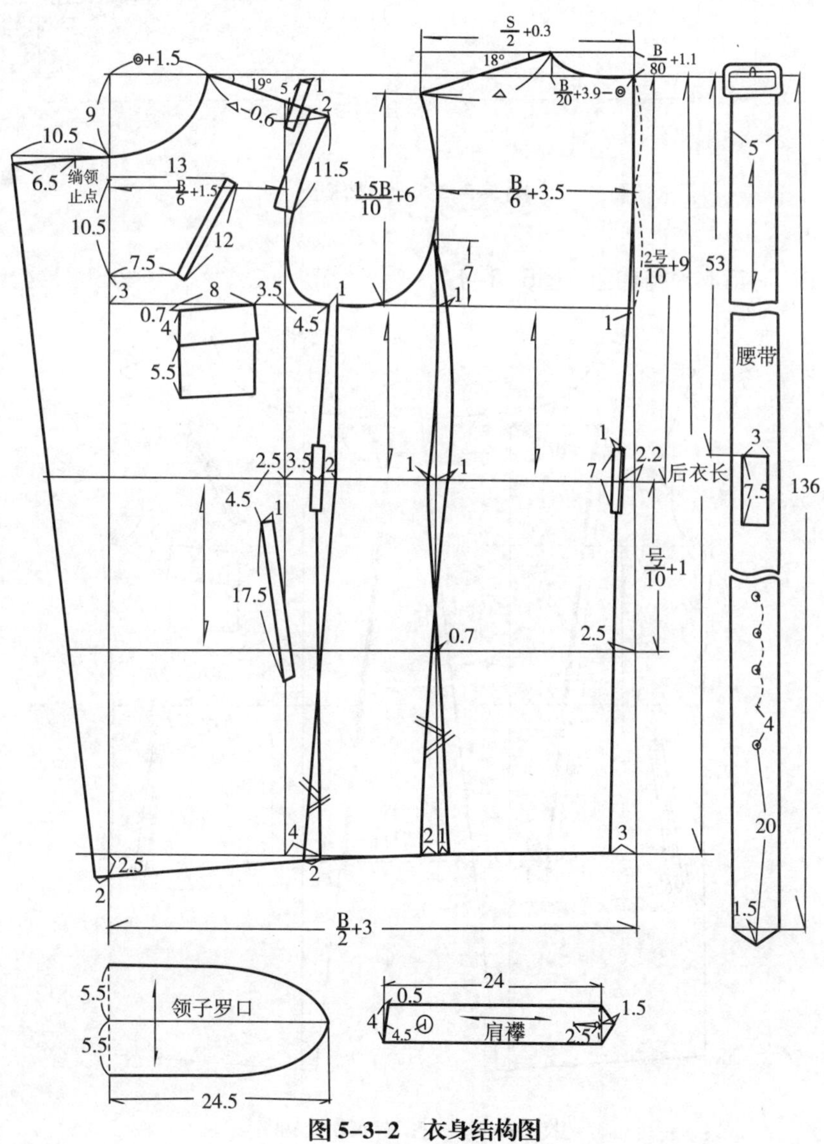

图 5-3-2　衣身结构图

B. 袖子结构图（图5-3-3）

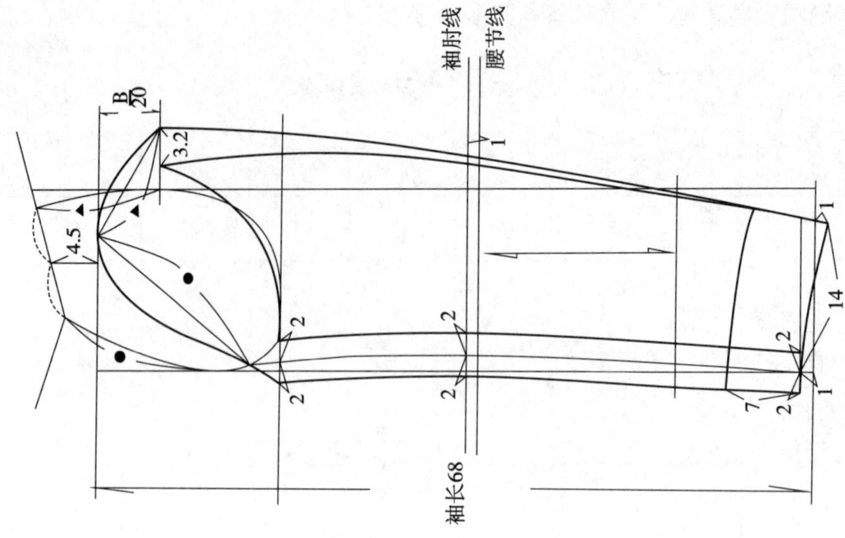

图 5-3-3 袖子结构图

C. 左、右前衣片结构图（图5-3-4）

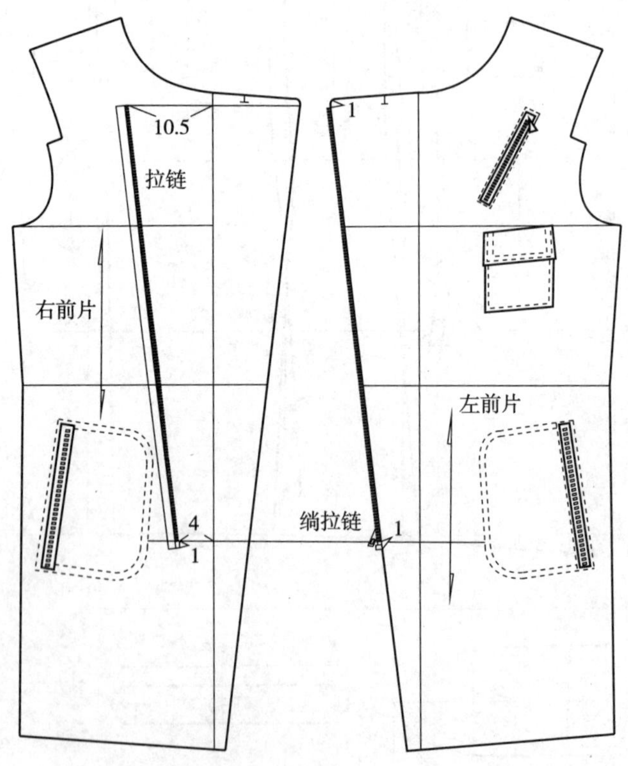

图 5-3-4 左、右衣片结构图

D. 袖片展开细节图（图5-3-5）

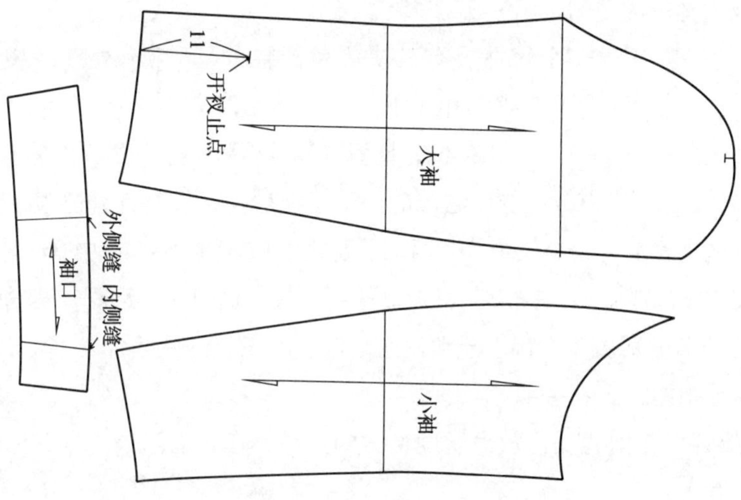

图 5-3-5　袖片展开细节图

E. 肩部结构图（图5-3-6）

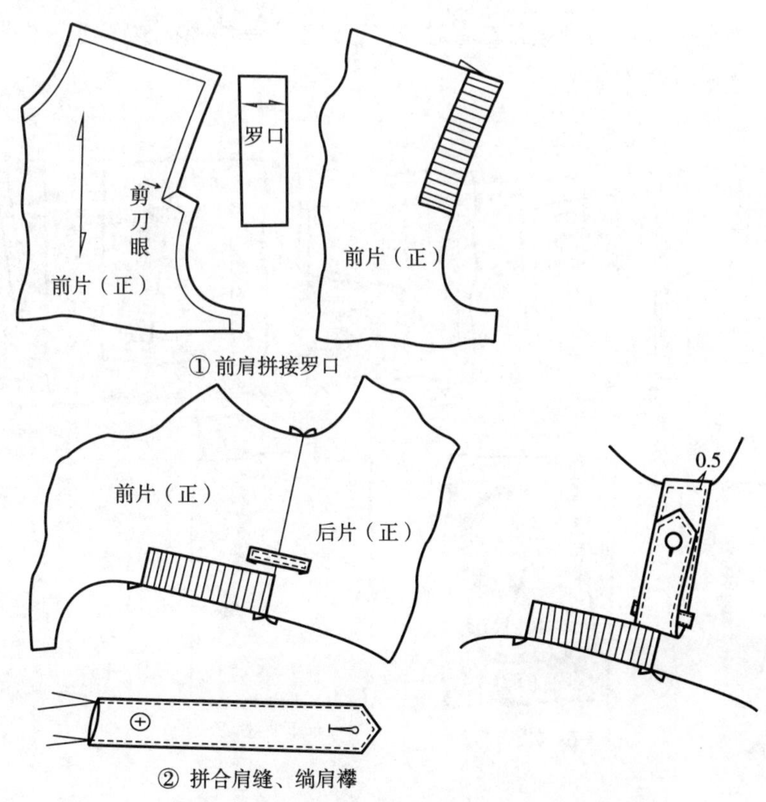

图 5-3-6　肩部结构图

5. 工艺分析

装拉链及斜插袋的缝制（图5–3–7）

（1）斜插袋裁片：一个斜插袋有三块裁片，袋布A（手掌处）、袋布B（手背处）、袋贴（要烫粘衬）（图5–3–7中①）。

（2）画袋位：在前片正面画出袋位，反面烫袋口粘衬（图5–3–7中②）。

（3）装袋口贴、剪袋口：袋口贴与前片正面相对，必须对齐袋位线，沿袋口车缝一周，然后如图剪开前片挖袋位中线，两端呈现Y型剪口（图5–3–7中③）。

（4）翻、烫袋口贴、装袋布B：将袋口贴穿过剪口翻到衣片反面，整理熨烫缝份，使长方形镂空袋口的宽度（1cm）一致，两端形状方正。然后缝合袋布B与袋贴，缝份1cm，倒烫平整（图5–3–7中④）。

（5）绱拉链：在前片反面放上长度合适的拉链，在正面沿袋口车0.1cm明线一周（图5–3–7中⑤）。

（6）装袋布A：把袋布A放在衣片反面的袋布B上，与袋布B正面相对，车缝固定一周，缝份1cm（图5–3–7中⑥）。

（7）车明线：在衣片正面按袋布形状车缝两道明线，既固定了袋布，又有装饰明线作用，为了能使明线圆顺且左右对称，可以使用车线模板先画线，或直接放上模板沿边车缝（图5–3–7中⑦）。

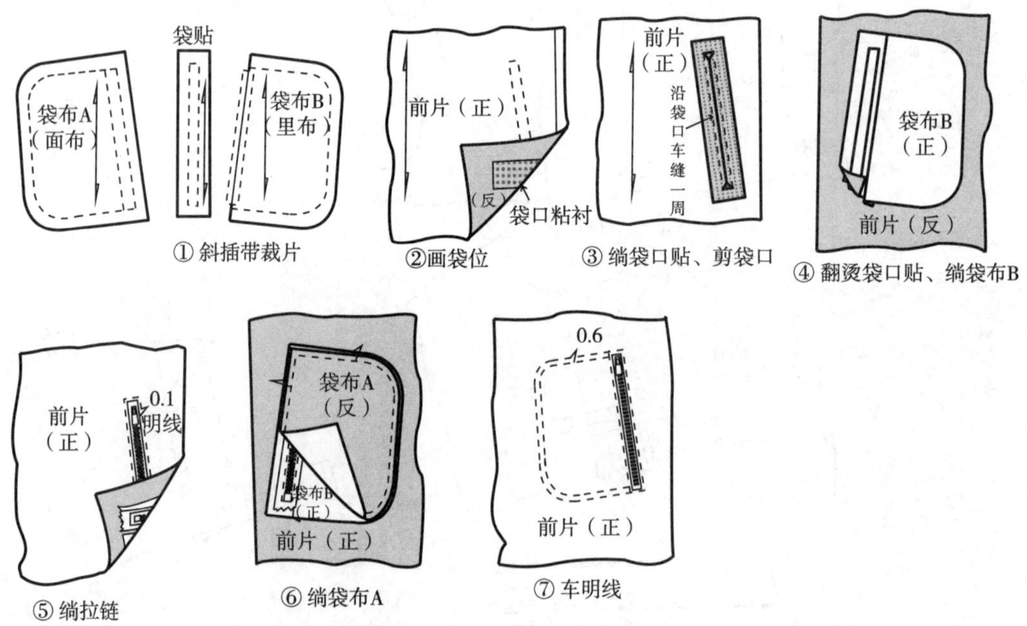

图 5–3–7　面布斜插袋的缝制

二、男大衣、风衣工艺拓展变化

男大衣、风衣工艺主要体现在领子、衣身分割、口袋、门襟、袖子、肩襻等部位，较注重细节变化。图5-3-8的六款男大衣、风衣案例主要是激发读者对于男大衣、风衣工艺的拓展运用和实践练习。

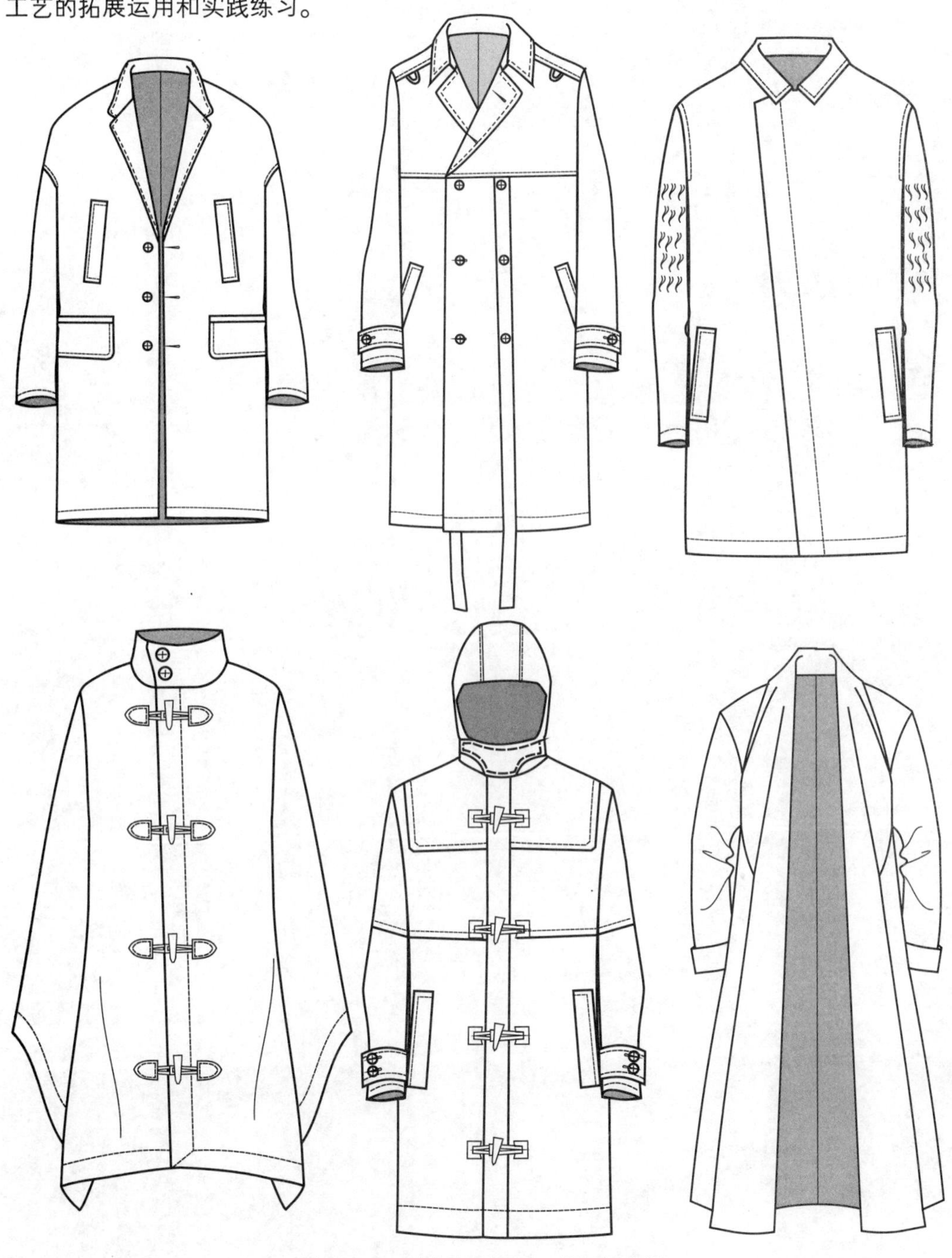

图 5-3-8　男大衣、风衣工艺拓展案例

参考文献

[1] 戴建国等.男装结构设计[M].杭州：浙江大学出版社，2006。

[2] 鲍卫君主编.服装制作工艺成衣篇（第二版）[M].北京：中国纺织出版社，2009。